U0157500

非线性欠驱动四旋翼飞行器控制方法设计

胡盛斌 著

国防工業出版社
·北京·

内 容 简 介

本书针对四旋翼飞行器的控制问题，较系统地提出了几种设计算法，是作者近年来从事飞行器控制方面的教学和科研工作的结晶，同时融入了国内外同行近年来的最新研究成果，本书以四旋翼飞行器的控制方法设计为论述对象。

共包括9章，主要内容包括：四旋翼飞行器动力学建模；基于传递函数和状态空间模型的线性控制方法设计；基于全驱动和欠驱动分解的各种滑模控制方法设计；基于内外环分解的各种滑模控制方法设计；基于内外环分解的飞行器速度和编队控制方法设计；基于内外环分解的带机械手的四旋翼飞行器控制方法设计。每种控制方法设计都给出了算法推导、稳定性分析以及相应的MATLAB仿真设计程序。

本书适合飞行器控制、机械电子以及自动化等相关专业的高年级本科生和研究生阅读，也可供从事相关领域研究和应用的人员参考。

图书在版编目(CIP)数据

非线性欠驱动四旋翼飞行器控制方法设计/胡盛斌著. —北京:国防工业出版社,2021.8

ISBN 978-7-118-12323-4

Ⅰ.①非… Ⅱ.①胡… Ⅲ.①旋翼机-飞行控制②旋翼机-设计 Ⅳ.①V275

中国版本图书馆CIP数据核字(2021)第138511号

※

国防工业出版社出版发行

(北京市海淀区紫竹院南路23号 邮政编码100048)

北京虎彩文化传播有限公司印刷

新华书店经售

*

开本 710×1000 1/16 **印张** 22½ **字数** 408千字

2021年8月第1版第1次印刷 **印数** 1—1000册 **定价** 78.00元

(本书如有印装错误，我社负责调换)

国防书店：(010)88540777 书店传真：(010)88540776

发行业务：(010)88540717 发行传真：(010)88540762

前言

近年来,四旋翼飞行器的发展进入了爆发期,在控制方法设计方面,发表了大量的相关论文。作者多年来一直从事相关飞行器控制方面的教学和科研工作,积累了不少经验,为了便于相关专业高年级本科生和研究生掌握有关飞行器控制方法设计方面的知识,掌握用 MATLAB 语言对各种飞行器控制方法进行分析和设计,同时也便于与广大研究同行交流学习,作者编写了此书,以抛砖引玉,供广大读者参考。

本书是作者在总结多年来研究成果的基础上,进一步理论化、系统化和实用化而成,具有如下特点:

(1) 控制方法取材新颖、内容先进,不少算法取材于高水平国际期刊论文,有利于读者掌握前沿研究成果。

(2) 给出的各种控制方法完整,不仅有设计过程,也有稳定性分析,同时针对每种控制方法,给出了完整的 MATLAB 仿真程序和仿真结果,可读性强。

(3) 本书具有很强的系统性,从四旋翼飞行器的动力学建模到各种控制方法的设计,前后章节逐步深入,为一个完整的整体,便于读者完整掌握。

全书共 9 章,以四旋翼飞行器为被控对象,分析和设计了各种控制方法。第 1 章为绪论,主要介绍了四旋翼飞行器的基本构造和基本运动形式、发展历程以及全书的写作结构。第 2 章主要讨论了四旋翼飞行器的动力学建模问题,并得出了一个简化模型,为后续章节飞行器控制方法设计与仿真提供了模型基础。第 3 章为基于传递函数和状态空间模型的线性控制方法设计。第 4 章为基于全驱动和欠驱动分解的滑模控制方法设计。第 5 章为基于全驱动和欠驱动分解的积分滑模控制方法设计。第 6 章为基于全驱动和欠驱动分解的终端滑模控制方法设计。第 7 章为基于内外环分解的各种滑模控制方法设计。第 8 章为基于内外环分解的飞行器速度和编队控制方法设计。第 9 章为基于内外环分解的带机械手的飞行器控制方法设计。

在完成本书之际,要特别感谢美国哥伦比亚大学 Richard W. Longman 教授的指导和帮助,本书的部分内容正是 2017 年在哥伦比亚大学访学期间构思完成的。

本书全部仿真实验程序是基于 MATLAB R2018b 版本开发的,对于前期版本可能会有兼容问题。

由于作者水平有限,书中难免存在一些不足和错误之处,真诚欢迎广大读者批评指正。

胡盛斌

2020 年 9 月于上海

目录

第 1 章
绪 论

1.1 四旋翼飞行器简介

飞行器广义上可分为比空气重的飞行器和比空气轻的飞行器,比空气轻的飞行器一般有各种类型飞艇和热气球等,比空气重的飞行器也就是狭义上的飞行器,一般可分为固定翼飞行器、旋翼飞行器和扑翼飞行器。固定翼飞行器就是日常人们所说的飞机,主要有民航客机、军用战斗机、小型通用飞机以及一些航模飞机。扑翼飞行器属于仿生飞行领域,主要是有比较好的研究价值,大型扑翼机经过一些尝试最终都不成功,在微小型方面,扑翼飞行器获得了一定的成功,但与多旋翼飞行器相比,性能差距还是比较大,实际应用非常少。旋翼飞行器包括单旋翼和多旋翼飞行器,单旋翼飞行器也即一般所说的直升机,多旋翼飞行器最有代表性和应用最广的就是四旋翼飞行器。

飞行器按大小可分为大型、中型、小型和微型飞行器,按有无人员驾驶可分为有人驾驶飞行器和无人驾驶飞行器,无人驾驶飞行器也即通常所说的无人机。一般微小型飞行器都是无人驾驶的,又属于无人机范畴。对于小型飞行器(20kg 或 25kg 以内),在 2010 年以前,无论航模运动、航空摄影等民用领域还是军用,固定翼飞行器和直升机基本占有绝对主流地位,但接下来的几年发展中,多旋翼飞行器(尤其是四旋翼飞行器)因优良的飞行稳定性、起停的便捷性以及易于操控和低成本等优势,迅速占领了小型飞行器的主流位置[1]。2012 年年底,我国的大疆科技公司推出一款名为“小精灵”的四旋翼一体机[3],操控简捷,用户能在短时间内掌握,再加上价格低廉,极大地降低了航空摄影的难度和成本,因而迅速占领了航空摄影的主流市场,产品畅销全球,该公司也迅速成为世界著名的生产小型无人机的公司。可以说多旋翼飞行器毫无疑问是当今世界小型飞行器的主流,随之而来的是围绕多旋翼飞行器的研究、开发和投资的集中爆发,大量的人才加入,不断促进多旋翼飞行器的深入发展。

下面以四旋翼飞行器为例,简要介绍其基本构造和基本飞行运动形式。

1.1.1 四旋翼飞行器的基本构造

如图 1.1 所示,小型四旋翼飞行器主要由十字机架(如果与十字机架成 45°角建立 x 轴坐标,则十字机架又称为 X 机架)、动力系统和指挥控制系统组成。安装螺旋桨时要注意,如果 1 号和 3 号螺旋桨正转,则 2 号和 4 号螺旋桨反转,反之亦然。这样做主要是为了使四个螺旋桨对机架产生的扭矩能够平衡,不至于使飞行器一直转动。

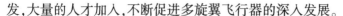

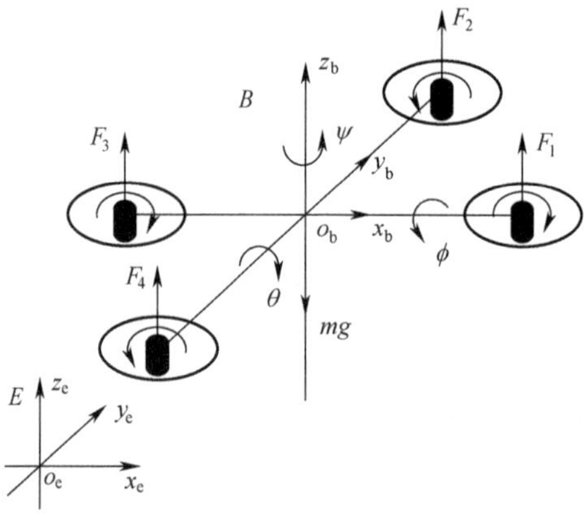

图 1.1 四旋翼飞行器示意图

1. 机架

机架主要由机身、起落架和涵道组成。机身是承载飞行器所有设备的支架,机身布局将影响飞行器的飞行性能与安全性,在设计机身时应该综合考虑尺寸、形状、材料强度以及重量等因素。

起落架主要功能是支撑飞行器平衡,并保障飞行器与地面之间有足够的安全距离,防止螺旋桨与地面发生碰撞。此外,起落架还能减弱起飞和降落时的地效(下洗气流冲击地面时所造成的气流扰动),以及减弱地面对飞行器的冲击。

涵道的主要功能是保护螺旋桨以免损坏,并避免螺旋桨伤到附近人员。此外,涵道还能提高螺旋桨的升力效率,并适当减小噪声。

2. 动力系统

动力系统通常包括螺旋桨、电机、电调以及电池。动力系统对飞行器来说非常重要,决定了飞行器载重能力、飞行速度以及续航时间。动力系统部件之间需要匹配和兼容,否则可能造成严重后果,甚至造成飞行器无法飞行。

螺旋桨是直接产生升力的部件，选择螺旋桨时应该综合考虑型号、弦长、转动惯量、桨叶数、安全转速、螺旋桨力效以及材料等因素，并需要和对应的电机匹配，以充分发挥电机的效能。

电机主要作用是将电池中储存的电能转化为驱动螺旋桨转动的机械能。由于无刷直流电机效率高、转速高、能够驱动螺旋桨产生较大的升力，且成本较低，所以常被选用为小型多旋翼飞行器的驱动电机。选择无刷直流电机时，应该综合考虑电机尺寸、KV 值（KV 值是指在空载下，外加 1V 电压所能得到的电机转速值）、空载电流和电压、最大电流/功率、内阻、效率以及总力效等因素。

电调的基本功能是根据接收到的自驾仪传输的 PWM 信号来控制电机转速。由于自驾仪传输的 PWM 信号非常微弱，无法直接驱动电机，必须通过电调对信号进行功率放大处理，才能驱动电机。选择电调时应该综合考虑其最大持续/峰值电流、电压范围、内阻、刷新频率、可编程性以及兼容性等因素。

电池主要为动力系统提供能量。目前，市面上应用最广的是锂电池和镍氢电池。电池对飞行器来说非常重要，直接决定了飞行器的续航时间。选择电池时应该综合考虑电池的连接方式、容量、放电倍率、内阻以及能量密度等。

3. 指挥控制系统

指挥控制系统主要包括遥控器与接收器、自驾仪、地面站以及数传电台等。遥控器用于发送遥控人员的遥控指令给相应的接收器，接收器解码后再传给自驾仪，从而控制飞行器进行各种飞行运动。遥控器和接收器要配对使用，选择遥控器和接收器时应该综合考虑频率、调制方式、通道数、遥控模式、油门以及遥控距离等因素。

自驾仪是一个用于控制飞行器姿态、位置和轨迹的飞行控制系统。可设置为半自主飞行模式或全自主飞行模式，自驾仪具有统一的控制框架，大多采用 PID 控制器。自驾仪的硬件组成一般包括惯性导航测量单元、高度传感器、全球定位系统、微型计算机以及各种接口芯片，主要功能是通过编程控制算法，实现飞行器感知、控制与决策。

地面站主要是在地面计算机上通过软件来实现所需功能，通过地面站软件，操作人员可以用鼠标、键盘、按钮和操控手柄等计算机外设来与飞行器自驾仪进行交互。在地面站，可以规划飞行轨迹，对飞行过程中的飞行状况进行实时监控，并能修改飞行任务干预飞行，并能保存飞行记录用于回放分析。

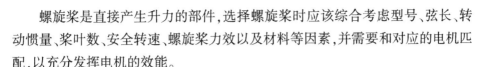

数传电台是用于高精度无线数据传输的模块，采用数字信号处理技术、数字调制与解调技术以及无线电传输技术，具有向前纠错、均衡软判决等功能。数传

电台一端接地面站计算机,另一端接飞行器的自驾仪,采用一定的通信协议进行数据传输,实现飞行器与地面站的双向数据通信。

1.1.2 四旋翼飞行器的基本运动

一般来说,四旋翼飞行器有如下四种基本运动。

1. 上下运动

如图 1.1 所示,如果四个螺旋桨保持相同的转速(即产生的四个升力相同),则有:当四个升力之和大于飞行器的重力时,飞行器将做上升运动,当四个升力之和小于飞行器的重力时,飞行器将做下降运动,当四个升力之和等于飞行器的重力时,飞行器将保持高度不变。

2. 偏航运动

如图 1.1 所示,如果 1 号和 3 号螺旋桨转速相同(正转,定义顺时针为正),2 号和 4 号螺旋桨转速相同(反转),则有:当 1 号和 3 号螺旋桨转速大于 2 号和 4 号螺旋桨转速时,飞行器将正向偏航,当 1 号和 3 号螺旋桨转速小于 2 号和 4 号螺旋桨转速时,飞行器将反向偏航,当 1 号和 3 号螺旋桨转速等于 2 号和 4 号螺旋桨转速时,飞行器将保持航向不变。

3. 俯仰纵移运动(前后运动)

如图 1.1 所示,如果 2 号和 4 号螺旋桨转速相同,且 1 号和 3 号螺旋桨转速之和与 2 号和 4 号螺旋桨转速之和相等(该条件保证飞行器不会偏航运动),则当 3 号螺旋桨转速大于 1 号螺旋桨转速时,飞行器将俯头向前运动,当 3 号螺旋桨转速小于 1 号螺旋桨转速时,飞行器将仰头向后运动,当 3 号螺旋桨转速等于 1 号螺旋桨转速时,飞行器将平头不做前后运动。

4. 滚转侧移运动(左右运动)

如图 1.1 所示,如果 1 号和 3 号螺旋桨转速相同,且 2 号和 4 号螺旋桨转速之和与 1 号和 3 号螺旋桨转速之和相等,则当 2 号螺旋桨转速大于 4 号螺旋桨转速时,飞行器将右滚向右运动,当 2 号螺旋桨转速小于 4 号螺旋桨转速时,飞行器将左滚向左运动,当 2 号螺旋桨转速等于 4 号螺旋桨转速时,飞行器将不做滚转左右运动。

注意,四旋翼飞行器俯仰运动和前后运动是关联在一起的,即一有俯仰运动,一定就伴随着前后运动,一有前后运动,也一定伴随着俯仰运动,实际上,飞行器的前后运动就是靠飞行器有一定的俯仰角来实现的。同样,滚转运动和左右运动也是关联在一起的。

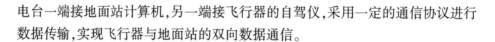

1.2 多旋翼飞行器的发展历程

多旋翼飞行器的发展历程可分为5个时期:休眠期(1990年以前)、复苏期(1990—2005年)、发展期(2005—2010年)、活跃期(2010—2013年)和爆发期(2013年至今)[1,3]。

1.2.1 休眠期

历史上最早的多旋翼飞行器是1907年在法国教授Charles Richet指导下,Breguet兄弟建造的一架载人四旋翼直升机,虽然失败了,但是多旋翼飞行器研究的开端,以后不断有人对多旋翼飞行器进行研究。直到20世纪50年代中期,Marc Adman Kaplan设计了第一架实现真正飞行的多旋翼飞行器,该飞行器在速度、载质量以及续航时间等方面都无法和传统固定翼飞行器竞争,因而未获人们的重视[4]。此后,多旋翼飞行器的发展处于休眠期,未获大的发展,人们很少关注它。

1.2.2 复苏期

20世纪90年代开始,微机电系统(Micro-Electro-Mechanical System,MEMS)的研究获得了长足的进步,基于MEMS的惯性测量组件开始出现,同时微型计算机诸如单片机和数字信号处理芯片获得了巨大的发展,使得多旋翼飞行器小型化成为可能,此时,很多研究者开始建立多旋翼飞行器平台并研究控制算法[5-7]。

这一时期开始,多旋翼飞行器的研究不再局限于军事用途,而是开始步入航空摄影以及玩具类消费市场,出现了不少产品[8-10]。

1.2.3 发展期

自2005年以后,多旋翼飞行器的研究获得了飞速发展,越来越多的研究者加入到多旋翼飞行器的研究中,发表了大量论文,不少研究者开始搭建多旋翼飞行器实验平台,设计和验证了各种控制算法[11-17]。其中比较有名的实验平台有麻省理工学院Jonathan P. How教授团队的“实时室内自主运动体测试环境(Real-Time Indoor Autonomous Vehicle Test Environment)”和宾夕法尼亚大学Vijay Kumar教授团队的“GRASP多微型无人机测试台(GRASP Multiple Micro-

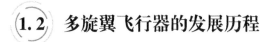

UAV Test Bed)”。2007 年《自然》杂志商业版发表了有关微小型多旋翼飞行器的商业应用前景的文章，多旋翼无人机受到了越来越多的关注[18]。

1.2.4 活跃期

2012 年 2 月，宾夕法尼亚大学 Vijay Kumar 教授在著名的 TED 视频媒体平台上做了令人瞩目的有关四旋翼飞行器研究成果的演讲，并现场展示了微型多旋翼飞行器编队机动协作能力，展示了多旋翼飞行器的巨大潜能[19]。同年，美国工程师协会的机器人与自动化杂志(IEEE Robotics & Automation Magazine)推出了一期关于飞行机器人与四旋翼平台的专刊，展示和总结了当时最先进的技术[20]。

从这一时期开始，很多有关四旋翼飞行器自动驾驶仪的开源程序出现，给学习者提供了便利的学习环境。表 1.1 列举了主要的开源自动驾驶仪项目及其网址。

表 1.1 多旋翼飞行器主要开源项目及其网址[1]

开源项目	网 址
Ardupilot	http://ardupilot. com
Openpilot	http://www. openpilot. org
Paparazzi	http://paparazziuav. org
Pixhawk	https://pixhawk. ethz. ch
MikroKopter	http://www. mikroKopter. de
KKmulticopter	http://www. kkmulticopter. kr
Multiwii	http://www. multiwii. com
Aeroquad	http://www. aeroquadstore. com
Crazyflie	https://www. bitcraze. io/category/crazyflie
CrazePony	http://www. crazepony. com
DR R&D	http://www. etootle. com
ANO	http://www. anotc. com
Autoquad	http://autoquad. org
MegaPirate	http:// megapiratex. com/index_ php
Erlerobot	http://erlerobotics. com
MegaPirateNG	http://code. google. com/p/ megapirateng
Taulabs	http://forum. taulabs. org
FLexbot	http://www. flexbot. cc

（续）

开源项目	网　址
Parrot API(SDK)	https://projects.ardrone.org/embedded/ardrone-api/index.html
3DR DRONEKT(SDK)	http://www.dronekit.io
DJI DEVELOPER(SDK)	http://dev.dji.com/cn
DJI MATRICE 100+ DJI Guidance	http://developer.dji.com/cn/ matrice-100
SDK for XMission(SDK)	http://www.xaircraft.cn/en/xmission/developer
Ehang GHOST(SDK)	http://dev.ehang.com

1.2.5 爆发期

这一时期的特点是相关学者发表论文出现井喷状态，相关的学术研究展现出非常繁荣的爆发势头。该时期的研究重点主要偏向于多旋翼飞行器的自主化和群体化[60-63]。2013 年 6 月，苏黎世联邦理工学院的 Raffaello D'Andrea 教授在 TED Global 上做了有关机器人接球、平衡以及共同决策等的竞技运动研究方面的演讲，并现场展示了由深度相机控制的四旋翼飞行器的各种复杂运动[21]。2015 年 6 月，《自然》杂志的机器智能专栏发表了一篇有关小型自主无人机的科学、技术与未来的文章，总结了自主无人机在设计、制造、传感器与控制等方面面临的挑战，并分析展望了未来的发展趋势[22]。文献[1]以关键词"quadrotor"和"multirotor"进行检索，统计了 1990—2015 年间发表的 EI 和 SCI 检索论文，就 EI 检索论文来说，从 1990 年 0 篇发展到 2010 年的近 100 篇，再到 2014 年的近 600 篇到达顶峰，就 SCI 检索论文来说，从 1990 年 0 篇发展到 2010 年的近 50 篇，再到 2013 年的近 300 篇到达顶峰。

1.3 四旋翼飞行器常用的控制方法

学术界经常把飞行器归于广义的机器人范畴，对于小型飞行器，也经常被称为飞行机器人。在通用机器人上应用的控制方法很多都可以经过一定转换应用到四旋翼飞行器上。常用的四旋翼飞行器控制方法有以下几种。

1. 传统经典控制方法和现代控制方法

四旋翼飞行器是典型的非线性系统，其数学模型是非线性的，可以先通过划分不同功能的子系统完成近似解耦，并通过线性化近似处理求出传递函数和状态空间方程,再利用基于传递函数的控制方法和基于状态空间方程的控制方法设计控制器,即所谓的经典控制方法和现代控制方法设计控制器。在实际应用中,往往很难获得四旋翼飞行器的精确模型,导致传统经典控制方法和现代控制方法不容易实现。

2. PID 控制

由于 PID 控制的原理、结构和控制律简单,容易实施,且无需知道被控对象的数学模型就可以设计控制律等诸多优点,所以,PID 控制(或 PD 控制)在四旋翼飞行器的控制中被广泛采用。这种方法对于四旋翼飞行器这种多输入多输出强耦合系统,一般都是近似解耦成几个子系统,再分别采用 PID 控制,所需要调整的控制器参数较多,且不容易整定。

3. 滑模控制

滑模控制本质上是一类特殊的非线性控制,其非线性表现在切换控制部分的不连续性。滑模控制的控制过程为强迫滑动轨线在有限时间内到达滑模流形,并在未来时刻保持在滑模流形上,其特点就是在滑模流形上的运动与匹配的不确定性无关,因而对这种不确定性具有良好的鲁棒性。同时滑模控制还有响应时间快、物理实现简单以及无需在线辨识参数等优点,使其在四旋翼飞行器控制中获得了广泛应用。滑模控制的缺点就是在控制过程中会产生抖振,如何减弱抖振是采用滑模控制方法时必须考虑的问题。

4. 反演控制设计

反演控制设计(又称反推设计)方法的基本思路是将复杂的非线性系统分解成不超过系统阶数的子系统,然后为每个子系统分别设计 Lyapunov 函数和中间虚拟控制量,一直后退到整个系统,直至完成整个控制律的设计。反演控制设计往往需要结合其他控制方法,比如,通常和滑模控制一起来设计控制器。在四旋翼飞行器控制中是常采用的一种控制器设计思路,占有较为重要的地位。

5. 反馈线性化

反馈线性化是一种非线性控制设计方法,核心思想就是通过反馈线性化方法把一个非线性系统转化为一个(全部或部分)线性系统,再采用线性系统的控制方法进行控制器设计。对于四旋翼飞行器这种多输入多输出非线性系统,通过反馈线性化方法转化为线性系统是比较困难的,往往很难实现。

此外,自适应控制、鲁棒控制以及智能控制(主要为模糊控制、神经网络控制、遗传算法优化控制、粒子群算法优化控制)等在四旋翼飞行器的控制中也有较多的应用和研究。

1.4 本书的写作结构

本书共 9 章,框架结构如图 1.2 所示。

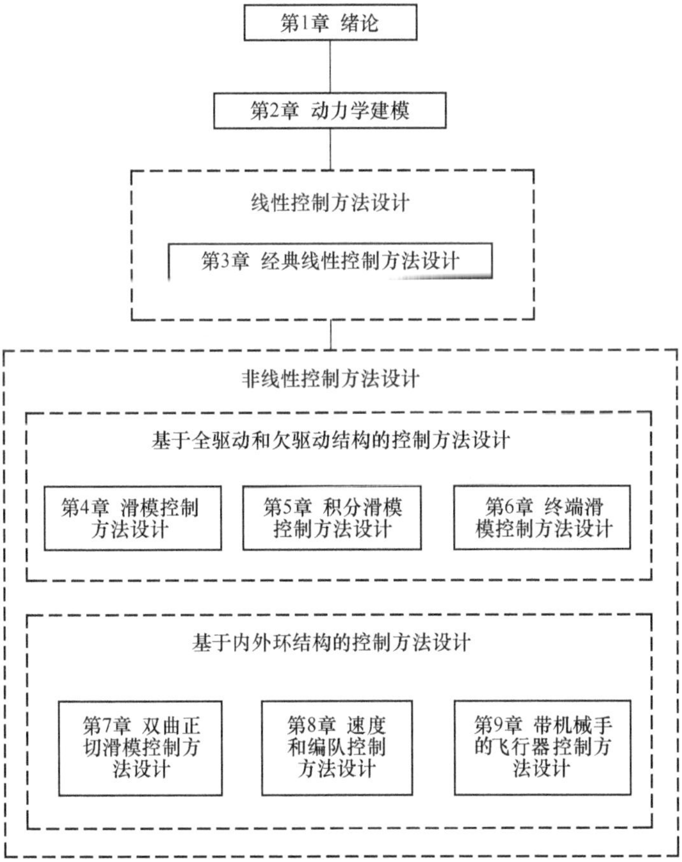

图 1.2 本书结构

第 1 章:绪论,简要介绍了四旋翼飞行器的基本构造和飞行运动方式、发展历程以及常用控制方法,并介绍了本书的基本写作结构。

第 2 章:首先采用牛顿欧拉法推导了四旋翼飞行器的动力学模型,其次介绍了 Simulink 模块中 S 函数的编程方法,并采用 S 函数编程方法在 MATLAB 中建立了四旋翼飞行器的动力学模型,便于后续章节控制器设计的仿真验证。

第 3 章：主要讨论了四旋翼飞行器的经典线性控制方法设计。首先对四旋翼飞行器的非线性动力学模型进行线性化处理，求出传递函数和状态空间方程。在此基础上，介绍了基于传递函数的控制器设计方法，即所谓的经典控制理论所提出的控制器设计方法，主要包括根轨迹法和频率特性法。同时也介绍了基于状态空间方程的所谓现代控制理论所提出的控制器设计方法，主要包括极点配置状态反馈法、基于状态观测器的状态反馈法、线性二次型最优调节器设计以及内模控制器等设计方法。此外，还介绍了 PID 控制器的设计方法。

第 4 章：首先介绍了 Lyapunov 稳定性理论的基本知识和滑模控制的基本概念，然后将四旋翼飞行器分解为全驱动子系统和欠驱动子系统，分别设计了滑模控制器。针对一类欠驱动系统提出了一种滑模控制器的设计方法，并将该方法应用于倒立摆控制和四旋翼飞行器的欠驱动系统的控制之中。此外，还针对四旋翼飞行器的欠驱动系统，提出了一种基于 Hurwitz 稳定的滑模控制设计方法。

第 5 章：将四旋翼飞行器分解为全驱动子系统和欠驱动子系统，分别设计了积分滑模控制器。首先针对一类欠驱动系统提出了一种积分滑模控制器的设计方法，并将该方法应用于倒立摆控制和四旋翼飞行器的欠驱动系统的控制之中。其次，针对四旋翼飞行器的欠驱动系统，还提出了一种基于 Hurwitz 稳定的积分滑模控制设计方法。

第 6 章：将四旋翼飞行器分解为全驱动子系统和欠驱动子系统，分别设计了终端滑模控制器。针对一类欠驱动系统提出了一种终端滑模控制器的设计方法，并将该方法应用于倒立摆控制和四旋翼飞行器的欠驱动系统的控制中。

第 7 章：将四旋翼飞行器分解为外环位置子系统和内环姿态子系统，分别设计了双曲正切滑模控制器。在设计双曲正切滑模控制器的过程中，采用了三种方法，第一种是一般的滑模控制设计方法，第二种是基于反演设计的滑模控制器设计方法，第三种是基于反演设计的动态滑模控制器设计方法。

第 8 章：首先将四旋翼飞行器分解为外环速度子系统和内环姿态子系统，在此基础上，针对四旋翼飞行器的速度控制，就内外环控制分别设计了双曲正切积分滑模控制器。针对四旋翼飞行器的编队控制，就内外环控制分别设计了双曲正切滑模控制器。

第 9 章：首先采用牛顿欧拉法推导了带单关节机械手的四旋翼飞行器动力学模型，并将其分解为外环位置子系统和内环姿态子系统，在此基础上，针对带机械手的四旋翼飞行器的轨迹跟踪控制，就内外环控制分别设计了双曲正切滑模控制器。

第 2 章 四旋翼飞行器动力学建模

四旋翼飞行器的动力学建模对于其控制系统的分析和设计非常重要。一般来说,要深入理解和控制四旋翼飞行器,有必要建立其动力学模型。许多系统,不管它们是机械的、电气的、热力的,还是经济学的、生物学的,其数学模型通常是微分方程[1]。当然四旋翼飞行器也不例外,其动力学模型也是微分方程。

分析四旋翼飞行器动力学模型,通常有两种理论[58]:

(1) 动力学基本理论,主要包括牛顿-欧拉方程。

(2) 拉格朗日力学,特别是二阶拉格朗日方程。

与之相对应,四旋翼飞行器动力学建模方法通常有两种:一种是牛顿-欧拉法,一种是拉格朗日法。本章将采用牛顿-欧拉法建立描述四旋翼飞行器姿态和位置的动力学模型。

2.1 假设条件

由于四旋翼飞行器建模比较复杂,要考虑的因素较多,为了简化问题,在建模之前,有必要做一些必要的假设[1,24]:

(1) 四旋翼飞行器为刚体。

(2) 四旋翼飞行器的几何中心和质心一致,惯性积 $I_{xy}=I_{yz}=I_{zx}=0$。

(3) 四旋翼飞行器的质量和转动惯量不随时间变化而变化。

(4) 四旋翼飞行器的空气阻力系数、阻力矩系数不随时间变化而变化。

(5) 把地球视作水平面,忽略其曲率,且认为地面坐标系为惯性坐标系。

(6) 四旋翼飞行器姿态角依实际情况限制为:滚转角 $\phi\left(-\frac{\pi}{2}<\phi<\frac{\pi}{2}\right)$、俯仰角 $\theta\left(-\frac{\pi}{2}<\theta<\frac{\pi}{2}\right)$ 和偏航角 $\psi(-\pi\leqslant\psi<\pi)$。

(7) 奇数标号的螺旋桨为顺时针转动,偶数标号的螺旋桨为逆时针转动,且螺旋桨的拉力总是与机身平面垂直。

2.2 坐 标 系

要建立系统的数学模型,首先必须建立坐标系,对于四旋翼飞行器建模来说,要描述清楚飞行器的运动,一般需要建立地面坐标系和机体坐标系。

1. 地面坐标系

四旋翼飞行器的坐标系统如图 2.1 所示,其中,地面坐标系为 $\boldsymbol{E}(o_e x_e y_e z_e)$。坐标原点 o_e 为地面上任选一点,$o_e x_e$ 轴指向任意方向,$o_e z_e$ 轴垂直于地面指向地心反方向,$x_e o_e y_e$ 为水平面,符合右手螺旋法则。

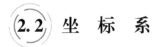

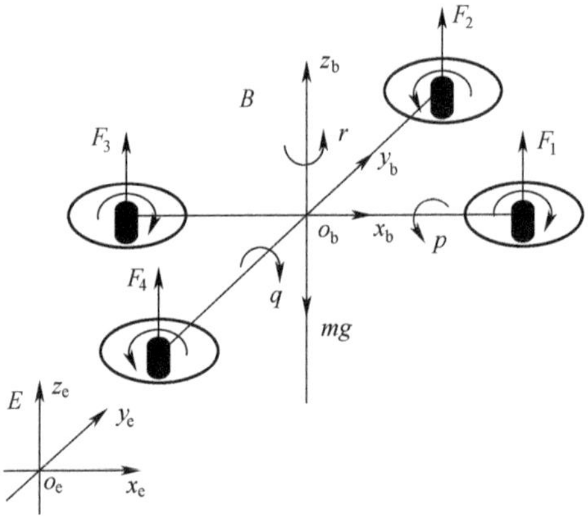

图 2.1　四旋翼飞行器的坐标系统

2. 机体坐标系

如图 2.1 所示,其中,机体坐标系为 $\boldsymbol{B}(o_b x_b y_b z_b)$。原点 o_b 在飞行器质心处,$o_b x_b$ 轴选取为与四旋翼飞行器垂直十字架的一个支架重合,$o_b y_b$ 轴与另一个支架重合,$o_b z_b$ 轴垂直于 $x_b o_b y_b$ 面指向飞行器上方,符合右手螺旋法则。

3. 姿态角

如图 2.2 所示,飞行器姿态角由机体坐标系和地面坐标系之间的关系来确定。俯仰角 θ 是 $o_b x_b$ 轴与 $x_e o_e y_e$ 面的夹角。偏航角 ψ 是 $o_b x_b$ 轴在 $x_e o_e y_e$ 面的投影与 $o_e x_e$ 轴的夹角。滚转角 ϕ 是 $o_b z_b$ 轴与包含 $o_b x_b$ 轴的垂直平面的夹角。

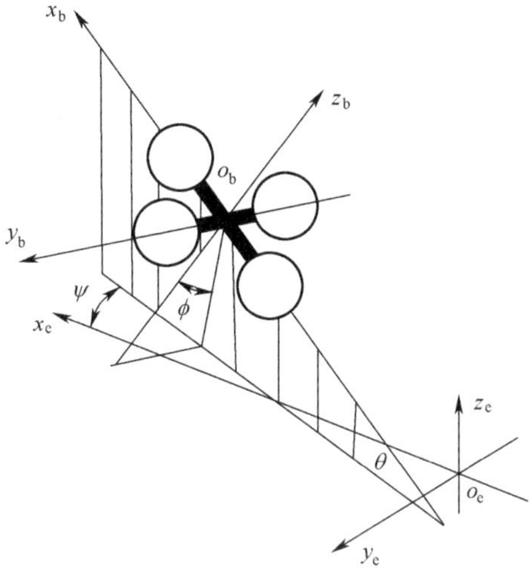

图 2.2　姿态角

2.3 动力学建模

刚体飞行器在空间中运动可分为两部分:质心平动和绕质心转动。描述飞行器在空间中的运动需要六个自由度:质心平动的三个线运动和绕质心转动的三个角运动。

设 $\boldsymbol{\xi}=[x,y,z]^{\mathrm{T}}\in\mathbf{R}^3$ 和 $\boldsymbol{V}=[\mu,\nu,w]^{\mathrm{T}}\in\mathbf{R}^3$ 分别为地面坐标系中的位置矢量和速度矢量; $\boldsymbol{\omega}=[p,q,r]^{\mathrm{T}}\in\mathbf{R}^3$ 和 $\boldsymbol{V}_{\mathrm{b}}=[\mu_{\mathrm{b}},\nu_{\mathrm{b}},w_{\mathrm{b}}]^{\mathrm{T}}\in\mathbf{R}^3$ 分别为机体坐标系中的角速度矢量和速度矢量; $\boldsymbol{\Psi}=[\phi,\theta,\psi]^{\mathrm{T}}\in\mathbf{R}^3$, ϕ,θ,ψ 分别表示四旋翼飞行器的三个姿态角:滚转角、俯仰角和偏航角。

很明显, $\boldsymbol{\xi}$ 和 $\boldsymbol{V}$ 有如下关系:

$$\dot{\boldsymbol{\xi}}=\boldsymbol{V} \tag{2.1}$$

$\boldsymbol{V}$ 和 $\boldsymbol{V}_{\mathrm{b}}$ 有如下关系[24]:

$$\boldsymbol{V}=\boldsymbol{R}\boldsymbol{V}_{\mathrm{b}} \tag{2.2}$$

其中,

$$\boldsymbol{R}=\begin{bmatrix}\cos\theta\cos\psi & \sin\phi\sin\theta\cos\psi-\cos\phi\sin\psi & \cos\phi\sin\theta\cos\psi+\sin\phi\sin\psi\\ \cos\theta\sin\psi & \sin\phi\sin\theta\sin\psi+\cos\phi\cos\psi & \cos\phi\sin\theta\sin\psi-\sin\phi\cos\psi\\ -\sin\phi & \sin\phi\cos\theta & \cos\phi\cos\theta\end{bmatrix} \tag{2.3}$$

$\boldsymbol{\Psi}$ 和 $\boldsymbol{\omega}$ 有如下关系[24]：

$$\dot{\boldsymbol{\Psi}} = \boldsymbol{M}\boldsymbol{\omega} \tag{2.4}$$

其中，

$$\boldsymbol{M} = \begin{bmatrix} 1 & \sin\phi\tan\theta & \cos\phi\tan\theta \\ 0 & \cos\phi & -\sin\phi \\ 0 & \sin\phi\sec\theta & \cos\phi\sec\theta \end{bmatrix} \tag{2.5}$$

针对四旋翼飞行器，由牛顿-欧拉公式有：

$$\begin{cases} m\dot{\boldsymbol{V}} = \sum \boldsymbol{F} \\ \boldsymbol{I}\dot{\boldsymbol{\omega}} + \boldsymbol{\omega} \times \boldsymbol{I}\boldsymbol{\omega} = \sum \boldsymbol{T}_{\text{ext}} \end{cases} \tag{2.6}$$

其中，

$$\boldsymbol{I} = \begin{bmatrix} I_{\text{x}} & 0 & 0 \\ 0 & I_{\text{y}} & 0 \\ 0 & 0 & I_{\text{z}} \end{bmatrix} \tag{2.7}$$

$I_{\text{x}}, I_{\text{y}}, I_{\text{z}}$ 为四旋翼飞行器在机体坐标系中沿 $x_{\text{b}}, y_{\text{b}}, z_{\text{b}}$ 三个坐标轴的转动惯量；$\sum \boldsymbol{F}, \sum \boldsymbol{T}$ 分别代表作用于四旋翼飞行器的合外力与合外力矩。

$\sum \boldsymbol{F}, \sum \boldsymbol{T}$ 可以按下式求出：

$$\begin{cases} \sum \boldsymbol{F} = \begin{bmatrix} 0 \\ 0 \\ -mg \end{bmatrix} + \begin{bmatrix} -A_{\text{x}} \\ -A_{\text{y}} \\ -A_{\text{z}} \end{bmatrix} + \boldsymbol{R} \begin{bmatrix} 0 \\ 0 \\ u_1 \end{bmatrix} \\ \sum \boldsymbol{T} = \boldsymbol{u}_{\text{a}} + \boldsymbol{u}_{\text{t}} + \boldsymbol{u}_{\text{g}} \end{cases} \tag{2.8}$$

其中，m 为四旋翼飞行器的质量，g 为重力加速度，u_1 为四旋翼飞行器上四个螺旋桨产生的总升力，$\boldsymbol{u}_{\text{a}}$ 表示空气阻力矩矢量，$\boldsymbol{u}_{\text{t}}$ 表示四个螺旋桨对飞行器所产生的力矩矢量，$\boldsymbol{u}_{\text{g}}$ 为四个螺旋桨对飞行器所产生的陀螺力矩矢量。

四个螺旋桨产生的总升力 u_1 按下式计算：

$$u_1 = F_1 + F_2 + F_3 + F_4 \tag{2.9}$$

其中，$F_i(i = 1,2,3,4)$ 为第 i 个螺旋桨产生的升力。

$$F_i = b\omega_i^2 \tag{2.10}$$

其中，$\omega_i(i = 1,2,3,4)$ 表示第 i 个螺旋桨的转速，b 为螺旋桨的升力系数。

$A_{\text{x}}, A_{\text{y}}, A_{\text{z}}$ 为在地面坐标系中，四旋翼飞行器分别在三个坐标轴 $x_{\text{e}}, y_{\text{e}}, z_{\text{e}}$ 方向上所受的空气阻力，假设其大小分别与其对应的速度成比例关系，则有

$$\begin{bmatrix} A_x \\ A_y \\ A_z \end{bmatrix} = \begin{bmatrix} K_1 \mu \\ K_2 \nu \\ K_3 w \end{bmatrix} \tag{2.11}$$

其中，$K_i(i = 1,2,3)$ 表示对应的空气阻力系数，显然这里空气阻力系数会随着飞行器姿态不同而有变化，对于飞行器做小角度的姿态变化，这种改变比较小，为了简化问题，一般假设为保持不变。

空气阻力矩矢量 $\boldsymbol{u}_a$ 按下式计算：

$$\boldsymbol{u}_a = \begin{bmatrix} -A_p \\ -A_q \\ -A_r \end{bmatrix} \tag{2.12}$$

其中，A_p,A_q,A_r 为在机体坐标系中，四旋翼飞行器分别在三个坐标轴 x_b,y_b,z_b 方向上所受的空气阻力矩，假设其大小分别与其对应的角速度成比例关系，则有：

$$\begin{bmatrix} A_p \\ A_q \\ A_r \end{bmatrix} = \begin{bmatrix} K_4 p \\ K_5 q \\ K_6 r \end{bmatrix} \tag{2.13}$$

其中，$K_i(i = 4,5,6)$ 表示对应的空气阻力矩系数。

四个旋翼对飞行器所产生的力矩矢量 $\boldsymbol{u}_t$ 按下式计算：

$$\boldsymbol{u}_t = \begin{bmatrix} u_2 \\ u_3 \\ u_4 \end{bmatrix} \tag{2.14}$$

其中，u_2 为左右两个螺旋桨升力之差形成的滚转力矩，u_3 为前后两个螺旋桨升力之差形成的俯仰力矩，u_4 为顺时针运转的两个螺旋桨与逆时针运转的两个螺旋桨扭转力矩之差形成的偏航力矩。

u_1，u_2，u_3，u_4 按下式计算：

$$\begin{bmatrix} u_1 \\ u_2 \\ u_3 \\ u_4 \end{bmatrix} = \begin{bmatrix} b & b & b & b \\ 0 & -lb & 0 & lb \\ -lb & 0 & lb & 0 \\ d & -d & d & -d \end{bmatrix} \begin{bmatrix} \omega_1^2 \\ \omega_2^2 \\ \omega_3^2 \\ \omega_4^2 \end{bmatrix} \tag{2.15}$$

其中，l 为螺旋桨轴到飞行器质心的距离，d 为螺旋桨的扭矩系数。

四个螺旋桨对飞行器所产生的陀螺力矩矢量 $\boldsymbol{u}_g$ 按下式计算[2,4]：

$$\boldsymbol{u}_{\mathrm{g}} = -J_{\mathrm{p}}\left(\boldsymbol{\omega} \times \begin{bmatrix} 0 \\ 0 \\ 1 \end{bmatrix}\right)\Omega \tag{2.16}$$

其中,

$$\Omega = \omega_1 - \omega_2 + \omega_3 - \omega_4 \tag{2.17}$$

J_{p} 为螺旋桨的转动惯量。

由式(2.1)、式(2.4)、式(2.6)可得四旋翼飞行器的动力学模型为:

$$\begin{cases} \dot{x} = \mu \\ \dot{y} = \nu \\ \dot{z} = w \\ \dot{\mu} = -\dfrac{K_1}{m}\mu + \dfrac{\cos\phi\sin\theta\cos\psi + \sin\phi\sin\psi}{m}u_1 \\ \dot{\nu} = -\dfrac{K_2}{m}\nu + \dfrac{\cos\phi\sin\theta\sin\psi - \sin\phi\cos\psi}{m}u_1 \\ \dot{w} = -\dfrac{K_3}{m}w - g + \dfrac{\cos\phi\cos\theta}{m}u_1 \\ \dot{\phi} = p + q\sin\phi\tan\theta + r\cos\phi\tan\theta \\ \dot{\theta} = q\cos\phi - r\sin\phi \\ \dot{\psi} = q\sin\phi\sec\theta + r\cos\phi\sec\theta \\ \dot{p} = \dfrac{I_{\mathrm{y}} - I_{\mathrm{z}}}{I_{\mathrm{x}}}qr + \dfrac{J_{\mathrm{p}}}{I_{\mathrm{x}}}q\Omega - \dfrac{K_4}{I_{\mathrm{x}}}p + \dfrac{1}{I_{\mathrm{x}}}u_2 \\ \dot{q} = \dfrac{I_{\mathrm{z}} - I_{\mathrm{x}}}{I_{\mathrm{y}}}pr - \dfrac{J_{\mathrm{p}}}{I_{\mathrm{y}}}p\Omega - \dfrac{K_5}{I_{\mathrm{y}}}q + \dfrac{1}{I_{\mathrm{y}}}u_3 \\ \dot{r} = \dfrac{I_{\mathrm{x}} - I_{\mathrm{y}}}{I_{\mathrm{z}}}pq - \dfrac{K_6}{I_{\mathrm{z}}}r + \dfrac{1}{I_{\mathrm{z}}}u_4 \end{cases} \tag{2.18}$$

该动力学模型较复杂,不便于控制器设计,一般可做如下简化:

(1) 假设飞行器运动时俯仰角和滚转角较小,则可近似取 $\dot{\phi} \approx p$, $\dot{\theta} \approx q$, $\dot{\psi} \approx r$。

(2) 除了飞行器偏航运动时,四个螺旋桨转速有个差值而形成偏航力矩外,其他情况下四个螺旋桨转速偏差不大,一般可假设 $\Omega \approx 0$,即忽略四个螺旋桨对飞行器所产生的陀螺力矩影响。

则式(2.18)可以简化为：

$$\begin{cases}\ddot{x}=-\frac{K_1}{m}\dot{x}+\frac{\cos\phi\sin\theta\cos\psi+\sin\phi\sin\psi}{m}u_1\\\ddot{y}=-\frac{K_2}{m}\dot{y}+\frac{\cos\phi\sin\theta\sin\psi-\sin\phi\cos\psi}{m}u_1\\\ddot{z}=-\frac{K_3}{m}\dot{z}-g+\frac{\cos\phi\cos\theta}{m}u_1\\\ddot{\phi}=\frac{I_y-I_z}{I_x}\dot{\theta}\dot{\psi}-\frac{K_4}{I_x}\dot{\phi}+\frac{1}{I_x}u_2\\\ddot{\theta}=\frac{I_z-I_x}{I_y}\dot{\phi}\dot{\psi}-\frac{K_5}{I_y}\dot{\theta}+\frac{1}{I_y}u_3\\\ddot{\psi}=\frac{I_x-I_y}{I_z}\dot{\phi}\dot{\theta}-\frac{K_6}{I_z}\dot{\psi}+\frac{1}{I_z}u_4\end{cases}\tag{2.19}$$

2.4 在MATLAB中建立四旋翼飞行器模型

2.4.1 基于S函数的Simulink仿真

1. S函数简介

S函数是系统函数(system function)的简称，是Simulink的重要组成部分。S函数可以实现在Simulink中用非图形化的方式来描述一个模块，它由一种特定的语法构成，用来描述并实现连续系统、离散系统以及复合系统等动态系统，能够实现与Simulink求解器的有效沟通，为基于Simulink的仿真提供了强大的拓展能力。

通过使用S函数可以向Simulink模型中添加自定义模块，且可以自由选择使用MATLAB、C、C++等语言来创建S函数。S函数中使用文本方式输入公式和方程，适合复杂动态系统的数学描述，并且在仿真过程中可以对仿真参数进行更精确的描述[26]。

一个完整的S函数结构体系能够全面地描述一个动态系统。在控制系统设计中，S函数可用来描述控制器算法和被控对象模型。

2. S函数的工作原理

要正确地使用S函数来实现自定义的Simulink模块，必须要理解S函数的工作原理。要理解 S 函数的工作原理，有必要了解 Simulink 的工作方式。

假设有如下状态空间表达式：

$$\begin{cases}\dot{\boldsymbol{x}}=\boldsymbol{A}\boldsymbol{x}+\boldsymbol{B}\boldsymbol{u}\\ \boldsymbol{y}=\boldsymbol{C}\boldsymbol{x}+\boldsymbol{D}\boldsymbol{u}\end{cases} \tag{2.20}$$

其中，$\boldsymbol{x}$ 为状态向量，$\boldsymbol{u}$ 为输入向量，$\boldsymbol{y}$ 为输出向量，$\boldsymbol{A}$ 为状态矩阵，$\boldsymbol{B}$ 为控制矩阵，$\boldsymbol{C}$ 为观测矩阵，$\boldsymbol{D}$ 为前馈矩阵。

Simulink 仿真模型与状态空间表达式类似，在 Simulink 中每个模块也有三个基本元素：状态向量、输入向量和输出向量。其中，状态向量是最重要的一个概念，它们三者之间的关系也可用式（2.20）所示的状态空间表达式来描述。

Simulink 在仿真时，先初始化，再更新模型的状态（包括连续状态和离散状态），也即求状态的导数，然后计算模型的输出，且更新状态和计算输出反复循环进行，直到终止条件出现为止。这里有必要提及一个概念：仿真循环（simulation loop）。

一个仿真循环就是按一定顺序组成的执行序列，一次仿真循环就是一个仿真步长，在一个仿真步长中，模型中各模块的仿真按照事先安排好的顺序依次执行。在仿真开始时，Simulink 首先对模型进行初始化，该阶段不属于仿真循环的部分。在所有模块都初始化后，模块进入仿真循环，在仿真循环的每个阶段，Simulink 都要调用模块或者 S 函数。

下面以 MATLAB 中提供的自定义 S 函数模板为例说明 S 函数的工作原理。

MATLAB 中提供的自定义 S 函数模板[26-27]，如下：

```
% 主函数
function [sys,x0,str,ts ,simStateCompliance]=sfuntmpl(t,x,u,flag)
switch flag  % flag 为标志位,取值不同,S 函数执行的任务和返回的数据也不同
  case 0     % 调用初始化函数
    [sys,x0,str,ts,simStateCompliance]=mdlInitializeSizes;
  case 1     % 调用连续状态的更新函数
    sys=mdlDerivatives(t,x,u);
  case 2     % 调用离散状态的更新函数
    sys=mdlUpdate(t,x,u);
  case 3     % 调用输出量的计算函数
    sys=mdlOutputs(t,x,u);
  case 4     % 调用计算下一步仿真时刻的函数
    sys=mdlGetTimeOfNextVarHit(t,x,u);
  case 9     % 调用终止仿真过程的函数
    sys=mdlTerminate(t,x,u);
```

```
  otherwise    % 错误处理
    DAStudio.error ('Simulink: blocks: unhandledFlag ', num2str
(flag));
end
% 初始化函数:提供状态、输入、输出、采样时间数目和初始状态的值。
function [sys,x0,str,ts,simStateCompliance] = mdlInitializeSizes
sizes = simsizes;                    % 生成 sizes 数据结构
sizes.NumContStates  = 0;            % 连续状态量个数,缺省为 0
sizes.NumDiscStates  = 0;            % 离散状态量个数,缺省为 0
sizes.NumOutputs     = 0;            % 输出量个数,缺省为 0
sizes.NumInputs      = 0;            % 输入量个数,缺省为 0
sizes.DirFeedthrough = 1;            % 输入信号是否直接在输出端出现,是则取 1,
否则取 0,缺省为 1
sizes.NumSampleTimes = 1;
% 模块采样周期的个数,至少取 1,S 函数支持多采样周期系统
sys = simsizes(sizes);      % 返回 sizes 数据结构所包含的信息
x0  = [];          % 设置初始状态的值
str = [];          % 保留变量,置为空矩阵
ts  = [0 0];    % 采样时间:[采样周期偏移量],采样时间取 0 表示为连续系统
simStateCompliance = 'UnknownSimState';
% 连续状态的更新函数:计算连续状态的导数,用户需在此例程输入连续状态方程,该函
数可以不需要。
function sys=mdlDerivatives(t,x,u)
sys = [];   % sys 表示连续状态导数
% 离散状态的更新函数:计算离散状态的更新,用户除了需在此输入离散状态方程外,还
可以输入其他每个仿真步长都有必要执行的代码,该函数可以不需要。
function sys=mdlUpdate(t,x,u)
sys = [];   % sys 表示下一个离散状态
% 输出量的计算函数:计算模块输出,该函数是必须的,用户在此输入系统的输出方程。
function sys=mdlOutputs(t,x,u)
sys = [];   % sys 表示系统输出
% 计算下一步仿真时刻,并将计算得出的下一步仿真时间由 sys 变量返回。
function sys=mdlGetTimeOfNextVarHit(t,x,u)
sampleTime = 1;     % 设置下一次的采样时间是 1s 以后
sys = t + sampleTime;     % sys 表示下一个采样时间点
% 终止仿真过程,用户在此输入结束仿真所需要的工作。
function sys=mdlTerminate(t,x,u)
```

```
sys = [];
```

该模板函数中，sfuntmpl 为 S 函数的函数名。

主函数的四个输入参数分别是采样时间 t、状态 x、输入 u 和仿真流程控制标志位 flag。

主函数包含四个输出参数：sys 数组返回某个子函数的返回值，它的含义随着调用子函数的不同而不同；x0 为所有状态的初始化向量；str 是保留参数，总是一个空矩阵；ts 返回系统采样时间。

从该模板函数可以看出，S 函数主要完成如下任务：

(1) 初始化：主要包括初始化包含 S 函数所有信息的结构体 SimStruct；确定输入输出端口的数目和大小；确定模块的采样时间；分配内存和 Sizes 数组。

(2) 计算导数：计算连续状态的导数。

(3) 更新离散状态：计算离散状态的更新，此例程在每个仿真步长处都要执行一次。

(4) 计算输出：计算所有输出端口的输出值。

(5) 计算下一个采样时刻：计算变步长的下一个采样时间点。

需要指出的是，虽然不论在哪个仿真阶段，例程子函数的返回变量都是 sys，但是，尽管是相同的 sys 变量，但在不同的仿真阶段其意义是不相同的，Simulink 不但根据所处的仿真阶段为 flag 传入不同的值，还会为返回变量 sys 指定不同的角色，且都是自动完成的。

3. S 函数使用步骤

S 函数的一般使用步骤如下[26]：

(1) 创建 S 函数源文件。用户可以选用 MATLAB 语言、C 语言、C++语言等来创建自己的 S 函数。Simulink 提供了很多 S 函数模板和例子，用户可以根据自己的需要修改相应的模板和例子来创建自己的 S 函数。

(2) 在用户自己建立的 Simulink 模型框图中添加自定义的 S 函数模块，并做好相应的设置。

(3) 在 Simulink 模型框图中根据自定义的 S 函数功能做好其输入输出接口与其他模块的输入输出接口连接。

为了便于用户使用和编写自定义 S 函数，Simulink 的 Functions&Tables 模块库同时提供了 S-functiondemos 模块组，该模块组提供了各种 S 函数模板和例子。

2.4.2 利用 S 函数建立四旋翼飞行器模型

本书所研究的四旋翼飞行器本体参数如表 2.1 所示。

表 2.1 四旋翼飞行器本体参数

参数名称	参数符号	数值	单位
四旋翼飞行器质量	m	1.2	kg
重力加速度	g	9.8	m/s^2
飞行器绕机体坐标 x_b 轴的转动惯量	I_x	0.0091	$kg \cdot m^2$
飞行器绕机体坐标 y_b 轴的转动惯量	I_y	0.0096	$kg \cdot m^2$
飞行器绕机体坐标 z_b 轴的转动惯量	I_z	0.0189	$kg \cdot m^2$
地面坐标 x_e 轴方向上的空气阻力系数	K_1	0.01	N · s/m
地面坐标 y_e 轴方向上的空气阻力系数	K_2	0.012	N · s/m
地面坐标 z_e 轴方向上的空气阻力系数	K_3	0.019	N · s/m
绕机体坐标 x_e 轴的空气阻力矩系数	K_4	0.0022	N · m · s/rad
绕机体坐标 y_e 轴的空气阻力矩系数	K_5	0.0024	N · m · s/rad
绕机体坐标 z_e 轴的空气阻力矩系数	K_6	0.0031	N · m · s/rad

针对式(2.19)所示的四旋翼飞行器动力学模型,其S函数描述介绍如下:

1. 模型初始化函数 mdlInitializeSizes

取四旋翼飞行器的12个状态变量为 $x,\dot{x},y,\dot{y},z,\dot{z},\phi,\dot{\phi},\theta,\dot{\theta},\psi,\dot{\psi}$;4个输入变量为 u_1,u_2,u_3,u_4;12个输出变量为按原顺序把12个状态变量全部输出,模型初始化参数为[1;0;2;0;0;0;0.05;0;0.05;0;0.1;0]。

2. 用于描述微分方程的求导函数 mdlDerivatives

该函数用于描述微分方程,并对微分方程进行数值求解。在控制系统编程中,该函数用于描述被控对象和自适应律等带有求导环节的模型。在 Simulink 环境下,需要选择数值求解方法,例如可选择 ode45 方法。ode45 表示采用四阶-五阶 Runge-Kutta 算法,它用4阶方法提供候选解,5阶方法控制误差,是一种自适应步长(变步长)的常微分方程数值解法。

此函数需特别注意的是,函数的返回值是导数,系统将会自动采用数值的方法求导。

3. 模型输出函数 mdlOutputs

模型输出函数 mdlOutputs 一般用于描述控制器或模型输出。

综上所述,四旋翼飞行器动力学模型完整的S函数程序如下:

程序:chap2_qrplant.m

```
function [sys,x0,str,ts]=chap2_qrplant(t,x,u,flag)
switch flag
```

```
  case 0
    [sys,x0,str,ts]=mdlInitializeSizes;
  case 1
    sys=mdlDerivatives(t,x,u);
  case 3
    sys=mdlOutputs(t,x,u);
  case {2, 4, 9 }
    sys = [];
  otherwise
    error(['Unhandled flag = ',num2str(flag)]);
end
function [sys,x0,str,ts]=mdlInitializeSizes
sizes = simsizes;
sizes.NumContStates  = 12;
sizes.NumDiscStates  = 0;
sizes.NumOutputs     = 12;
sizes.NumInputs      = 4;
sizes.DirFeedthrough = 1;
sizes.NumSampleTimes = 1;
sys=simsizes(sizes);
x0=[1;0;2;0;0;0;0.05;0;0.05;0;0.1;0];
str=[];
ts=[0 0];
function sys=mdlDerivatives(t,x,u)
m=1.2;g=9.8;
Ix=0.0091;Iy=0.0096;Iz=0.0189;
K1=0.01;K2=0.012;K3=0.019;K4=0.0022;K5=0.0024;K6=0.0031;
a1=(Iy-Iz)/Ix;a2=(Iz-Ix)/Iy;a3=(Ix-Iy)/Iz;
b1=1/Ix;b2=1/Iy;b3=1/Iz;
d_x=x(2);d_y=x(4);d_z=x(6);
roll=x(7);d_roll=x(8);
pitch=x(9);d_pitch=x(10);
yaw=x(11);d_yaw=x(12);
U=u(1);T_roll=u(2);T_pitch=u(3);T_yaw=u(4);
Ax=-K1*d_x;
Ay=-K2*d_y;
Az=-K3*d_z;
```

```
Ap=-K4*d_roll;
Aq=-K5*d_pitch;
Ar=-K6*d_yaw;
g1=(1/m)*(cos(roll)*sin(pitch)*cos(yaw)+sin(roll)*sin(yaw));
g2=(1/m)*(cos(roll)*sin(pitch)*sin(yaw)-sin(roll)*cos(yaw));
g3=(1/m)*(cos(roll)*cos(pitch));
dd_x=Ax/m+g1*U;
dd_y=Ay/m+g2*U;
dd_z=Az/m-g+g3*U;
dd_roll=a1*d_pitch*d_yaw+b1*Ap+b1*T_roll;
dd_pitch=a2*d_roll*d_yaw+b2*Aq+b2*T_pitch;
dd_yaw=a3*d_roll*d_pitch+b3*Ar+b3*T_yaw;
sys(1)=d_x;sys(2)=dd_x;
sys(3)=d_y;sys(4)=dd_y;
sys(5)=d_z;sys(6)=dd_z;
sys(7)=d_roll;sys(8)=dd_roll;
sys(9)=d_pitch;sys(10)=dd_pitch;
sys(11)=d_yaw;sys(12)=dd_yaw;
function sys=mdlOutputs(t,x,u)
sys(1)=x(1);sys(2)=x(2);sys(3)=x(3);
sys(4)=x(4);sys(5)=x(5);sys(6)=x(6);
sys(7)=x(7);sys(8)=x(8);sys(9)=x(9);
sys(10)=x(10);sys(11)=x(11);sys(12)=x(12);
```

第 3 章
四旋翼飞行器经典线性控制方法设计

控制理论发展主要经历了三个重要阶段:第一阶段是以传递函数为基础的经典控制理论;第二阶段是以状态空间表达式为基础的现代控制理论;第三阶段是以模糊控制、神经网络控制、遗传算法等为主要内容的所谓智能控制理论。对于四旋翼飞行器的控制,首先想到的是能否利用经典控制理论来设计控制器,由于经典控制理论是以传递函数为基础的,而传递函数是描述线性定常系统的,要想利用经典控制理论,被控对象一定要是线性定常系统,或至少是要能简化为线性定常系统。从第 2 章得出的四旋翼飞行器动力学模型来看,它不是线性定常系统,不能直接采用经典控制理论来设计控制器。因此,在采用经典控制理论设计控制器之前,有必要对四旋翼飞行器动力学模型进行线性化处理以求出传递函数。此外,为了采用现代控制理论设计四旋翼飞行器的控制器,也需要建立四旋翼飞行器的状态空间模型。

本章主要讨论对四旋翼飞行器动力学模型进行线性化,求出其传递函数和状态空间表达式,再利用经典控制理论和现代控制理论设计其控制器。

3.1 四旋翼飞行器动力学模型的线性化

第 2 章建立的四旋翼飞行器简化模型如下:

$$\begin{cases}\ddot{x}=-\dfrac{K_1}{m}\dot{x}+\dfrac{\cos\phi\sin\theta\cos\psi+\sin\phi\sin\psi}{m}u_1\\[2ex]\ddot{y}=-\dfrac{K_2}{m}\dot{y}+\dfrac{\cos\phi\sin\theta\sin\psi-\sin\phi\cos\psi}{m}u_1\\[2ex]\ddot{z}=-\dfrac{K_3}{m}\dot{z}-g+\dfrac{\cos\phi\cos\theta}{m}u_1\end{cases}$$

$$\begin{cases}\ddot{\phi}=\dfrac{I_{y}-I_{z}}{I_{x}}\dot{\theta}\dot{\psi}-\dfrac{K_{4}}{I_{x}}\dot{\phi}+\dfrac{1}{I_{x}}u_{2}\\ \ddot{\theta}=\dfrac{I_{z}-I_{x}}{I_{y}}\dot{\phi}\dot{\psi}-\dfrac{K_{5}}{I_{y}}\dot{\theta}+\dfrac{1}{I_{y}}u_{3}\\ \ddot{\psi}=\dfrac{I_{x}-I_{y}}{I_{z}}\dot{\phi}\dot{\theta}-\dfrac{K_{6}}{I_{z}}\dot{\psi}+\dfrac{1}{I_{z}}u_{4}\end{cases}\tag{3.1}$$

为了方便控制器设计，可以将四旋翼飞行器动力学模型分为四个子系统：高度子系统 Π_1、偏航子系统 Π_2、俯仰纵移子系统 Π_3 、滚转侧移子系统 Π_4 ，具体如下：

$$\Pi_{1}:\ddot{z}=-\frac{K_{3}}{m}\dot{z}-g+\frac{\cos\phi\cos\theta}{m}u_{1}\tag{3.2}$$

$$\Pi_{2}:\ddot{\psi}=\frac{I_{x}-I_{y}}{I_{z}}\dot{\phi}\dot{\theta}-\frac{K_{6}}{I_{z}}\dot{\psi}+\frac{1}{I_{z}}u_{4}\tag{3.3}$$

$$\Pi_{3}:\begin{cases}\ddot{x}=-\dfrac{K_{1}}{m}\dot{x}+\dfrac{\cos\phi\sin\theta\cos\psi+\sin\phi\sin\psi}{m}u_{1}\\ \ddot{\theta}=\dfrac{I_{z}-I_{x}}{I_{y}}\dot{\phi}\dot{\psi}-\dfrac{K_{5}}{I_{y}}\dot{\theta}+\dfrac{1}{I_{y}}u_{3}\end{cases}\tag{3.4}$$

$$\Pi_{4}:\begin{cases}\ddot{y}=-\dfrac{K_{2}}{m}\dot{y}+\dfrac{\cos\phi\sin\theta\sin\psi-\sin\phi\cos\psi}{m}u_{1}\\ \ddot{\phi}=\dfrac{I_{y}-I_{z}}{I_{x}}\dot{\theta}\dot{\psi}-\dfrac{K_{4}}{I_{x}}\dot{\phi}+\dfrac{1}{I_{x}}u_{2}\end{cases}\tag{3.5}$$

为了对四旋翼飞行器动力学模型进行线性化处理，可以做如下假设：

假设1：飞行器在高度方向飞行过程中，不做俯仰运动和滚转运动，即 $\theta=0$，$\dot{\theta}=0$，$\phi=0$，$\dot{\phi}=0$。

假设2：飞行器在做偏航飞行过程中，不做俯仰运动和滚转运动，即 $\theta=0$，$\dot{\theta}=0$，$\phi=0$，$\dot{\phi}=0$。

假设3：飞行器在做俯仰飞行过程中，不做滚转和偏航运动，同时保持定高飞行，且做俯仰飞行时，只做小角度的俯仰飞行。

假设4：飞行器在做滚转飞行过程中，不做俯仰和偏航运动，同时保持定高飞行，且做滚转飞行时，只做小角度的滚转飞行。

3.1.1　高度子系统的传递函数

对于式 (3.3) 所示的偏航子系统，根据假设1，则式 (3.2) 可转换为：

$$\ddot{z} = -\frac{K_3}{m}\dot{z} - g + \frac{1}{m}u_1 \tag{3.6}$$

显然,式 (3.6) 所示系统是典型的线性定常系统,但是不满足零初始条件,不能求出传递函数,因此,对于输入 u_1 做如下替换:

$$u_{1c} = -g + \frac{1}{m}u_1 \tag{3.7}$$

则式 (3.6) 可以转换为:

$$\ddot{z} = -\frac{K_3}{m}\dot{z} + u_{1c} \tag{3.8}$$

则可以对式 (3.8) 两边同时进行拉普拉斯变换,并代入零初始条件可得高度子系统 Π_1 的线位移传递函数为:

$$G_{ap}(s) = \frac{\mathcal{L}[z(t)]}{\mathcal{L}[u_{1c}(t)]} = \frac{1}{s^2 + \frac{K_3}{m}s} \tag{3.9}$$

其中, $\mathcal{L}[z(t)]$ 代表对输出量 $z(t)$ 的拉普拉斯变换, $\mathcal{L}[u_{1c}(t)]$ 代表对输入量 $u_{01}(t)$ 的拉普拉斯变换。这样经过式 (3.7) 替换处理后求出的 $u_{1c}(t)$,必须由式 (3.7) 反过来求出原来替换前的输入量 $u_1(t)$ 。

针对式 (3.8) ,如果把线速度 $\dot{z}(t)$ 作为输出,则经过拉普拉斯变换,并代入零初始条件可得高度子系统 Π_1 的线速度传递函数为:

$$G_{av}(s) = \frac{\mathcal{L}[\dot{z}(t)]}{\mathcal{L}[u_{1c}(t)]} = \frac{1}{s + \frac{K_3}{m}} \tag{3.10}$$

3.1.2 偏航子系统的传递函数

对于式 (3.3) 所示的偏航子系统,根据假设 2,则式 (3.3) 可转换为:

$$\ddot{\psi} = -\frac{K_6}{I_z}\dot{\psi} + \frac{1}{I_z}u_4 \tag{3.11}$$

很明显,式 (3.11) 所示系统是典型的线性定常系统,也可设定满足零初始条件,则可以对式 (3.11) 两边同时进行拉普拉斯变换,并代入零初始条件可得偏航子系统 Π_2 的角位移传递函数为:

$$G_{yp}(s) = \frac{\mathcal{L}[\psi(t)]}{\mathcal{L}[u_4(t)]} = \frac{\frac{1}{I_z}}{s^2 + \frac{K_6}{I_z}s} \tag{3.12}$$

针对式 (3.11) ,如果把角速度 $\dot{\psi}(t)$ 作为输出,则经过拉普拉斯变换,并代入零初始条件可得偏航子系统 Π_2 的角速度传递函数为:

$$G_{yv}(s)=\frac{\mathcal{L}[\dot{\psi}(t)]}{\mathcal{L}[u_4(t)]}=\frac{\dfrac{1}{I_z}}{s+\dfrac{K_6}{I_z}} \tag{3.13}$$

3.1.3 俯仰纵移子系统的传递函数

对于式 (3.4) 所示的俯仰纵移子系统,根据假设 3,由不做滚转和偏航运动的假设条件可得 $\phi=0,\dot{\phi}=0,\psi=0,\dot{\psi}=0$,则式 (3.4) 可转换为:

$$\begin{cases}\ddot{x}=-\dfrac{K_1}{m}\dot{x}+\dfrac{\sin\theta}{m}u_1\\[2ex]\ddot{\theta}=-\dfrac{K_5}{I_y}\dot{\theta}+\dfrac{1}{I_y}u_3\end{cases} \tag{3.14}$$

根据假设 3,由飞行器定高飞行的假设,可得 $\dot{z}=0,\ddot{z}=0$,则由式 (3.2) 可得:

$$u_1=\frac{mg}{\cos\theta} \tag{3.15}$$

将式 (3.15) 代入式 (3.14) 可得:

$$\begin{cases}\ddot{x}=-\dfrac{K_1}{m}\dot{x}+g\tan\theta\\[2ex]\ddot{\theta}=-\dfrac{K_5}{I_y}\dot{\theta}+\dfrac{1}{I_y}u_3\end{cases} \tag{3.16}$$

根据假设 3,由只做小角度的俯仰飞行假设可得, $\tan\theta\approx\theta$,则式 (3.16) 可转换为:

$$\begin{cases}\ddot{x}=-\dfrac{K_1}{m}\dot{x}+g\theta\\[2ex]\ddot{\theta}=-\dfrac{K_5}{I_y}\dot{\theta}+\dfrac{1}{I_y}u_3\end{cases} \tag{3.17}$$

式 (3.17) 所示系统是典型的欠驱动系统,输入量为 u_3 ,输出量为 θ 和 x 。可以先由 u_3 控制 θ ,再由 θ 来获得 x 。

对式 (3.17) 的第一个方程两边同时进行拉普拉斯变换,并代入零初始条件可得:

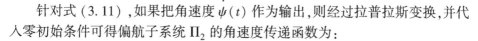

$$\frac{\mathcal{L}[x(t)]}{\mathcal{L}[\theta(t)]}=\frac{g}{s^2+\dfrac{K_1}{m}s} \tag{3.18}$$

针对式 (3.17) 的第一个方程,如果把线速度 $\dot{x}(t)$ 作为输出,则经过拉普拉斯变换,并代入零初始条件可得:

$$\frac{\mathcal{L}[\dot{x}(t)]}{\mathcal{L}[\theta(t)]}=\frac{g}{s+\dfrac{K_1}{m}} \tag{3.19}$$

对式 (3.17) 的第二个方程两边同时进行拉普拉斯变换,并代入零初始条件可得:

$$\frac{\mathcal{L}[\theta(t)]}{\mathcal{L}[u_3(t)]}=\frac{\dfrac{1}{I_y}}{s^2+\dfrac{K_5}{I_y}s} \tag{3.20}$$

针对式 (3.17) 的第二个方程,如果把角速度 $\dot{\theta}(t)$ 作为输出,则经过拉普拉斯变换,并代入零初始条件可得:

$$\frac{\mathcal{L}[\dot{\theta}(t)]}{\mathcal{L}[u_3(t)]}=\frac{\dfrac{1}{I_y}}{s+\dfrac{K_5}{I_y}} \tag{3.21}$$

则由式 (3.18) 和式 (3.20) 可得俯仰纵移子系统 Π_3 的角位移和线位移传递函数分别为:

$$\begin{cases}G_{\mathrm{p\theta p}}(s)=\dfrac{\mathcal{L}[\theta(t)]}{\mathcal{L}[u_3(t)]}=\dfrac{\dfrac{1}{I_y}}{s^2+\dfrac{K_5}{I_y}s}\\[2ex] G_{\mathrm{pxp}}(s)=\dfrac{\mathcal{L}[x(t)]}{\mathcal{L}[u_3(t)]}=\dfrac{g}{s^2+\dfrac{K_1}{m}s}\cdot\dfrac{\dfrac{1}{I_y}}{s^2+\dfrac{K_5}{I_y}s}=\dfrac{\dfrac{g}{I_y}}{s^4+\left(\dfrac{K_1}{m}+\dfrac{K_5}{I_y}\right)s^3+\dfrac{K_1K_5}{mI_y}s^2}\end{cases} \tag{3.22}$$

则由式 (3.19) 、式 (3.20) 和式 (3.21) 可得俯仰纵移子系统 Π_3 的角速度和线速度传递函数分别为:

$$
\begin{cases}
G_{\mathrm{p\theta v}}(s)=\dfrac{\mathcal{L}[\dot{\theta}(t)]}{\mathcal{L}[u_3(t)]}=\dfrac{\dfrac{1}{I_{\mathrm{y}}}}{s+\dfrac{K_5}{I_{\mathrm{y}}}} \\
G_{\mathrm{pxv}}(s)=\dfrac{\mathcal{L}[\dot{x}(t)]}{\mathcal{L}[u_3(t)]}=\dfrac{g}{s+\dfrac{K_1}{m}}\cdot\dfrac{\dfrac{1}{I_{\mathrm{y}}}}{s^2+\dfrac{K_5}{I_{\mathrm{y}}}s}=\dfrac{\dfrac{g}{I_{\mathrm{y}}}}{s^3+\left(\dfrac{K_1}{m}+\dfrac{K_5}{I_{\mathrm{y}}}\right)s^2+\dfrac{K_1K_5}{mI_{\mathrm{y}}}s}
\end{cases}
\tag{3.23}
$$

3.1.4 滚转侧移子系统的传递函数

对于式（3.5）所示的滚转侧移子系统，根据假设4，由不做俯仰和偏航运动的假设条件可得 $\theta=0,\dot{\theta}=0,\psi=0,\dot{\psi}=0$，则式（3.5）可转换为：

$$
\begin{cases}
\ddot{y}=-\dfrac{K_2}{m}\dot{y}+\dfrac{-\sin\phi}{m}u_1 \\
\ddot{\phi}=-\dfrac{K_4}{I_{\mathrm{x}}}\dot{\phi}+\dfrac{1}{I_{\mathrm{x}}}u_2
\end{cases}
\tag{3.24}
$$

根据假设4，由飞行器定高飞行的假设，可得 $\dot{z}=0,\ddot{z}=0$，则由式（3.2）可得：

$$
u_1=\frac{mg}{\cos\phi}
\tag{3.25}
$$

将式（3.25）代入式（3.24）可得：

$$
\begin{cases}
\ddot{y}=-\dfrac{K_2}{m}\dot{y}-g\tan\phi \\
\ddot{\phi}=-\dfrac{K_4}{I_{\mathrm{x}}}\dot{\phi}+\dfrac{1}{I_{\mathrm{x}}}u_2
\end{cases}
\tag{3.26}
$$

根据假设4，由只做小角度的滚转飞行假设可得，$\tan\phi\approx\phi$，则式（3.26）可转换为：

$$
\begin{cases}
\ddot{y}=-\dfrac{K_2}{m}\dot{y}-g\phi \\
\ddot{\phi}=-\dfrac{K_4}{I_{\mathrm{x}}}\dot{\phi}+\dfrac{1}{I_{\mathrm{x}}}u_2
\end{cases}
\tag{3.27}
$$

式（3.27）所示系统是典型的欠驱动系统，输入量为 u_2，输出量为 ϕ 和 y。

可以先由 u_2 控制 ϕ，再由 ϕ 来获得 y。

对式（3.27）的第一个方程两边同时进行拉普拉斯变换，并代入零初始条件可得：

$$\frac{\mathcal{L}[y(t)]}{\mathcal{L}[\phi(t)]}=\frac{-g}{s^2+\dfrac{K_2}{m}s} \tag{3.28}$$

针对式（3.27）的第一个方程，如果把线速度 $\dot{y}(t)$ 作为输出，则经过拉普拉斯变换，并代入零初始条件可得：

$$\frac{\mathcal{L}[\dot{y}(t)]}{\mathcal{L}[\phi(t)]}=\frac{-g}{s+\dfrac{K_2}{m}} \tag{3.29}$$

对式(3.27)的第二个方程两边同时进行拉普拉斯变换，并代入零初始条件可得：

$$\frac{\mathcal{L}[\phi(t)]}{\mathcal{L}[u_2(t)]}=\frac{\dfrac{1}{I_x}}{s^2+\dfrac{K_4}{I_x}s} \tag{3.30}$$

针对式（3.27）的第二个方程，如果把角速度 $\dot{\phi}(t)$ 作为输出，则经过拉普拉斯变换，并代入零初始条件可得：

$$\frac{\mathcal{L}[\dot{\phi}(t)]}{\mathcal{L}[u_2(t)]}=\frac{\dfrac{1}{I_x}}{s+\dfrac{K_4}{I_x}} \tag{3.31}$$

则由式（3.28）和式（3.30）可得滚转侧移子系统 Π_4 的角位移和线位移传递函数分别为：

$$\begin{cases} G_{\mathrm{r\phi p}}(s)=\dfrac{\mathcal{L}[\phi(t)]}{\mathcal{L}[u_2(t)]}=\dfrac{\dfrac{1}{I_x}}{s^2+\dfrac{K_4}{I_x}s} \\ G_{\mathrm{ryp}}(s)=\dfrac{\mathcal{L}[y(t)]}{\mathcal{L}[u_2(t)]}=\dfrac{-g}{s^2+\dfrac{K_2}{m}s}\cdot\dfrac{\dfrac{1}{I_x}}{s^2+\dfrac{K_4}{I_x}s}=\dfrac{-\dfrac{g}{I_x}}{s^4+\left(\dfrac{K_2}{m}+\dfrac{K_4}{I_x}\right)s^3+\dfrac{K_2K_4}{mI_x}s^2} \end{cases} \tag{3.32}$$

则由式（3.29）、式（3.30）和式（3.31）可得滚转侧移子系统 Π_4 的角速度和线速度传递函数分别为：

$$\begin{cases} G_{r\phi v}(s)=\dfrac{\mathcal{L}[\dot{\phi}(t)]}{\mathcal{L}[u_2(t)]}=\dfrac{\dfrac{1}{I_x}}{s+\dfrac{K_4}{I_x}} \\ G_{ryv}(s)=\dfrac{\mathcal{L}[\dot{y}(t)]}{\mathcal{L}[u_2(t)]}=\dfrac{-g}{s+\dfrac{K_2}{m}}\cdot\dfrac{\dfrac{1}{I_x}}{s^2+\dfrac{K_4}{I_x}s}=\dfrac{-\dfrac{g}{I_x}}{s^3+\left(\dfrac{K_2}{m}+\dfrac{K_4}{I_x}\right)s^2+\dfrac{K_2K_4}{mI_x}s} \end{cases} \tag{3.33}$$

3.2 基于传递函数的控制方法设计

对于上述四旋翼飞行器四个子系统的控制器设计来说，由于在线性化求传递函数过程中已经通过假设和简化的方法对每个子系统进行了近似解耦处理，因而可以针对每个子系统分别设计各自的控制器。这里需要指出的是俯仰纵移子系统 Π_3 和滚转侧移子系统 Π_4，这两个子系统为欠驱动子系统，都是一个控制输入，两个输出，因此，设计控制器时需要考虑欠驱动的控制特点。一般处理方法是，重点控制一个输出，另一个输出可以由它们之间的关系得出，这里主要是控制线位移/速度，即俯仰纵移子系统的纵移线位移/速度和滚转侧移子系统的侧移线位移/速度。

实际上，针对俯仰纵移子系统 Π_3，由式（3.23）可得线速度 $\dot{x}(t)$ 与俯仰角速度 $\dot{\theta}(t)$ 的关系如下：

$$\frac{\mathcal{L}[\dot{x}(t)]}{\mathcal{L}[\dot{\theta}(t)]}=\frac{g\left(s+\dfrac{K_5}{I_y}\right)}{s^3+\left(\dfrac{K_1}{m}+\dfrac{K_5}{I_y}\right)s^2+\dfrac{K_1K_5}{mI_y}s} \tag{3.34}$$

同时由式（3.18）可知线位移 $x(t)$ 与俯仰角度 $\theta(t)$ 的关系。

针对滚转侧移子系统 Π_4，由式（3.33）可得线速度 $\dot{y}(t)$ 与滚转角速度 $\dot{\phi}(t)$ 的关系如下：

$$\frac{\mathcal{L}[\dot{y}(t)]}{\mathcal{L}[\dot{\phi}(t)]}=\frac{-g\left(s+\dfrac{K_4}{I_x}\right)}{s^3+\left(\dfrac{K_2}{m}+\dfrac{K_4}{I_x}\right)s^2+\dfrac{K_2K_4}{mI_x}s} \tag{3.35}$$

同时由式 (3.28) 可知线位移 $y(t)$ 与滚转角度 $\phi(t)$ 的关系。

显然,若选择俯仰纵移子系统的纵移线位移/速度和滚转侧移子系统的侧移线位移/速度作为输出,则对应的俯仰角度/角速度和滚转角度/角速度就可以由式 (3.18)、式(3.34)、式(3.28)、式(3.35) 分别得出。

3.2.1 根轨迹法

闭环特征根在 s 平面上的位置分布对反馈系统性能有着非常重要的影响。当一个参数变化时,闭环特征根在 s 平面上的变化轨迹称为系统的根轨迹[28]。在设计线性控制系统时,根轨迹法是相当有用的,因为它指出了开环极点和零点应当怎样变化,才能使系统的响应满足系统的性能指标,该方法特别适合于迅速获得近似结果[23]。

在构造控制系统时,可以通过适当改变被控对象的动态特性来满足性能指标,但是,一般来说被控对象是已知的且不能改变的,因此,必须调整被控对象以外的参数,这就需要研究控制系统设计问题,一般的方法就是通过设计适当的校正装置(也即控制器)来改善系统的性能。

用根轨迹法进行设计就是通过增加系统开环传递函数的极点和零点,使根轨迹经过 s 平面内希望的闭环极点的一种方法,实质上是通过采用校正装置改变系统的根轨迹,使系统的一对主导闭环极点配置到需要的位置上。在控制系统设计中,常采用的串联校正装置有超前、滞后和滞后-超前校正装置。

一般来说,在开环传递函数中增加极点可以使根轨迹向右移动,从而降低系统的相对稳定性,增加调整时间;增加零点可以使根轨迹向左移动,从而增加系统的稳定性,减小调整时间。注意,增加积分控制相当于增加位于原点的极点,将会降低系统的稳定性;在前向通道传递函数中增加零点相当于对系统增加微分控制,其效果就是在系统中引入超前度,加快了瞬态响应。

1. 基于根轨迹法的超前校正

针对图 3.1 所示控制系统,采用根轨迹法设计超前校正装置的步骤如下[23]:

(1) 确定期望的闭环主导极点,满足需要的性能指标。

(2) 绘制原系统的根轨迹,看能否只通过调整增益来获得期望的闭环极点。如不能,则计算出辐角缺额 φ ,该辐角缺额 φ 必须由超前校正装置产生,才能使

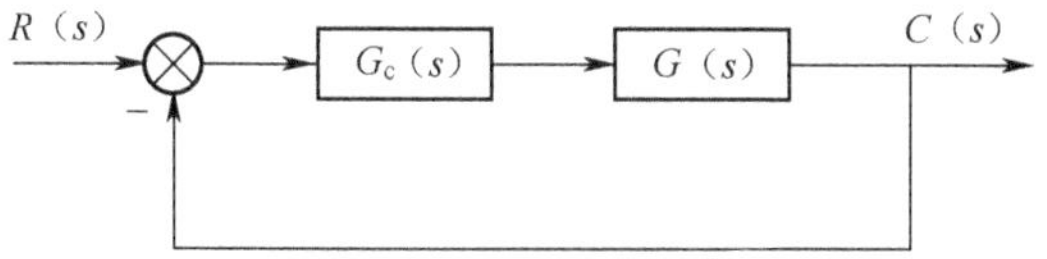

图 3.1　控制系统

期望的闭环极点在新的根轨迹上面。

(3) 假设超前校正装置的传递函数如下：

$$G_c(s) = K_c \frac{s + \frac{1}{T}}{s + \frac{1}{\alpha T}} \quad (0 < \alpha < 1) \tag{3.36}$$

其中，α 和 T 由辐角缺额 φ 确定，K_c 由开环增益要求确定。

(4) 确定超前校正装置的极点和零点，使其产生必要的辐角缺额 φ，一般来说，如没有其他要求，则可以试探地将 α 值选取得尽可能大些。

(5) 根据幅值条件确定校正装置的开环增益。

针对上面求得的四旋翼飞行器有关的传递函数，可以利用基于根轨迹法的超前校正方法设计对应的控制器，具体设计方法可以参考文献[23,28]，这里不再赘述。

2. 基于根轨迹法的滞后校正

针对图 3.1 所示控制系统，采用根轨迹法设计滞后校正装置的步骤如下[23]：

(1) 绘制原系统的根轨迹，确定期望的闭环主导极点，满足需要的性能指标。

(2) 假设滞后校正装置的传递函数如下：

$$G_c(s) = \hat{K}_c \frac{s + \frac{1}{T}}{s + \frac{1}{\beta T}} \tag{3.37}$$

(3) 计算指定的静态误差常数，根据性能指标要求，确定需要增加的静态误差常数值。

(4) 确定滞后校正装置的极点和零点，使其产生需要增加的静态误差常数值，并且不使原根轨迹产生明显变化。

(5) 绘制校正后的根轨迹，在根轨迹上确定期望的主导闭环极点。

(6) 根据幅值条件,调整校正装置的增益 $\hat{K}_c$,使主导闭环极点落在期望的位置上。

针对上面求得的四旋翼飞行器有关的传递函数,可以利用基于根轨迹法的滞后校正方法设计对应的控制器,具体设计方法和实例可以参考文献[23,28],这里不再赘述。

3. 基于根轨迹法的滞后-超前校正

针对图 3.1 所示控制系统,假设采用的滞后-超前校正装置的传递函数如下[23]:

$$G_c(s) = K_c\left(\frac{s+\dfrac{1}{T_1}}{s+\dfrac{\gamma}{T_1}}\right)\left(\frac{s+\dfrac{1}{T_2}}{s+\dfrac{1}{\beta T_2}}\right) \tag{3.38}$$

其中,$\beta > 1$ 和 $\gamma > 1$,假设 K_c 属于滞后-超前校正装置的超前部分。

1) 第一种情况:$\gamma \neq \beta$

采用根轨迹法设计滞后-超前校正装置的步骤如下[23]:

(1) 确定期望的闭环主导极点,满足需要的性能指标。

(2) 利用原系统的开环传递函数,确定满足期望的闭环主导极点时的辐角缺额 φ ,该辐角缺额 φ 必须由滞后-超前校正装置的超前部分产生。

(3) 假设 T_2 选的足够大,使得滞后部分的幅值:

$$\left|\frac{s_1+\dfrac{1}{T_2}}{s_1+\dfrac{1}{\beta T_2}}\right| \approx 1$$

其中,$s = s_1$ 是主导闭环极点之一。

根据要求:

$$\angle\left(\frac{s+\dfrac{1}{T_1}}{s+\dfrac{\gamma}{T_1}}\right) = \varphi$$

选取 T_1 和 γ 的值,注意, T_1 和 γ 的选择不唯一。

再根据幅值条件:

$$\left|K_c\frac{s+\dfrac{1}{T_1}}{s+\dfrac{\gamma}{T_1}}G(s_1)\right| = 1$$

确定 K_c 的值。

(4) 根据规定的静态速度误差常数 K_v 确定 β 值。

(5) 利用确定的 β 值,选择 T_2 使满足:

$$\left|\frac{s_1+\dfrac{1}{T_2}}{s_1+\dfrac{1}{\beta T_2}}\right|\approx 1$$

$$-5^\circ<\angle\left(\frac{s_1+\dfrac{1}{T_2}}{s_1+\dfrac{1}{\beta T_2}}\right)<0^\circ$$

2) 第二种情况: $\gamma=\beta$

采用根轨迹法设计滞后-超前校正装置的步骤修改为[23]:

(1) 此时,滞后超前校正装置的传递函数可以改写为:

$$G_c(s)=K_c\frac{\left(s+\dfrac{1}{T_1}\right)\left(s+\dfrac{1}{T_2}\right)}{\left(s+\dfrac{\beta}{T_1}\right)\left(s+\dfrac{1}{\beta T_2}\right)}\tag{3.39}$$

其中, $\beta>1$。

(2) 确定期望的闭环主导极点,满足需要的性能指标。

(3) 根据规定的静态速度误差常数 K_v 确定 K_c 值。

(4) 为了能使主导闭环极点位于期望的位置,需要计算由滞后-超前校正装置的相位超前部分必须产生的辐角 φ 。

(5) 选取足够大的 T_2,使得滞后部分的幅值:

$$\left|\frac{s_1+\dfrac{1}{T_2}}{s_1+\dfrac{1}{\beta T_2}}\right|\approx 1$$

其中, $s=s_1$ 是主导闭环极点之一。

根据下面幅值和辐角条件,确定 T_1 和 β 的值:

$$\left|K_c\frac{s+\dfrac{1}{T_1}}{s+\dfrac{\beta}{T_1}}G(s_1)\right|=1$$

$$\angle\left(\frac{s+\dfrac{1}{T_1}}{s+\dfrac{\beta}{T_1}}\right)=\varphi$$

(6) 利用确定的β值,选择T_2使满足:

$$\left|\frac{s_1+\dfrac{1}{T_2}}{s_1+\dfrac{1}{\beta T_2}}\right|\approx 1$$

$$-5^\circ<\angle\left(\frac{s_1+\dfrac{1}{T_2}}{s_1+\dfrac{1}{\beta T_2}}\right)<0^\circ$$

同时要注意,滞后–超前校正装置的最大时间常数βT_2不应该太大,否则物理上难以实现。

针对上面求得的四旋翼飞行器有关的传递函数,可以利用基于根轨迹法的滞后–超前校正方法设计对应的控制器,具体设计方法和实例可以参考文献[23,28],这里不再赘述。

3.2.2 频率响应法

系统对正弦信号的稳态响应称为频率响应,当系统输入正弦信号时,系统的稳态输出信号为同频率的正弦信号,只是幅值和相位变化了,稳态输出信号的幅值与输入信号的幅值之比称为系统的幅频特性,稳态输出信号的相位与输入信号的相位之差称为系统的相频特性,两者合称为频率特性,也即频率响应。如已知系统传递函数$G(s)$,则只需要令$s=\mathrm{j}\omega$,把传递函数中的s替换为$\mathrm{j}\omega$,就得到了系统的频率响应$G(\mathrm{j}\omega)$。实际上,系统的传递函数是系统输出的拉普拉斯变换与输入的拉普拉斯变换之比,而频率响应是系统输出的傅里叶变换与输入的傅里叶变换之比。

频率响应法是20世纪30—40年代,由奈奎斯特、伯德、尼柯尔斯等学者研究和发展起来,其主要优点是可以通过对系统做频率响应实验来对系统进行分析设计,而不必推导系统的数学模型。

前面介绍的根轨迹法,在改造闭环控制系统的瞬态响应特性时是很有效的,提供了闭环系统瞬态响应的直接信息,而频率响应法则间接提供了这方面的信息。对于控制系统的设计问题,既要考虑选择合理的设计方法,又要考虑选择合适的校正装置。在控制系统设计中,系统的瞬态响应特性是一个要重点考虑的问题,在频率响应法中,一般以间接的方式来描述系统的瞬态响应特性,也即瞬态响应特性是以频域量的形式来表征,常用的频域量有相位裕量、幅值裕量、增益交界频率、谐振频率、带宽等。

在频率设计中通常有两种方法:一种是奈奎斯特图(极坐标图)法;一种是伯德图法。由于增加校正装置后,系统的奈奎斯特图不再保持原来的形状,因而要重新绘制新的奈奎斯特图,显然不方便;而校正装置的伯德图可以很容易叠加到原系统的伯德图上,绘制校正后的伯德图则较为简单;还有,如果改变开环增益,则幅值曲线会上升或下降,但相角曲线一般不变;因此,从设计方面考虑,在频率设计中,通常采用伯德图法[23]。

虽然控制系统的瞬态响应与频率响应之间的关系是间接的,但是采用伯德图法来处理频域指标则比较方便。频域设计方法比较直观和简单,频率响应图虽不能对系统瞬态响应做出确切的定量预测,但是可以明确指出系统应该如何改变。当应用频率响应法设计开环系统后,则可以进一步确定闭环系统的极点和零点,检查闭环系统的瞬态响应特性是否符合时域指标要求,如果不能满足要求,则重新设计校正装置,直至满足要求为止。

从系统开环伯德图上可以获得如下信息:轨迹的低频区表征了闭环系统的稳态特性,轨迹的中频区表征了相对稳定性,轨迹的高频区表征了系统的复杂性[23]。在大多数情况下,校正问题实质上是一个在稳态精度与相对稳定性之间折中的问题,为了获得比较高的速度误差常数值及满意的相对稳定性,必须改变开环频率响应曲线的形状,具体做法是:在低频区,增益应该足够大,并且在增益交界频率附近伯德图中对数幅频曲线的斜率应为-20dB/dec;这个斜率应当延伸到足够的带宽,以满足相位裕量要求;在高频区,应当使增益尽可能地衰减下来,以便使噪声的影响达到最小[23]。

1. 基于频率响应法的超前校正

超前校正就是通过改变频率响应曲线的形状,产生足够的相位超前角来补偿原系统中的过大相角滞后。针对图 3.1 所示控制系统,假设性能指标是以相位裕量、幅值裕量、静态速度误差系数等形式给出,并假设超前校正装置的传递函数为:

$$G_c(s)=\frac{\alpha Ts+1}{Ts+1}\quad(\alpha>1) \tag{3.40}$$

则利用频率响应法设计超前校正装置的步骤如下[29-30]:

(1) 根据稳态误差要求,确定开环增益 K 。

(2) 利用已确定的开环增益 K 绘制原系统的开环伯德图,求出原系统的截

止频率 ω_{c0} 和相位裕量 γ_0。

（3）根据要求的相位裕量 γ，确定需要增加的相位超前角 φ_c，即：

$$\varphi_c = \gamma - \gamma_0 + \Delta$$

其中，Δ 为用于补偿因超前校正装置的引入，使系统的截止频率增大而带来的相位滞后量。一般，如果原系统的开环幅频特性在截止频率处的斜率为-40dB/dec，取 $\Delta = 5° \sim 12°$；如果在截止频率处的斜率为-60dB/dec，取 $\Delta = 15° \sim 20°$。

（4）确定超前校正装置的 α 值。令超前校正装置的最大超前相角 $\varphi_m = \varphi_c$，根据公式

$$\alpha = \frac{1 + \sin\varphi_m}{1 - \sin\varphi_m}$$

来确定 α 值。

（5）确定超前校正装置的 ω_m。在原系统对数幅频曲线 $L_0(\omega)$ 上找到幅值为 $-10\lg\alpha$ 的点，并选定该点的频率作为超前校正装置的 ω_m，则在该点处，$L_c(\omega)$ 与 $L_0(\omega)$ 的代数和为 0dB，即该点频率也就是校正后系统的截止频率 ω_c。即

$$\begin{cases} L_c(\omega_m) = 10\lg\alpha = -L_0(\omega_c) \\ \omega_m = \omega_c \end{cases}$$

（6）根据选定的 ω_m 确定校正装置的转折频率，并绘出校正装置的伯德图。公式如下：

$$\begin{cases} \omega_1 = \dfrac{1}{\alpha T} = \dfrac{\omega_m}{\sqrt{\alpha}} \\ \omega_2 = \dfrac{1}{T} = \omega_m\sqrt{\alpha} \end{cases}$$

（7）绘出校正后系统的伯德图，校验校正后系统的相位裕量是否满足要求。如不满足要求，则增大 Δ 值，从步骤（3）开始重新计算，直至全部性能指标都满足要求为止。

针对上面求得的四旋翼飞行器有关的传递函数，则可以利用基于频率响应法的超前校正方法设计对应的控制器，具体设计方法和实例可以参考文献[29-30]，这里不再赘述。

2. 基于频率响应法的滞后校正

滞后校正就是利用滞后校正装置在高频段造成衰减，从而使系统获得足够的相位裕量，以改善系统的性能。针对图 3.1 所示控制系统，假设滞后校正装置的传递函数为：

$$G_c(s) = \frac{\beta Ts + 1}{Ts + 1} \quad (0 < \beta < 1) \tag{3.41}$$

则利用频率响应法设计滞后校正装置的步骤如下[29-30]：

(1) 根据稳态误差要求，确定开环增益 K。

(2) 利用已确定的开环增益 K 绘制原系统的开环伯德图，求出原系统的截止频率 ω_{c0}、相位裕量 γ_0 和幅值裕量 h_0(dB)。

(3) 在原系统的开环相频特性曲线上找出能够满足相位裕量 γ 要求的频率为校正后的截止频率 ω_c，即：

$$\varphi_0(\omega_c) = -180° + \gamma + \Delta$$

其中，Δ 为补偿滞后校正装置在截止频率 ω_c 处产生的滞后相位角，一般取 $\Delta = 5° \sim 15°$。

(4) 在原系统的对数幅频特性上读取或计算选定的 ω_c 处的对数幅值 $L_0(\omega_c)$，并令：

$$L_0(\omega_c) = -20\lg \beta$$

就可以确定参数 β。

(5) 选取滞后校正装置的转折频率 $\omega_2 \ll \omega_c$，通常取：

$$\omega_2 = \frac{1}{\beta T} = \left(\frac{1}{5} \sim \frac{1}{10}\right)\omega_c$$

从而确定滞后校正装置的参数。一般转折频率的取值与步骤(3)中 Δ 的取值对应，当 Δ 较小时，转折频率应远离 ω_c。

(6) 绘出校正后系统的伯德图，校验校正后系统的相位裕量和幅值裕量是否满足要求，如不满足，可重选 ω_c，重新进行计算，直至全部性能指标都满足要求为止。

针对上面求得的四旋翼飞行器有关的传递函数，则可以利用基于频率响应法的滞后校正方法设计对应的控制器，具体设计方法和实例可以参考文献[29-30]，这里不再赘述。

3. 基于频率响应法的滞后-超前校正

滞后-超前校正方法实际上是前面讨论的超前校正和滞后校正方法的综合，兼有超前校正和滞后校正的优点，即已校正系统响应速度较快，超调量较小，抑制高频噪声的性能也较好。当待校正系统不稳定，且要求校正后系统的响应速度、相位裕量和稳态精度较高时，采用串联滞后-超前校正比较好。其基本原理是利用滞后-超前校正装置中超前部分的相位超前角来增大系统的相位裕量，同时利用滞后-超前校正装置中滞后部分的幅值衰减，允许系统低频段的增益提高，来改善系统的稳态精度[29]。针对图 3.1 所示控制系统，假设滞后-超前校正装置的传递函数为：

$$G_c(s)=\frac{(T_a s+1)(T_b s+1)}{(\alpha T_a s+1)\left(\frac{T_b}{\alpha}s+1\right)}\quad(\alpha>1) \tag{3.42}$$

则利用频率响应法设计滞后-超前校正装置的步骤如下[29-30]：

(1) 根据稳态误差要求，确定开环增益 K。

(2) 利用已确定的开环增益 K 绘制原系统的开环伯德图，求出原系统的截止频率 ω_{c0}、相位裕量 γ_0 和幅值裕量 h_0。

(3) 在原系统对数幅频特性上，选择斜率从 - 20dB/dec 变为 - 40dB/dec 的转折频率作为滞后-超前校正装置的超前部分的转折频率 ω_3。

ω_3 的这种选法，可以降低已校正系统的阶次，且可保证中频区斜率为期望的 - 20dB/dec，并占据较宽的频带。

(4) 根据响应速度要求，选择系统的截止频率 ω_c 和校正网络衰减因子 $\frac{1}{\alpha}$。要保证已校正系统的截止频率为所选的 ω_c，下列等式应成立：

$$-20\lg\alpha+L_0(\omega_c)+20\lg T_b\omega_c=0$$

其中，$T_b=\frac{1}{\omega_3}$，$L_0(\omega_c)+20\lg T_b\omega_c$ 可由待校正系统对数幅频特性的 - 20dB/dec 延长线在 ω_c 处的数值确定。因此，由上面等式可以求出 α 值。

(5) 根据相位裕量要求，估算滞后-超前校正装置的滞后部分的转折频率 ω_2。为了避免滞后部分的相位滞后对相位裕量的影响，一般按 $\omega_2=\frac{1}{T_a}0.1\omega_c$ 的原则选取。

(6) 校验已校正系统的各项性能指标。如不满足要求，则需重新计算，直至全部性能指标都满足要求为止。

针对上面求得的四旋翼飞行器有关的传递函数，则可以利用基于频率响应法的滞后-超前校正方法设计对应的控制器，具体设计方法和实例可以参考文献[29-30]，这里不再赘述。

针对四旋翼飞行器控制，下面举例说明，采用 MATLAB 语言编程，实现基于频率响应法的超前校正装置的设计。

例 3.1 四旋翼飞行器偏航子系统的角位移传递函数为：

$$G_{yp}(s)=\frac{\frac{1}{I_z}}{s^2+\frac{K_6}{I_z}s}$$

试设计超前校正装置,要求系统的静态速度误差系数 $K_{\mathrm{v}} = 20\mathrm{s}^{-1}$,相位裕量 $\gamma \geqslant 50°$ 。其中, $I_{z} = 0.0189\mathrm{kg}\cdot\mathrm{m}^{2}$, $K_{6} = 0.0031\mathrm{N}\cdot\mathrm{m}\cdot\mathrm{s/rad}$ 。

解:首先根据性能指标要求确定系统所需要的开环增益 K ,由下式:

$$K_{\mathrm{v}} = \lim_{s\to 0} sKG_{\mathrm{yp}}(s) = \lim_{s\to 0} K\frac{\frac{1}{I_{z}}}{s+\frac{K_{6}}{I_{z}}} = \frac{K}{K_{6}} = 20$$

可得 $K = 20K_{6}$ 。

在 MATLAB 中编程如下[29]:

```
MATLAB 程序:chap3_1.m
s=tf('s');
Iz=0.0189;K6=0.0031;K=20*K6;
G0=(1/Iz)/(s*(s+K6/Iz));
dpm=50+10;          % 相位裕量加10°的补偿
leadcompensation(G0,K,dpm);
function leadcompensation(G0,K,dpm)
[mag,phase,w]=bode(G0*K);
Lmag=20*log10(mag);                    % 将幅值转化为以 dB 为单位
[Gm,Pm,Wcg,Wcp]=margin(G0*K);          % 求校正前系统的相位裕量
phi=(dpm-Pm)*pi/180;
a=(1+sin(phi))/(1-sin(phi));           % 求 a
m=-10*log10(a);         % 在未校正系统的幅频特性上找到幅值为 m 处的频率
wc=spline(Lmag,w,m);
T=1/(wc*sqrt(a));       % 求 T
numc=[a*T,1];
denc=[T,1];
Gc=tf(numc,denc);                             % 确定校正装置
[gm,pm,wcg,wcp]=margin(G0*K*Gc);        % 输出校正结果
disp('校正装置的传递函数为:'),Gc=tf(numc,denc)
disp('校正前后系统相位裕量分别为:'),disp(Pm),disp(pm);
disp('校正前后系统截止频率分别为:'),disp(Wcp),disp(wcp);
figure
bode(Gc,'-. g',G0*K,'-- b',G0*K*Gc,'- r');  % 分别做校正前后系统的伯
德图
legend('校正装置','校正前','校正后')
grid;
```

```
figure
step(feedback(G0*K,1,-1),'-- b',feedback(G0*K*Gc,1,-1),'- r');
legend('校正前','校正后')    % 分别做校正前后系统的单位阶跃响应图
grid;
end
```

程序运行结果如下(含图 3.2 和图 3.3):

校正装置的传递函数为:

```
Gc =
  0.9811 s + 1
  ---------------
  0.09864 s + 1
Continuous-time transfer function.
```

校正前后系统相位裕量分别为:

```
    5.1853
   57.7358
```

校正前后系统截止频率分别为:

```
    1.8074
    3.2144
```

从运行结果可知,所设计的超前校正装置达到了设计要求,控制性能得到了

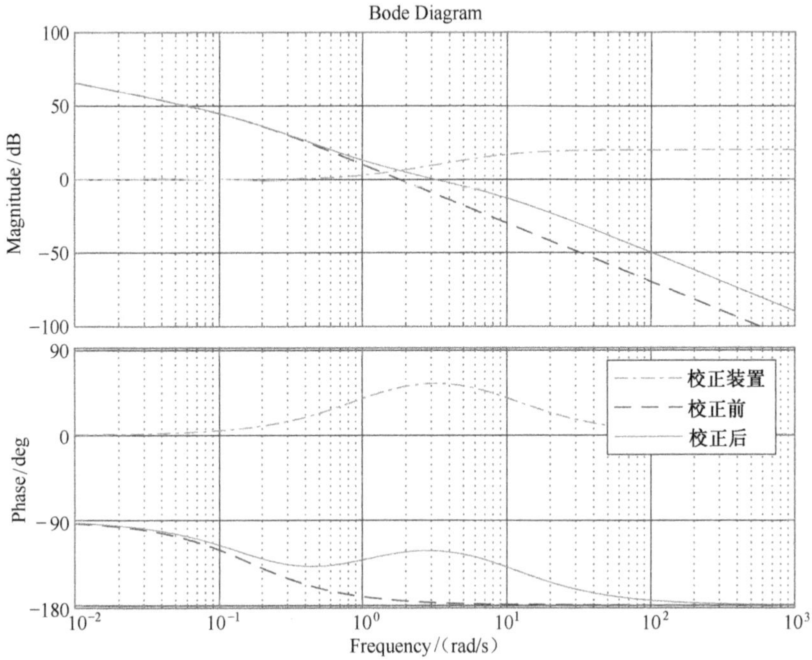

图 3.2　校正前后开环系统伯德图

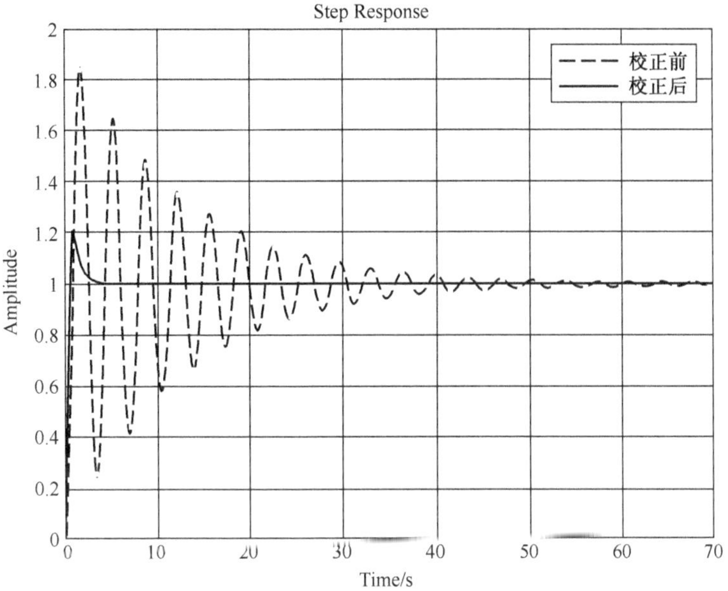

图 3.3 校正前后闭环系统单位阶跃响应

较大提高。

3.3 基于状态空间方程的控制方法设计

状态空间理论大概于 1960 年前后发展起来，基于该理论的控制理论一般称为“现代控制理论”。状态空间方法描述了系统输入-状态-输出诸变量之间的因果关系，不但反映系统的输入-输出外部特性，而且揭示了系统内部的结构特性，是一种既适用于单输入-单输出系统又适用于多输入-多输出系统，既可用于线性定常系统又可用于线性时变系统的方法[30]。

3.3.1 四旋翼飞行器的状态空间表达式

在四旋翼飞行器动力学模型线性化过程中，可以很方便求出其相应的状态空间表达式。这里和求四旋翼飞行器传递函数类似，也把四旋翼飞行器模型分成四个子系统，分别为高度子系统 Π_1、偏航子系统 Π_2、俯仰纵移子系统 Π_3、滚转侧移子系统 Π_4。下面对其子系统分别求出其对应的状态空间表达式。需要指出的是，对于同一个系统，由于所取的状态变量或输出变量可以不一样，所以状态空间表达式不唯一。最后,合并成一个完整的四旋翼飞行器状态空间表达式。

1. 高度子系统的状态空间表达式

考虑式(3.8)所示微分方程:

$$\ddot{z} = -\frac{K_3}{m}\dot{z} + u_{1c} \tag{3.43}$$

取状态变量为 $z,\dot{z}$,输入变量为 u_{1c},输出变量为 y_1,y_2,则可得高度子系统的状态空间表达式为:

$$\begin{bmatrix} \dot{z} \\ \ddot{z} \end{bmatrix} = \begin{bmatrix} 0 & 1 \\ 0 & -\frac{K_3}{m} \end{bmatrix} \begin{bmatrix} z \\ \dot{z} \end{bmatrix} + \begin{bmatrix} 0 \\ 1 \end{bmatrix} u_{1c} \tag{3.44}$$

$$\begin{bmatrix} y_1 \\ y_2 \end{bmatrix} = \begin{bmatrix} 1 & 0 \\ 0 & 1 \end{bmatrix} \begin{bmatrix} z \\ \dot{z} \end{bmatrix} \tag{3.45}$$

2. 偏航子系统的状态空间表达式

考虑式(3.11)所示微分方程:

$$\ddot{\psi} = -\frac{K_6}{I_z}\dot{\psi} + \frac{1}{I_z}u_4 \tag{3.46}$$

取状态变量为 $\psi,\dot{\psi}$,输入变量为 u_4,输出变量为 y_1,y_2,则可得偏航子系统的状态空间表达式为:

$$\begin{bmatrix} \dot{\psi} \\ \ddot{\psi} \end{bmatrix} = \begin{bmatrix} 0 & 1 \\ 0 & -\frac{K_6}{I_z} \end{bmatrix} \begin{bmatrix} \psi \\ \dot{\psi} \end{bmatrix} + \begin{bmatrix} 0 \\ \frac{1}{I_z} \end{bmatrix} u_4 \tag{3.47}$$

$$\begin{bmatrix} y_1 \\ y_2 \end{bmatrix} = \begin{bmatrix} 1 & 0 \\ 0 & 1 \end{bmatrix} \begin{bmatrix} \psi \\ \dot{\psi} \end{bmatrix} \tag{3.48}$$

3. 俯仰纵移子系统的状态空间表达式

考虑式(3.17)所示微分方程组:

$$\begin{cases} \ddot{x} = -\frac{K_1}{m}\dot{x} + g\theta \\ \ddot{\theta} = -\frac{K_5}{I_y}\dot{\theta} + \frac{1}{I_y}u_3 \end{cases} \tag{3.49}$$

取状态变量为 $x,\dot{x},\theta,\dot{\theta}$,输入变量为 u_3,输出变量为 y_1,y_2,y_3,y_4,则可得

俯仰纵移子系统的状态空间表达式为：

$$\begin{bmatrix}\dot{x}\\ \ddot{x}\\ \dot{\theta}\\ \ddot{\theta}\end{bmatrix}=\begin{bmatrix}0 & 1 & 0 & 0\\ 0 & -\dfrac{K_1}{m} & g & 0\\ 0 & 0 & 0 & 1\\ 0 & 0 & 0 & -\dfrac{K_5}{I_y}\end{bmatrix}\begin{bmatrix}x\\ \dot{x}\\ \theta\\ \dot{\theta}\end{bmatrix}+\begin{bmatrix}0\\ 0\\ 0\\ \dfrac{1}{I_y}\end{bmatrix}u_3 \tag{3.50}$$

$$\begin{bmatrix}y_1\\ y_2\\ y_3\\ y_4\end{bmatrix}=\begin{bmatrix}1 & 0 & 0 & 0\\ 0 & 1 & 0 & 0\\ 0 & 0 & 1 & 0\\ 0 & 0 & 0 & 1\end{bmatrix}\begin{bmatrix}x\\ \dot{x}\\ \theta\\ \dot{\theta}\end{bmatrix} \tag{3.51}$$

4. 滚转侧移子系统的状态空间表达式

考虑式（3.27）所示微分方程组：

$$\begin{cases}\ddot{y}=-\dfrac{K_2}{m}\dot{y}-g\phi\\ \ddot{\phi}=-\dfrac{K_4}{I_x}\dot{\phi}+\dfrac{1}{I_x}u_2\end{cases} \tag{3.52}$$

取状态变量为 $y,\dot{y},\phi,\dot{\phi}$，输入变量为 u_2，输出变量为 y_1,y_2,y_3,y_4，则可得滚转侧移子系统的状态空间表达式为：

$$\begin{bmatrix}\dot{y}\\ \ddot{y}\\ \dot{\phi}\\ \ddot{\phi}\end{bmatrix}=\begin{bmatrix}0 & 1 & 0 & 0\\ 0 & -\dfrac{K_2}{m} & -g & 0\\ 0 & 0 & 0 & 1\\ 0 & 0 & 0 & -\dfrac{K_4}{I_x}\end{bmatrix}\begin{bmatrix}y\\ \dot{y}\\ \phi\\ \dot{\phi}\end{bmatrix}+\begin{bmatrix}0\\ 0\\ 0\\ \dfrac{1}{I_x}\end{bmatrix}u_2 \tag{3.53}$$

$$\begin{bmatrix}y_1\\ y_2\\ y_3\\ y_4\end{bmatrix}=\begin{bmatrix}1 & 0 & 0 & 0\\ 0 & 1 & 0 & 0\\ 0 & 0 & 1 & 0\\ 0 & 0 & 0 & 1\end{bmatrix}\begin{bmatrix}y\\ \dot{y}\\ \phi\\ \dot{\phi}\end{bmatrix} \tag{3.54}$$

将上述四个子系统的状态空间表达式合并即可得到整个四旋翼飞行器的状

态空间表达式：

$$\begin{cases}\dot{\boldsymbol{x}} = \boldsymbol{A}\boldsymbol{x} + \boldsymbol{B}\boldsymbol{u} \\ \boldsymbol{y} = \boldsymbol{C}\boldsymbol{x} + \boldsymbol{D}\boldsymbol{u}\end{cases} \tag{3.55}$$

其中，$\boldsymbol{x} = [x,\dot{x},y,\dot{y},z,\dot{z},\phi,\dot{\phi},\theta,\dot{\theta},\psi,\dot{\psi}]^{\mathrm{T}}$，$\boldsymbol{u} = [u_{1c},u_2,u_3,u_4]^{\mathrm{T}}$，

$\boldsymbol{y} = [y_1,y_2,y_3,y_4,y_5,y_6,y_7,y_8,y_9,y_{10},y_{11},y_{12}]^{\mathrm{T}}$，

$$\boldsymbol{A} = \begin{bmatrix} 0 & 1 & 0 & 0 & 0 & 0 & 0 & 0 & 0 & 0 & 0 & 0 \\ 0 & -\frac{K_1}{m} & 0 & 0 & 0 & 0 & 0 & 0 & g & 0 & 0 & 0 \\ 0 & 0 & 0 & 1 & 0 & 0 & 0 & 0 & 0 & 0 & 0 & 0 \\ 0 & 0 & 0 & -\frac{K_2}{m} & 0 & 0 & -g & 0 & 0 & 0 & 0 & 0 \\ 0 & 0 & 0 & 0 & 0 & 1 & 0 & 0 & 0 & 0 & 0 & 0 \\ 0 & 0 & 0 & 0 & 0 & -\frac{K_3}{m} & 0 & 0 & 0 & 0 & 0 & 0 \\ 0 & 0 & 0 & 0 & 0 & 0 & 0 & 1 & 0 & 0 & 0 & 0 \\ 0 & 0 & 0 & 0 & 0 & 0 & 0 & -\frac{K_4}{I_{\mathrm{x}}} & 0 & 0 & 0 & 0 \\ 0 & 0 & 0 & 0 & 0 & 0 & 0 & 0 & 0 & 1 & 0 & 0 \\ 0 & 0 & 0 & 0 & 0 & 0 & 0 & 0 & 0 & -\frac{K_5}{I_{\mathrm{y}}} & 0 & 0 \\ 0 & 0 & 0 & 0 & 0 & 0 & 0 & 0 & 0 & 0 & 0 & 1 \\ 0 & 0 & 0 & 0 & 0 & 0 & 0 & 0 & 0 & 0 & 0 & -\frac{K_6}{I_{\mathrm{z}}} \end{bmatrix},$$

$$\boldsymbol{B} = \begin{bmatrix} 0 & 0 & 0 & 0 \\ 0 & 0 & 0 & 0 \\ 0 & 0 & 0 & 0 \\ 0 & 0 & 0 & 0 \\ 0 & 0 & 0 & 0 \\ 1 & 0 & 0 & 0 \\ 0 & 0 & 0 & 0 \\ 0 & \frac{1}{I_{\mathrm{x}}} & 0 & 0 \\ 0 & 0 & 0 & 0 \\ 0 & 0 & \frac{1}{I_{\mathrm{y}}} & 0 \\ 0 & 0 & 0 & 0 \\ 0 & 0 & 0 & \frac{1}{I_{\mathrm{z}}} \end{bmatrix},$$

C 为 12 行 12 列的单位矩阵，D 为 12 行 4 列的零矩阵。

3.3.2 系统的可控性和可观测性分析

在状态空间表达式中，状态为系统的内部变量，输入输出为系统的外部变量，这里存在一个问题，系统的所有状态是否可以通过输入来控制，以及是否可以通过输出来反映，这就是所谓的可控性与可观性问题。可控性和可观性的概念是 Kalman 在 1960 年提出来的，是基于状态方程的控制理论的基础。

考虑有 n 维线性定常连续系统的状态空间表达式：

$$\begin{cases}\dot{\boldsymbol{x}} = \boldsymbol{A}\boldsymbol{x} + \boldsymbol{B}\boldsymbol{u} \\ \boldsymbol{y} = \boldsymbol{C}\boldsymbol{x} + \boldsymbol{D}\boldsymbol{u}\end{cases} \tag{3.56}$$

其中，$\boldsymbol{x}$ 为 n 维状态向量；$\boldsymbol{u}$ 为 p 维输入向量；$\boldsymbol{y}$ 为 q 维输出向量；$\boldsymbol{A}$,$\boldsymbol{B}$,$\boldsymbol{C}$,$\boldsymbol{D}$ 分别为 $n\times n$,$n\times p$,$q\times n$,$q\times p$ 的实数矩阵。

对于式 (3.56) 所示系统，如果在有界的输入信号 $\boldsymbol{u}(t)$ 作用下，可以使系统的任一状态 $x_i(t)$ 从任意初始状态 $x_i(t_0)$ 在有限时间 t_f 内到达任意预先指定的状态 $x_i(t_f)$，则称此状态是可控的，如果系统的所有状态都是可控的，则称系统完全可控。

可控性判据[30]：针对式 (3.56) 所示系统，其完全可控的充分必要条件为：

$$\mathrm{rank}\boldsymbol{S} = \mathrm{rank}[\boldsymbol{B}\ \boldsymbol{AB}\cdots\boldsymbol{A}^{n-1}\boldsymbol{B}] = n \tag{3.57}$$

其中，n 为矩阵 $\boldsymbol{A}$ 的维数；$\boldsymbol{S}$ 称为系统的可控性判别阵。

对于式 (3.56) 所示系统，如果系统的任意时刻 t_f 的任一状态 $x_i(t_f)$ 可以由系统输出信号在任意初始时刻 t_0 到任意时刻 t_f 的时间间隔 $[t_0,t_f]$ 内的值精确地确定出来，则称此状态是可观测的，如果系统的所有状态都是可观测的，则称系统完全可观测。

可观测性判据[30]：针对式 (3.56) 所示系统，其完全可观测的充分必要条件为：

$$\mathrm{rank}\boldsymbol{V} = \mathrm{rank}\begin{bmatrix}\boldsymbol{C} \\ \boldsymbol{CA} \\ \vdots \\ \boldsymbol{CA}^{n-1}\end{bmatrix} = n \tag{3.58}$$

其中，n 为矩阵 $\boldsymbol{A}$ 的维数；$\boldsymbol{V}$ 称为系统的可观测性判别阵。

在 MATLAB 中分别给出了 ctrb(A,B)和 obsv(A,C)函数来求取可控性矩阵和可观测性矩阵，当求取了这两个矩阵后，就可以利用 rank( )函数来求取它们的秩，与 n 比较后即可判断系统的可控和可观测性。

3.3.3 状态反馈控制

反馈作为控制系统设计的主要方式,在经典控制理论中,由于采用传递函数来描述,而传递函数只描述系统的输入与输出之间的关系,因而只能采用输出量作为反馈量,即所谓的输出反馈。而在现代控制理论中,由于采用系统内部的状态来描述系统的特性,因而除了和经典控制一样的输出反馈外,还可以采用状态反馈。

设计系统的控制量 $\boldsymbol{u}$ 为状态变量的线性函数:

$$\boldsymbol{u} = \boldsymbol{v} - \boldsymbol{K}\boldsymbol{x} \tag{3.59}$$

其中,$\boldsymbol{v}$ 为 p 维参考输入向量,$\boldsymbol{K}$ 为 $p \times n$ 维状态反馈增益矩阵。在研究状态反馈时,假设所有状态变量都是可以用来反馈的。

将式(3.59)代入式(3.56),可得系统的闭环状态方程模型如下:

$$\begin{cases} \dot{\boldsymbol{x}} = (\boldsymbol{A} - \boldsymbol{B}\boldsymbol{K})\boldsymbol{x} + \boldsymbol{B}\boldsymbol{v} \\ \boldsymbol{y} = (\boldsymbol{C} - \boldsymbol{D}\boldsymbol{K})\boldsymbol{x} + \boldsymbol{D}\boldsymbol{v} \end{cases} \tag{3.60}$$

其状态反馈结构如图 3.4 所示。

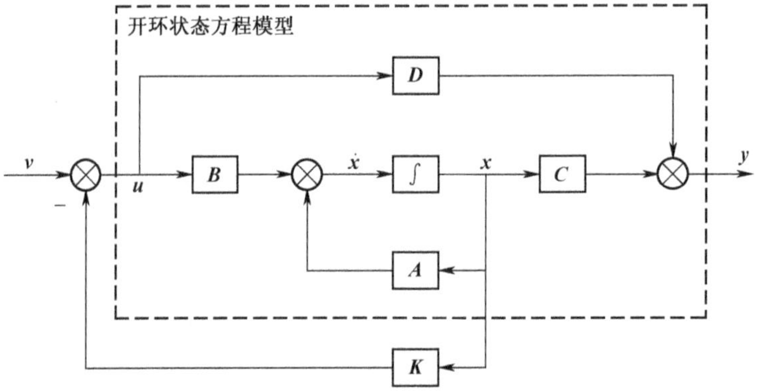

图 3.4 状态反馈结构图

由于引入了状态反馈,系统状态的系数矩阵发生了变化,对系统的可控性、可观测性以及稳定性等均有影响。状态反馈对系统的可控性、可观测性以及稳定的影响有如下定理。

定理 3.1[30]:对于式(3.56)所示系统,状态反馈的引入不改变系统的可控性,但可能改变系统的可观测性。

定理 3.2[30]:对于式(3.56)所示系统,当且仅当系统的不可控部分渐近稳定时,系统的状态反馈是可镇定的。

其中,所谓镇定是指当 $t \to \infty$ 时,系统的所有状态趋于零。

3.3.4 极点配置控制器设计

系统性能和它的极点位置密切相关,当系统的极点处于合适的位置时可以使系统达到较好的控制性能。显然,状态反馈可以改变系统的系数矩阵,也即改变系统的极点位置。因此,可以通过设计合适的状态反馈,把系统极点配置到所希望的位置,从而达到控制目标。利用状态反馈配置系统的极点位置,需要解决两个问题:一是确定极点是否可配置的条件,二是确定配置极点的状态反馈增益矩阵。

定理 3.3[30]:利用状态反馈任意配置闭环极点的充分必要条件是被控系统(3.56)可控。

通过定理 3.3 可以解决系统极点是否可以配置的问题,接下来问题就是要解决极点配置的方法。针对式(3.60)所示系统闭环状态方程,假设闭环系统期望的极点位置为 $\sigma_i, i = 1,2,\cdots,n$,则闭环系统的特征方程 $\alpha(s)$ 可以写成

$$\alpha(s) = \prod_{i=1}^{n}(s - \sigma_i) = s^n + \alpha s_1^{n-1} + \alpha s_2^{n-2} + \cdots + \alpha_{n-1}s + \alpha_n \quad (3.61)$$

在状态反馈作用下,开环状态方程模型 $(\boldsymbol{A},\boldsymbol{B},\boldsymbol{C},\boldsymbol{D})$ 转换成了闭环状态模型 $(\boldsymbol{A} - \boldsymbol{BK},\boldsymbol{B},\boldsymbol{C} - \boldsymbol{DK},\boldsymbol{D})$。下面介绍几种常用的极点配置算法[5]。

1. Bass-Gura 算法

假设原系统的开环特征方程 $\beta(s)$ 可以写成

$$\beta(s) = \det(s\boldsymbol{I} - \boldsymbol{A}) = s^n + \beta s_1^{n-1} + \beta s_2^{n-2} + \cdots + \beta_{n-1}s + \beta_n \quad (3.62)$$

若系统完全可控,则状态反馈增益矩阵 $\boldsymbol{K}$ 可由下式得出

$$\boldsymbol{K} = \boldsymbol{\gamma}^{\mathrm{T}}\boldsymbol{T}^{-1}\boldsymbol{S}^{-1} \quad (3.63)$$

其中,$\boldsymbol{\gamma}^{\mathrm{T}} = [(\boldsymbol{\beta}_n - \boldsymbol{\alpha}_n),\cdots,(\boldsymbol{\beta}_1 - \boldsymbol{\alpha}_1)]$,$\boldsymbol{S} = [\boldsymbol{B}\ \boldsymbol{AB}\ \cdots\ \boldsymbol{A}^{n-1}\boldsymbol{B}]$ 为可控性判别阵,且:

$$\boldsymbol{T} = \begin{bmatrix} \alpha_{n-1} & \alpha_{n-2} & \cdots & \alpha_1 & 1 \\ \alpha_{n-2} & \alpha_{n-3} & \cdots & 1 & 0 \\ \vdots & \vdots & \ddots & 0 & 0 \\ \alpha_1 & 1 & \cdots & 0 & 0 \\ 1 & 0 & \cdots & 0 & 0 \end{bmatrix} \quad (3.64)$$

基于此算法可以编写 MATLAB 自定义函数 bassgura(),程序如下:

```
function K=bassgura(A,B,p)
```

```
a=poly(p);
b=poly(A);
L=a(end:-1:2)-b(end:-1:2);
T=hankel(b(end-1:-1:1));
S=ctrb(A,B);
K=L*inv(T)*inv(S);
end
```

该函数的输入为系统状态方程中的矩阵 $\boldsymbol{A}$,$\boldsymbol{B}$,以及期望的极点构成的向量,返回向量 $\boldsymbol{K}$ 为状态反馈增益矩阵。

2. Ackermann 算法

该算法是一种针对单变量系统的极点配置方法,状态反馈增益矩阵 $\boldsymbol{K}$ 可由下式得出

$$\boldsymbol{K} = -[0,0,\cdots,0,1]\boldsymbol{S}^{-1}\alpha(\boldsymbol{A}) \tag{3.65}$$

其中, $\alpha(A)$ 是将 A 代入式(3.61)得出的矩阵多项式的值。

MATLAB 控制系统工具箱中提供了一个 acker( )函数来实现此算法。

3. 鲁棒极点配置算法

MATLAB 控制系统工具箱中提供了一个 place( )函数来实现鲁棒极点配置算法。与前两种算法只适用于求取单变量系统的状态反馈增益矩阵不同,该算法不仅适用于单变量系统,还适用于多变量系统求取状态反馈增益矩阵。

3.3.5 状态观测器设计

当利用状态反馈配置系统极点时,需要使用所有状态变量,这就要求必须用传感器测量所有状态变量,但是在实际应用中,通常只有被控对象的输入量和输出量能够用传感器测量到,而多数状态变量不容易测量到或者根本不可能测量到,于是提出了利用被控对象的输入量和输出量建立状态观测器来估计状态变量。当重构状态向量的维数和被控对象状态向量的维数相同时,则称为全维状态观测器。

针对被控对象式(3.56) ,构造一个动态方程与其相同且能用于计算机实现的模拟被控系统:

$$\begin{cases} \dot{\hat{\boldsymbol{x}}} = \boldsymbol{A}\hat{\boldsymbol{x}} + \boldsymbol{B}\boldsymbol{u} \\ \hat{\boldsymbol{y}} = \boldsymbol{C}\hat{\boldsymbol{x}} + \boldsymbol{D}\boldsymbol{u} \end{cases} \tag{3.66}$$

其中, $\hat{\boldsymbol{x}}$ 和 $\hat{\boldsymbol{y}}$ 分别为模拟系统的状态向量和输出向量,是被控对象状态向量和输出向量的估值。

当模拟系统与被控对象的初始状态向量相同时，则在同一输入作用下有 $\hat{\boldsymbol{x}}=\boldsymbol{x}$。由于被控对象的初始状态可能不同，且模拟系统中的积分器初始条件设置又只能评估，所以两个系统的初始状态总会有差异，$\hat{\boldsymbol{x}}$ 与 $\boldsymbol{x}$ 之间必定存在误差。

由于 $\hat{\boldsymbol{x}}-\boldsymbol{x}$ 的误差会导致 $\hat{\boldsymbol{y}}-\boldsymbol{y}$ 的误差，而被控对象的输出量是可以用传感器测量得到，因此，可以根据反馈原理将 $\hat{\boldsymbol{y}}-\boldsymbol{y}$ 的误差反馈到 $\dot{\hat{\boldsymbol{x}}}$ 处，控制 $\hat{y}-y$ 的误差尽快逼近零，从而使 $\hat{x}-x$ 的误差尽快逼近零，再利用 $\dot{\hat{x}}$ 来形成状态反馈。按上述原理构建的状态观测器及其估值状态反馈的结构图如图 3.5 所示。

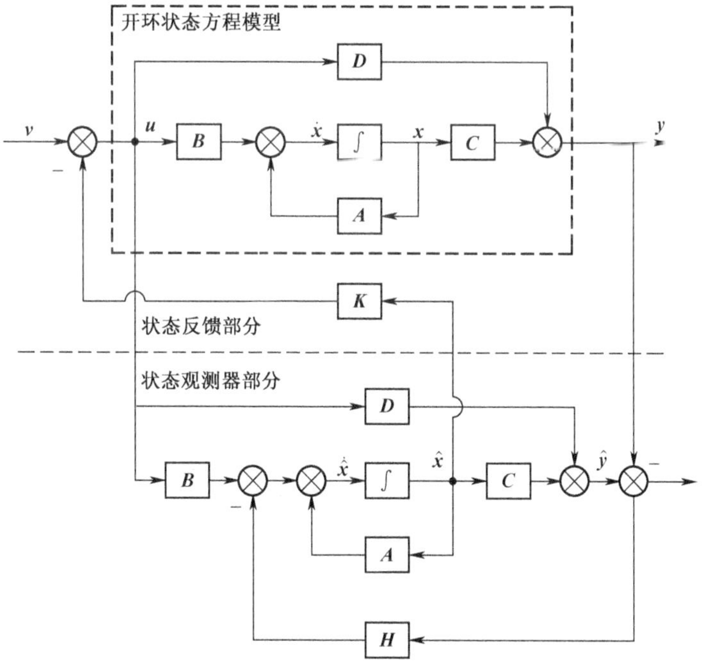

图 3.5　状态观测器及其估值状态反馈结构图

由图 3.5 可以列出全维状态观测器的动态方程如下：

$$\dot{\hat{\boldsymbol{x}}}=\boldsymbol{A}\hat{\boldsymbol{x}}+\boldsymbol{B}\boldsymbol{u}-\boldsymbol{H}(\boldsymbol{C}\hat{\boldsymbol{x}}+\boldsymbol{D}\boldsymbol{u}-\boldsymbol{y})=(\boldsymbol{A}-\boldsymbol{H}\boldsymbol{C})\hat{\boldsymbol{x}}+(\boldsymbol{B}-\boldsymbol{H}\boldsymbol{D})\boldsymbol{u}+\boldsymbol{H}\boldsymbol{y} \tag{3.67}$$

其中，$\boldsymbol{H}$ 为观测器输出反馈阵，$\boldsymbol{A}-\boldsymbol{H}\boldsymbol{C}$ 被称为观测器系统矩阵。

由式(3.56)和式(3.66)可得：

$$\dot{\hat{\boldsymbol{x}}} - \dot{\boldsymbol{x}} = (\boldsymbol{A} - \boldsymbol{HC})(\hat{\boldsymbol{x}} - \boldsymbol{x}) \tag{3.68}$$

其解为:

$$\hat{\boldsymbol{x}}(t) - \boldsymbol{x}(t) = \mathrm{e}^{(A-HC)(t-t_0)}(\hat{\boldsymbol{x}}(t_0) - \boldsymbol{x}(t_0)) \tag{3.69}$$

显然,当 $\boldsymbol{A}-\boldsymbol{HC}$ 稳定(即 $\boldsymbol{A}-\boldsymbol{HC}$ 的全部特征值均具有负实部)时,下式成立:

$$\lim_{t\to\infty}\hat{x}(t) - \boldsymbol{x}(t) = \boldsymbol{0} \tag{3.70}$$

这样,观测出的状态可以逼近原系统的状态。

定理 3.4[30]:若被控系统 $(\boldsymbol{A},\boldsymbol{B},\boldsymbol{C},\boldsymbol{D})$ 可观测,则其状态可用形如

$$\dot{\hat{\boldsymbol{x}}} = (\boldsymbol{A} - \boldsymbol{HC})\hat{\boldsymbol{x}} + (\boldsymbol{B} - \boldsymbol{HD})\boldsymbol{u} + \boldsymbol{Hy} \tag{3.71}$$

的全维状态观测器给出估值,其中矩阵 $\boldsymbol{H}$ 按任意配置观测器极点的需要来选择,以决定状态误差衰减的速率。

图 3.5 中所示的反馈结构可以概括为图 3.6 所示。考虑图 3.6 所示的反馈结构,由式(3.67)可以将状态反馈 $\boldsymbol{K}\hat{\boldsymbol{x}}$ 写成两个子系统 $\boldsymbol{G}_1(s)$ 和 $\boldsymbol{G}_2(s)$ 的形式,这两个子系统分别由信号 $\boldsymbol{u}$ 和 $\boldsymbol{y}$ 单独驱动,则 $\boldsymbol{G}_1(s)$ 可以写成:

$$\begin{cases}\dot{\hat{x}}_1 = (A - HC)\hat{x}_1 + (B - HD)u \\ y_1 = C\hat{x}_1 + Du\end{cases} \tag{3.72}$$

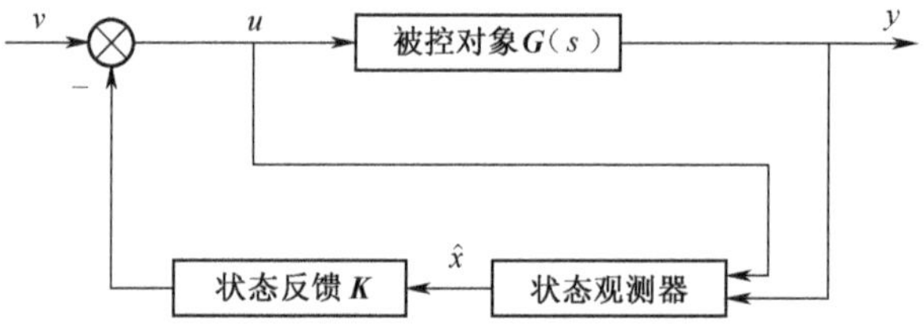

图 3.6　带观测器的状态反馈结构图

$\boldsymbol{G}_2(s)$ 可以写成:

$$\begin{cases}\dot{\hat{\boldsymbol{x}}}_2 = (\boldsymbol{A} - \boldsymbol{HC})\hat{\boldsymbol{x}}_2\boldsymbol{Hy} \\ \boldsymbol{y}_2 = \boldsymbol{C}\hat{\boldsymbol{x}}_2 + \boldsymbol{Du}\end{cases} \tag{3.73}$$

系统的闭环模型可以由图 3.7(a)中的结构表示,对其变换可得到图 3.7(b)中的结构,此时有 $\boldsymbol{G}_c(s) = [\boldsymbol{I} + \boldsymbol{G}_1(s)]^{-1}$,这是典型的反馈结构,可以求得 $\boldsymbol{G}_c(s)$ 为:

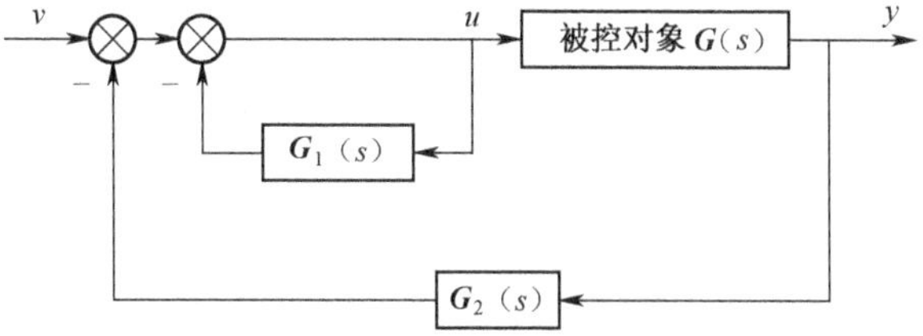

(a)化简过程1

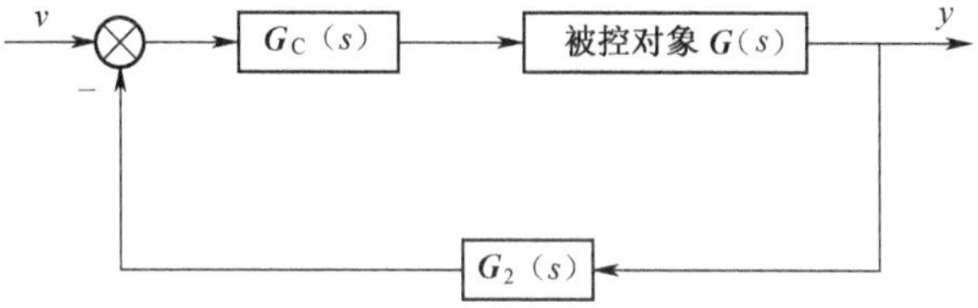

(b)化简过程2

图 3.7 基于观测器的状态反馈控制

$$\boldsymbol{G}_{\mathrm{c}}(s)=\boldsymbol{I}-\boldsymbol{K}(s\boldsymbol{I}-\boldsymbol{A}+\boldsymbol{BK}+\boldsymbol{HC}-\boldsymbol{HDK})^{-1}\boldsymbol{B} \tag{3.74}$$

所以控制器 $\boldsymbol{G}_{\mathrm{c}}(s)$ 的状态空间表达式可以写成:

$$\begin{cases}\dot{\boldsymbol{x}}=(\boldsymbol{A}-\boldsymbol{BK}-\boldsymbol{HC}+\boldsymbol{HDK})\boldsymbol{x}+\boldsymbol{Bu}\\ \boldsymbol{y}=-\boldsymbol{Kx}+\boldsymbol{u}\end{cases} \tag{3.75}$$

将这种把观测器隐含在反馈控制中的结构称为基于观测器的控制器结构。在这种结构中,状态反馈矩阵 $\boldsymbol{K}$ 和观测器矩阵 $\boldsymbol{H}$ 的设计是否可以分开独立设计,这是需要注意的关键问题。有如下所谓的分离定理可以解决这个问题。

定理 3.5[30]:若被控系统 $(\boldsymbol{A},\boldsymbol{B},\boldsymbol{C},\boldsymbol{D})$ 可控可观测,用状态观测器估值形成状态反馈时,其系统的极点配置和观测器设计可以分别独立进行,即状态反馈矩阵 $\boldsymbol{K}$ 和观测器矩阵 $\boldsymbol{H}$ 的设计可以分别独立进行。

在设计好了状态反馈矩阵 $\boldsymbol{K}$ 和观测器矩阵 $\boldsymbol{H}$ 之后,在 MATLAB 中,可以编写如下自定义函数 obc()来求出控制器 $\boldsymbol{G}_{\mathrm{c}}(s)$ 和反馈环节 $\boldsymbol{G}_2(s)$ 。

```
function [Gc,G2]=obc(G,K,H)
G2=ss(G.a-H.c,H,K,0);
Gc=ss(G.a-G.b*K-H*G.c+H*G.d*K,G.b,-K,1);
end
```

针对式(3.75),如果参考输入 $\boldsymbol{v}=\boldsymbol{0}$,则式(3.75)可以进一步简化为:

$$\begin{cases}\dot{\boldsymbol{x}} = (\boldsymbol{A} - \boldsymbol{BK} - \boldsymbol{HC} + \boldsymbol{HDK})\boldsymbol{x} + \boldsymbol{Hu} \\ \boldsymbol{y} = \boldsymbol{Kx}\end{cases} \tag{3.76}$$

此时 $\boldsymbol{G}_c(s)$ 也称为调节器，可由 MATLAB 中提供的 $\boldsymbol{G}_c = \text{reg}(\boldsymbol{G},\boldsymbol{K},\boldsymbol{L})$ 函数求出。

利用分离定理分别设计出状态反馈控制律和观测器，再用状态观测器的估值 $\hat{\boldsymbol{x}}$ 代替式(3.59)中的 $\boldsymbol{x}$ 可得：

$$\boldsymbol{u} = \boldsymbol{v} - \boldsymbol{K}\hat{\boldsymbol{x}} \tag{3.77}$$

由式(3.77)和式(3.56)可得：

$$\dot{\boldsymbol{x}} = \boldsymbol{Ax} - \boldsymbol{BK}\hat{\boldsymbol{x}} + \boldsymbol{Bv} \tag{3.78}$$

由式(3.77)、式(3.60)和式(3.67)可得：

$$\dot{\hat{\boldsymbol{x}}} = (\boldsymbol{HC} - \boldsymbol{HDK})\boldsymbol{x} + (\boldsymbol{A} - \boldsymbol{BK} - \boldsymbol{HC} + \boldsymbol{HDK})\hat{\boldsymbol{x}} + \boldsymbol{Bv} \tag{3.79}$$

由式(3.60)可得：

$$\boldsymbol{y} = [\boldsymbol{C} - \boldsymbol{DK} \quad \boldsymbol{0}]\begin{bmatrix}\boldsymbol{x} \\ \hat{\boldsymbol{x}}\end{bmatrix} + \boldsymbol{Dv} \tag{3.80}$$

再由式(3.78)、式(3.79) 和式(3.80)可得复合系统动态方程为：

$$\begin{cases}\begin{bmatrix}\dot{\boldsymbol{x}} \\ \dot{\hat{\boldsymbol{x}}}\end{bmatrix} = \begin{bmatrix}\boldsymbol{A} & -\boldsymbol{BK} \\ \boldsymbol{HC} - \boldsymbol{HDK} & \boldsymbol{A} - \boldsymbol{BK} - \boldsymbol{HC} + \boldsymbol{HDK}\end{bmatrix}\begin{bmatrix}\boldsymbol{x} \\ \hat{\boldsymbol{x}}\end{bmatrix} + \begin{bmatrix}\boldsymbol{B} \\ \boldsymbol{B}\end{bmatrix}\boldsymbol{v} \\ \boldsymbol{y} = [\boldsymbol{C} - \boldsymbol{DK} \quad \boldsymbol{0}]\begin{bmatrix}\boldsymbol{x} \\ \hat{\boldsymbol{x}}\end{bmatrix} + \boldsymbol{Dv}\end{cases} \tag{3.81}$$

这就是式(3.56)所示系统，经过全维状态观测器进行状态估值，再利用估值的状态进行反馈控制后所形成的复合系统动态方程。

例 3.2 针对式(3.55)所示的四旋翼飞行器状态空间模型，其中四旋翼飞行器的参数为：$m = 1.2\text{kg}$，$g = 9.8\text{m/s}^2$，$K_1 = 0.01\text{N}\cdot\text{s/m}$，$K_2 = 0.012\text{N}\cdot\text{s/m}$，$K_3 = 0.019\text{N}\cdot\text{s/m}$，$K_4 = 0.0022\text{N}\cdot\text{m}\cdot\text{s/rad}$，$K_5 = 0.0024\text{N}\cdot\text{m}\cdot\text{s/rad}$，$K_6 = 0.0031\text{N}\cdot\text{m}\cdot\text{s/rad}$，$I_x = 0.0091\text{kg}\cdot\text{m}^2$，$I_y = 0.0096\text{kg}\cdot\text{m}^2$，$I_z = 0.0189\text{kg}\cdot\text{m}^2$。

(1)是否能够通过状态反馈将系统的闭环极点配置在−1，−2，−3，−4，−1+j，−1−j，−5，−6，−7，−8，−2+2j，−2−2j 处？如果能够，则求出上述极点配置的状态反馈增益矩阵 $\boldsymbol{K}$。

(2)当系统的状态不可直接测量时，是否能够通过状态观测器来获得状态变量？如果能够，试设计一个极点位于−3，−4，−5，−6，−3+3j，−3−3j，−7，−8，−9，−10，−6+6j，−6−6j 处的全维状态观测器。

(3)试求经过状态反馈和状态观测器设计后,闭环系统的零输入响应状态曲线和观测状态曲线以及它们的误差曲线。

解:取状态的初始值为

$$x(0)=[1,-0.75,0.4,0.3,-0.2,0.5,0.6,-0.45,0.8,0.9,-0.15,0.7]^{\mathrm{T}}$$

取观测状态的初始值为

$$\hat{x}(0)=[0,0,0,0,0,0,0,0,0,0,0,0]^{\mathrm{T}}$$

首先判断系统的可控性和可观测性。如果系统既可控又可观测,则满足分离定理,也就是说在利用状态观测器估值来进行状态反馈时,系统的极点配置和观测器设计可以分别独立进行。

选择式(3.59)的状态反馈控制律,设计状态反馈增益矩阵 $\boldsymbol{K}$,使得闭环系统的极点配置在期望的极点处,也即 $\boldsymbol{A}-\boldsymbol{BK}$ 的特征根配置在期望的极点处。

构造式(3.67)所示的全维状态观测器,设计观测器输出反馈矩阵 $\boldsymbol{H}$,使得观测器极点位于期望的极点处,也即 $\boldsymbol{A}-\boldsymbol{HC}$ 的特征根配置在期望的极点处。

由 MATLAB 编程实现闭环系统的零输入响应状态曲线和观测状态曲线以及它们的误差曲线。

全部设计过程通过编程实现如下:

```
MATLAB 程序:chap3_2.m
m=1.2;g=9.8;
K1=0.01;K2=0.012;K3=0.019;K4=0.0022;K5=0.0024;K6=0.0031;
Ix=0.0091;Iy=0.0096;Iz=0.0189;      % 以上为四旋翼飞行器模型参数
A=[0,1,0,0,0,0,0,0,0,0,0,0;0,-K1/m,0,0,0,0,0,0,g,0,0,0;
   0,0,0,1,0,0,0,0,0,0,0,0;0,0,0,-K2/m,0,0,-g,0,0,0,0,0;
   0,0,0,0,0,1,0,0,0,0,0,0;0,0,0,0,0,-K3/m,0,0,0,0,0,0;
   0,0,0,0,0,0,0,1,0,0,0,0;0,0,0,0,0,0,0,-K4/Ix,0,0,0,0;
   0,0,0,0,0,0,0,0,0,1,0,0;0,0,0,0,0,0,0,0,0,-K5/Iy,0,0;
   0,0,0,0,0,0,0,0,0,0,0,1;0,0,0,0,0,0,0,0,0,0,0,-K6/Iz];
B=[0,0,0,0;0,0,0,0;0,0,0,0;0,0,0,0;0,0,0,0;1,0,0,0;
   0,0,0,0;0,1/Ix,0,0;0,0,0,0;0,0,1/Iy,0;0,0,0,0;0,0,0,1/Iz];
C=eye(12);D=zeros(12,4);
N=size(A);n=N(1);
S=ctrb(A,B);        % 计算系统的可控性矩阵
Rs=rank(S)          % 求可控性矩阵的秩
if Rs==n            % 判断系统的可控性
    disp('system is controlled')
else
```

```
    disp('system is not controlled')
end
V=obsv(A,C);      % 计算系统的可观测性矩阵
Rv=rank(V)        % 求可观测性矩阵的秩
if Rv==n          % 判断系统的可观测性
    disp('system is observable')
else
    disp('system is not observable')
end
Pk=[-1,-2,-3,-4,-1+1i,-1-1i,-5,-6,-7,-8,-2+2i,-2-2i];    % 系统的期望配置极点
K=place(A,B,Pk)      % 计算系统的反馈增益矩阵 K
Ph=[-3;-4;-5;-6;-3+3i;-3-3i;-7;-8;-9;-10;-6+6i;-6-6i];   % 观测器的期望配置极点
H=place(A',C',Ph)'   % 计算观测器输出反馈矩阵 H
A1=[A,-B*K;H*C-H*D*K,A-B*K-H*C+H*D*K];B1=[B;B];
C1=[C-D*K,zeros(12)];D1=D;
sys=ss(A1,B1,C1,D1);   % 建立复合系统动态模型
x0=[1,-0.75,0.4,0.3,-0.2,0.5,0.6,-0.45,0.8,0.9,-0.15,0.7]';   % 状态的初始值
x10=[0,0,0,0,0,0,0,0,0,0,0,0]';   % 观测状态的初始值
t=0:0.01:6;
[y,t,x]=initial(sys,[x0;x10],t);  % 系统零输入响应
figure(1)
plot(t,x(:,1:12));  % 绘制零输入响应系统状态曲线
xlabel('t(s)');ylabel('x(t)');grid
figure(2)
plot(t,x(:,13:24));  % 绘制零输入响应观测状态曲线
xlabel('t(s)');ylabel('ox(t)');grid
figure(3)
plot(t,x(:,1:12)-x(:,13:24));   % 绘制零输入响应状态误差曲线
xlabel('t(s)');ylabel('e(t)');grid
```

程序运行结果如下(含图 3.8、图 3.9 和图 3.10):

```
Rs =12
system is controlled
Rv =12
system is observable
```

K =

3.4240	3.6642	-1.1373	-2.2994	21.0188	9.6604	13.9565	1.7283	13.6779	1.6199	0.0328	0.0196
0.0016	0.0357	-0.1387	-0.1545	0.0272	0.0048	0.7348	0.1408	0.1293	0.0113	0.0002	0.0001
0.1052	0.1209	-0.0069	0.0178	0.0224	0.0049	-0.0621	-0.0050	0.5996	0.1281	0.0001	0.0001
0.0035	0.0054	-0.0088	-0.0080	0.0061	0.0012	0.0337	0.0038	0.0175	0.0017	0.0378	0.0536

H =

3.0000	-2.0000	0	0	0	0	0	0	0	0	0	0
3.0000	2.9917	0	0	0	0	0	0	9.8000	0	0	0
0	0	6.0000	-5.0000	0	0	0	0	0	0	0	0
0	0	6.0000	5.9900	0	0	-9.8000	0	0	0	0	0
0	0	0	0	3.0000	1.0000	0	0	0	0	0	0
0	0	0	0	0	3.9842	0	0	0	0	0	0
0	0	0	0	0	0	5.0000	1.0000	0	0	0	0
0	0	0	0	0	0	0	5.7582	0	0	0	0
0	0	0	0	0	0	0	0	7.0000	1.0000	0	0
0	0	0	0	0	0	0	0	0	7.7500	0	0
0	0	0	0	0	0	0	0	0	0	9.0000	1.0000
0	0	0	0	0	0	0	0	0	0	0	9.8360

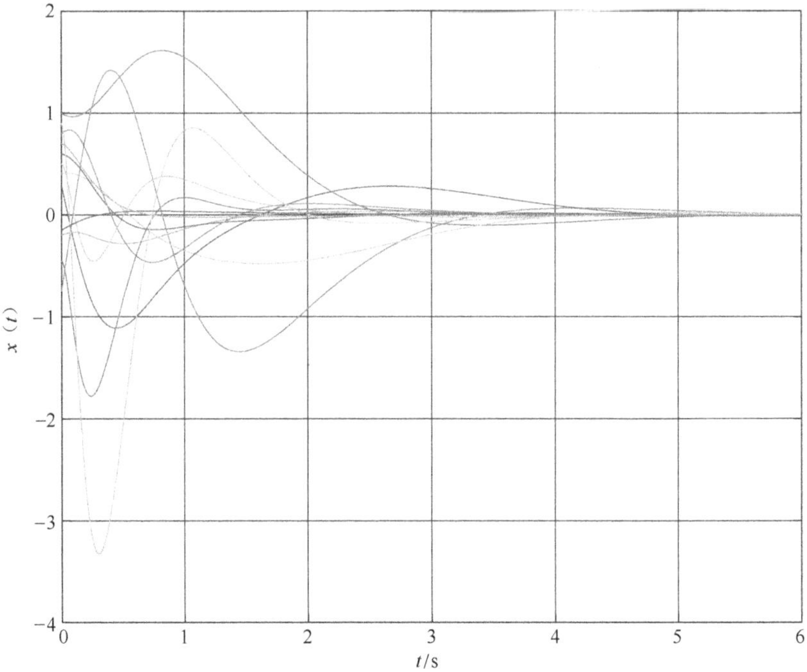

图 3.8 系统零输入响应状态曲线

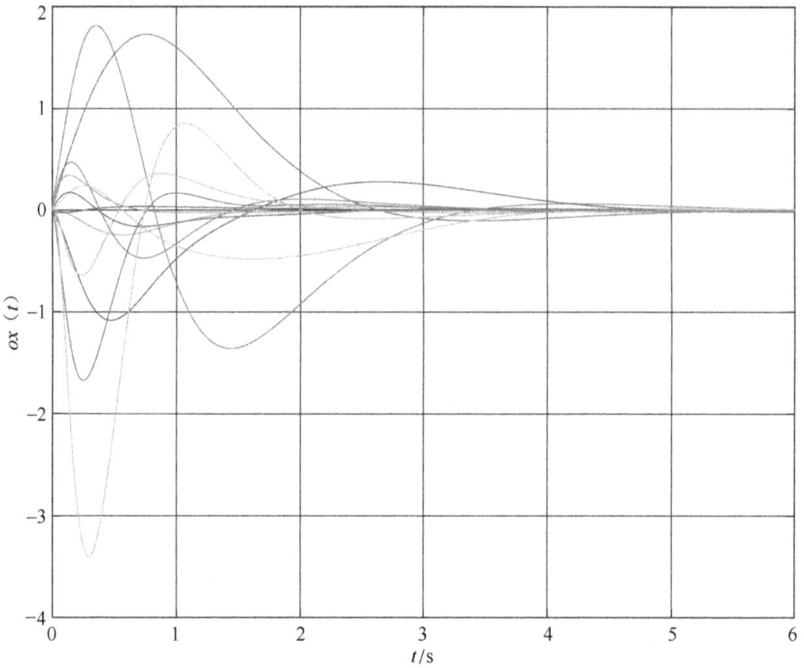

图 3.9　系统零输入响应观测状态曲线

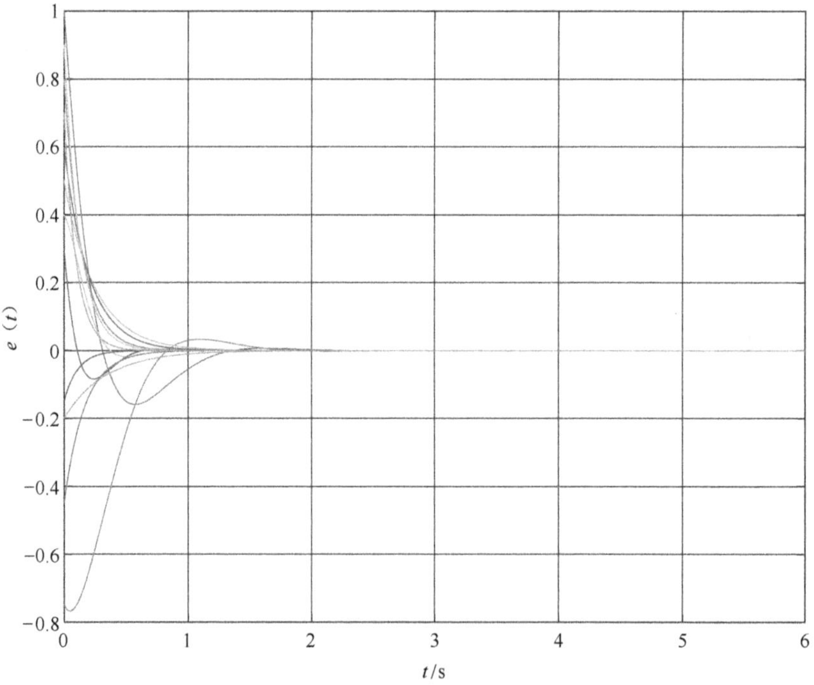

图 3.10　系统零输入响应状态误差曲线

3.3.6　线性二次型最优调节器设计

对于线性系统,如果取状态变量与控制变量的二次型函数为性能指标,则这种动态系统的最优化问题称为线性二次型问题。由于线性二次型问题的最优解具有统一的解析表达式,且可用一个简单的线性状态反馈控制来实现,因此获得了业界的广泛应用,也是最优控制理论中较为成熟的一部分[31]。

设线性时变系统的动态方程如下:

$$\begin{cases}\dot{\boldsymbol{x}} = \boldsymbol{A}(t)\boldsymbol{x}(t) + \boldsymbol{B}(t)\boldsymbol{u}(t)\\ \boldsymbol{y} = \boldsymbol{C}(t)\boldsymbol{x}(t)\end{cases} \tag{3.82}$$

其中,$\boldsymbol{x}(t)$ 为 n 维状态向量;$\boldsymbol{u}(t)$ 为 p 维输入向量;$\boldsymbol{y}(t)$ 为 q 维输出向量;$\boldsymbol{A}(t)$,$\boldsymbol{B}(t)$,$\boldsymbol{C}(t)$ 分别为 $n \times n$ 维,$n \times p$ 维,$q \times n$ 维的时变矩阵。假定 $0 < q \leqslant p \leqslant n$,且 $\boldsymbol{u}(t)$ 不受约束。

针对式(3.82)所示系统,取输出误差向量如下:

$$e(t) = y_{\mathrm{d}}(t) - y(t) \tag{3.83}$$

其中,$\boldsymbol{y}_{\mathrm{d}}(t)$ 为 q 维期望输出向量。

要求设计最优控制 $\boldsymbol{u}^*(t)$,使得下列二次型性能指标极小。即:

$$J = \frac{1}{2}\boldsymbol{e}^{\mathrm{T}}(t_0)\boldsymbol{F}\boldsymbol{e}(t_{\mathrm{f}}) + \frac{1}{2}\int_{t_0}^{t_{\mathrm{f}}}[\boldsymbol{e}^{\mathrm{T}}(t)\boldsymbol{Q}(t)\boldsymbol{e}(t) + \boldsymbol{u}^{\mathrm{T}}(t)\boldsymbol{R}(t)\boldsymbol{u}(t)]\mathrm{d}t \tag{3.84}$$

其中,$\boldsymbol{F}$ 为 $q \times q$ 维对称非负定常阵,$\boldsymbol{Q}(t)$ 为 $q \times q$ 维对称非负定时变矩阵,$\boldsymbol{R}(t)$ 为 $p \times p$ 维对称正定时变矩阵,初始时刻 t_0 和末端时刻 t_{f} 固定。

在系统方程(3.82)和误差向量(3.83)中,如果 $\boldsymbol{C}(t) = \boldsymbol{I}$,$\boldsymbol{y}_{\mathrm{d}}(t) = \boldsymbol{0}$,则有:

$$\boldsymbol{e}(t) = -\boldsymbol{y}(t) = -\boldsymbol{x}(t)$$

则,式(3.84)所示性能指标可以演变为:

$$J = \frac{1}{2}\boldsymbol{x}^{\mathrm{T}}(t_0)\boldsymbol{F}\boldsymbol{x}(t_{\mathrm{f}}) + \frac{1}{2}\int_{t_0}^{t_{\mathrm{f}}}[\boldsymbol{x}^{\mathrm{T}}(t)\boldsymbol{Q}(t)\boldsymbol{x}(t) + \boldsymbol{u}^{\mathrm{T}}(t)\boldsymbol{R}(t)\boldsymbol{u}(t)]\mathrm{d}t \tag{3.85}$$

这时线性二次型问题就归结为状态调节器问题。所谓状态调节器,就是要求系统的状态保持在零平衡状态附近。

定理3.6[31]:针对式(3.82)所示系统,取式(3.85)所示性能指标,最优控制的充分必要条件是:

$$\boldsymbol{u}^*(t) = -\boldsymbol{R}^{-1}(t)\boldsymbol{B}^{\mathrm{T}}(t)\boldsymbol{P}(t)\boldsymbol{x}(t) \tag{3.86}$$

其中,$\boldsymbol{P}(t)$ 为 $n \times n$ 维对称非负矩阵,满足如下 Riccati 矩阵微分方程:

$$-\dot{\boldsymbol{P}}(t)=\boldsymbol{P}(t)\boldsymbol{A}(t)+\boldsymbol{A}^{\mathrm{T}}(t)\boldsymbol{P}(t)-\boldsymbol{P}(t)\boldsymbol{B}(t)\boldsymbol{R}^{-1}(t)\boldsymbol{B}^{\mathrm{T}}(t)\boldsymbol{P}(t)+\boldsymbol{Q}(t) \tag{3.87}$$

其边界条件为：

$$\boldsymbol{P}(t_{\mathrm{f}})=\boldsymbol{F} \tag{3.88}$$

最优轨线 $\boldsymbol{x}^*(t)$ 则由下面线性向量微分方程求解：

$$\dot{\boldsymbol{x}}(t)=[\boldsymbol{A}(t)-\boldsymbol{B}(t)\boldsymbol{R}^{-1}(t)\boldsymbol{B}^{\mathrm{T}}\boldsymbol{P}(t)]\boldsymbol{x}(t),\boldsymbol{x}(t_0)=\boldsymbol{x}_0 \tag{3.89}$$

Riccati 方程有如下性质[6]：① $\boldsymbol{P}(t)$ 是唯一的；② $\boldsymbol{P}(t)$ 是对称的；③ $\boldsymbol{P}(t)$ 是非负的。

定理 3.7[31]：针对式(3.82)所示系统，取式(3.85)所示性能指标，若 t_{f} 有限，则式(3.86)给出的最优控制 $\boldsymbol{u}^*(t)$ 存在且唯一。

若系统受扰偏离原零平衡位置，要求系统在不产生稳态误差的情况下最优地回到原平衡状态，则必须采用无限时间状态调节器；若同时要求最优闭环系统渐近稳定，则还需要进一步采用定常状态调节器。

设线性定常系统的动态方程如下：

$$\dot{\boldsymbol{x}}=\boldsymbol{A}\boldsymbol{x}(t)+\boldsymbol{B}\boldsymbol{u}(t),\boldsymbol{x}(0)=\boldsymbol{x}_0 \tag{3.90}$$

性能指标为：

$$J=\frac{1}{2}\int_0^{\infty}[\boldsymbol{x}^{\mathrm{T}}(t)\boldsymbol{Q}\boldsymbol{x}(t)+\boldsymbol{u}^{\mathrm{T}}(t)\boldsymbol{R}\boldsymbol{u}(t)]\mathrm{d}t \tag{3.91}$$

其中，$\boldsymbol{x}(t)$ 为 n 维状态向量；$\boldsymbol{u}(t)$ 为 p 维输入向量；$\boldsymbol{A},\boldsymbol{B},\boldsymbol{Q},\boldsymbol{R}$ 分别为 $n\times n$ 维，$n\times p$ 维，$n\times n$ 维，$p\times p$ 维的常值矩阵，且 $\boldsymbol{Q}=\boldsymbol{Q}^{\mathrm{T}}\geqslant 0,\boldsymbol{R}=\boldsymbol{R}^{\mathrm{T}}>0$。

定理 3.8[31]：针对式(3.90)所示系统，取式(3.91)所示性能指标，若阵对 $\{\boldsymbol{A},\boldsymbol{B}\}$ 完全可控，阵对 $\{\boldsymbol{A},\boldsymbol{M}\}$ 完全可观，其中 $\boldsymbol{M}\boldsymbol{M}^{\mathrm{T}}=\boldsymbol{Q}$，且 $\boldsymbol{M}$ 为任意矩阵，则存在唯一的最优控制：

$$\boldsymbol{u}^*(t)=-\boldsymbol{R}^{-1}\boldsymbol{B}^{\mathrm{T}}\boldsymbol{P}\boldsymbol{x}(t) \tag{3.92}$$

最优性能指标为：

$$J^*=\frac{1}{2}\boldsymbol{x}^{\mathrm{T}}(0)\boldsymbol{P}\boldsymbol{x}(0) \tag{3.93}$$

其中，$\boldsymbol{P}$ 为对称正定常阵，是 Riccati 矩阵代数方程：

$$\boldsymbol{P}\boldsymbol{A}+\boldsymbol{A}^{\mathrm{T}}\boldsymbol{P}-\boldsymbol{P}\boldsymbol{B}\boldsymbol{R}^{-1}\boldsymbol{B}^{T}\boldsymbol{P}+\boldsymbol{Q}=\boldsymbol{0} \tag{3.94}$$

的唯一解。

定理 3.9[31]：针对式(3.90)所示系统，取式(3.91)所示性能指标，由定理 3.8 得到的最优闭环系统：

$$\dot{\boldsymbol{x}}(t)=[\boldsymbol{A}-\boldsymbol{B}\boldsymbol{R}^{-1}\boldsymbol{B}^{\mathrm{T}}\boldsymbol{P}]\boldsymbol{x}(t),\boldsymbol{x}(0)=\boldsymbol{x}_0 \tag{3.95}$$

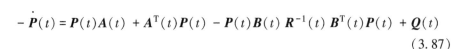

一定是渐近稳定的。

令 $\boldsymbol{K} = -\boldsymbol{R}^{-1}\boldsymbol{B}^{\mathrm{T}}\boldsymbol{P}$,由定理 3.8 得 $\boldsymbol{u}^*(t) = -\boldsymbol{K}\boldsymbol{x}(t)$,则可以得出在状态反馈下的闭环系统的状态方程为($\boldsymbol{A} - \boldsymbol{B}\boldsymbol{K},\boldsymbol{B},\boldsymbol{C} - \boldsymbol{D}\boldsymbol{K},\boldsymbol{D}$) ,这种控制问题就是所谓的线性二次型最优调节问题(Linear Quadratic Regulators,LQR)。MATLAB 控制系统工具箱中提供了 lqr( )函数,用来根据给定的加权矩阵 $\boldsymbol{Q}$ 和 $\boldsymbol{R}$ 设计上述线性二次型最优控制器。该函数的调用格式为:

$$[\boldsymbol{K},\boldsymbol{P}] = \mathrm{lqr}(\boldsymbol{A},\boldsymbol{B},\boldsymbol{Q},\boldsymbol{R})$$

其中,函数输入参数 $(\boldsymbol{A},\boldsymbol{B})$ 为被控对象的状态方程模型, $\boldsymbol{Q}$ 和 $\boldsymbol{R}$ 为给定的加权矩阵,函数返回矩阵 $\boldsymbol{K}$ 为状态反馈增益矩阵,返回矩阵 $\boldsymbol{P}$ 为 Riccati 代数方程的解,该函数在求解 Riccati 代数方程时使用了基于 Schur 分解算法的函数 care( )。

很明显,线性二次型最优控制器的最优性完全取决于加权矩阵 $\boldsymbol{Q}$ 和 $\boldsymbol{R}$ 的选择,而这两个矩阵该如何选择却没有解析方法,只能定性地去选择矩阵参数。实际上,这种所谓的最优完全依赖于人为地对矩阵 $\boldsymbol{Q}$ 和 $\boldsymbol{R}$ 参数的选择,如果参数选择不当,得出的最优解可能没有任何实际意义,还有可能造成误导性结论[27]。

对于矩阵 $\boldsymbol{Q}$ 和 $\boldsymbol{R}$ 参数的选择,一般做法是:如果希望输入信号小些,则可以选择较大的 $\boldsymbol{R}$ 矩阵,如果希望状态变量的值小些,则可以选择较大的 $\boldsymbol{Q}$ 矩阵。对于多输入系统来说,如果希望第 i 输入小些,则 $\boldsymbol{R}$ 的第 i 列的值应该选得大些;如果希望第 j 状态变量的值小些,则 $\boldsymbol{Q}$ 的第 j 列的值应该选得大些[27]。

例 3.3 针对式(3.55)所示的四旋翼飞行器状态空间模型,其中四旋翼飞行器的参数取值和例 3.2 中相同。取性能指标为

$$J = \frac{1}{2}\int_0^{\infty} [\boldsymbol{x}^{\mathrm{T}}(t)\boldsymbol{Q}\boldsymbol{x}(t) + \boldsymbol{u}^{\mathrm{T}}(t)\boldsymbol{R}\boldsymbol{u}(t)]\mathrm{d}t$$

(1) 试确定合适的 $\boldsymbol{Q}$ 和 $\boldsymbol{R}$ 取值,求最优控制 $\boldsymbol{u}^*(t)$ 和最优指标 J^* ;

(2) 试作出最优控制闭环系统零输入响应状态曲线,设初始状态为: $\boldsymbol{x}(0) = [1, -0.75, 0.4, 0.3, -0.2, 0.5, 0.6, -0.45, 0.8, 0.9, -0.15, 0.7]^{\mathrm{T}}$ 。

解:首先要确定矩阵 $\boldsymbol{Q}$ 和 $\boldsymbol{R}$ 的取值:

$$\boldsymbol{R} = \mathrm{diag}(1,1,1,1)$$

$$\boldsymbol{M} = \mathrm{diag}(0.5,0.5,0.5,0.5,0.5,0.5,2,2,2,2,2,2)$$

$$\boldsymbol{Q} = \boldsymbol{M}\boldsymbol{M}^{\mathrm{T}}$$

再按如下步骤进行:

检验阵对 $\{\boldsymbol{A},\boldsymbol{B}\}$ 是否完全可控,阵对 $\{\boldsymbol{A},\boldsymbol{M}\}$ 是否完全可观。若完全可控可观测,则最优控制 $\boldsymbol{u}^*(t)$ 存在,且最优闭环系统渐近稳定。

求解 Riccati 代数方程 $\boldsymbol{P}\boldsymbol{A} + \boldsymbol{A}^{\mathrm{T}}\boldsymbol{P} - \boldsymbol{P}\boldsymbol{B}\boldsymbol{R}^{-1}\boldsymbol{B}^{\mathrm{T}}\boldsymbol{P} + \boldsymbol{Q} = \boldsymbol{0}$ 得到对称矩阵 $\boldsymbol{P}$ 。

由矩阵 $\boldsymbol{P}$ 确定最优控制 $\boldsymbol{u}^*(t)=-\boldsymbol{R}^{-1}\boldsymbol{B}^{\mathrm{T}}\boldsymbol{P}\boldsymbol{x}(t)$ 。

由状态初值 $\boldsymbol{x}(0)$ 和矩阵 $\boldsymbol{P}$ 计算最优指标 $J^*=\frac{1}{2}\boldsymbol{x}^{\mathrm{T}}(0)\boldsymbol{P}\boldsymbol{x}(0)$ 。

由 MATLAB 编程实现最优控制的闭环系统零输入响应状态曲线。

全部设计过程通过编程实现如下：

MATLAB 程序：chap3_3.m

```
m=1.2;g=9.8;
K1=0.01;K2=0.012;K3=0.019;K4=0.0022;K5=0.0024;K6=0.0031;
Ix=0.0091;Iy=0.0096;Iz=0.0189;      % 以上为四旋翼飞行器模型参数
A=[0,1,0,0,0,0,0,0,0,0,0,0;0,-K1/m,0,0,0,0,0,0,g,0,0,0;
   0,0,0,1,0,0,0,0,0,0,0,0;0,0,0,-K2/m,0,0,-g,0,0,0,0,0;
   0,0,0,0,0,1,0,0,0,0,0,0;0,0,0,0,0,-K3/m,0,0,0,0,0,0;
   0,0,0,0,0,0,0,1,0,0,0,0;0,0,0,0,0,0,0,-K4/Ix,0,0,0,0;
   0,0,0,0,0,0,0,0,0,1,0,0;0,0,0,0,0,0,0,0,0,-K5/Iy,0,0;
   0,0,0,0,0,0,0,0,0,0,0,1;0,0,0,0,0,0,0,0,0,0,0,-K6/Iz];
B=[0,0,0,0;0,0,0,0;0,0,0,0;0,0,0,0;0,0,0,0;1,0,0,0;
   0,0,0,0;0,1/Ix,0,0;0,0,0,0;0,0,1/Iy,0;0,0,0,0;0,0,0,1/Iz];
C=eye(12);D=zeros(12,4);
N=size(A);n=N(1);
S=ctrb(A,B);         % 计算系统的可控性矩阵
Rs=rank(S)           % 求可控性矩阵的秩
if Rs==n             % 判断系统的可控性
    disp('system is controlled')
else
    disp('system is not controlled')
end
M=diag([0.5,0.5,0.5,0.5,0.5,0.5,1,1,1,1,1,1]);
V=obsv(A,M);       % 计算{A,M}的可观测性矩阵
Rv=rank(V)         % 求{A,M}的可观测性矩阵的秩
if Rv==n           % 判断{A,M}的可观测性
    disp('system is observable')
else
    disp('system is not observable')
end
Q=M*M';
R=diag([1,1,1,1]);
[K,P,E]=lqr(A,B,Q,R)    % 求状态反馈阵 K,Riccati 方程解 P,最优闭环系统的
```

特征根 E

```
sys=ss(A-B*K,B,C-D*K,D); % 建立最优控制闭环系统动态模型
x0=[1,-0.75,0.4,0.3,-0.2,0.5,0.6,-0.45,0.8,0.9,-0.15,0.7]';  % 状态
```
的初始值
```
J=(1/2)*x0'*P*x0             % 计算最优指标
t=0:0.01:6;
[y,t,x]=initial(sys,x0,t);  % 系统零输入响应
figure(1)
plot(t,x(:,1:12));  % 绘制系统零输入响应状态曲线
xlabel('t(s)');ylabel('x(t)');grid
```

程序运行结果如下(含图 3.11):

```
Rs =12
system is controlled
Rv =12
system is observable
```

K=

0	0	0.0000	-0.0000	0.5000	1.1023	0.0000	0.0000	0	0	0.0000	0.0000
0	0	-0.5000	-0.8197	-0.0000	0.0000	4.1928	1.0353	0	0	-0.0000	-0.0000
0.5000	0.8206	0	0	0	0	0	0	4.1985	1.0371	0	0
0	0	0.0000	0.0000	0.0000	0.0000	-0.0000	-0.0000	0	0	1.0000	1.0156

P=

0.4121	0.2142	0	0	0	0	0	0	0.5198	0.0048	0	0
0.2142	0.2993	0	0	0	0	0	0	0.8483	0.0079	0	0
0	0	0.4120	0.2139	0.0000	0.0000	-0.5187	-0.0045	0	0	0.0000	0.0000
0	0	0.2139	0.2986	0.0000	-0.0000	-0.8459	-0.0075	0	0	0.0000	0.0000
0	0	0.0000	0.0000	0.5591	0.5000	-0.0000	-0.0000	0	0	0.0000	0.0000
0	0	0.0000	-0.0000	0.5000	1.1023	0.0000	0.0000	0	0	0.0000	0.0000
0	0	-0.5187	-0.8459	-0.0000	0.0000	4.2768	0.0382	0	0	-0.0000	-0.0000
0	0	-0.0045	-0.0075	-0.0000	0.0000	0.0382	0.0094	0	0	-0.0000	-0.0000
0.5198	0.8483	0	0	0	0	0	0	4.2872	0.0403	0	0
0.0048	0.0079	0	0	0	0	0	0	0.0403	0.0100	0	0
0	0	0.0000	0.0000	0.0000	0.0000	-0.0000	-0.0000	0	0	1.0187	0.0189
0	0	0.0000	0.0000	0.0000	0.0000	-0.0000	-0.0000	0	0	0.0189	0.0192

E =

1.0e+02 *

-1.0416+0.0000i

-0.0157+0.0157i

```
-0.0157-0.0157i
-0.0100+0.0000i
-1.0989+0000i
-0.5290+0.0000i
-0.0157+0.0157i
-0.0157-0.0157i
-0.0100+0.0000i
-0.0100+0.0000i
-0.0056+0.0043i
-0.0056-0.0043i
```

J =2.1111

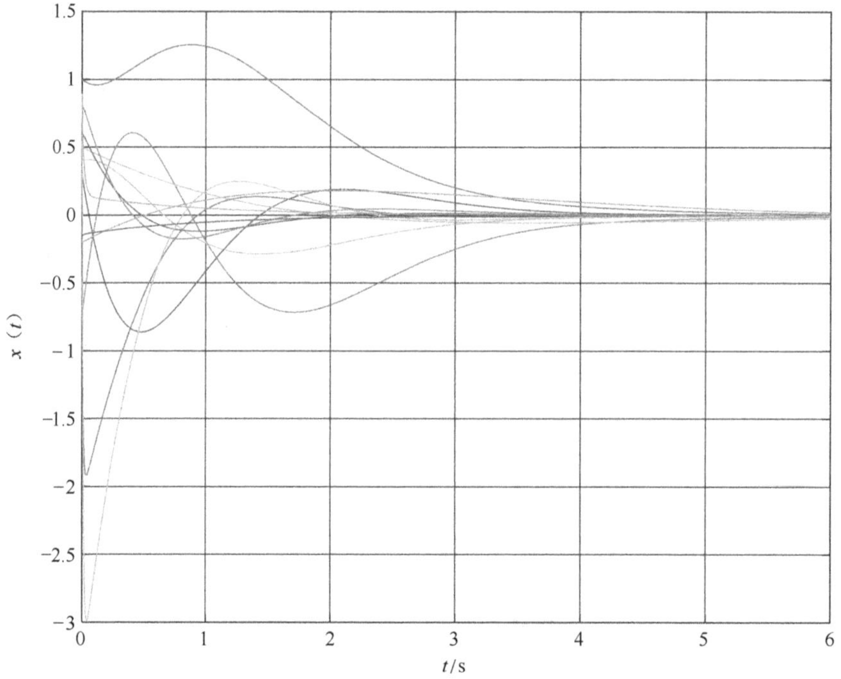

图 3.11　最优控制系统零输入响应状态曲线

3.3.7　内模控制器设计

一般来说,状态反馈要求无限带宽的控制器,但在实际控制中,控制器和系统部件都只有有限带宽,因而单纯的状态反馈往往并不是一种改善系统性能的实用方法。单纯的状态反馈控制器都没有在控制器内部考虑输入信号的影响,往往不能实现零稳态误差控制。如果在状态反馈控制器中通过引入跟踪误差的方式来反映参考输入的影响，也即引入参考输入的内模，以达到零稳态误差跟踪参考输入的目标，这种控制方法就是所谓的内模控制。

针对式(3.56)所示的控制系统，令 $\boldsymbol{D}=\boldsymbol{0}$，可得：

$$\begin{cases}\dot{\boldsymbol{x}}=\boldsymbol{A}\boldsymbol{x}+\boldsymbol{B}\boldsymbol{u}\\ \boldsymbol{y}=\boldsymbol{C}\boldsymbol{x}\end{cases} \tag{3.96}$$

其中，$\boldsymbol{x}$ 为 n 维状态向量；$\boldsymbol{u}$ 为 p 维输入向量；$\boldsymbol{y}$ 为 q 维输出向量；$\boldsymbol{A},\boldsymbol{B},\boldsymbol{C}$ 分别为 $n\times n,n\times p,q\times n$ 的实数矩阵。

下面就针对式(3.96)所示系统，进行内模控制器设计。由于内模控制器设计需要考虑参考输入，所以内模控制器的设计首先要弄清楚参考输入信号的信息。下面是参考文献[30]的设计思路，就单位阶跃输入、单位斜坡输入和单位抛物线输入三种典型参考输入分别设计内模控制器。

1. 阶跃信号输入

定义跟踪误差为：

$$\boldsymbol{e}=\boldsymbol{r}-\boldsymbol{y} \tag{3.97}$$

其中，$\boldsymbol{r}$ 为参考输入信号。

取 $\boldsymbol{r}$ 为单位阶跃信号，则有 $\dot{\boldsymbol{r}}=\boldsymbol{0}$，于是可得：

$$\dot{\boldsymbol{e}}=\dot{\boldsymbol{r}}-\dot{\boldsymbol{y}}=-\boldsymbol{C}\dot{\boldsymbol{x}} \tag{3.98}$$

不妨取中间变量 $\boldsymbol{z}$ 和 $\boldsymbol{w}$，定义为 $\boldsymbol{z}=\dot{\boldsymbol{x}},\boldsymbol{w}=\dot{\boldsymbol{u}}$，于是有：

$$\dot{\boldsymbol{z}}=\ddot{\boldsymbol{x}}=\boldsymbol{A}\dot{\boldsymbol{x}}+\boldsymbol{B}\dot{\boldsymbol{u}}=\boldsymbol{A}\boldsymbol{z}+\boldsymbol{B}\boldsymbol{w} \tag{3.99}$$

因此可得如下增广系统方程：

$$\begin{bmatrix}\dot{\boldsymbol{e}}\\ \dot{\boldsymbol{z}}\end{bmatrix}=\begin{bmatrix}\boldsymbol{0} & -\boldsymbol{C}\\ \boldsymbol{0} & \boldsymbol{A}\end{bmatrix}\begin{bmatrix}\boldsymbol{e}\\ \boldsymbol{z}\end{bmatrix}+\begin{bmatrix}\boldsymbol{0}\\ \boldsymbol{B}\end{bmatrix}\boldsymbol{w} \tag{3.100}$$

若取 $\overline{\boldsymbol{A}}=\begin{bmatrix}\boldsymbol{0} & -\boldsymbol{C}\\ \boldsymbol{0} & \boldsymbol{A}\end{bmatrix},\overline{\boldsymbol{B}}=\begin{bmatrix}\boldsymbol{0}\\ \boldsymbol{B}\end{bmatrix}$，如果 $\operatorname{rank}[\overline{\boldsymbol{B}}\ \ \overline{\boldsymbol{A}}\ \ \overline{\boldsymbol{B}}\cdots\overline{\boldsymbol{A}}^{n-1}\overline{\boldsymbol{B}}]=n+p$，也即增广系统可控，根据状态反馈理论，可以找到如下反馈控制律：

$$\boldsymbol{w}=-\boldsymbol{K}_1\boldsymbol{e}-\boldsymbol{K}_2\boldsymbol{z} \tag{3.101}$$

使其渐近稳定，其中，$\boldsymbol{K}_1$ 和 $\boldsymbol{K}_2$ 为对应的反馈增益矩阵，可以通过状态反馈控制的极点配置方法确定。也就是说增广系统的状态 $\boldsymbol{e}$ 和 $\boldsymbol{z}$ 都是渐近收敛的，即有 $\lim\limits_{t\to\infty}\boldsymbol{e}=\boldsymbol{0}$，因此系统输出能以零稳态误差跟踪参考输入信号。

注意，如果增广系统不可控，说明不能任意配置极点，不可控子系统有可能是不稳定的，不能保证能否找到合适的状态反馈使系统稳定，所以这种情况一般不建议采用此种控制方法。

对式(3.101)求积分，即可得系统的反馈控制律为：

$$\boldsymbol{u} = -\boldsymbol{K}_1\int_0^t \boldsymbol{e}(\tau)\,\mathrm{d}\tau - \boldsymbol{K}_2\boldsymbol{x} \tag{3.102}$$

其中，$\int_0^t \boldsymbol{e}(\tau)\,\mathrm{d}\tau$ 表示对误差向量 $\boldsymbol{e}$ 中每个元素分别积分。

该内模控制器的结构图如图 3.12 所示。

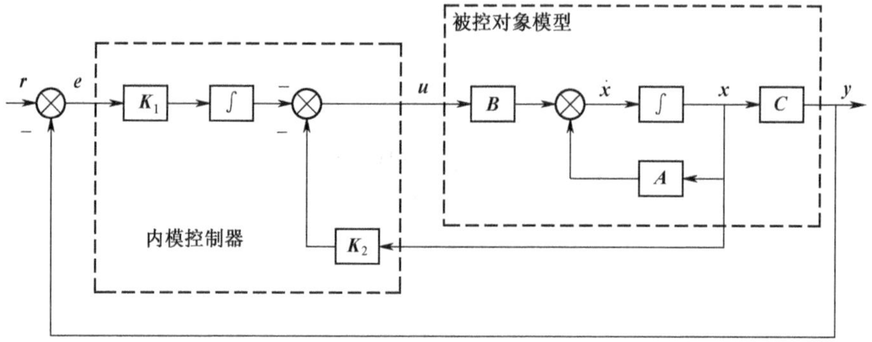

图 3.12　阶跃输入的内模控制结构图

2. 斜坡信号输入

取 $\boldsymbol{r}$ 为单位斜坡信号，则有 $\ddot{\boldsymbol{r}} = \boldsymbol{0}$，于是可得：

$$\ddot{\boldsymbol{e}} = \ddot{\boldsymbol{r}} - \ddot{\boldsymbol{y}} = -\boldsymbol{C}\ddot{\boldsymbol{x}} \tag{3.103}$$

不妨取中间变量 $\boldsymbol{z}$ 和 $\boldsymbol{w}$，定义为 $\boldsymbol{z} = \ddot{\boldsymbol{x}}, \boldsymbol{w} = \ddot{\boldsymbol{u}}$，于是有：

$$\dot{\boldsymbol{z}} = \dddot{\boldsymbol{x}} = \boldsymbol{A}\ddot{\boldsymbol{x}} + \boldsymbol{B}\ddot{\boldsymbol{u}} = \boldsymbol{A}\boldsymbol{z} + \boldsymbol{B}\boldsymbol{w} \tag{3.104}$$

因此可得如下增广系统方程：

$$\begin{bmatrix} \dot{\boldsymbol{e}} \\ \ddot{\boldsymbol{e}} \\ \dot{\boldsymbol{z}} \end{bmatrix} = \begin{bmatrix} \boldsymbol{0} & \boldsymbol{I} & \boldsymbol{0} \\ \boldsymbol{0} & \boldsymbol{0} & -\boldsymbol{C} \\ \boldsymbol{0} & \boldsymbol{0} & \boldsymbol{A} \end{bmatrix} \begin{bmatrix} \boldsymbol{e} \\ \dot{\boldsymbol{e}} \\ \boldsymbol{z} \end{bmatrix} + \begin{bmatrix} \boldsymbol{0} \\ \boldsymbol{0} \\ \boldsymbol{B} \end{bmatrix} \boldsymbol{w} \tag{3.105}$$

若取 $\overline{\boldsymbol{A}} = \begin{bmatrix} \boldsymbol{0} & \boldsymbol{I} & \boldsymbol{0} \\ \boldsymbol{0} & \boldsymbol{0} & -\boldsymbol{C} \\ \boldsymbol{0} & \boldsymbol{0} & \boldsymbol{A} \end{bmatrix}, \overline{\boldsymbol{B}} = \begin{bmatrix} \boldsymbol{0} \\ \boldsymbol{0} \\ \boldsymbol{B} \end{bmatrix}$，如果 $\mathrm{rank}[\overline{\boldsymbol{B}} \ \ \overline{\boldsymbol{A}}\,\overline{\boldsymbol{B}} \ \ \cdots \ \ \overline{\boldsymbol{A}}^{n-1}\overline{\boldsymbol{B}}] = n + 2p$，也即增广系统可控，根据状态反馈理论，可以找到如下反馈控制律：

$$\boldsymbol{w} = -\boldsymbol{K}_1\boldsymbol{e} - \boldsymbol{K}_2\dot{\boldsymbol{e}} - \boldsymbol{K}_3\boldsymbol{z} \tag{3.106}$$

使其渐近稳定，其中，$\boldsymbol{K}_1, \boldsymbol{K}_2, \boldsymbol{K}_3$ 为对应的反馈增益矩阵，可以通过状态反馈控

制的极点配置方法确定。也就是说增广系统的状态 $\boldsymbol{e}$,$\dot{\boldsymbol{e}}$ 和 $\boldsymbol{z}$ 都是渐近收敛的,即有 $\lim\limits_{t\to\infty}\boldsymbol{e}=\boldsymbol{0}$,因此系统输出能以零稳态误差跟踪参考输入信号。

对式(3.106)求二次积分,即可得系统的反馈控制律为:

$$\boldsymbol{u}=-\boldsymbol{K}_1\int_0^t\int_0^t\boldsymbol{e}(\tau)\,\mathrm{d}\tau-\boldsymbol{K}_2\int_0^t\boldsymbol{e}(\tau)\,\mathrm{d}\tau-\boldsymbol{K}_3\boldsymbol{x}\tag{3.107}$$

其中,$\int_0^t\boldsymbol{e}(\tau)\,\mathrm{d}\tau$ 表示对误差向量 $\boldsymbol{e}$ 中每个元素分别积分,$\int_0^t\int_0^t\boldsymbol{e}(\tau)\,\mathrm{d}\tau$ 表示对误差向量 $\boldsymbol{e}$ 中每个元素分别二重积分。

该内模控制器的结构图如图 3.13 所示。

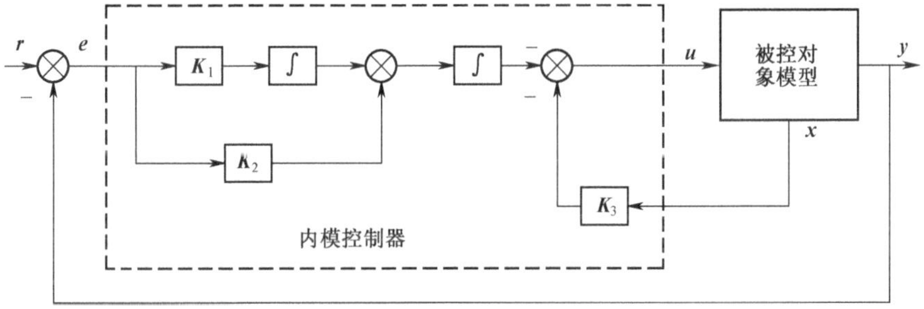

图 3.13　斜坡输入的内模控制结构图

3. 抛物线信号输入

取 $\boldsymbol{r}$ 为单位抛物线信号,则有 $\dddot{\boldsymbol{r}}=0$,于是可得:

$$\dddot{\boldsymbol{e}}=\dddot{\boldsymbol{r}}-\dddot{y}=-\boldsymbol{C}\dddot{\boldsymbol{x}}\tag{3.108}$$

不妨取中间变量 $\boldsymbol{z}$ 和 $\boldsymbol{w}$,定义为 $\boldsymbol{z}=\dddot{\boldsymbol{x}}$,$\boldsymbol{w}=\dddot{\boldsymbol{u}}$,于是有:

$$\dot{\boldsymbol{z}}=\boldsymbol{x}^{(4)}=\boldsymbol{A}\dddot{\boldsymbol{x}}+\boldsymbol{B}\dddot{\boldsymbol{u}}=\boldsymbol{A}\boldsymbol{z}+\boldsymbol{B}\boldsymbol{w}\tag{3.109}$$

因此可得如下增广系统方程:

$$\begin{bmatrix}\dot{\boldsymbol{e}}\\\ddot{\boldsymbol{e}}\\\dddot{\boldsymbol{e}}\\\dot{\boldsymbol{z}}\end{bmatrix}=\begin{bmatrix}\boldsymbol{0}&\boldsymbol{I}&\boldsymbol{0}&\boldsymbol{0}\\\boldsymbol{0}&\boldsymbol{0}&\boldsymbol{I}&\boldsymbol{0}\\\boldsymbol{0}&\boldsymbol{0}&\boldsymbol{0}&-\boldsymbol{C}\\\boldsymbol{0}&\boldsymbol{0}&\boldsymbol{0}&\boldsymbol{A}\end{bmatrix}\begin{bmatrix}\boldsymbol{e}\\\dot{\boldsymbol{e}}\\\ddot{\boldsymbol{e}}\\\boldsymbol{z}\end{bmatrix}+\begin{bmatrix}\boldsymbol{0}\\\boldsymbol{0}\\\boldsymbol{0}\\\boldsymbol{B}\end{bmatrix}\boldsymbol{w}\tag{3.110}$$

若取 $\bar{A}=\begin{bmatrix}0 & I & 0 & 0\\0 & 0 & I & 0\\0 & 0 & 0 & -C\\0 & 0 & 0 & A\end{bmatrix}$，$\bar{B}=\begin{bmatrix}0\\0\\0\\B\end{bmatrix}$，如果 $\mathrm{rank}[\bar{B}\bar{A}\bar{B}\cdots\bar{A}^{n-1}\bar{B}]=n+3p$，也即增广系统可控，根据状态反馈理论，可以找到如下反馈控制律：

$$w=-K_1e-K_2\dot{e}-K_3\ddot{e}-K_4z \tag{3.111}$$

使其渐近稳定，其中，K_1,K_2,K_3,K_4 为对应的反馈增益矩阵，可以通过状态反馈控制的极点配置方法确定。也就是说增广系统的状态 $e,\dot{e},\ddot{e}$ 和 z 都是渐近收敛的，即有 $\lim\limits_{t\to\infty}e=0$，因此系统输出能以零稳态误差跟踪参考输入信号。

对式(3.111)求三次积分，即可得系统的反馈控制律为：

$$u=-K_1\int_0^t\int_0^t\int_0^t e(\tau)\mathrm{d}\tau-K_2\int_0^t\int_0^t e(\tau)\mathrm{d}\tau-K_3\int_0^t e(\tau)\mathrm{d}\tau-K_4x \tag{3.112}$$

其中，$\int_0^t e(\tau)\mathrm{d}\tau$ 表示对误差向量 e 中每个元素分别积分，$\int_0^t\int_0^t e(\tau)\mathrm{d}\tau$ 表示对误差向量 e 中每个元素分别二重积分，$\int_0^t\int_0^t\int_0^t e(\tau)\mathrm{d}\tau$ 表示对误差向量 e 中每个元素分别三重积分。

该内模控制器的结构图如图 3.14 所示。

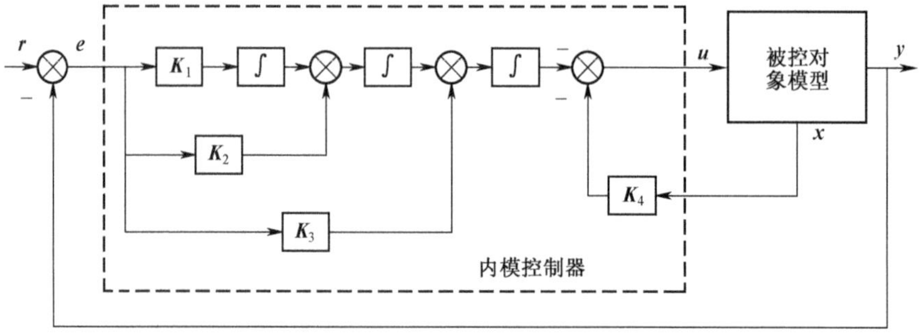

图 3.14　抛物线输入的内模控制结构图

例 3.4　针对如下四旋翼飞行器状态空间模型：

$$\begin{cases}\dot{x}=Ax+Bu\\y=Cx+Du\end{cases} \tag{3.113}$$

其中，$\boldsymbol{x}=[x,\dot{x},y,\dot{y},z,\dot{z},\phi,\dot{\phi},\theta,\dot{\theta},\psi,\dot{\psi}]^{\mathrm{T}}$，$\boldsymbol{u}=[u_{1c},u_2,u_3,u_4]^{\mathrm{T}}$，

$\boldsymbol{y}=[y_1,y_2,y_3,y_4,y_5,y_6]^{\mathrm{T}}$，

$$\boldsymbol{A}=\begin{bmatrix}0&1&0&0&0&0&0&0&0&0&0&0\\0&-\frac{K_1}{m}&0&0&0&0&0&0&g&0&0&0\\0&0&0&1&0&0&0&0&0&0&0&0\\0&0&0&-\frac{K_2}{m}&0&0&-g&0&0&0&0&0\\0&0&0&0&0&1&0&0&0&0&0&0\\0&0&0&0&0&-\frac{K_3}{m}&0&0&0&0&0&0\\0&0&0&0&0&0&0&1&0&0&0&0\\0&0&0&0&0&0&0&-\frac{K_4}{I_x}&0&0&0&0\\0&0&0&0&0&0&0&0&0&1&0&0\\0&0&0&0&0&0&0&0&0&-\frac{K_5}{I_y}&0&0\\0&0&0&0&0&0&0&0&0&0&0&1\\0&0&0&0&0&0&0&0&0&0&0&-\frac{K_6}{I_z}\end{bmatrix},$$

$$\boldsymbol{B}=\begin{bmatrix}0&0&0&0\\0&0&0&0\\0&0&0&0\\0&0&0&0\\0&0&0&0\\1&0&0&0\\0&0&0&0\\0&\frac{1}{I_x}&0&0\\0&0&0&0\\0&0&\frac{1}{I_y}&0\\0&0&0&0\\0&0&0&\frac{1}{I_z}\end{bmatrix},\boldsymbol{C}=\begin{bmatrix}1&0&0&0&0&0&0&0&0&0&0&0\\0&0&1&0&0&0&0&0&0&0&0&0\\0&0&0&0&1&0&0&0&0&0&0&0\\0&0&0&0&0&0&1&0&0&0&0&0\\0&0&0&0&0&0&0&0&1&0&0&0\\0&0&0&0&0&0&0&0&0&0&1&0\end{bmatrix},$$

$\boldsymbol{D}$ 为 6 行 4 列的零矩阵。其中四旋翼飞行器的参数取值和例 3.2 中相同。试问能否采用针对阶跃信号输入的内模控制方法设计控制器？

解：首先确定针对阶跃信号输入的内模控制，式(3.113)所示的四旋翼飞行器模型的增广系统方程为：

$$\begin{bmatrix}\dot{\boldsymbol{e}}\\ \dot{\boldsymbol{z}}\end{bmatrix}=\begin{bmatrix}\boldsymbol{0} & -\boldsymbol{C}\\ \boldsymbol{0} & \boldsymbol{A}\end{bmatrix}\begin{bmatrix}\boldsymbol{e}\\ \boldsymbol{z}\end{bmatrix}+\begin{bmatrix}\boldsymbol{0}\\ \boldsymbol{B}\end{bmatrix}\boldsymbol{w}$$

接着判断增广系统的可控性，如果不可控，则不建议采用此种控制方法。

编程如下：

```
MATLAB 程序:chap3_4.m
m=1.2;g=9.8;
K1=0.01;K2=0.012;K3=0.019;K4=0.0022;K5=0.0024;K6=0.0031;
Ix=0.0091;Iy=0.0096;Iz=0.0189;      % 以上为四旋翼飞行器模型参数
A=[0,1,0,0,0,0,0,0,0,0,0,0;0,-K1/m,0,0,0,0,0,0,g,0,0,0;
  0,0,0,1,0,0,0,0,0,0,0,0;0,0,0,-K2/m,0,0,-g,0,0,0,0,0;
  0,0,0,0,0,1,0,0,0,0,0,0;0,0,0,0,0,-K3/m,0,0,0,0,0,0;
  0,0,0,0,0,0,0,1,0,0,0,0;0,0,0,0,0,0,0,-K4/Ix,0,0,0,0;
  0,0,0,0,0,0,0,0,0,1,0,0;0,0,0,0,0,0,0,0,0,-K5/Iy,0,0;
  0,0,0,0,0,0,0,0,0,0,0,1;0,0,0,0,0,0,0,0,0,0,0,-K6/Iz];
B=[0,0,0,0;0,0,0,0;0,0,0,0;0,0,0,0;0,0,0,0;1,0,0,0;
  0,0,0,0;0,1/Ix,0,0;0,0,0,0;0,0,1/Iy,0;0,0,0,0;0,0,0,1/Iz];
C=[1,0,0,0,0,0,0,0,0,0,0,0;0,0,1,0,0,0,0,0,0,0,0,0;
  0,0,0,0,1,0,0,0,0,0,0,0;0,0,0,0,0,0,1,0,0,0,0,0;
  0,0,0,0,0,0,0,0,1,0,0,0;0,0,0,0,0,0,0,0,0,0,1,0];
D=zeros(6,4);
A1=[zeros(6,6),-C;zeros(12,6),A];  % 求增广系统的状态矩阵
B1=[zeros(6,4);B];  % 求增广系统的控制矩阵
N=size(A1);n1=N(1)
S=ctrb(A1,B1);   % 计算增广系统的可控性矩阵
Rs=rank(S)        % 求可控性矩阵的秩
if Rs==n1         % 判断增广系统的可控性
   disp('system is controlled')
else
   disp('system is not controlled')
end
```

程序运行结果如下：

```
n1 =18
```

```
Rs =16
system is not controlled
```

增广系统不可控，所以原系统不建议采用此种控制方法。

例 3.5　针对如下四旋翼飞行器偏航子系统状态空间模型：

$$\begin{cases}\begin{bmatrix}\dot{\psi}\\ \ddot{\psi}\end{bmatrix}=\begin{bmatrix}0 & 1\\ 0 & -\dfrac{K_6}{I_z}\end{bmatrix}\begin{bmatrix}\psi\\ \dot{\psi}\end{bmatrix}+\begin{bmatrix}0\\ \dfrac{1}{I_z}\end{bmatrix}u_4\\ y_1=[1\quad 0]\begin{bmatrix}\psi\\ \dot{\psi}\end{bmatrix}\end{cases}\tag{3.114}$$

其中，$I_z = 0.0189\text{kg}\cdot\text{m}^2, K_6 = 0.0031\text{N}\cdot\text{m}\cdot\text{s/rad}$。试设计针对阶跃信号输入的内模控制器，并求系统的单位阶跃响应。

解：主要分两部分求解：第一部分判断是否方便设计针对阶跃信号输入的内模控制器；第二部分编程实现内模控制器设计以及系统单位阶跃响应。

（1）首先确定针对阶跃信号输入的内模控制，四旋翼飞行器偏航子系统的增广系统方程为：

$$\begin{bmatrix}\dot{\boldsymbol{e}}\\ \dot{\boldsymbol{z}}\end{bmatrix}=\begin{bmatrix}\boldsymbol{0} & -\boldsymbol{C}\\ \boldsymbol{0} & \boldsymbol{A}\end{bmatrix}\begin{bmatrix}\boldsymbol{e}\\ \boldsymbol{z}\end{bmatrix}+\begin{bmatrix}\boldsymbol{0}\\ \boldsymbol{B}\end{bmatrix}\boldsymbol{w}$$

接着判断增广系统的可控性，如果可控，则方便设计针对阶跃信号输入的内模控制器。编程如下：

```
MATLAB 程序:chap3_5.m
K6=0.0031;Iz=0.0189;  % 以上为四旋翼飞行器偏航子系统模型参数
A=[0,1;0,-K6/Iz];B=[0;1/Iz];C=[1,0];D=0;
A1=[0,-C;zeros(2,1),A]; % 求增广系统的状态矩阵
B1=[0;B];      % 求增广系统的控制矩阵
N=size(A1);n1=N(1)
S=ctrb(A1,B1);   % 计算增广系统的可控性矩阵
Rs=rank(S)         % 求可控性矩阵的秩
if Rs==n1          % 判断增广系统的可控性
   disp('system is controlled')
else
   disp('system is not controlled')
end
```

程序运行结果如下：

```
n1 =3
```

```
Rs =3
system is controlled
```

增广系统可控,系统方便设计针对阶跃信号输入的内模控制器。

(2)针对阶跃信号输入的内模控制器设计以及系统单位阶跃信号输入响应通过编程实现。具体编程如下:

① Simulink 主程序:chap3_ 5sim. slx

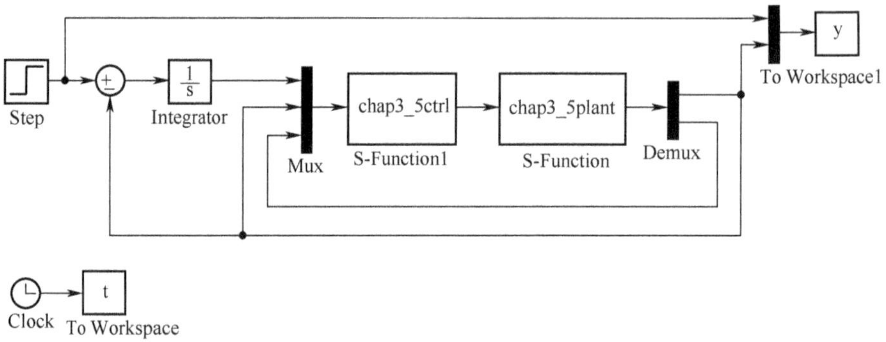

② 控制器 S 函数:chap3_ 5ctrl. m

```
function [sys,x0,str,ts]=chap3_5ctrl(t,x,u,flag)
switch flag
  case 0
    [sys,x0,str,ts]=mdlInitializeSizes;
  case 1
    sys=mdlDerivatives(t,x,u);
  case 3
    sys=mdlOutputs(t,x,u);
  case {2, 4, 9 }
    sys = [];
  otherwise
    error(['Unhandled flag = ',num2str(flag)]);
end
function [sys,x0,str,ts]=mdlInitializeSizes
sizes = simsizes;
sizes.NumContStates  = 0;
sizes.NumDiscStates  = 0;
sizes.NumOutputs     = 1;
sizes.NumInputs      = 3;
```

```
sizes.DirFeedthrough = 1;
sizes.NumSampleTimes = 1;
sys=simsizes(sizes);
x0=[];
str=[];
ts=[0 0];
function sys=mdlOutputs(t,x,u)
K6=0.0031;Iz=0.0189;  %以上为四旋翼飞行器偏航子系统模型参数
A=[0,1;0,-K6/Iz];B=[0;1/Iz];C=[1,0];
A1=[0,-C;zeros(2,1),A];  %求增广系统的状态矩阵
B1=[0;B];      %求增广系统的控制矩阵
Pk=[-1,-2,-3];   %系统的期望配置极点
K=place(A1,B1,Pk);      %计算增广系统的反馈增益矩阵K
tol=-K*u;              %计算系统的反馈控制律
sys(1)=tol;
```

③ 被控对象S函数:chap3_5plant.m

```
function [sys,x0,str,ts]=chap3_5plant(t,x,u,flag)
switch flag
  case 0
    [sys,x0,str,ts]=mdlInitializeSizes;
  case 1
    sys=mdlDerivatives(t,x,u);
  case 3
    sys=mdlOutputs(t,x,u);
  case {2, 4, 9 }
    sys = [];
  otherwise
    error(['Unhandled flag = ',num2str(flag)]);
end
function [sys,x0,str,ts]=mdlInitializeSizes
sizes = simsizes;
sizes.NumContStates  = 2;
sizes.NumDiscStates  = 0;
sizes.NumOutputs     = 2;
sizes.NumInputs      = 1;
sizes.DirFeedthrough = 1;
sizes.NumSampleTimes = 1;
```

```
sys=simsizes(sizes);
x0=[0;0];
str=[];
ts=[0 0];
function sys=mdlDerivatives(t,x,u)
K6=0.0031;Iz=0.0189;  % 以上为四旋翼飞行器偏航子系统模型参数
A=[0,1;0,-K6/Iz];B=[0;1/Iz];
d_x=A*x+B*u;  % 原系统状态空间方程
sys(1)=d_x(1);sys(2)=d_x(2);
function sys=mdlOutputs(t,x,u)
sys(1)=x(1);sys(2)=x(2);
```

④ 作图程序:chap3_5plot.m

```
close all
figure(1)
plot(t,y(:,1),'b--',t,y(:,2),'r','linewidth',1);
xlabel('时间(s)');
ylabel('偏航角');
legend('期望偏航角','实际偏航角');
axis([0,10,0,1.3]);
grid on
```

仿真结果如图 3.15 所示。

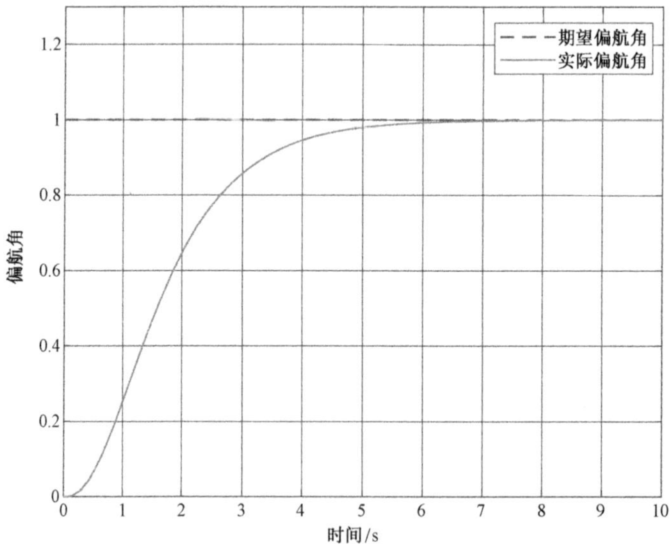

图 3.15 系统单位阶跃响应

例 3.6 针对例 3.5 所示四旋翼飞行器偏航子系统状态空间模型,试设计针对斜坡信号输入的内模控制器,并求系统的单位斜坡响应。

解:(1)首先确定四旋翼飞行器偏航子系统的增广系统方程为:

$$\begin{bmatrix} \dot{e} \\ \ddot{e} \\ \dot{z} \end{bmatrix} = \begin{bmatrix} \mathbf{0} & \boldsymbol{I} & \mathbf{0} \\ \mathbf{0} & \mathbf{0} & -\boldsymbol{C} \\ \mathbf{0} & \mathbf{0} & \boldsymbol{A} \end{bmatrix} \begin{bmatrix} e \\ \dot{e} \\ z \end{bmatrix} + \begin{bmatrix} \mathbf{0} \\ \mathbf{0} \\ \boldsymbol{B} \end{bmatrix} w$$

接着判断增广系统的可控性,如果可控,则方便设计针对斜坡信号输入的内模控制器。编程如下:

```
MATLAB 程序:chap3_6.m
K6=0.0031;Iz=0.0189;  % 以上为四旋翼飞行器偏航子系统模型参数
A=[0,1;0,-K6/Iz];B=[0;1/Iz];C=[1,0];D=0;
A1=[0,1,zeros(1,2);0,0,-C;zeros(2,1),zeros(2,1),A]; % 求增广系统的状
态矩阵
B1=[0;0;B];  % 求增广系统的控制矩阵
N=size(A1);n1=N(1)
S=ctrb(A1,B1);  % 计算增广系统的可控性矩阵
Rs=rank(S)      % 求可控性矩阵的秩
if Rs==n1       % 判断增广系统的可控性
   disp('system is controlled')
else
   disp('system is not controlled')
end
```

程序运行结果如下:

```
n1 =4
Rs =4
system is controlled
```

增广系统可控,系统方便设计针对斜坡信号输入的内模控制器。

(2)针对斜坡信号输入的内模控制器设计以及系统单位斜坡信号输入响应通过编程实现。具体编程如下:

① Simulink 主程序:chap3_6sim.slx

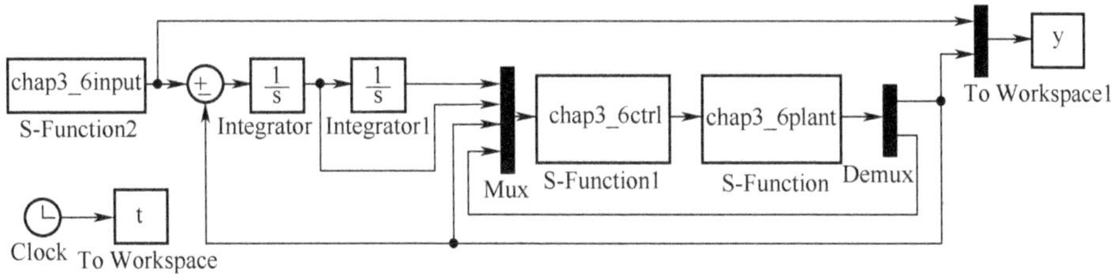

② 控制器 S 函数:chap3_ 6ctrl. m

```
function [sys,x0,str,ts]=chap3_6ctrl(t,x,u,flag)
switch flag
  case 0
    [sys,x0,str,ts]=mdlInitializeSizes;
  case 1
    sys=mdlDerivatives(t,x,u);
  case 3
    sys=mdlOutputs(t,x,u);
  case {2, 4, 9 }
    sys = [];
  otherwise
    error(['Unhandled flag = ',num2str(flag)]);
end
function [sys,x0,str,ts]=mdlInitializeSizes
sizes = simsizes;
sizes.NumContStates  = 0;
sizes.NumDiscStates  = 0;
sizes.NumOutputs     = 1;
sizes.NumInputs      = 4;
sizes.DirFeedthrough = 1;
sizes.NumSampleTimes = 1;
sys=simsizes(sizes);
x0=[];
str=[];
ts=[0 0];
function sys=mdlOutputs(t,x,u)
K6=0.0031;Iz=0.0189;  % 以上为四旋翼飞行器偏航子系统模型参数
A=[0,1;0,-K6/Iz];B=[0;1/Iz];C=[1,0];
A1=[0,1,zeros(1,2);0,0,-C;zeros(2,1),zeros(2,1),A];   % 求增广系统的
状态矩阵
B1=[zeros(1);zeros(1);B];% 求增广系统的控制矩阵
Pk=[-1,-2,-3,-4];     % 系统的期望配置极点
K=place(A1,B1,Pk);     % 计算增广系统的反馈增益矩阵 K
tol=-K*u;              % 计算系统的反馈控制律
sys(1)=tol;
```

③ 被控对象 S 函数:chap3_ 6plant. m

与本章 chap3_ 5plant. m 相同。

④ 参考输入 S 函数:chap3_ 6input. m

```
function [sys,x0,str,ts]=chap3_6input(t,x,u,flag)
switch flag
  case 0
    [sys,x0,str,ts]=mdlInitializeSizes;
  case 1
    sys=mdlDerivatives(t,x,u);
  case 3
    sys=mdlOutputs(t,x,u);
  case {2, 4, 9 }
    sys = [];
  otherwise
    error(['Unhandled flag = ',num2str(flag)]);
end
function [sys,x0,str,ts]=mdlInitializeSizes
sizes = simsizes;
sizes.NumContStates  = 0;
sizes.NumDiscStates  = 0;
sizes.NumOutputs     = 1;
sizes.NumInputs      = 0;
sizes.DirFeedthrough = 1;
sizes.NumSampleTimes = 1;
sys=simsizes(sizes);
x0=[];
str=[];
ts=[0 0];
function sys=mdlOutputs(t,x,u)
r=t;
sys(1)=r;
```

⑤ 作图程序:chap3_ 6plot. m

```
close all
figure(1)
plot(t,y(:,1),'b--',t,y(:,2),'r','linewidth',1);
xlabel('时间(s)');
ylabel('偏航角');
legend('期望偏航角','实际偏航角');
```

```
axis([0,10,0,10]);
grid on
```

仿真结果如图 3.16 所示。

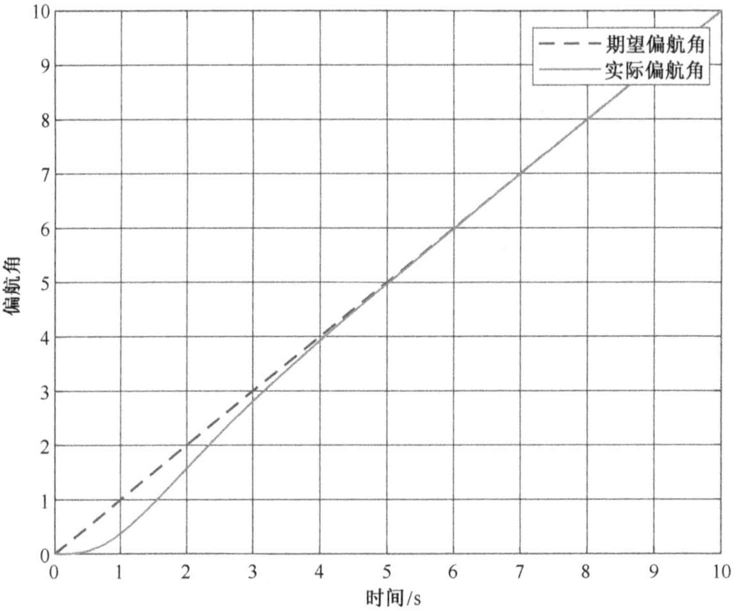

图 3.16　系统单位斜坡信号输入响应

例 3.7　针对例 3.5 所示四旋翼飞行器偏航子系统状态空间模型，试设计针对抛物线信号输入的内模控制器，并求系统的单位抛物线信号输入响应。

解：(1) 首先确定四旋翼飞行器偏航子系统的增广系统方程为：

$$\begin{bmatrix} \dot{e} \\ \ddot{e} \\ \dddot{e} \\ \dot{z} \end{bmatrix} = \begin{bmatrix} \mathbf{0} & \boldsymbol{I} & \mathbf{0} & \mathbf{0} \\ \mathbf{0} & \mathbf{0} & \boldsymbol{I} & \mathbf{0} \\ \mathbf{0} & \mathbf{0} & \mathbf{0} & -\boldsymbol{C} \\ \mathbf{0} & \mathbf{0} & \mathbf{0} & \boldsymbol{A} \end{bmatrix} \begin{bmatrix} e \\ \dot{e} \\ \ddot{e} \\ z \end{bmatrix} + \begin{bmatrix} \mathbf{0} \\ \mathbf{0} \\ \mathbf{0} \\ \boldsymbol{B} \end{bmatrix} \boldsymbol{w}$$

接着判断增广系统的可控性，如果可控，则方便设计针对抛物线信号输入的内模控制器。编程如下：

```
MATLAB 程序:chap3_7.m
K6=0.0031;Iz=0.0189;  % 以上为四旋翼飞行器偏航子系统模型参数
A=[0,1;0,-K6/Iz];B=[0;1/Iz];C=[1,0];D=0;
```

```
A1=[0,1,0,zeros(1,2);0,0,1,zeros(1,2);0,0,0,-C;
   zeros(2,1),zeros(2,1),zeros(2,1),A];  % 求增广系统的状态矩阵
B1=[0;0;0;B];% 求增广系统的控制矩阵
N=size(A1);n1=N(1)
S=ctrb(A1,B1);   % 计算增广系统的可控性矩阵
Rs=rank(S)       % 求可控性矩阵的秩
if Rs==n1        % 判断增广系统的可控性
   disp('system is controlled')
else
   disp('system is not controlled')
end
```

程序运行结果如下：

```
n1 =5
Rs =5
system is controlled
```

增广系统可控，系统方便设计针对抛物线信号输入的内模控制器。

（2）针对抛物线信号输入的内模控制器设计以及系统单位抛物线信号输入响应通过编程实现。具体编程如下：

① Simulink 主程序：chap3_7sim. slx

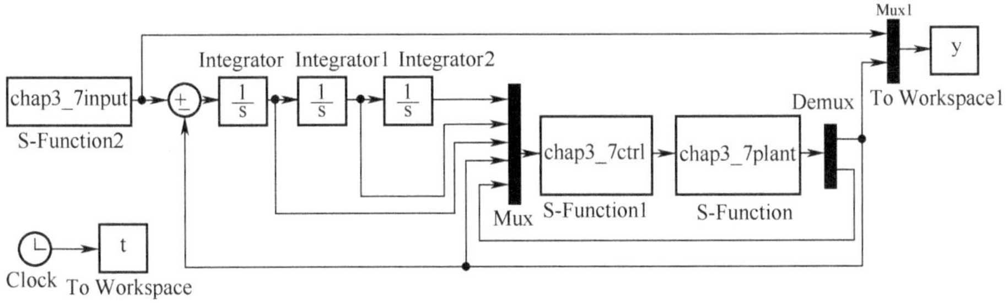

② 控制器 S 函数：chap3_7ctrl. m

```
function [sys,x0,str,ts]=chap3_7ctrl(t,x,u,flag)
switch flag
  case 0
    [sys,x0,str,ts]=mdlInitializeSizes;
  case 1
    sys=mdlDerivatives(t,x,u);
  case 3
    sys=mdlOutputs(t,x,u);
```

```
  case {2, 4, 9 }
    sys = [];
  otherwise
    error(['Unhandled flag = ',num2str(flag)]);
end
function [sys,x0,str,ts]=mdlInitializeSizes
sizes = simsizes;
sizes.NumContStates  = 0;
sizes.NumDiscStates  = 0;
sizes.NumOutputs     = 1;
sizes.NumInputs      = 5;
sizes.DirFeedthrough = 1;
sizes.NumSampleTimes = 1;
sys=simsizes(sizes);
x0=[];
str=[];
ts=[0 0];
function sys=mdlOutputs(t,x,u)
K6=0.0031;Iz=0.0189;  % 以上为四旋翼飞行器偏航子系统模型参数
A=[0,1;0,-K6/Iz];B=[0;1/Iz];C=[1,0];
A1=[0,1,0,zeros(1,2);0,0,1,zeros(1,2);0,0,0,-C;
   zeros(2,1),zeros(2,1),zeros(2,1),A];  % 求增广系统的状态矩阵
B1=[0;0;0;B];  % 求增广系统的控制矩阵
Pk=[-1,-2,-3,-4,-5]; % 系统的期望配置极点
K=place(A1,B1,Pk);   % 计算增广系统的反馈增益矩阵 K
tol=-K*u;            % 计算系统的反馈控制律
sys(1)=tol;
```

③ 被控对象 S 函数:chap3_ 7plant. m

与本章 chap3_ 5plant. m 相同。

④ 参考输入 S 函数:chap3_ 7input. m

```
function [sys,x0,str,ts]=chap3_7input(t,x,u,flag)
switch flag
  case 0
    [sys,x0,str,ts]=mdlInitializeSizes;
  case 1
```

```
    sys=mdlDerivatives(t,x,u);
  case 3
    sys=mdlOutputs(t,x,u);
  case {2, 4, 9 }
    sys = [];
  otherwise
    error(['Unhandled flag = ',num2str(flag)]);
end
function [sys,x0,str,ts]=mdlInitializeSizes
sizes = simsizes;
sizes.NumContStates  = 0;
sizes.NumDiscStates  = 0;
sizes.NumOutputs     = 1;
sizes.NumInputs      = 0;
sizes.DirFeedthrough = 1;
sizes.NumSampleTimes = 1;
sys=simsizes(sizes);
x0=[];
str=[];
ts=[0 0];
function sys=mdlOutputs(t,x,u)
r=(1/2)*t^2;
sys(1)=r;
```

⑤ 作图程序:chap3_ 7plot. m

```
close all
figure(1)
plot(t,y(:,1),'b--',t,y(:,2),'r','linewidth',1);
xlabel('Time(s)');
ylabel('Position tracking');
legend('Ideal position signal','Position tracking');
axis([0,10,0,30]);
grid on
```

仿真结果如图 3.17 所示。

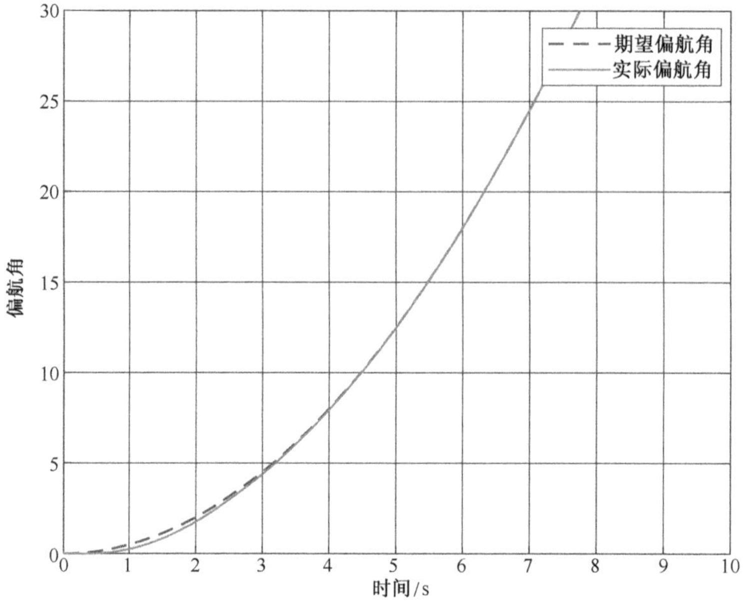

图 3.17　系统单位抛物线信号输入响应

3.4　PID 控制方法设计

PID 控制器又称 PID 调节器，是最早发展起来的控制策略之一。PID 控制结构和算法都比较简单，也不需要被控对象的精确数学模型，无论被控对象是线性或非线性系统都适用，且控制效果也比较令人满意，因而被广泛应用于工业控制中。

3.4.1　PID 控制的基本概念

典型 PID 控制的基本结构如图 3.18 所示，图中 $r(t)$ 为期望值，$e(t)$ 为跟踪误差，$u(t)$ 为控制输入，$y(t)$ 为输出。

PID 控制律的一般计算公式为：

$$u(t) = K_{\mathrm{p}}e(t) + K_{\mathrm{i}}\int_0^t e(\tau)\mathrm{d}\tau + K_{\mathrm{d}}\frac{\mathrm{d}e(t)}{\mathrm{d}t} \tag{3.115}$$

其中，K_{p}，K_{i} 和 K_{d} 分别为对系统误差信号及其积分和微分的加权系数，称为比例系数、积分系数和微分系数。

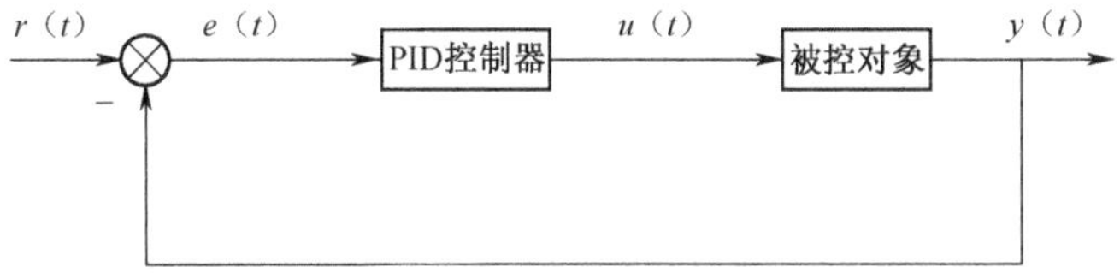

图 3.18　典型 PID 控制的基本结构

一般来说，K_p,K_i 和 K_d 有较明显的物理意义：比例控制器直接对误差信号发生作用，一旦有误差就立即发生作用，K_p 的值大则误差将变小，较大的 K_p 值能有效减小对系统中负载扰动的敏感度，但将增加对测量噪声的敏感度，若无限制地增加 K_p 值将导致闭环系统不稳定；积分控制器对以往的误差信号发生作用，引入积分控制能有效消除控制中的静态误差，但 K_i 值增大可能会增加系统的超调量，甚至导致系统振荡，而 K_i 值减小会使系统趋于稳态值的速度减慢；微分控制器对误差变化率发生作用，有一定的预报能力，能在误差信号有较大变化趋势时进行合适的控制，K_d 值的增大能加快系统响应速度，减小调整时间，但过大的 K_d 值会因系统噪声或被控对象的大时间延迟而出现问题[27]。

对式(3.115)进行拉普拉斯变换可得 PID 控制器的传递函数形式：

$$G_c(s) = K_p + K_i \frac{1}{s} + K_d s \tag{3.116}$$

在业内实际控制中，常常将 PID 控制器的数学模型写成如下形式：

$$u(t) = K_p\left[e(t) + \frac{1}{T_i}\int_0^t e(\tau)\,d\tau + T_d \frac{de(t)}{dt}\right] \tag{3.117}$$

其对应的传递函数形式如下：

$$G_c(s) = K_p\left(1 + \frac{1}{T_i s} + T_d s\right) \tag{3.118}$$

显然，两种形式 PID 控制器的系数关系为：$K_i = \frac{K_p}{T_i}$，$K_d = K_p T_d$。

为了避免纯微分运算，经常采用一阶滞后环节来代替近似纯微分环节，而将式(3.116)改写成：

$$G_c(s) = K_p + K_i \frac{1}{s} + K_d \frac{N}{1 + N\frac{1}{s}} \tag{3.119}$$

其中，若 $N \to \infty$，则就是纯微分运算，实际应用中一般取一个较大的 N 值即可。该式就是 Simulink 中 PID 控制模块的控制律表达式。

3.4.2 PID 控制器的参数整定方法

工程实际中，常用的 PID 参数整定方法主要有经验法、衰减曲线法和响应曲线法[32]。经验法也称为试凑法，具体包括先比例、后积分、再微分三个步骤。响应曲线法主要是基于阶跃响应和频率响应的 Ziegler-Nichols 参数整定法。

1. 试凑法

试凑法主要靠经验通过试验来确定 PID 参数。如果被控对象的传递函数已知，则可以先列闭环系统的劳斯表，通过劳斯判据来确定 PID 参数的取值范围，再通过先比例、后积分、再微分三个步骤来确定 PID 参数。下面举例说明。

例 3.8 四旋翼飞行器俯仰纵移子系统的角速度传递函数为：

$$G_{\mathrm{p\theta v}}(s)=\frac{\dfrac{1}{I_{\mathrm{y}}}}{s+\dfrac{K_5}{I_{\mathrm{y}}}}$$

其中，$I_{\mathrm{y}}=0.0096\mathrm{kg}\cdot\mathrm{m}^2$，$K_5=0.0024\mathrm{N}\cdot\mathrm{m}\cdot\mathrm{s/rad}$。

试设计如图 3.19 所示的 PD 控制器。

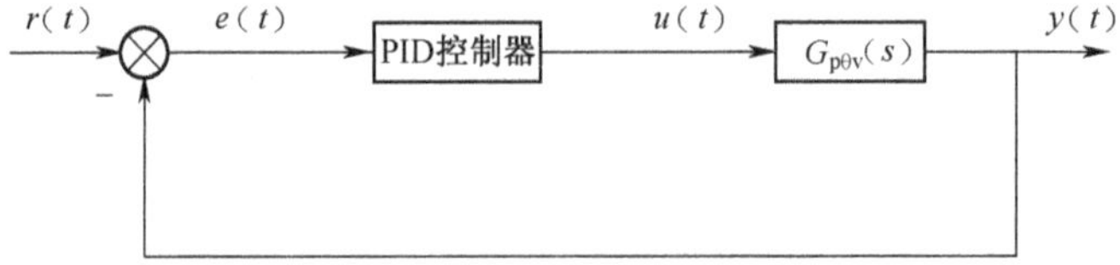

图 3.19 PD 控制结构图

解：下面就试凑法来确定 PD 控制器参数。

(1) 系统传递函数为：

$$G_{\mathrm{pxv}}(s)=\frac{104.2}{s+0.25}$$

(2) PD 控制器的传递函数为：

$$G_{\mathrm{pd}}(s)=K_{\mathrm{p}}+K_{\mathrm{d}}s$$

(3) 求整个系统的闭环特征方程。

整个系统的闭环传递函数为：

$$\varPhi(s)=\frac{G_{\mathrm{pd}}(s)\,G_{\mathrm{pxv}}(s)}{1+G_{\mathrm{pd}}(s)\,G_{\mathrm{pxv}}(s)}=\frac{(K_{\mathrm{p}}+K_{\mathrm{d}}s)\dfrac{104.2}{s+0.25}}{1+(K_{\mathrm{p}}+K_{\mathrm{d}}s)\dfrac{104.2}{s+0.25}}$$

$$= \frac{104.2K_d s + 104.2K_p}{(104.2K_d + 1)s + (104.2K_p + 0.25)}$$

则闭环特征方程为：

$$D(s) = (104.2K_d + 1)s + (104.2K_p + 0.25) = 0$$

(4) 列劳斯表，确定使系统稳定时 PD 控制器参数的取值范围。

列劳斯表为

$$\begin{array}{lll} s^1 & 104.2K_d + 1 & 0 \\ s^0 & 104.2K_p + 0.25 & 0 \end{array}$$

由劳斯判据可得：

$$104.2K_d + 1 > 0,\ 104.2K_p + 0.25 > 0$$

则有：$K_p > -0.0024, K_d > -0.0096$。

(5) 做实验，试凑出 PD 控制器参数。

这里采用 MATLAB 仿真实验来试凑 PD 控制器参数，为方便起见，采用 Simulink 提供的 PID 控制器模块。

Simulink 程序：chap3_8.slx。

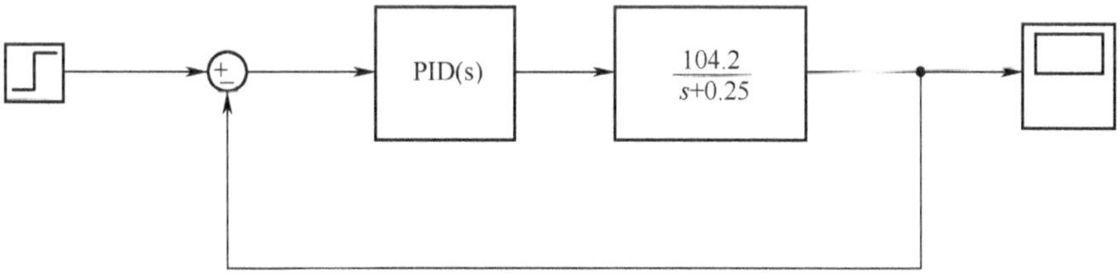

Simulink 仿真中 PID 控制器的控制律表达式如式(3.119)所示。

若取 $K_p = -0.0026$，$K_i = 0$，$K_d = -0.0098$，$N = 100$，示波器输出如图 3.20(a)所示，很明显 K_p 和 K_d 取值不满足劳斯判据条件，系统不稳定，示波器输出的阶跃响应曲线发散。

若取 $K_p = -0.0022$，$K_i = 0$，$K_d = -0.0094$，$N = 100$，示波器输出如图 3.20(b)所示，K_p 和 K_d 取值满足劳斯判据条件，系统稳定，但是不满足性能要求。

若取 $K_p = 0.1$，$K_i = 0$，$K_d = 0.1$，$N = 100$，示波器输出如图 3.20(c)所示，很明显系统有较大的稳态误差。

实际上，由稳态误差 e_{ss} 的定义有：

$$e_{ss} = \lim_{t\to\infty} e(t) = \lim_{s\to 0} sE(s) = \lim_{s\to 0} sE(s)$$

又因为：

$$E(s) = R(s) - Y(s) = R(s) - G_{pd}(s)G_{pxv}(s)E(s)$$

则有：

$$E(s)=\frac{R(s)}{1+G_{pd}(s)\,G_{pxv}(s)}$$

对于单位阶跃响应有：

$$R(s)=\frac{1}{s}$$

于是有：

$$E(s)=\frac{1}{1+(K_p+K_d s)\dfrac{104.2}{s+0.25}}\frac{1}{s}$$

所以有：

$$e_{ss}=\lim_{s\to0}sE(s)=\lim_{s\to0}\frac{1}{1+(K_p+K_d s)\dfrac{104.2}{s+0.25}}=\frac{0.25}{0.25+104.2K_p}$$

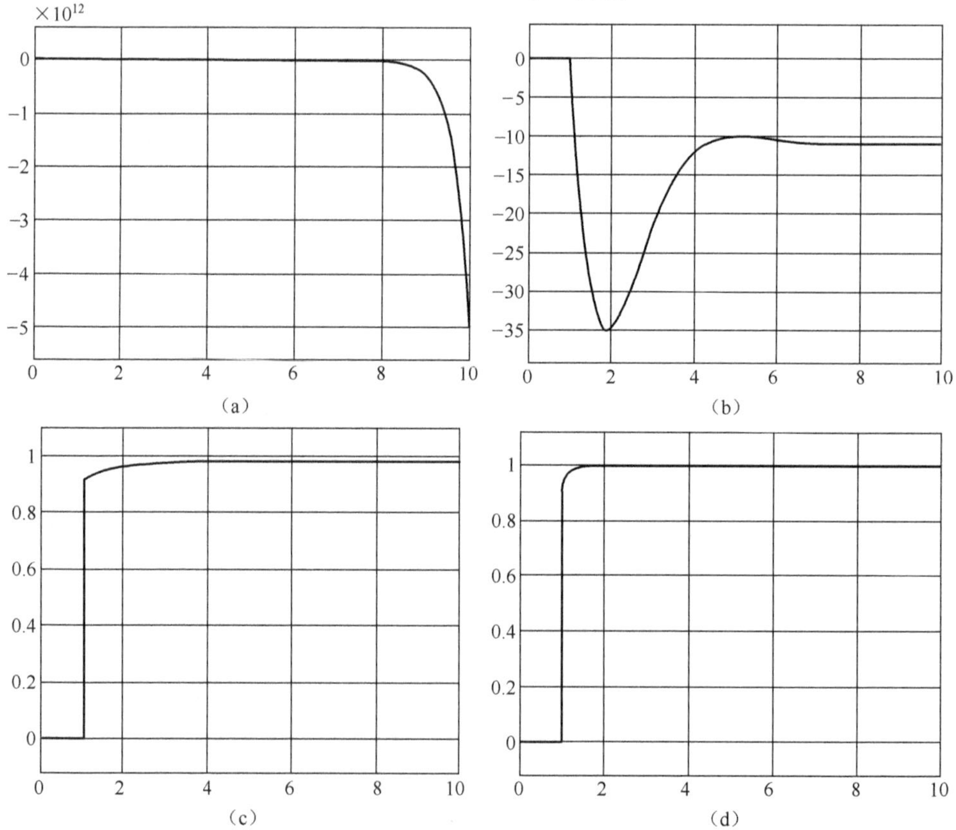

图 3.20　PD 控制的阶跃响应图

可见稳态误差和 K_p 有关，K_p 越大，则 e_{ss} 越小。因而可以根据需要适当加大 K_p 值，但 K_p 又不宜过大，因为加大 K_p 值会导致需要更大的控制能量。

若取 $K_p = 0.8$，$K_i = 0$，$K_d = 0.1$，$N = 100$，示波器输出如图 3.20(d)所示，性能较好，能满足控制要求。

2. 基于阶跃响应的 PID 参数整定

假如被控对象可以近似为带有时间延迟(也即时滞环节)的一阶模型，则可根据系统开环阶跃响应来整定 PID 控制器参数。

带有时间延迟的一阶模型为：

$$G(s) = \frac{K}{Ts + 1}e^{-Ls} \tag{3.120}$$

其中，K,L,T 可以由图 3.21 所示的系统阶跃响应示意图中提取出来。

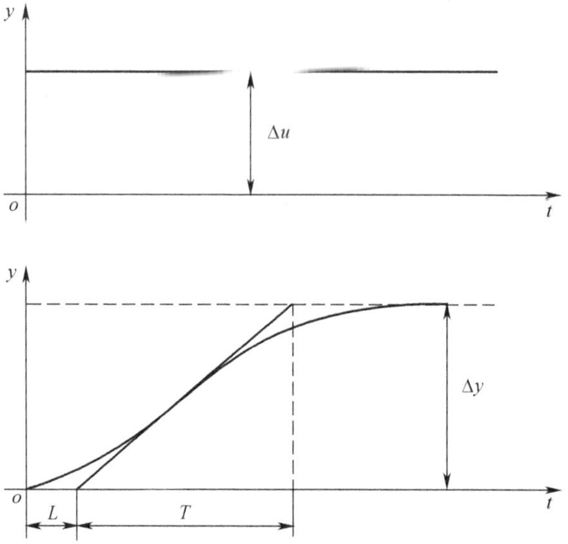

图 3.21　开环系统阶跃响应曲线示意图

该参数整定方法首先要通过实验测定开环系统的阶跃响应曲线，再根据整定公式计算参数，具体步骤为[33]：

(1) 断开闭环反馈通道，对被控对象测定开环阶跃响应，阶跃输入信号为 Δu。

(2) 记录被控对象的输出响应曲线，从曲线上获得参数 $u_{max}, u_{min}, y_{max}, y_{min}, T$ 和 L，计算 δ。公式如下：

$$\delta = \frac{L}{T}\frac{\dfrac{\Delta y}{y_{max} - y_{min}}}{\dfrac{\Delta u}{u_{max} - u_{min}}} \tag{3.121}$$

其中，u_{max}，u_{min}，y_{max}，y_{min} 分别为阶跃响应时的输入信号最大最小值以及输出信号最大最小值。

(3) 根据 L 和 δ，查表 3.1 所示的 Ziegler-Nichols 参数整定公式即可求出不同类型 PID 控制器的参数。

表 3.1 阶跃响应法的 Ziegler-Nichols 参数整定[34]

PID 控制器类型	比例系数 K_p	积分时间 T_i	微分时间 T_d
P	$1/\delta$	—	—
PI	$0.9/\delta$	$3L$	—
PID	$1.2/\delta$	$2L$	$L/2$

应用该参数整定法的前提条件是，被控对象的传递函数能够近似为式(3.120)所示的带有时间延迟的一阶模型，也就是被控对象的开环阶跃响应可以近似为式(3.120)所示的带有时间延迟的一阶模型对象的阶跃响应，即系统开环阶跃响应为如图 3.21 所示的 S 形，否则不能使用。一般工业上大部分过程控制的被控对象模型的阶跃响应都可以近似为带有时间延迟的一阶模型对象的阶跃响应，所以该整定方法在工业上应用比较广泛。

3. 基于频率响应的 PID 参数整定

基于频率响应的 PID 参数整定方法就是基于频域稳定性分析的一种方法，具体思路就是对于给定的被控对象传递函数，求出其根轨迹，并根据根轨迹获得对应穿越虚轴 jω 的点，即根轨迹与虚轴 jω 的交点，该交点对应的增益就是 K_m，对应的频率（也就是虚轴坐标）就是 ω_m，然后根据整定公式计算得出 PID 控制器参数。

Ziegler-Nichols 参数整定公式如下[34]：

$$K_p = 0.6K_m, \quad K_i = \frac{K_p\omega_m}{\pi}, \quad K_d = \frac{K_p\pi}{4\omega_m} \tag{3.122}$$

其中，K_m 为系统开始振荡时的增益，ω_m 为振荡频率。

3.4.3 基于极点配置的 PD 控制方法设计

本节主要参考文献[32]的设计思路，举例说明基于极点配置的 PD 控制方法的设计过程。

例 3.9　四旋翼飞行器俯仰纵移子系统的角位移传递函数为：

$$G_{\mathrm{p\theta p}}(s)=\frac{\mathcal{L}[\theta(t)]}{\mathcal{L}[u_3(t)]}=\frac{\frac{1}{I_y}}{s^2+\frac{K_5}{I_y}s} \tag{3.123}$$

其中，$I_y=0.0096\mathrm{kg}\cdot\mathrm{m}^2$，$K_5=0.0024\mathrm{N}\cdot\mathrm{ms/rad}$。

试设计如图 3.22 所示的 PD 控制器。

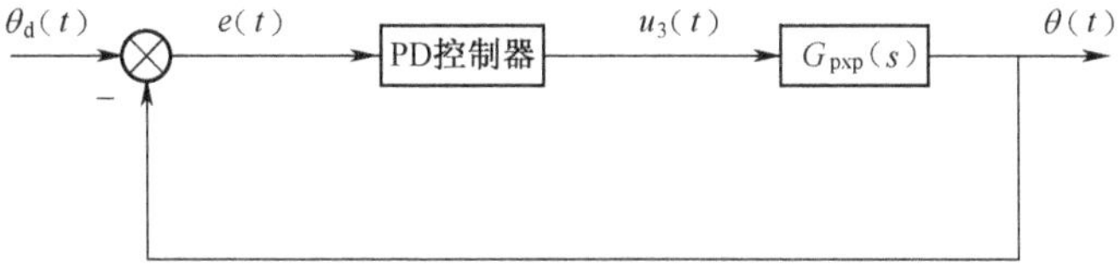

图 3.22　PD 控制结构图

解：下面用极点配置的方法来设计 PD 控制器参数。

由式(3.123)可得：

$$\ddot{\theta}(t)+\frac{K_5}{I_y}\dot{\theta}(t)=\frac{1}{I_y}u_3(t) \tag{3.124}$$

其中，$\theta(t)$ 为俯仰角，$u_3(t)$ 为俯仰力矩。

假设期望的俯仰角为 $\theta_d(t)$，定义跟踪误差：

$$e(t)=\theta_d(t)-\theta(t) \tag{3.125}$$

则有：

$$\ddot{e}(t)=\ddot{\theta}_d(t)-\ddot{\theta}(t)=\ddot{\theta}_d(t)+\frac{K_5}{I_y}\dot{\theta}(t)-\frac{1}{I_y}u_3(t) \tag{3.126}$$

根据式(3.126)，可以设计控制律为 PD 控制加前馈控制的形式，即：

$$u_3(t)=I_y\left(K_pe(t)+K_d\dot{e}(t)+\ddot{\theta}_d(t)+\frac{K_5}{I_y}\dot{\theta}_d(t)\right) \tag{3.127}$$

将式(3.127)代入式(3.124)可得：

$$\ddot{e}(t)=-K_pe(t)-K_d\dot{e}(t)-\frac{K_5}{I_y}\dot{e}(t)=-\left(K_d+\frac{K_5}{I_y}\right)\dot{e}(t)-K_pe(t) \tag{3.128}$$

由式(3.128)整理可得：

$$\ddot{e}(t)+\left(K_d+\frac{K_5}{I_y}\right)\dot{e}(t)+K_pe(t)=0 \tag{3.129}$$

为使闭环系统稳定，式(3.129)对应的特征方程为：

$$s^2+\left(K_d+\frac{K_5}{I_y}\right)s+K_p=0 \tag{3.130}$$

该特征方程必须满足 Hurwitz 条件,即需要保证特征方程(3.130)的特征根均具有负实部。

不妨配置闭环极点(也即特征根)为 $-p_1$,$-p_2$,其中,$p_1>0$,$p_2>0$,则有:

$$(s+p_1)(s+p_2)=0$$

即:

$$s^2+(p_1+p_2)s+p_1p_2=0 \tag{3.131}$$

对照式(3.130)和式(3.131)可得

$$K_p=p_1p_2,\ K_d=p_1+p_2-\frac{K_5}{I_y}$$

则由式(3.127)可得控制律为:

$$u_3(t)=I_y\left(p_1p_2e(t)+\left(p_1+p_2-\frac{K_5}{I_y}\right)\dot{e}(t)+\ddot{\theta}_d(t)+\frac{K_5}{I_y}\dot{\theta}_d(t)\right) \tag{3.132}$$

编制程序进行仿真实验,控制律采用式(3.132),控制器参数为:$p_1=1$,$p_1=2$,初始状态为零。

实验结果如图 3.23 所示。

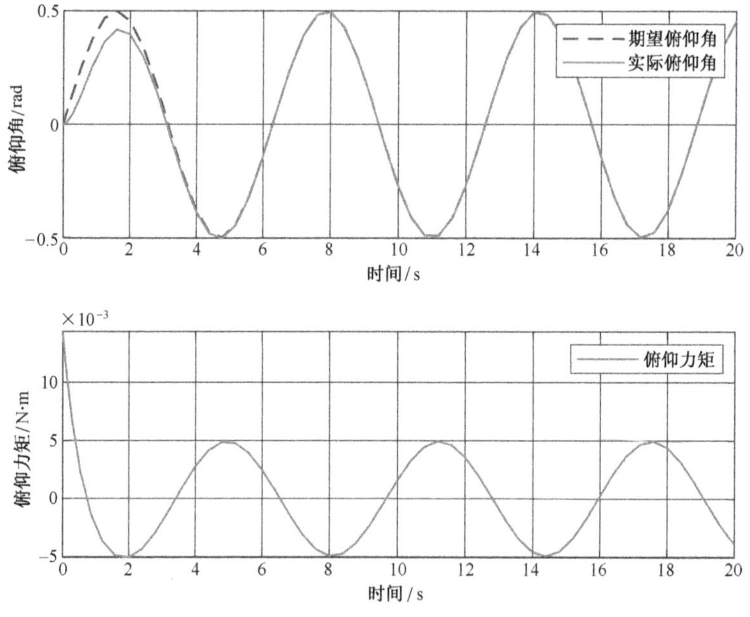

图 3.23　正弦跟踪与控制输入

仿真程序如下：

（1）Simulink 主程序：chap3_ 9sim. slx

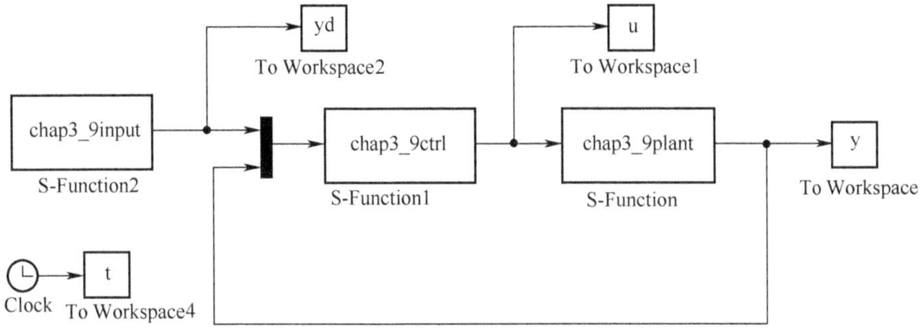

（2）被控对象程序：chap3_ 9plant. m

```
function [sys,x0,str,ts]=chap3_9plant(t,x,u,flag)
switch flag
case 0
    [sys,x0,str,ts]=mdlInitializeSizes;
case 1
    sys=mdlDerivatives(t,x,u);
case 3
    sys=mdlOutputs(t,x,u);
case {2, 4, 9 }
    sys = [];
otherwise
    error(['Unhandled flag = ',num2str(flag)]);
end
function [sys,x0,str,ts]=mdlInitializeSizes
sizes = simsizes;
sizes.NumContStates  = 2;
sizes.NumDiscStates  = 0;
sizes.NumOutputs     = 2;
sizes.NumInputs      = 1;
sizes.DirFeedthrough = 1;
sizes.NumSampleTimes = 1;
sys=simsizes(sizes);
x0=[0,0];
str=[];
```

```
ts=[0 0];
function sys=mdlDerivatives(t,x,u)
Iy=0.0096;K5=0.0024;
dx1=x(2);
dx2=-(K5/Iy)*x(2)+(1/Iy)*u;
sys(1)=dx1;sys(2)=dx2;
function sys=mdlOutputs(t,x,u)
sys(1)=x(1);sys(2)=x(2);
```

(3)控制器程序:chap3_9ctrl.m

```
function [sys,x0,str,ts] = chap3_9ctrl(t,x,u,flag)
switch flag
case 0
    [sys,x0,str,ts]=mdlInitializeSizes;
case 3
    sys=mdlOutputs(t,x,u);
case {2,4,9}
    sys=[];
otherwise
    error(['Unhandled flag = ',num2str(flag)]);
end
function [sys,x0,str,ts]=mdlInitializeSizes
sizes = simsizes;
sizes.NumContStates  = 0;
sizes.NumDiscStates  = 0;
sizes.NumOutputs     = 1;
sizes.NumInputs      = 5;
sizes.DirFeedthrough = 1;
sizes.NumSampleTimes = 1;
sys = simsizes(sizes);
x0  = [];
str = [];
ts  = [0 0];
function sys=mdlOutputs(t,x,u)
Iy=0.0096;K5=0.0024;
p1=1;p2=2;
pitchd=u(1);d_pitchd=u(2);dd_pitchd=u(3);
pitch=u(4);d_pitch=u(5);
```

```
e=pitchd-pitch;d_e=d_pitchd-d_pitch;
ut=Iy*(p1*p2*e+(p1+p2-(K5/Iy))*d_e+dd_pitchd+(K5/Iy)*d_
pitchd);
sys(1)=ut;
```

(4) 指令输入程序:chap3_9input. m

```
function [sys,x0,str,ts] = chap3_9input(t,x,u,flag)
switch flag
case 0
    [sys,x0,str,ts]=mdlInitializeSizes;
case 3
    sys=mdlOutputs(t,x,u);
case {2,4,9}
    sys=[];
otherwise
    error(['Unhandled flag = ',num2str(flag)]);
end
function [sys,x0,str,ts]=mdlInitializeSizes
sizes = simsizes;
sizes.NumContStates  = 0;
sizes.NumDiscStates  = 0;
sizes.NumOutputs     = 3;
sizes.NumInputs      = 0;
sizes.DirFeedthrough = 1;
sizes.NumSampleTimes = 1;
sys = simsizes(sizes);
x0  = [];
str = [];
ts  = [0 0];
function sys=mdlOutputs(t,x,u)
pitchd=0.5*sin(t);d_pitchd=0.5*cos(t);dd_pitchd=-0.5*sin(t);
sys(1)=pitchd;sys(2)=d_pitchd;sys(3)=dd_pitchd;
```

(5)绘图程序:chap3_9plot. m

```
close all;
figure(1);
subplot(211);
plot(t,yd(:,1),'b--',t,y(:,1),'r','linewidth',1);
legend('期望俯仰角','实际俯仰角');
```

```
xlabel('时间(s)');ylabel('俯仰角(rad)');
grid on
subplot(212);
plot(t,u,'r','linewidth',1);
legend('俯仰力矩');
xlabel('时间(s)');ylabel('俯仰力矩(N·m)');
grid on
```

第 4 章
四旋翼飞行器滑模控制方法设计

本章及后面的章节主要讨论四旋翼飞行器非线性控制方法设计问题。带有外部扰动和参数摄动的不确定非线性系统的控制问题一直以来都是学者们的研究热点。滑模控制由于具有对参数摄动和扰动不敏感性的特性,常被用于有效解决上述问题。滑模控制在处理匹配条件下的鲁棒性控制(即不确定项与控制输入在同一点写入状态方程)具有良好的效果,其控制过程是强迫轨线在有限时间内到达滑模流形,并在未来时刻保持在滑模流形上,其特点就是在滑模流形上的运动与匹配的不确定性无关,因而对这种不确定性具有良好的鲁棒性。

由于对匹配不确定性具有良好的鲁棒性,滑模控制已经成为非线性控制的主要设计方法之一,受到学者们的广泛关注。本章及后面章节主要讨论四旋翼飞行器各种滑模控制方法的设计问题。

本章首先介绍了 Lyapunov 稳定性理论和滑模控制的相关基本知识。其次,针对一类欠驱动系统提出了一种滑模控制方法,并将其用于倒立摆控制和四旋翼飞行器控制中。为了便于该方法在四旋翼飞行器中使用,关键是先把四旋翼飞行器分解为全驱动子系统和欠驱动子系统,再分别设计控制器。此外,还针对四旋翼飞行器的欠驱动子系统提出了一种基于 Hurwitz 稳定的滑模控制方法。

4.1 Lyapunov 稳定性理论

在讨论四旋翼飞行器非线性控制方法设计问题之前,有必要简要介绍相关的数学预备知识和 Lyapunov 稳定性理论的相关知识。

4.1.1 范数及其性质

定义 4.1(范数)[35]:对于向量空间 $\mathbf{R}^n$ 中任意一点 $\boldsymbol{x} \in \mathbf{R}^n$,如果存在映射

$\rho(\boldsymbol{x}):\mathbf{R}^n \to \mathbf{R}^+$ 满足如下条件:

(1) 正定性,即$\rho(\boldsymbol{x}) \geqslant 0$,且$\rho(\boldsymbol{x})=0$当且仅当$\boldsymbol{x}=0$时成立,其中,$\mathbf{0} \in \mathbf{R}^n$表示该向量空间中的零向量;

(2) 齐次性,即对任意实数$\alpha \in \mathbf{R}$,有$\rho(\alpha\boldsymbol{x}) = |\alpha|\rho(\boldsymbol{x})$;

(3) 三角不等式,即对任意$\boldsymbol{y} \in \mathbf{R}^n$,有$\rho(\boldsymbol{x}+\boldsymbol{y}) \leqslant \rho(\boldsymbol{x})+\rho(\boldsymbol{y})$。

将映射$\rho(\boldsymbol{x})$称为$\boldsymbol{x}$的范数,一般简记为$\|\boldsymbol{x}\|$。范数是空间距离概念的推广。

定义 4.2(2-范数)[35]:对于定义在时间域$[0,\infty)$上的函数$f(t) \in \mathbf{R}$,其2-范数定义为:

$$\|f\|_2 = \sqrt{\int_0^\infty f^2(\tau)\mathrm{d}\tau}$$

如果$\|f\|_2 < \infty$,则称函数$f(t)$是平方可积的,或者$f(t)$属于L_2空间,即$f(t) \in L_2$。

定义 4.3(∞-范数)[35]:对于定义在时间域$[0,\infty)$上的函数$f(t) \in \mathbf{R}$,其∞-范数定义为:

$$\|f\|_\infty = \sup_t |f(t)|$$

如果$\|f\|_\infty < \infty$,则称函数$f(t)$是有界的,或者$f(t)$属于L_∞空间,即$f(t) \in L_\infty$。

定义 4.4(p-范数)[35]:对于定义在时间域$[0,\infty)$上的函数$f(t) \in \mathbf{R}$,其p-范数定义为:

$$\|f\|_{\mathrm{p}} = \sqrt[p]{\int_0^\infty f^p(\tau)\mathrm{d}\tau}$$

定义 4.5(矩阵的诱导范数)[35]:对于线性映射$\boldsymbol{A}:\mathbf{R}^n \to \mathbf{R}^n$,其诱导范数定义为:

$$\|\boldsymbol{A}\| = \sup_{\boldsymbol{x}\neq 0}\left(\frac{\|\boldsymbol{Ax}\|}{\|\boldsymbol{x}\|}\right)$$

其中,sup 表示上确界,即最小上界。

定理 4.1(范数等价定理)[35]:n维复空间$\mathbf{C}^n$中的两种范数$\|\cdot\|_m$和$\|\cdot\|_k$之间具有以下等价关系:

$$\alpha\|\boldsymbol{x}\|_m \leqslant \|\boldsymbol{x}\|_k \leqslant \beta\|\boldsymbol{x}\|_m, \forall \boldsymbol{x} \in \mathbf{C}^n$$

其中,$\alpha,\beta \in \mathbf{R}^+$,代表正的常数。

由上述范数等价性定理可以看出,只要针对某种特定的范数证明了信号是有界或收敛的,那么对于其他任意一种范数,结论同样成立。所以,在分析和设计控制系统时,只需要选择最为方便的一种范数来进行讨论即可。

4.1.2　函数及其性质

定义 4.6(连续性)[35]:若对于任意正数 $\varepsilon \in \mathbf{R}^+$,存在与之相对应的正数 $\delta = \delta(\varepsilon, t_0) \in \mathbf{R}^+$,使得当 $|t - t_0| \leqslant \delta$ 时,有:

$$|f(t) - f(t_0)| \leqslant \varepsilon$$

则称函数 $f(t)$ 在点 t_0 连续。若函数 $f(t)$ 在区间 I 上任意一点都连续,则称 $f(t)$ 为区间 I 上的连续函数。

定义 4.7(一致连续性)[35]:若对于定义在区间 I 上的函数 $f(t)$,若对于任意正数 $\varepsilon \in \mathbf{R}^+$,存在正数 $\delta = \delta(\varepsilon) \in \mathbf{R}^+$,使得当 $t_1, t_2 \in I$ 且 $|t_1 - t_2| \leqslant \delta$ 时,有:

$$|f(t_1) - f(t_2)| \leqslant \varepsilon$$

则称函数 $f(t)$ 在区间 I 上一致连续。

定义 4.8(分段连续)[35]:若函数 $f(t)$ 在区间 $[a, b]$ 上仅有有限个可去间断点和跳跃间断点,则称函数 $f(t)$ 在 $[a, b]$ 上分段连续。

定理 4.2(一致连续性定理)[35]:若函数 $f(\cdot)$ 在闭区间 $[a, b]$ 上连续,则它在该区间上一致连续。该定理通常也称为 Cantor 定理。

定理 4.3(一致连续性判别定理)[35]:若函数 $f(t)$ 在区间 I 上可导且其导函数 $f'(t)$ 有界,则该函数在区间 I 上一致连续。

定义 4.9(Lipschitz 条件)[36]:设 f 是定义在 $[a, b]$ 上的实函数,若有实数 $L > 0$,使对 $[a, b]$ 中任意两点 x, y 满足:

$$|f(x) - f(y)| \leqslant L|x - y|$$

则称 f 在 $[a, b]$ 上满足 Lipschitz 条件,或称函数 f 是 Lipschitz 的。L 称 Lipschitz 常数。

该定义主要用来描述函数斜率的有界性。函数 f 满足 Lipschitz 条件要强于 f 连续,可证明满足 Lipschitz 条件的函数 f 一定是连续的,但函数连续不一定是 Lipschitz 的。函数 f 满足 Lipschitz 条件略强于一致连续,但弱于 f 处处可导且导数有界。判断 Lipschitz 性质最重要的是记住:导数无界或函数本身有间断点的函数不是 Lipschitz 的。

定理 4.4(指数衰减定理)[35]:如果函数 $V(t): \mathbf{R}^+ \to \mathbf{R}^+ \geqslant 0$,且满足如下不等式:

$$\dot{V}(t) \leqslant -\gamma V(t)$$

其中,$\gamma \in \mathbf{R}^+$ 为正的常数,那么 $V(t)$ 满足如下不等式:

$$V(t) \leqslant V(0)\,\mathrm{e}^{-\gamma t}$$

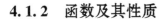

即以指数方式收敛于零。

定理 4.5(有界性定理)[35]:如果函数 $V(t):\mathbf{R}^+ \to \mathbf{R}^+ \geqslant 0$,且满足如下不等式:

$$\dot{V}(t) \leqslant -\gamma V(t) + \varepsilon$$

其中,$\gamma,\varepsilon \in \mathbf{R}^+$,为正的常数,那么 $V(t)$ 满足如下不等式:

$$V(t) \leqslant V(0)\,\mathrm{e}^{-\gamma t} + \frac{\varepsilon}{\gamma}(1 - \mathrm{e}^{-\gamma t})$$

定理 4.6(正定矩阵的上下界)[35]:针对正定对称的实数方阵 $\boldsymbol{A} \in \mathbf{R}^{n\times n}$,则对于任意 $\boldsymbol{x} \in \mathbf{R}^n$ 有:

$$\lambda_{\min}(\boldsymbol{A})\boldsymbol{x}^{\mathrm{T}}\boldsymbol{x} \leqslant \boldsymbol{x}^{\mathrm{T}}\boldsymbol{A}\boldsymbol{x} \leqslant \lambda_{\max}(\boldsymbol{A})\boldsymbol{x}^{\mathrm{T}}\boldsymbol{x}$$

其中,$\lambda_{\min}(\boldsymbol{A}) > 0$ 和 $\lambda_{\max}(\boldsymbol{A}) > 0$ 分别表示方阵 $\boldsymbol{A}$ 的最小与最大特征值。

定理 4.7(Barbalat 定理)[35]:对于函数 $f(t):\mathbf{R}^+ \to \mathbf{R}$,如果 $f(t) \in L_2 \cap L_\infty$,且其导数 $\dot{f}(t) \in L_\infty$,则有:

$$\lim_{t\to\infty} f(t) = 0$$

定理 4.8(Barbalat 定理推论)[35]:如果函数 $V(t):\mathbf{R}^+ \to \mathbf{R}^+ \geqslant 0$,且其导数 $\dot{V}(t) \leqslant -f(t)$,其中 $f(t):\mathbf{R}^+ \to \mathbf{R}^+ \geqslant 0$,且函数 $f(t)$ 一致连续(或其导数 $\dot{f}(t) \in L_\infty$),则有:

$$\lim_{t\to\infty} f(t) = 0$$

定理 4.9(扩展 Barbalat 定理)[35]:如果函数 $f(t):\mathbf{R}^+ \to \mathbf{R}$ 有极限:

$$\lim_{t\to\infty} f(t) = c$$

其中,$c \in \mathbf{R}$,为常数,且其导数可以表示成如下形式:

$$\dot{f}(t) = g_1(t) + g_2(t)$$

其中,$g_1(t)$ 为一致连续,且 $\lim\limits_{t\to\infty} g_2(t) = 0$,则有:

$$\lim_{t\to\infty} g_1(t) = 0,\ \lim_{t\to\infty} \dot{f}(t) = 0$$

定理 4.10(扩展 Barbalat 定理推论)[35]:如果函数 $f(t):\mathbf{R}+\to \mathbf{R}$ 有极限:

$$\lim_{t\to\infty} f(t) = c$$

其中,$c \in \mathbf{R}$,为常数,且其导数 $\dot{f}(t)$ 一致连续,或其两阶导数 $\ddot{f}(t)$ 有界(即 $\ddot{f}(t) \in L_\infty$),则有:

$$\lim_{t\to\infty} \dot{f}(t) = 0$$

定义 4.10[36]:对于一般的实值函数 $V(x)$ 有如下定义:

如果 $V(x) > 0(x \neq 0)$, $V(0)=0$,则称 $V(x)$ 是正定的;

如果 $V(x) \geqslant 0(x \neq 0)$, $V(0)=0$,则称 $V(x)$ 是半正定的;

如果 $V(x) < 0(x \neq 0)$, $V(0)=0$,则称 $V(x)$ 是负定的;

如果 $V(x) \leqslant 0(x \neq 0)$, $V(0)=0$,则称 $V(x)$ 是半负定的;

若果当 $\|x\| \to \infty$ 时, $V(x) \to \infty$,则称 $V(x)$ 是径向无界的。

4.1.3 Lyapunov 稳定性

定义 4.11[37-38]:针对自治系统:

$$\dot{\boldsymbol{x}} = f(\boldsymbol{x}) \tag{4.1}$$

其中,$f:D \to \mathbf{R}^n$, 是从定义域 $D \subset \mathbf{R}^n$ 到 $\mathbf{R}^n$ 上的 Lipschitz 映射。

对于方程(4.1)的平衡点 $\boldsymbol{x}=0$,

(1) 如果对于每个 $\varepsilon > 0$,都存在 $\delta(\varepsilon) > 0$,使:

$$\|x(0)\| < \delta \Rightarrow \|x(t)\| < \varepsilon, \forall t \geqslant 0$$

则该平衡点是稳定的。如果 $x=0$ 不是稳定的,则称为不稳定平衡点。

(2) 如果稳定,且可选择适当的 δ ,使:

$$\|x(0)\| < \delta \Rightarrow \lim_{t\to\infty} x(t) = 0$$

则该平衡点是渐近稳定的。

(3) 如果存在两个正数 α, λ 使得:

$$\forall t > 0, \ \|x(t)\| \leqslant \alpha \|x(0)\| \mathrm{e}^{-\lambda t}$$

在平衡点附近的某个球 $\boldsymbol{B}_{\mathrm{r}}$ 内成立,则该平衡点是指数稳定的。

(4) 如果对于任何初值渐近(或指数)稳定成立,则这样的平衡点称为大范围渐近(指数)稳定,也称全局渐近(指数)稳定。

定理 4.11(Lyapunov 线性化方法)[38]:针对式(4.1)所示系统,假设 $f(\boldsymbol{x})$ 是连续可微的,利用泰勒级数展开略去高阶项,将系统线性化后可得:

$$\dot{\boldsymbol{x}} = \boldsymbol{A}\boldsymbol{x} \tag{4.2}$$

其中,常数阵 $\boldsymbol{A}$ 为 f 对 $\boldsymbol{x}$ 在 $\boldsymbol{x}=0$ 处的雅可比矩阵(即以 $\dfrac{\partial f_i}{\partial x_i}$ 为元素的 $n \times n$ 矩阵)。

$$\boldsymbol{A} = \left(\frac{\partial f}{\partial \boldsymbol{x}}\right)_{\boldsymbol{x}=0}$$

上述线性系统(4.2)称为原非线性系统(4.1)在平衡点处的线性化。

(1) 如果线性系统(4.2)是严格稳定的,即 $\boldsymbol{A}$ 的所有特征值均位于左半平面，则原非线性系统(4.1)在平衡点是渐近稳定的。

(2) 如果线性系统(4.2)是不稳定的，即 $\boldsymbol{A}$ 的特征值至少有一个位于右半平面，则原非线性系统(4.1)在平衡点是不稳定的。

(3) 如果线性系统(4.2)是临界稳定的，即 $\boldsymbol{A}$ 的所有特征值均位于左半平面，且至少有一个在虚轴上，则原非线性系统(4.1)在平衡点的稳定性不能确定。

定理 4.12(局部稳定性定理)[38]：如果在一个球 $\boldsymbol{B}_{R_0}$ 内，存在一个标量函数 $V(x)$ ，它具有一阶连续偏导数，并且：

(1) $V(x)$ 正定(在球 $\boldsymbol{B}_{R_0}$ 内)；

(2) $\dot{V}(x)$ 半负定(在球 $\boldsymbol{B}_{R_0}$ 内)；

那么，平衡点是稳定的。

如果 $\dot{V}(x)$ 负定(在球 $\boldsymbol{B}_{R_0}$ 内)，则平衡点是渐近稳定的。

定理 4.13(全局稳定性定理)[38]：假设存在一个标量函数 $V(x)$ ，它具有一阶连续偏导数，并且：

(1) $V(x)$ 正定；

(2) $\dot{V}(x)$ 负定；

(3) 当 $\|x\| \to \infty$ 时，$V(x) \to \infty$ ；

那么，平衡点是全局渐近稳定的。

定义 4.12(不变集)[38]：如果从一个集合 G 中一个点出发的轨线永远都留在集合 G 中，即

$$x(0) \in G \Rightarrow x(t) \in G, \forall t \in \mathbf{R}$$

则称集合 G 为该动态系统的一个(正)不变集(正指的是沿 t 轴正方向)。

例如任一平衡点是一个不变集，一个平衡点的吸引域也是一个不变集，一个平凡不变集是整个状态空间。对于一个自治系统，状态空间的任何一条轨线都是一个不变集，极限环也是一个不变集。

定理 4.14(LaSalle 定理)[37]：设 $\Omega \subset D$ 是方程(4.1)的一个正不变紧集。设 $V: D \to \mathbf{R}$ 是连续可微函数，在 Ω 内满足 $\dot{V}(x) \leqslant 0$。设 E 是 Ω 内所有点的集合，满足 $\dot{V}(x) = 0$，M 是 E 内的最大不变集。那么当 $t \to \infty$ 时，始于 Ω 内的每个解都趋于 M 。

由 LaSalle 定理可以得出下面两个推论，两者实质是定理 4.12 和定理 4.13 的推广。实际上，这两个推论是在 LaSalle 定理出现之前得到的，分别称为 Barbashin 定理和 Krasovskii 定理。

推论 4.1(Barbashin 定理)[36-37]:设 $x = 0$ 是方程(4.1)的一个平衡点,$V:D \to \mathbf{R}$ 是 D 上连续可微的正定函数,D 包含原点 $x = 0$,且在 D 内满足 $\dot{V}(x) \leqslant 0$ 。设 $S = \{x \in D \mid \dot{V}(x) = 0\}$,并假设除平凡解 $x(t) \equiv 0$ 之外,没有其他解同样保持在 S 内,则原点是渐近稳定的。

推论 4.2(Krasovskii 定理)[36-37]:设 $x = 0$ 是方程(4.1)的一个平衡点,$V:\mathbf{R}^n \to \mathbf{R}$ 是连续可微且径向无界(径向无界就是当 $\|x\| \to \infty$ 时, $V(x) \to \infty$)的正定函数,对于所有 $x \in \mathbf{R}^n$ 有 $\dot{V}(x) \leqslant 0$。设 $S = \{x \in \mathbf{R}^n \mid \dot{V}(x) = 0\}$,并假设除平凡解 $x(t) \equiv 0$ 之外,没有其他解同样保持在 S 内,则原点是全局渐近稳定的。

LaSalle 定理的意义,除了放松了 $\dot{V}(x)$ 负定要求外,还做了如下发展[36]:

(1) 吸引区估计的保守性更小;

(2) 可用于平衡点集,而不限于孤立平衡点;

(3) $V(x)$ 不必是正定的。

4.2 滑模控制方法

在讲解滑模控制方法之前,为了方便后面章节分析研究镇定和跟踪问题的方便,下面给出镇定和跟踪问题的一般定义。同时也给出被控对象不确定性的分类和定义。

1. 镇定问题

渐近镇定问题[38]:给定非线性系统

$$\dot{\boldsymbol{x}} = f(\boldsymbol{x}, \boldsymbol{u}, t)$$

设计控制规律 $\boldsymbol{u}$,使得系统从 Ω 中某个区域内的任意点出发,当 $t \to \infty$ 时,状态 $\boldsymbol{x} \to \mathbf{0}$。

2. 跟踪问题

渐近跟踪问题[38]:给定非线性系统

$$\begin{cases} \dot{\boldsymbol{x}} = f(\boldsymbol{x}, \boldsymbol{u}, t) \\ \boldsymbol{y} = h(\boldsymbol{x}) \end{cases}$$

和期望轨迹 y_{d} ,设计控制规律 $\boldsymbol{u}$,使得系统从 Ω 中某个区域内的任意点出发,整个状态保持有界的同时,跟踪误差 $y(t) - y_{\mathrm{d}}(t)$ 趋于零。

从理论上来说,跟踪问题和镇定问题一般是相关的,但是,跟踪问题比镇定问题通常来说更难解决,因为跟踪问题的控制器不但要使系统的输出跟踪期望输出,还要使整个系统的所有状态保持有界。

3. 被控对象的不确定性[59]

(1) 结构不确定性。又称为参数不确定性,是指系统的功能特性已知但参数不确定的情况。

(2) 非结构不确定性。是指系统的功能特性和参数均不确定的情况。

(3) 未建模动态。是指被控对象的模型未包含一些表征系统内部或外部动力学特性的不确定性,这些不确定性可能是一些不可测量、不可观测或者由于假设而忽略掉的因素等。

(4) 匹配不确定性。是指一种结构不确定性,可由多输入多输出线性仿射控制系统的控制输入进行匹配。

(5) 非匹配不确定性。是一种无法通过多输入多输出线性仿射控制系统的控制输入进行匹配的不确定性。

(6) 控制输入不确定性。是一种存在于多输入多输出线性仿射控制系统的控制输入矩阵中的不确定性。

4.2.1 滑模控制的基本概念

设有控制系统[39,41]:

$$\dot{x} = f(x,u,t),\ x \in \mathbf{R}^n, u \in \mathbf{R}^m, t \in \mathbf{R} \tag{4.3}$$

需要确定滑模函数:

$$s(x),\ d \in \mathbf{R}^m \tag{4.4}$$

求解控制函数:

$$u = \begin{cases} u^+(x), s(x) > 0 \\ u^-(x), s(x) < 0 \end{cases} \tag{4.5}$$

其中,$u^+(x) \neq u^-(x)$,使得:

(1) 滑动模态存在,即式(4.5)成立;

(2) 满足可达性条件,在滑模流形 $s(x)=0$ 以外的运动点都将于有限的时间内到达滑模流形;

(3) 保证滑模运动的稳定性;

(4) 达到控制系统的动态品质要求。

前三条是滑模控制的三个基本问题,只有满足了这三个条件的控制才叫滑模控制[39,40]。

满足滑动模态存在条件是滑模控制应用的前提。在满足滑模存在条件的同时，还必须满足可达性条件，即当系统的初始点 $x(0)$ 处在状态空间的任意位置时，必须要求系统的运动趋向于滑模流形 $s=0$，否则系统无法启动滑模运动。由于滑模控制策略种类较多，系统可达性条件的实现形式也不尽相同，滑动模态存在的数学表达式为[39,41]：

$$\lim_{s\to 0^+}\dot{s}\leqslant 0,\ \lim_{s\to 0-}\dot{s}\geqslant 0 \tag{4.6}$$

式(4.6)意味着在滑模流形的邻域内，运动轨线将于有限时间内到达滑模流形，所以也称为局部到达条件。其等价形式为：

$$s\dot{s}\leqslant 0 \tag{4.7}$$

其中滑模函数 $s(x)$ 应满足下面条件：

(1) 可微；

(2) 过原点，即 $s(0)=0$。

由于状态 x 可以取任意值，即 x 离开滑模流形可以任意远，故到达条件(4.7)也称为全局到达条件。

一般将式(4.7)表达成 Lyapunov 函数型的到达条件：

$$V(x)=\frac{1}{2}s^2>0\quad s\neq 0 \tag{4.8}$$

$$\dot{V}(x)=\frac{1}{2}\frac{\mathrm{d}}{\mathrm{d}t}s^2=s\dot{s}\leqslant-\eta|s|<0s\neq 0 \tag{4.9}$$

其中，$V(x)$ 为定义的 Lyapunov 函数，η 为正常数。

滑模到达条件可以保证系统轨线在有限时间内可到达滑模流形 $s=0$。

实际上，$|s|=\sqrt{2V}$，不妨令 $W=\sqrt{2V}$，即 $W=|s|$，则有：

$$\dot{W}=\frac{1}{2}(2V)^{-\frac{1}{2}}2\dot{V}=\frac{1}{\sqrt{2V}}\dot{V}=\frac{1}{|s|}\dot{V}\leqslant-\frac{\eta}{|s|}|s|=-\eta$$

即：

$$\dot{W}\leqslant-\eta$$

两边同时积分得：

$$\int_0^t\dot{W}\mathrm{d}t\leqslant\int_0^t(-\eta)\,\mathrm{d}t$$

$$W(t)-W(0)\leqslant-\eta(t-0)$$

$$W(t)\leqslant W(0)-\eta t$$

$$|s(t)|\leqslant|s(0)|-\eta t$$

由 $s(t)=0$ 可以求出到达滑模流形的时间为

$$t=\frac{|s(0)|}{K}$$

滑模控制系统的运动分为两个阶段[41]。

第一阶段,系统状态由任意初始状态向滑模流形运动,直到进入并到达滑模流形。该阶段 $s \neq 0$,此时的设计任务就是使系统能够在任意状态进入并到达滑模流形。

第二阶段,系统进入滑模流形并沿着滑模流形运动的阶段。该阶段的设计任务就是保证 $s = 0$,并使此时的等效运动具有期望的性能。

可以将滑模控制系统的设计分为相互独立的两个步骤设计。

步骤一是滑模流形的设计,使得系统在滑模流形上满足一定的性能指标要求。

步骤二是设计滑模控制律,驱使系统状态从任意初始点进入滑动模态,并将其稳定可靠地保持在滑模流形上。

根据滑模控制原理,滑模可达性条件仅保证由状态空间任意位置运动点在有限时间内到达滑模流形的要求,对于趋近运动的具体轨迹没有作任何限制,因此,可以采用趋近律的方法来改善趋近运动的动态品质。几种典型的趋近律如下[39,41]:

(1) 一般趋近律

$$\dot{s} = -K\text{sgn}(s) - f(s),\ K > 0 \tag{4.10}$$

其中,$f(0) = 0$, 当 $s \neq 0$ 时, $sf(s) > 0$,$\text{sgn}(s)$ 为符号函数:

$$\text{sgn}(s) = \begin{cases} 1, s > 0 \\ 0, s = 0 \\ -1, s < 0 \end{cases}$$

(2) 等速趋近律

$$\dot{s} = -K\text{sgn}(s), K > 0 \tag{4.11}$$

其中,常数 K 表示系统的运动点趋近滑模流形的速率, K 越大,趋近速度越快,但是,引起的抖振也越大。

(3) 幂次趋近律

$$\dot{s} = -K|s|^{a}\text{sgn}(s), 0 < a < 1, K > 0 \tag{4.12}$$

(4) 指数趋近律

$$\dot{s} = -K\text{sgn}(s) - \lambda s,\ K > 0,\ \lambda > 0 \tag{4.13}$$

其中, $\dot{s} = -\lambda s$ 为指数趋近项,为了保证快速趋近的同时减弱抖振,一般做法是增大 K 的同时减小 λ 。在指数趋近律中,趋近速度从一较大值逐步减小到零,一方面缩短了趋近时间,另一方面也使运动点到达滑模流形时的速度很小。如果只采用指数趋近项 $\dot{s} = -\lambda s$,则运动点逼近滑模流形是一个渐近过程,不能保证有限时间内到达,滑模流形上也就不存在滑动模态了。为了克服这个问题,一般是增加一个等速趋近项 $\dot{s}=-K\mathrm{sgn}(s)$,使得当 s 接近于零时,趋近速度是 K 而不是零,就能保证有限时间到达[39]。

4.2.2 滑模控制器设计的简单实例

考虑如下被控对象[39]:

$$J\ddot{\theta}(t)=u(t)+d(t) \tag{4.14}$$

其中, J 为转动惯量, $\theta(t)$ 为角度, $u(t)$ 为控制输入, $d(t)$ 为匹配的外加干扰, $|d(t)|\leqslant D$ 。试设计滑模控制器,使系统角度 $\theta(t)$ 跟踪指令角度 $\theta_{\mathrm{d}}(t)$,同时系统状态 $\theta(t)$, $\dot{\theta}(t)$ 有界。假设指令 $\theta_{\mathrm{d}}(t)$, $\dot{\theta}_{\mathrm{d}}(t)$ 有界。

定义跟踪误差为

$$e(t)=\theta_{\mathrm{d}}(t)-\theta(t)$$

设计滑模流形为.

$$s(t)=ce(t)+\dot{e}(t) \tag{4.15}$$

其中, c 必须满足 Hurwitz 条件,即 $c>0$。

当 $s(t)=0$,求解式(4.15)微分方程可得 $e(t)=e(0)\exp(-ct)$,即当 $t\to\infty$ 时, $e(t)$ 指数收敛于零,收敛速度取决于 c 值。

控制律 $u(t)$ 分两部分设计:一部分为等效控制 $u_{\mathrm{eq}}(t)$;一部分为切换控制 $u_{\mathrm{sw}}(t)$,即:

$$u(t)=u_{\mathrm{eq}}(t)+u_{\mathrm{sw}}(t) \tag{4.16}$$

针对被控对象式(4.14),不妨设 $d(t)=0$($d(t)$ 可由切换控制部分来补偿),通过 $\dot{s}(t)=0$ 来求取等效控制 $u_{\mathrm{eq}}(t)$ 。即:

$$\begin{aligned}\dot{s}(t)&=c\dot{e}(t)+\ddot{e}(t)=c\dot{\theta}_{\mathrm{d}}(t)-c\dot{\theta}(t)+\ddot{\theta}_{\mathrm{d}}(t)-\ddot{\theta}(t)\\&=c\dot{\theta}_{\mathrm{d}}(t)+\ddot{\theta}_{\mathrm{d}}(t)-c\dot{\theta}(t)-\frac{1}{J}u_{\mathrm{eq}}(t)=0\end{aligned} \tag{4.17}$$

可得等效控制 $u_{\mathrm{eq}}(t)$ 为:

$$u_{\mathrm{eq}}(t)=Jc\dot{\theta}_{\mathrm{d}}(t)+J\ddot{\theta}_{\mathrm{d}}(t)-Jc\dot{\theta}(t) \tag{4.18}$$

切换控制 $u_{\mathrm{sw}}(t)$ 采用指数趋近律设计为:

$$u_{\mathrm{sw}}(t)=D\mathrm{sgn}(s(t))+\lambda s(t) \tag{4.19}$$

其中，$D > 0, \lambda > 0$。

当然控制律 $u(t)$ 也可以不通过分两部分设计，而是直接利用指数趋近律设计，即通过令 $\dot{s}(t) = -D\text{sgn}(s(t)) - \lambda s(t)$ 直接求出 $u(t)$。

取 Lyapunov 函数：

$$V = \frac{1}{2}s^2 > 0, s \neq 0 \tag{4.20}$$

则有：

$$\begin{aligned}\dot{V} &= s\dot{s} = s(c\dot{e}(t) + \ddot{e}(t)) = s(c\dot{\theta}_d(t) - c\dot{\theta}(t) + \ddot{\theta}_d(t) - \ddot{\theta}(t)) \\ &= s\left(c\dot{\theta}_d(t) - c\dot{\theta}(t) + \ddot{\theta}_d(t) - \frac{1}{J}u(t) - \frac{1}{J}d(t)\right) \\ &= s\left(c\dot{\theta}_d(t) - c\dot{\theta}(t) + \ddot{\theta}_d(t) - \frac{1}{J}(Jc\dot{\theta}_d(t) + J\ddot{\theta}_d(t) - Jc\dot{\theta}(t) + \right. \\ &\quad \left. D\text{sgn}(s(t) + \lambda s(t)) - \frac{1}{J}d(t)\right) = s\left(-\frac{D}{J}\text{sgn}(s(t)) - \frac{\lambda}{J}s(t) - \frac{1}{J}d(t)\right) \\ &\quad < 0, s \neq 0\end{aligned} \tag{4.21}$$

显然，V 正定且径向无界，$\dot{V}$ 负定，系统全局渐近稳定。

实际上，由式(4.21)可得：

$$\dot{V} \leqslant -\frac{\lambda}{J}s^2(t) = -\frac{2\lambda}{J}V \tag{4.22}$$

由定理 4.4(指数衰减定理)可得：

$$V(t) \leqslant V(0)\,e^{-\frac{2\lambda}{J}t}$$

可见，$V(t)$ 指数收敛，即 s 指数收敛，从而 $e(t)$ 和 $\dot{e}(t)$ 指数收敛，收敛速度取决于控制律中的 λ 值。

所以，当 $t \to \infty$ 时，$e(t) \to 0, \dot{e}(t) \to 0$，即 $\theta(t) \to \theta_d(t), \dot{\theta}(t) \to \dot{\theta}_d(t)$，实现了渐近跟踪；又因为 $\theta_d(t), \dot{\theta}_d(t)$ 有界，则系统状态 $\theta(t), \dot{\theta}(t)$ 有界。

被控对象取式(4.14)，$J = 20$，指令角度 $\theta_d(t) = 1.5\sin t$，取干扰为 $d(t) = 0.2\sin 5t$，对象的初始状态为 $[0.8, 0.5]$，采用控制器(4.16)，控制器参数取 $c = 5, \lambda = 6, D = 12$，仿真结果如图 4.1～图 4.3 所示。

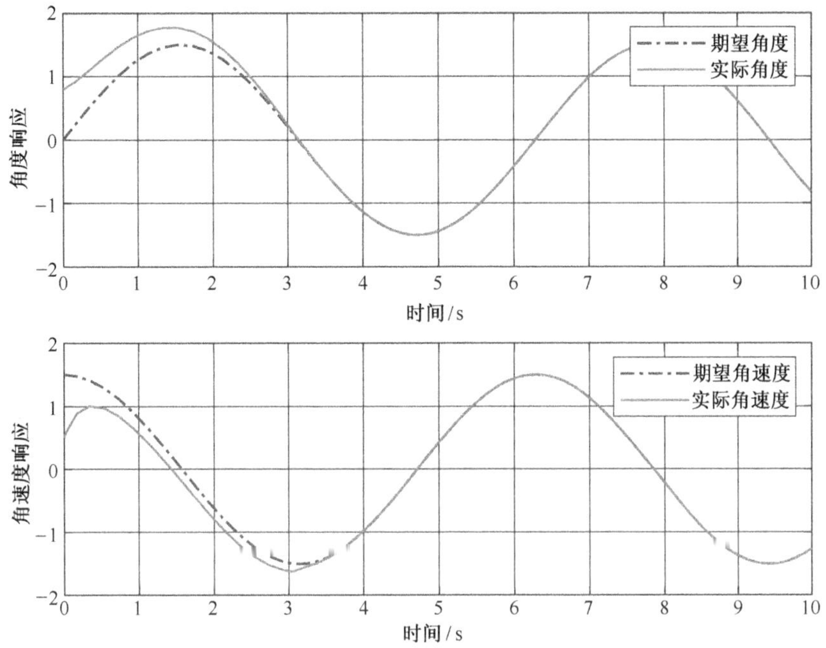

图 4.1 角度和角速度跟踪

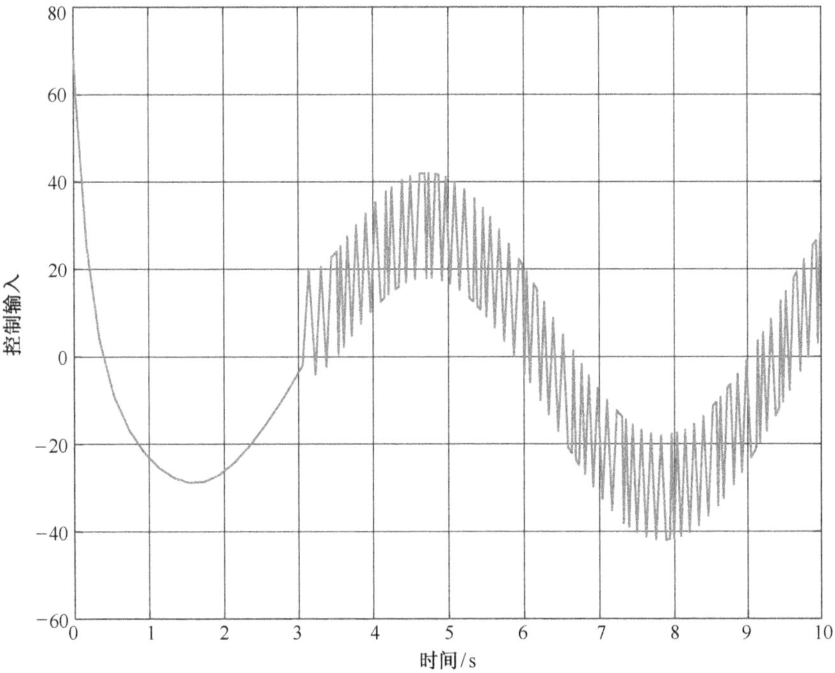

图 4.2 控制输入相轨迹

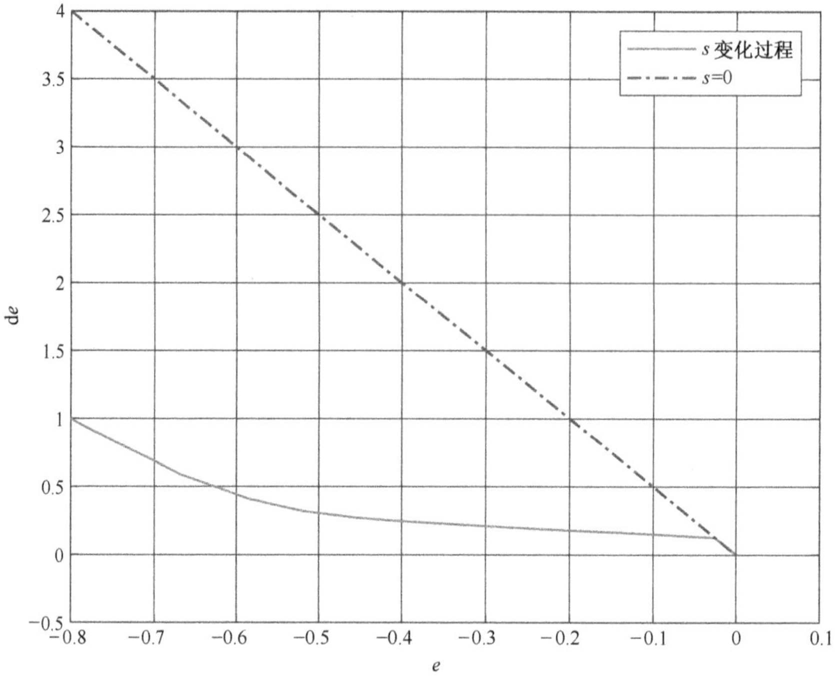

图 4.3　相轨迹

仿真程序如下：

(1) Simulink 主程序：chap4_ 1sim. slx

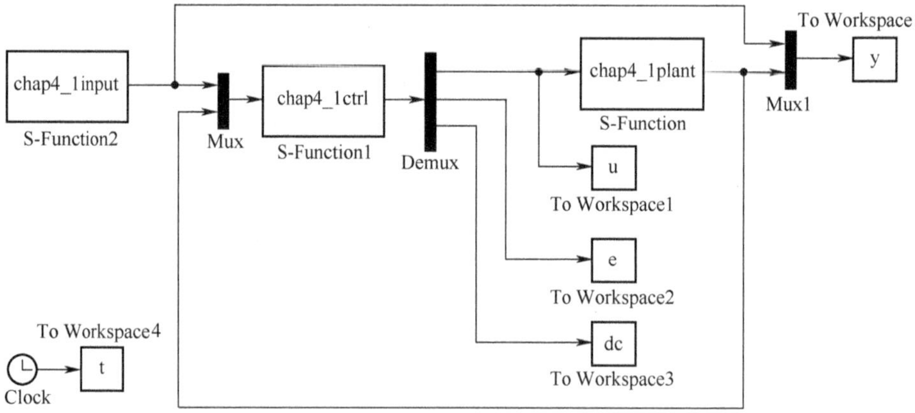

(2) 控制器 S 函数：chap4_ 1ctrl. m

```
function [sys,x0,str,ts] = chap4_1ctrl(t,x,u,flag)
switch flag
```

```
case 0
    [sys,x0,str,ts]=mdlInitializeSizes;
case 3
    sys=mdlOutputs(t,x,u);
case {2,4,9}
    sys=[];
otherwise
    error(['Unhandled flag = ',num2str(flag)]);
end
function [sys,x0,str,ts]=mdlInitializeSizes
sizes = simsizes;
sizes.NumContStates  = 0;
sizes.NumDiscStates  = 0;
sizes.NumOutputs     = 3;
sizes.NumInputs      = 5;
sizes.DirFeedthrough = 1;
sizes.NumSampleTimes = 1;
sys = simsizes(sizes);
x0  = [];
str = [];
ts  = [0 0];
function sys=mdlOutputs(t,x,u)
thd=u(1);dthd=u(2);ddthd=u(3);
th=u(4);dth=u(5);
c=5;J=20;remda=6;D=12;
e=thd-th;de=dthd-dth;s=c*e+de;
ueq=J*c*dthd+J*ddthd-J*c*dth;
usw=D*sign(s)+remda*s;
ut=ueq+usw;
sys(1)=ut;sys(2)=e;sys(3)=de;
```

(3)被控对象 S 函数:chap4_1plant.m

```
function [sys,x0,str,ts]=chap4_1plant(t,x,u,flag)
switch flag
case 0
    [sys,x0,str,ts]=mdlInitializeSizes;
case 1
    sys=mdlDerivatives(t,x,u);
```

```
case 3
    sys=mdlOutputs(t,x,u);
case {2, 4, 9 }
    sys = [];
otherwise
    error(['Unhandled flag = ',num2str(flag)]);
end
function [sys,x0,str,ts]=mdlInitializeSizes
sizes = simsizes;
sizes.NumContStates  = 2;
sizes.NumDiscStates  = 0;
sizes.NumOutputs     = 2;
sizes.NumInputs      = 1;
sizes.DirFeedthrough = 1;
sizes.NumSampleTimes = 1;
sys=simsizes(sizes);
x0=[0.8,0.5];
str=[];
ts=[0 0];
function sys=mdlDerivatives(t,x,u)
J=20;
d=0.2*sin(5*t);
dx1=x(2);
dx2=(1/J)*(u+d);
sys(1)=dx1;sys(2)=dx2;
function sys=mdlOutputs(t,x,u)
sys(1)=x(1);sys(2)=x(2);
```

(4) 指令输入 S 函数:chap4_1input.m

```
function [sys,x0,str,ts] = chap4_1input(t,x,u,flag)
switch flag
case 0
    [sys,x0,str,ts]=mdlInitializeSizes;
case 3
    sys=mdlOutputs(t,x,u);
case {2,4,9}
    sys=[];
otherwise
```

```
    error(['Unhandled flag = ',num2str(flag)]);
end
function [sys,x0,str,ts]=mdlInitializeSizes
sizes = simsizes;
sizes.NumContStates  = 0;
sizes.NumDiscStates  = 0;
sizes.NumOutputs     = 3;
sizes.NumInputs      = 0;
sizes.DirFeedthrough = 1;
sizes.NumSampleTimes = 1;
sys = simsizes(sizes);
x0  = [];
str = [];
ts  = [0 0];
function sys=mdlOutputs(t,x,u)
thd=1.5*sin(t);dthd=1.5*cos(t);ddthd=-1.5*sin(t);
sys(1)=thd;sys(2)=dthd;sys(3)=ddthd;
```

(5) 作图程序:chap4_1plot. m

```
close all;
figure(1);
subplot(211);
plot(t,y(:,1),'b-.',t,y(:,4),'r','linewidth',1);
legend('期望角度','实际角度');
xlabel('时间(s)');ylabel('角度响应');
grid on
subplot(212);
plot(t,y(:,2),'b-.',t,y(:,5),'r','linewidth',1);
legend('期望角速度','实际角速度');
xlabel('时间(s)');ylabel('角速度响应');
grid on
figure(2);
plot(t,u,'r','linewidth',1);
xlabel('时间(s)');ylabel('控制输入');
grid on
c=5;
figure(3);
plot(e,de,'r',e,-c*e,'b-.','linewidth',1);
```

```
xlabel('e');ylabel('de');
legend('s变化过程','s=0');
title('相轨迹');
grid on
```

4.3 一类欠驱动系统滑模控制方法设计

欠驱动系统是指系统的独立控制变量个数小于系统自由度个数的一类系统,简单说,就是控制的输入量比要控制的输出量少的系统。欠驱动系统在节约能量、降低造价、减轻重量、增强系统灵活性等方面都比完全驱动系统优越,一般系统结构较简单,便于进行整体的动力学分析和实验。此外,一个完全驱动系统,当驱动器发生故障时,则系统很可能转变成欠驱动系统,因而欠驱动系统控制算法也可以起到容错控制的作用。在实际控制问题中,很多系统属于欠驱动系统,如:飞行器、地面移动机器人、水下潜水器、水面舰艇、倒立摆等都是典型的欠驱动系统。由于实际的欠驱动系统一般具有高度非线性、参数摄动、多目标控制要求以及控制量受限等因素,从控制理论的角度看,对欠驱动系统的控制又是极具挑战性的复杂控制问题,研究欠驱动系统的控制问题有助于非完整约束系统控制理论的发展[42-43]。一直以来,欠驱动系统都是控制领域的一个研究热点。

本节主要采用文献[42-43]的设计思路,给出了一种欠驱动系统的滑模控制设计方法。

4.3.1 系统描述

针对如下欠驱动非线性系统:

$$\begin{cases}\dot{x}_1 = x_2 \\ \dot{x}_2 = f_1(x_1,x_2,x_3,x_4) \\ \dot{x}_3 = x_4 \\ \dot{x}_4 = f_2(x_1,x_2,x_3,x_4) + b(x_1,x_2,x_3,x_4)u + d\end{cases} \tag{4.23}$$

其中,$f_1(x_1,x_2,x_3,x_4)$、$f_2(x_1,x_2,x_3,x_4)$、$b(x_1,x_2,x_3,x_4)$ 为光滑函数,u 为控制输入,d 为系统中的匹配不确定项,包括系统模型不确定性和外加扰动。

通过设计状态反馈控制器,使系统镇定。即控制目标为:当 $t\to\infty$ 时,$x_i\to 0, i=1,2,3,4$。

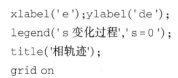

4.3.2　滑模控制算法设计

以下分两种情况进行滑模控制算法设计。

1. 第一种情况,当 $\dfrac{\partial f_1}{\partial x_4}=0$ 时

系统(4.23)满足如下5个假设条件:

假设1:$f_1(0,0,0,0)\to 0$;

假设2:$\dfrac{\partial f_1}{\partial x_3}$ 可逆;

假设3:如果 $f_1(0,0,x_3,0)\to 0$,则 $x_3\to 0$;

假设4:$\left|\dfrac{\partial f_1}{\partial x_3}\right|\leqslant\bar{\sigma}$,即 $\bar{\sigma}$ 为 $\left|\dfrac{\partial f_1}{\partial x_3}\right|$ 的上界;

假设5:不确定项 d 满足 $|d|\leqslant\bar{d}$,即 $\bar{d}$ 为 d 的上界。

取误差方程为:

$$\begin{cases}e_1=x_1\\ e_2=\dot{e}_1=\dot{x}_1=x_2\\ e_3=\dot{e}_2=\dot{x}_2=f_1(x_1,x_2,x_3,x_4)\\ e_4=\dot{e}_3=\dot{f}_1=\dfrac{\partial f_1}{\partial x_1}x_2+\dfrac{\partial f_1}{\partial x_2}f_1+\dfrac{\partial f_1}{\partial x_3}x_4\end{cases}\tag{4.24}$$

式(4.24)可转换为:

$$\begin{cases}\dot{e}_1=e_2\\ \dot{e}_2=e_3\\ \dot{e}_3=e_4\\ \dot{e}_4=\dfrac{\mathrm{d}}{\mathrm{d}t}\left[\dfrac{\partial f_1}{\partial x_1}x_2\right]+\dfrac{\mathrm{d}}{\mathrm{d}t}\left[\dfrac{\partial f_1}{\partial x_2}f_1\right]+\dfrac{\mathrm{d}}{\mathrm{d}t}\left[\dfrac{\partial f_1}{\partial x_3}\right]x_4+\dfrac{\partial f_1}{\partial x_3}(f_2+bu+d)\end{cases}\tag{4.25}$$

设计滑模流形为:

$$s=c_1e_1+c_2e_2+c_3e_3+e_4\tag{4.26}$$

其中,$c_i>0,i=1,2,3$,取 $\boldsymbol{A}=\begin{bmatrix}0&1&0\\0&0&1\\-c_1&-c_2&-c_3\end{bmatrix}$,$\boldsymbol{A}$ 矩阵满足Hurwitz条件。

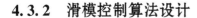

由式(4.26)可知:

$$\begin{aligned}\dot{s} &= c_1\dot{e}_1 + c_2\dot{e}_2 + c_3\dot{e}_3 + \dot{e}_4 \\ &= c_1x_2 + c_2f_1 + c_3\left(\frac{\partial f_1}{\partial x_1}x_2 + \frac{\partial f_1}{\partial x_2}f_1 + \frac{\partial f_1}{\partial x_3}x_4\right) + \frac{\mathrm{d}}{\mathrm{d}t}\left[\frac{\partial f_1}{\partial x_1}x_2\right] + \frac{\mathrm{d}}{\mathrm{d}t}\left[\frac{\partial f_1}{\partial x_2}f_1\right] + \\ &\quad \frac{\mathrm{d}}{\mathrm{d}t}\left[\frac{\partial f_1}{\partial x_3}\right]x_4 + \frac{\partial f_1}{\partial x_3}(f_2 + bu + d)\end{aligned} \tag{4.27}$$

不确定项 d 可以通过滑模切换控制的鲁棒特性而克服,不妨设 $d = 0$,由 $\dot{s} = 0$ 可以得到等效控制律 u_{eq},则控制律为等效控制和切换控制之和,即:

$$\begin{aligned}u_{\mathrm{eq}} = &-\left[\frac{\partial f_1}{\partial x_3}b\right]^{-1}\left(c_1x_2 + c_2f_1 + c_3\left(\frac{\partial f_1}{\partial x_1}x_2 + \frac{\partial f_1}{\partial x_2}f_1 + \frac{\partial f_1}{\partial x_3}x_4\right) + \right. \\ &\left.\frac{\mathrm{d}}{\mathrm{d}t}\left[\frac{\partial f_1}{\partial x_1}x_2\right] + \frac{\mathrm{d}}{\mathrm{d}t}\left[\frac{\partial f_1}{\partial x_2}f_1\right] + \frac{\mathrm{d}}{\mathrm{d}t}\left[\frac{\partial f_1}{\partial x_3}\right]x_4 + \frac{\partial f_1}{\partial x_3}f_2\right)\end{aligned} \tag{4.28}$$

$$u_{\mathrm{sw}} = -\left[\frac{\partial f_1}{\partial x_3}b\right]^{-1}(K\mathrm{sgn}(s) + \lambda s) \tag{4.29}$$

$$u = u_{\mathrm{eq}} + u_{\mathrm{sw}} \tag{4.30}$$

其中,$\lambda > 0$,取 $K = \bar{\sigma}\,\bar{d} + \varepsilon, \varepsilon > 0$。

定理 4.15:针对式(4.23)所示的欠驱动非线性系统,如果满足上述五个假设条件,且 $\dfrac{\partial f_1}{\partial x_4} = 0$ 时,则在式(4.30)所示控制律作用下,系统所有状态将渐近收敛到零。

证明:选取 Lyapunov 函数:

$$V = \frac{1}{2}s^2 > 0, s \neq 0 \tag{4.31}$$

则有:

$$\begin{aligned}\dot{V} &= s\dot{s} = s(c_1\dot{e}_1 + c_2\dot{e}_2 + c_3\dot{e}_3 + \dot{e}_4) \\ &= s\left(c_1x_2 + c_2f_1 + c_3\left(\frac{\partial f_1}{\partial x_1}x_2 + \frac{\partial f_1}{\partial x_2}f_1 + \frac{\partial f_1}{\partial x_3}x_4\right) + \frac{\mathrm{d}}{\mathrm{d}t}\left[\frac{\partial f_1}{\partial x_1}x_2\right] + \right. \\ &\quad \left.\frac{\mathrm{d}}{\mathrm{d}t}\left[\frac{\partial f_1}{\partial x_2}f_1\right] + \frac{\mathrm{d}}{\mathrm{d}t}\left[\frac{\partial f_1}{\partial x_3}\right]x_4 + \frac{\partial f_1}{\partial x_3}(f_2 + bu + d)\right)\end{aligned} \tag{4.32}$$

将控制律(4.30)代入式(4.32),并根据假设 4 和假设 5 可得:

$$\dot{V} = s\dot{s} = s\left(\frac{\partial f_1}{\partial x_3}d - K\mathrm{sgn}(s) - \lambda s\right) = s\left(\frac{\partial f_1}{\partial x_3}d - (\bar{\sigma}\,\bar{d} + \varepsilon)\mathrm{sgn}(s) - \lambda s\right)$$

$$= s\frac{\partial f_1}{\partial x_3}d - (\bar{\sigma}\,\bar{d} + \varepsilon)|s| - \lambda s^2 \leqslant -\varepsilon|s| - \lambda s^2 \leqslant -\varepsilon|s| < 0, s \neq 0 \tag{4.33}$$

所以，V 正定且径向无界，$\dot{V}$ 负定，系统全局渐近稳定。

实际由式 (4.33) 可得：

$$\dot{V} = \frac{1}{2}\frac{\mathrm{d}}{\mathrm{d}t}s^2 \leqslant -\varepsilon|s| \tag{4.34}$$

即满足了滑模到达条件，保证了在滑模流形以外的运动点都将在有限时间内到达滑模流形 $s=0$。事实上，如果假定 $s(t=0) > 0$，记 t_r 为到达滑模流形 $s=0$ 所需要的时间，对式(4.34)从 $t=0$ 到 $t=t_r$ 积分可得到：

$$0 - s(t=0) = s(t=t_r) - s(t=0) \leqslant -\varepsilon(t_r - 0)$$

于是可得：

$$t_r \leqslant \frac{s(t=0)}{\varepsilon}$$

由 $s(t=0) < 0$ 可以得到类似的结果，因此有：

$$t_r \leqslant \frac{|s(t=0)|}{\varepsilon} \tag{4.35}$$

当 $s=0$ 时，由式(4.25)和式(4.26)可得：

$$\begin{cases} \dot{e}_1 = e_2 \\ \dot{e}_2 = e_3 \\ \dot{e}_3 = e_4 = -c_1e_1 - c_2e_2 - c_3e_3 \end{cases} \tag{4.36}$$

由于 $\boldsymbol{A} = \begin{bmatrix} 0 & 1 & 0 \\ 0 & 0 & 1 \\ -c_1 & -c_2 & -c_3 \end{bmatrix}$，$\boldsymbol{A}$ 矩阵满足 Hurwitz 条件。取 $\boldsymbol{E} = [e_1 \quad e_2 \quad e_3]^{\mathrm{T}}$，则有：

$$\dot{\boldsymbol{E}} = \boldsymbol{A}\boldsymbol{E} \tag{4.37}$$

由于 $\boldsymbol{A}$ 矩阵满足 Hurwitz 条件，取 $\boldsymbol{Q} = \boldsymbol{Q}^{\mathrm{T}} > 0$，则存在 Lyapunov 方程 $\boldsymbol{A}^{\mathrm{T}}\boldsymbol{P} + \boldsymbol{P}\boldsymbol{A} = -\boldsymbol{Q}$，其解为 $\boldsymbol{P} = \boldsymbol{P}^{\mathrm{T}} > 0$，其中，$\boldsymbol{P}$，$\boldsymbol{Q}$ 为正定矩阵。

考虑式(4.37)，取 Lyapunov 函数：

$$V_0 = \boldsymbol{E}^{\mathrm{T}}\boldsymbol{P}\boldsymbol{E} > 0, \boldsymbol{E} \neq \boldsymbol{0} \tag{4.38}$$

显然，V_0 是正定的，且满足当 $\|\boldsymbol{E}\| \to \infty$ 时，$V_0 \to \infty$。

由式(4.38)可得：

$$\begin{aligned}\dot{V}_0 &= \dot{\boldsymbol{E}}^{\mathrm{T}}\boldsymbol{PE} + \boldsymbol{E}^{\mathrm{T}}\boldsymbol{P}\dot{\boldsymbol{E}} = (\boldsymbol{AE})^{\mathrm{T}}\boldsymbol{PE} + \boldsymbol{E}^{\mathrm{T}}\boldsymbol{PAE} = \boldsymbol{E}^{\mathrm{T}}\boldsymbol{A}^{\mathrm{T}}\boldsymbol{PE} + \boldsymbol{E}^{\mathrm{T}}\boldsymbol{PAE} \\ &= \boldsymbol{E}^{\mathrm{T}}(\boldsymbol{A}^{\mathrm{T}}\boldsymbol{P} + \boldsymbol{PA})\boldsymbol{E} = -\boldsymbol{E}^{\mathrm{T}}\boldsymbol{QE} \leqslant -\lambda_{\min}(\boldsymbol{Q})\,\|\boldsymbol{E}\|_2^2 < 0, \boldsymbol{E} \neq \boldsymbol{0}\end{aligned} \tag{4.39}$$

其中，$\lambda_{\min}(\boldsymbol{Q})$ 为正定矩阵 $\boldsymbol{Q}$ 的最小特征值。

可见，$\dot{V}_0$ 是负定的，可得 $t \to \infty$ 时，$\boldsymbol{E} \to \boldsymbol{0}$，即 $e_1 \to 0, e_2 \to 0, e_3 \to 0$。

又因为 $s = c_1e_1 + c_2e_2 + c_3e_3 + e_4 = 0$，可知 $e_4 \to 0$。

由 $e_1 \to 0, e_2 \to 0$，可得 $x_1 \to 0, x_2 \to 0$。

由 $e_3 = f_1(x_1, x_2, x_3, x_4) \to 0$，再由 $e_4 = \dfrac{\partial f_1}{\partial x_1}x_2 + \dfrac{\partial f_1}{\partial x_2}f_1 + \dfrac{\partial f_1}{\partial x_3}x_4 \to 0$，由假设条件 2 可知 $\dfrac{\partial f_1}{\partial x_3}$ 可逆，即 $\dfrac{\partial f_1}{\partial x_3} \neq 0$，可得 $x_4 \to 0$。

$e_3 = f_1(x_1, x_2, x_3, x_4) = f_1(0, 0, x_3, 0) \to 0$，根据假设 3 可知 $x_3 \to 0$。

同时也满足假设 1，$f_1(0,0,0,0) \to 0$。

为了使 $\boldsymbol{A}$ 矩阵满足 Hurwitz 条件，需要保证 $\boldsymbol{A}$ 的特征值具有负实部。即：

$$|\lambda_0\boldsymbol{I} - \boldsymbol{A}| = \begin{vmatrix}\lambda_0 & -1 & 0 \\ 0 & \lambda_0 & -1 \\ c_1 & c_2 & \lambda_0 + c_3\end{vmatrix} = \lambda_0^3 + c_3\lambda_0^2 + c_2\lambda_0 + c_1 = 0 \tag{4.40}$$

特征方程(4.40)的根具有负实部。

不妨取特征根为−2，由 $(\lambda_0 + 2)^3 = 0$ 可得 $\lambda_0^3 + 6\lambda_0^2 + 12\lambda_0 + 8 = 0$，与式(4.38)对照可取，$c_1 = 8, c_2 = 12, c_3 = 6$。

2. 第二种情况，当 $\dfrac{\partial f_1}{\partial x_4}$ 可逆，即 $\dfrac{\partial f_1}{\partial x_4} \neq 0$ 时

设系统(4.23)满足如下 4 个假设条件：

假设 1：$f_1(0,0,0,0) \to 0$；

假设 2：如果 $f_1(0,0,x_3,x_4) \to 0$，则 $x_3 = 0, x_4 \to 0$；

假设 3：$\left|\dfrac{\partial f_1}{\partial x_4}\right| \leqslant \bar{\delta}$，即 $\bar{\delta}$ 为 $\left|\dfrac{\partial f_1}{\partial x_4}\right|$ 的上界；

假设 4：不确定项 d 满足 $|d| \leqslant \bar{d}$，即 $\bar{d}$ 为 d 的上界。

取误差方程为：

$$\begin{cases} e_1 = x_1 \\ e_2 = \dot{e}_1 = \dot{x}_1 = x_2 \\ e_3 = \dot{e}_2 = \dot{x}_2 = f_1(x_1, x_2, x_3, x_4) \\ e_4 = \dot{e}_3 = \dot{f}_1 = \dfrac{\partial f_1}{\partial x_1}x_2 + \dfrac{\partial f_1}{\partial x_2}f_1 + \dfrac{\partial f_1}{\partial x_3}x_4 + \dfrac{\partial f_1}{\partial x_4}\dot{x}_4 \end{cases} \tag{4.41}$$

式(4.41)可转换为:

$$\begin{cases} \dot{e}_1 = e_2 \\ \dot{e}_2 = e_3 \\ \dot{e}_3 = e_4 = \dfrac{\partial f_1}{\partial x_1}x_2 + \dfrac{\partial f_1}{\partial x_2}f_1 + \dfrac{\partial f_1}{\partial x_3}x_4 + \dfrac{\partial f_1}{\partial x_4}(f_2 + bu + d) \end{cases} \tag{4.42}$$

设计滑模流形为:

$$s = c_1 e_1 + c_2 e_2 + e_3 \tag{4.43}$$

其中,$c_i > 0, i = 1,2$,取 $\boldsymbol{A} = \begin{bmatrix} 0 & 1 \\ -c_1 & -c_2 \end{bmatrix}$,$\boldsymbol{A}$ 矩阵满足 Hurwitz 条件。

由式(4.43)可知:

$$\begin{aligned} \dot{s} &= c_1\dot{e}_1 + c_2\dot{e}_2 + \dot{e}_3 \\ &= c_1 x_2 + c_2 f_1 + \frac{\partial f_1}{\partial x_1}x_2 + \frac{\partial f_1}{\partial x_2}f_1 + \frac{\partial f_1}{\partial x_3}x_4 + \frac{\partial f_1}{\partial x_4}(f_2 + bu + d) \end{aligned} \tag{4.44}$$

设 $d = 0$,由 $\dot{s} = 0$ 可以得到等效控制律 u_{eq},则控制律为等效控制和切换控制之和,即:

$$u_{\mathrm{eq}} = -\left[\frac{\partial f_1}{\partial x_4}b\right]^{-1}\left(c_1 x_2 + c_2 f_1 + \frac{\partial f_1}{\partial x_1}x_2 + \frac{\partial f_1}{\partial x_2}f_1 + \frac{\partial f_1}{\partial x_3}x_4 + \frac{\partial f_1}{\partial x_4}f_2\right) \tag{4.45}$$

$$u_{\mathrm{sw}} = -\left[\frac{\partial f_1}{\partial x_4}b\right]^{-1}(K\mathrm{sgn}(s) + \lambda s) \tag{4.46}$$

$$u = u_{\mathrm{eq}} + u_{\mathrm{sw}} \tag{4.47}$$

其中,$\lambda > 0$,取 $K = \bar{\delta}\,\bar{d} + \varepsilon$,$\varepsilon > 0$。

定理 4.16:针对式(4.23)所示的欠驱动非线性系统,如果满足上述四个假设条件,且 $\dfrac{\partial f_1}{\partial x_4}$ 可逆时,则在式(4.47)所示控制律作用下,系统所有状态将渐近收敛到零。

证明：选取 Lyapunov 函数：

$$V = \frac{1}{2}s^2 > 0, s \neq 0 \tag{4.48}$$

则有：

$$\begin{aligned} \dot{V} &= s\dot{s} = s(c_1\dot{e}_1 + c_2\dot{e}_2 + \dot{e}_3) \\ &= s\left(c_1x_2 + c_2f_1 + \frac{\partial f_1}{\partial x_1}x_2 + \frac{\partial f_1}{\partial x_2}f_1 + \frac{\partial f_1}{\partial x_3}x_4 + \frac{\partial f_1}{\partial x_4}(f_2 + bu + d)\right) \end{aligned} \tag{4.49}$$

将控制律式(4.47)代入式(4.49)，并根据假设 3 和假设 4 可得：

$$\begin{aligned} \dot{V} &= s\left(\frac{\partial f_1}{\partial x_4}d - K\mathrm{sgn}(s) - \lambda s\right) = s\left(\frac{\partial f_1}{\partial x_4}d - (\bar{\delta}\,\bar{d} + \varepsilon)\mathrm{sgn}(s) - \lambda s\right) \\ &= s\frac{\partial f_1}{\partial x_4}d - (\bar{\delta}\,\bar{d} + \varepsilon)|s| - \lambda s^2 \leqslant -\varepsilon|s| - \lambda s^2 \leqslant -\varepsilon|s| < 0, s \neq 0 \end{aligned} \tag{4.50}$$

所以，V 正定且径向无界，$\dot{V}$ 负定，系统全局渐近稳定。

与本节情况一同理，式(4.50)保证了在滑模流形以外的运动点都将在有限时间内到达滑模流形 $s = 0$。

当 $s = 0$ 时，由式(4.42)和式(4.43)可得：

$$\begin{cases} \dot{e}_1 = e_2 \\ \dot{e}_2 = e_3 = -c_1e_1 - c_2e_2 \end{cases} \tag{4.51}$$

由于 $\boldsymbol{A} = \begin{bmatrix} 0 & 1 \\ -c_1 & -c_2 \end{bmatrix}$，$\boldsymbol{A}$ 矩阵满足 Hurwitz 条件。取 $\boldsymbol{E} = [e_1 \quad e_2]^{\mathrm{T}}$，则有：

$$\dot{\boldsymbol{E}} = \boldsymbol{AE} \tag{4.52}$$

与情况一同理，可得 $t \to \infty$ 时，$\boldsymbol{E} \to \boldsymbol{0}$，即 $e_1 \to 0, e_2 \to 0$。

又因为 $s = c_1e_1 + c_2e_2 + e_3 = 0$，可知 $e_3 \to 0$。

由 $e_1 \to 0, e_2 \to 0$，可得 $x_1 \to 0, x_2 \to 0$。

由 $e_3 = f_1(x_1, x_2, x_3, x_4) = f_1(0, 0, x_3, x_4) \to 0$，根据假设 2 可知 $x_3 \to 0, x_4 \to 0$。

同时也满足假设 1，$f_1(0,0,0,0) \to 0$。

为了使 $\boldsymbol{A}$ 矩阵满足 Hurwitz 条件，需要保证 $\boldsymbol{A}$ 的特征值具有负实部。即：

$$|\lambda_0\boldsymbol{I} - \boldsymbol{A}| = \begin{vmatrix} \lambda_0 & -1 \\ c_1 & \lambda_0 + c_2 \end{vmatrix} = \lambda_0^2 + c_2\lambda_0 + c_1 = 0 \tag{4.53}$$

特征方程(4.53)的根具有负实部。

不妨取特征根为−3，由 $(\lambda_0 + 3)^2 = 0$ 可得 $\lambda_0^2 + 6\lambda_0 + 9 = 0$，与式(4.53)对照可取 $c_1 = 9, c_2 = 6$。

4.3.3　仿真实例

小车倒立摆系统是一种典型的欠驱动系统，一直以来都是控制理论研究中的一个经典问题。一级小车倒立摆的动力学方程为[23]：

$$\begin{cases}\ddot{\theta}=\dfrac{m(m+M)gl\sin\theta-m^2l^2\dot{\theta}2\sin\theta\cos\theta}{(m+M)I+mMl^2+m^2l^2\sin^2\theta}+\\ \qquad\dfrac{-ml\cos\theta}{(m+M)I+mMl^2+m^2l^2\sin^2\theta}F\\ \ddot{x}=\dfrac{(I+ml^2)ml\dot{\theta}^2\sin\theta-m^2gl^2\sin\theta\cos\theta}{(m+M)I+mMl^2+m^2l^2\sin^2\theta}+\\ \qquad\dfrac{I+ml^2}{(m+M)I+mMl^2+m^2l^2\sin^2\theta}F\end{cases} \tag{4.54}$$

其中，倒立摆小车的质量为 M，摆的质量为 m，小车的位移为 x，摆的角度为 θ，F 为给小车底座施加的力，$I=\dfrac{1}{12}mL^2$，$l=\dfrac{1}{2}L$，L 为摆的长度。

针对式(4.54)所示单级倒立摆系统，取摆角 θ、摆速 $\dot{\theta}$、小车位置 x、小车速度 $\dot{x}$ 作为四个状态变量，设计状态反馈控制器使系统镇定，即当 $t\to\infty$ 时，$\theta\to0$，$\dot{\theta}\to0$，$x\to0$，$\dot{x}\to0$。通俗地说，控制目标就是通过给小车底座施加作用力 F，使小车停留在零位置，并使摆直立不倒。

定义状态变量 $z_1=x$，$z_2=\dot{x}$，$z_3=\theta$，$z_4=\dot{\theta}$，则式(4.54)可以转换为：

$$\begin{cases}\dot{z}_1=z_2\\ \dot{z}_2=\dfrac{(I+ml^2)mlz_4^2\sin z_3-m^2gl^2\sin z_3\cos z_3}{(m+M)I+mMl^2+m^2l^2\sin^2 z_3}+\\ \qquad\dfrac{I+ml^2}{(m+M)I+mMl^2+m^2l^2\sin^2 z_3}F\\ \dot{z}_3=z_4\\ \dot{z}_4=\dfrac{m(m+M)gl\sin z_3-m^2l^2z_4^2\sin z_3\cos z_3}{(m+M)I+mMl^2+m^2l^2\sin^2 z_3}+\\ \qquad\dfrac{-ml\cos z_3}{(m+M)I+mMl^2+m^2l^2\sin^2 z_3}F\end{cases} \tag{4.55}$$

采用文献[44-45]中提出的解耦算法，可得解耦的变换为：

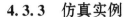

$$\begin{cases} x_1 = z_1 - \int_0^{z_3} \frac{I + ml^2}{-ml\cos t}\mathrm{d}t = z_1 + \frac{I + ml^2}{ml}\ln|\sec z_3 + \tan z_3| \\ x_2 = z_2 - \frac{I + ml^2}{-ml\cos z_3}z_4 = z_2 + \frac{(I + ml^2)z_4}{ml\cos z_3} \\ x_3 = z_3 \\ x_4 = z_4 \end{cases} \tag{4.56}$$

则控制目标 $x \to 0, \dot{x} \to 0, \theta \to 0, \dot{\theta} \to 0$ 等价于 $x_i \to 0, i = 1,2,3,4$。

由式(4.56)可得：

$$\dot{x}_1 = \dot{z}_1 + \frac{I + ml^2}{ml}\dot{z}_3\sec z_3 = z_2 + \frac{(I + ml^2)z_4}{ml\cos z_3} = x_2$$

$$\dot{x}_2 = \dot{z}_2 + \frac{I + ml^2}{ml}\left(\frac{\dot{z}_4\cos z_3 + z_4^2\sin z_3}{\cos^2 z_3}\right) = \frac{(I + ml^2)ml\,z_4^2\sin z_3 - m^2gl^2\sin z_3\cos z_3}{(m + M)I + mMl^2 + m^2l^2\sin^2 z_3} +$$
$$\frac{I + ml^2}{(m + M)I + mMl^2 + m^2l^2\sin^2 z_3}F + \frac{I + ml^2}{ml\cos z_3}\left(\frac{m(m + M)gl\sin z_3 - m^2l^2z_4^2\sin z_3\cos z_3}{(m + M)I + mMl^2 + m^2l^2\sin^2 z_3} +\right.$$
$$\left.\frac{-ml\cos z_3}{(m + M)I + mMl^2 + m^2l^2\sin^2 z_3}F\right) + \frac{(I + ml^2)z_4^2\sin z_3}{ml\cos^2 z_3}$$
$$= \frac{-m^2gl^2\sin z_3\cos z_3}{(m + M)I + mMl^2 + m^2l^2\sin^2 z_3} + \frac{(I + ml^2)(m + M)g\tan z_3}{(m + M)I + mMl^2 + m^2l^2\sin^2 z_3} + \frac{(I + ml^2)z_4^2\sin z_3}{ml\cos^2 z_3}$$

于是有：

$$\begin{cases} \dot{x}_1 = x_2 \\ \dot{x}_2 = \frac{-m^2gl^2\sin x_3\cos x_3}{(m + M)I + mMl^2 + m^2l^2\sin^2 x_3} + \\ \qquad \frac{(I + ml^2)(m + M)g\tan x_3}{(m + M)I + mMl^2 + m^2l^2\sin^2 x_3} + \frac{(I + ml^2)x_4^2\sin x_3}{ml\cos^2 x_3} \\ \dot{x}_3 = x_4 \\ \dot{x}_4 = \frac{m(m + M)gl\sin x_3 - m^2l^2x_4^2\sin x_3\cos x_3}{(m + M)I + mMl^2 + m^2l^2\sin^2 x_3} + \\ \qquad \frac{-ml\cos x_3}{(m + M)I + mMl^2 + m^2l^2\sin^2 x_3}F \end{cases} \tag{4.57}$$

令：

$$f_1 = \frac{-m^2gl^2\sin x_3\cos x_3}{(m+M)I + mMl^2 + m^2l^2\sin^2 x_3} +$$

$$\frac{(I+ml^2)(m+M)g\tan x_3}{(m+M)I + mMl^2 + m^2l^2\sin^2 x_3} + \frac{(I+ml^2)x_4^2\sin x_3}{ml\cos^2 x_3}$$

$$f_2 = \frac{m(m+M)gl\sin x_3 - m^2l^2x_4^2\sin x_3\cos x_3}{(m+M)I + mMl^2 + m^2l^2\sin^2 x_3}$$

$$b = \frac{-ml\cos x_3}{(m+M)I + mMl^2 + m^2l^2\sin^2 x_3}$$

$$u = F$$

则式(4.57)可转化成式(4.23)的标准形式。则采用上面设计的滑模控制方法,可以实现所要求的控制。

为了简化运算,可以适当对函数 f_1,f_2,b 进行简化,因为必须保持倒立摆垂直,所以可以假设 θ 和 $\dot{\theta}$ 的值很小,因而可以做如下近似处理:$\sin\theta \approx \theta$,$\cos\theta \approx 1$,$\sin^2\theta \approx 0$,$\theta\dot{\theta}^2 \approx 0$,也即:$\sin x_3 \approx x_3$,$\cos x_3 \approx 1$,$\sin^2 x_3 \approx 0$,$x_3x_4^2 \approx 0$。则:

$$f_1 = \frac{(I+ml^2)(m+M)g - m^2gl^2}{(m+M)I + mMl^2}x_3$$

$$f_2 = \frac{m(m+M)gl}{(m+M)I + mMl^2}x_3$$

$$b = \frac{-ml}{(m+M)I + mMl^2}$$

显然简化之后,$\frac{\partial f_1}{\partial x_4} = 0$,符合本章提出的欠驱动系统滑模控制方法的第一种情况,因此可以采用式(4.30)所示的控制律。

倒立摆参数为:$M = 1.6\text{kg}$,$m = 0.2\text{kg}$,$L = 0.8\text{m}$,$g = 9.8\text{m/s}^2$。

初始条件为:$\theta(0) = 0.1$,$\dot{\theta}(0) = 0$,$x(0) = -0.15$,$\dot{x}(0) = 0$。

控制器采用式(4.30)所示的控制律,控制器参数为:$c_1 = 8$,$c_2 = 12$,$c_3 = 6$,$K = 15$,$\lambda = 5$。

假设干扰为:$d_u = b^{-1}d = 0.2\sin 5t$。注意此处通过 $d_u = b^{-1}d$ 把干扰 d 转换为直接针对控制输入 u 的干扰,方便编程时输入干扰。

仿真实验结果如图4.4所示,从仿真结果可以看出本节提出的滑模控制方法是有效的,成功实现了小车倒立摆系统的控制目标。

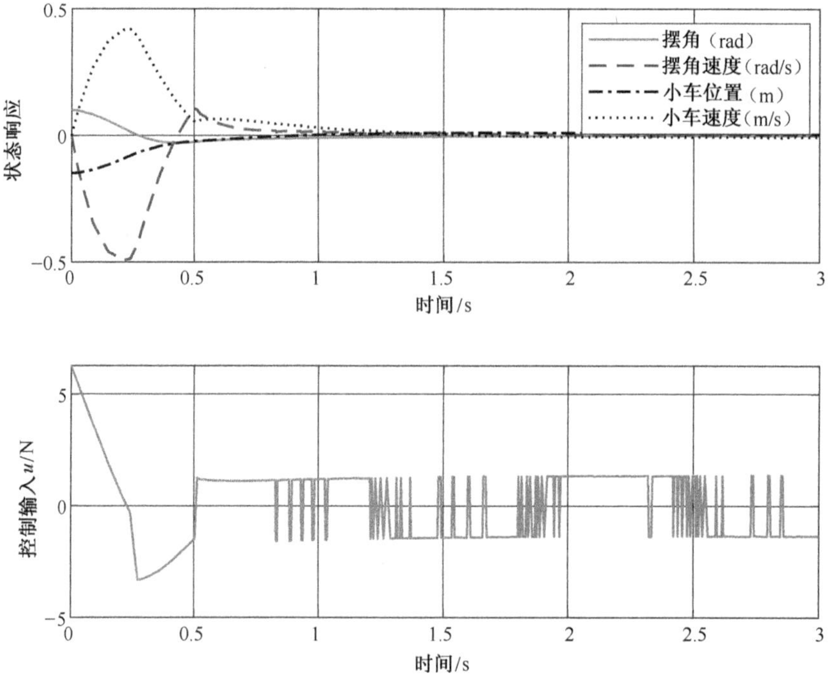

图 4.4　状态响应与控制输入

仿真程序：

（1）Simulink 主程序：chap4_2sim. slx

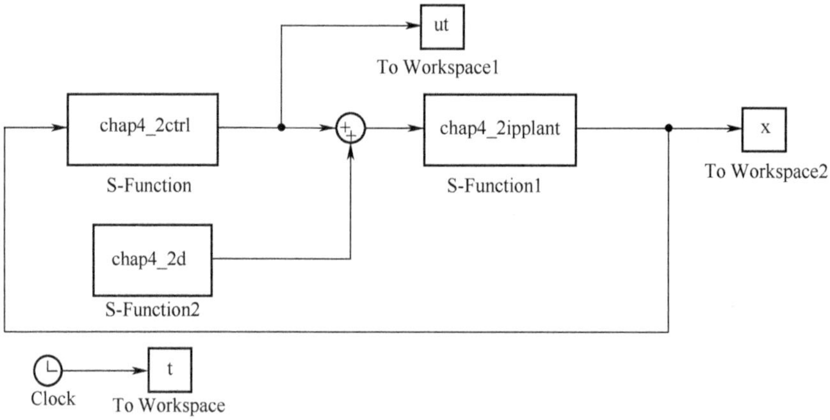

（2）被控对象程序：chap4_2ipplant. m

```
function [sys,x0,str,ts] = chap4_2ipplant(t,x,u,flag)
switch flag
case 0
```

```
    [sys,x0,str,ts]=mdlInitializeSizes;
case 1
    sys=mdlDerivatives(t,x,u);
case 3
    sys=mdlOutputs(t,x,u);
case {2,4,9}
    sys=[];
otherwise
    error(['Unhandled flag = ',num2str(flag)]);
end
function [sys,x0,str,ts]=mdlInitializeSizes
sizes = simsizes;
sizes.NumContStates  = 4;
sizes.NumDiscStates  = 0;
sizes.NumOutputs     = 4;
sizes.NumInputs      = 1;
sizes.DirFeedthrough = 0;
sizes.NumSampleTimes = 1;
sys = simsizes(sizes);
x0  = [0.1,0,-0.15,0];
str = [];
ts  = [0 0];
function sys=mdlDerivatives(t,x,u)
g=9.8; M=1.6; m=0.2; L=0.8;
I=1/12*m*L^2; l=1/2*L;
F=u(1); th=x(1); dth=x(2); dxx=x(4);
a11=m*(m+M)*g*l*sin(th)-m^2*l^2*(dth)^2*sin(th)*cos(th);
a22=(m+M)*I+m*M*l^2+m^2*l^2*(sin(th))^2;
a33=-m*l*cos(th);
a44=(m+M)*I+m*M*l^2+m^2*l^2*(sin(th))^2;
ddth=a11/a22+(a33/a44)*F;
b11=(I+m*l^2)*m*l*(dth)^2*sin(th)-m^2*g*l^2*sin(th)*cos
(th);
b22=(m+M)*I+m*M*l^2+m^2*l^2*(sin(th))^2;
b33=I+m*l^2;
b44=(m+M)*I+m*M*l^2+m^2*l^2*(sin(th))^2;
ddxx=b11/b22+(b33/b44)*F;
```

```
sys(1)=dth;sys(2)=ddth;sys(3)=dxx;sys(4)=ddxx;
function sys=mdlOutputs(t,x,u)
sys(1)=x(1);sys(2)=x(2);sys(3)=x(3);sys(4)=x(4);
```

(3) 控制器程序:chap4_2ctrl. m

```
function [sys,x0,str,ts] = chap4_2ctrl(t,x,u,flag)
switch flag
case 0
    [sys,x0,str,ts]=mdlInitializeSizes;
case 3
    sys=mdlOutputs(t,x,u);
case {2,4,9}
    sys=[];
otherwise
    error(['Unhandled flag = ',num2str(flag)]);
end
function [sys,x0,str,ts]=mdlInitializeSizes
sizes = simsizes;
sizes.NumContStates  = 0;
sizes.NumDiscStates  = 0;
sizes.NumOutputs     = 1;
sizes.NumInputs      = 4;
sizes.DirFeedthrough = 1;
sizes.NumSampleTimes = 1;
sys = simsizes(sizes);
x0  = [];
str = [];
ts  = [0 0];
function sys=mdlOutputs(t,x,u)
g=9.8; M=1.6; m=0.2; L=0.8;
I=1/12*m*L^2; l=1/2*L;
th=u(1); dth=u(2); xx=u(3); dxx=u(4);
x1=xx; x2=dxx; x3=th; x4=dth;
a11=(I+m*l^2)*(m+M)*g-m^2*g*l^2;
a22=(m+M)*I+m*M*l^2;
a33=m*(m+M)*g*l;
a44=-m*l;
f1=(a11/a22)*x3;
f2=(a33/a22)*x3;
b=a44/a22;
```

```
df1_dx1=0;
df1_dx2=0;
df1_dx3=a11/a22;
df1=df1_dx1*x2+df1_dx2*f1+df1_dx3*x4;
dt_df1_dx1_x2=0;
dt_df1_dx2_f1=0;
dt_df1_dx3=0;
dtf1=dt_df1_dx1_x2+dt_df1_dx2_f1+dt_df1_dx3*x4+df1_dx3*f2;
e1=x1;e2=x2;e3=f1;e4=df1;
c1=8;c2=12;c3=6;K=15;rem=5;
s=c1*e1+c2*e2+c3*e3+e4;
ueq=-(df1_dx3*b)^-1*(c1*x2+c2*f1+c3*df1+dtf1);
usw=-(df1_dx3*b)^-1*(K*sign(s)+rem*s);
ut=ueq+usw;
sys(1)=ut;
```

(4) 干扰输入程序:chap4_2d.m

```
function [sys,x0,str,ts] = chap4_2d(t,x,u,flag)
switch flag
case 0
    [sys,x0,str,ts]=mdlInitializeSizes;
case 3
    sys=mdlOutputs(t,x,u);
case {2,4,9}
    sys=[];
otherwise
    error(['Unhandled flag = ',num2str(flag)]);
end
function [sys,x0,str,ts]=mdlInitializeSizes
sizes = simsizes;
sizes.NumContStates  = 0;
sizes.NumDiscStates  = 0;
sizes.NumOutputs     = 1;
sizes.NumInputs      = 0;
sizes.DirFeedthrough = 1;
sizes.NumSampleTimes = 1;
sys = simsizes(sizes);
x0  = [];
str = [];
ts  = [0 0];
```

```
function sys=mdlOutputs(t,x,u)
d_u=0.2*sin(5*t);
sys(1)=d_u;
```

(5)作图程序:chap4_2plot.m

```
close all;
figure(1);
subplot(211);
plot(t,x(:,1),'r',t,x(:,2),'--b',t,x(:,3),'-.k',t,x(:,4),':k','
linewidth',1);
legend('摆角(rad)','摆角速度(rad/s)','小车位置(m)','小车速度(m/s)');
xlabel('时间(s)');ylabel('状态响应');
grid on
subplot(212);
plot(t,ut,'r','linewidth',1);
xlabel('时间(s)');ylabel('控制输入 ut(N)');
grid on
```

4.4 四旋翼飞行器滑模控制方法设计

本节主要讨论应用4.3节提出的针对一类欠驱动系统的滑模控制方法,设计四旋翼飞行器轨迹跟踪控制。

第2章建立的四旋翼飞行器简化模型如下:

$$\begin{cases}\ddot{x}=-\dfrac{K_1}{m}\dot{x}+\dfrac{\cos\phi\sin\theta\cos\psi+\sin\phi\sin\psi}{m}u_1\\ \ddot{y}=-\dfrac{K_2}{m}\dot{y}+\dfrac{\cos\phi\sin\theta\sin\psi-\sin\phi\cos\psi}{m}u_1\\ \ddot{z}=-\dfrac{K_3}{m}\dot{z}-g+\dfrac{\cos\phi\cos\theta}{m}u_1\\ \ddot{\phi}=\dfrac{I_y-I_z}{I_x}\dot{\theta}\dot{\psi}-\dfrac{K_4}{I_x}\dot{\phi}+\dfrac{1}{I_x}u_2\\ \ddot{\theta}=\dfrac{I_z-I_x}{I_y}\dot{\phi}\dot{\psi}-\dfrac{K_5}{I_y}\dot{\theta}+\dfrac{1}{I_y}u_3\\ \ddot{\psi}=\dfrac{I_x-I_y}{I_z}\dot{\phi}\dot{\theta}-\dfrac{K_6}{I_z}\dot{\psi}+\dfrac{1}{I_z}u_4\end{cases} \tag{4.58}$$

取 x_d 为飞行器的期望 x 轴位移,$\dot{x}_d$ 为飞行器的期望 x 轴速度,$\ddot{x}_d$ 为飞行器

的期望 x 轴位移加速度；$\dddot{x}_{\mathrm{d}}$ 为飞行器的期望 x 轴位移加速度的一阶导数；$x_{\mathrm{d}}^{(4)}$ 为飞行器的期望 x 轴位移加速度的二阶导数；y_{d} 为飞行器的期望 y 轴位移，$\dot{y}_{\mathrm{d}}$ 为飞行器的期望 y 轴速度，$\ddot{y}_{\mathrm{d}}$ 为飞行器的期望 y 轴位移加速度；$\dddot{y}_{\mathrm{d}}$ 为飞行器的期望 y 轴位移加速度的一阶导数；$y_{\mathrm{d}}^{(4)}$ 为飞行器的期望 y 轴位移加速度的二阶导数；z_{d} 为飞行器的期望 x 轴位移，$\dot{z}_{\mathrm{d}}$ 为飞行器的期望 x 轴速度，$\ddot{z}_{\mathrm{d}}$ 为飞行器的期望 x 轴位移加速度；ψ_{d} 为飞行器的期望偏航角，$\dot{\psi}_{\mathrm{d}}$ 为飞行器的期望偏航角速度，$\ddot{\psi}_{\mathrm{d}}$ 为飞行器的期望偏航角加速度；假设 x_{d}，$\dot{x}_{\mathrm{d}}$，$\ddot{x}_{\mathrm{d}}$，$\dddot{x}_{\mathrm{d}}$，$x_{\mathrm{d}}^{(4)}$，y_{d}，$\dot{y}_{\mathrm{d}}$，$\ddot{y}_{\mathrm{d}}$，$\dddot{y}_{\mathrm{d}}$，$y_{\mathrm{d}}^{(4)}$，z_{d}，$\dot{z}_{\mathrm{d}}$，$\ddot{z}_{\mathrm{d}}$，ψ_{d}，$\dot{\psi}_{d}$，$\ddot{\psi}_{\mathrm{d}}$ 有界。

设计状态反馈控制器，使飞行器跟踪给定轨迹，即当 $t\to\infty$ 时，$x\to x_{\mathrm{d}}$，$y\to y_{\mathrm{d}}$，$z\to z_{\mathrm{d}}$，$\psi\to\psi_{\mathrm{d}}$，同时保持所有状态 x，$\dot{x}$，y，$\dot{y}$，z，$\dot{z}$，ϕ，$\dot{\phi}$，θ，$\dot{\theta}$，ψ，$\dot{\psi}$ 有界。

为了方便应用本章提出的滑模控制方法，可以将四旋翼飞行器动力学模型分为两个子系统：一个全驱动子系统（即高度和偏航子系统）；一个欠驱动子系统（即 xy 轴平动和滚转俯仰子系统），如图 4.5 所示。

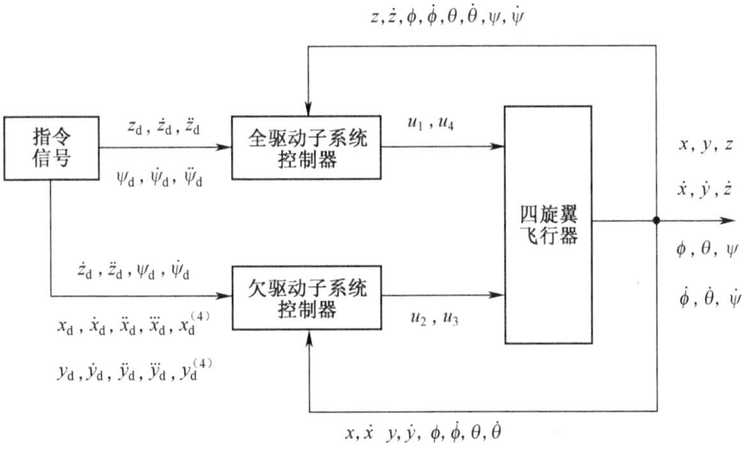

图 4.5　全驱动与欠驱动系统结构与信号传递关系

全驱动子系统为：

$$\begin{cases}\ddot{z} = -\dfrac{K_3}{m}\dot{z} - g + \dfrac{\cos\phi\cos\theta}{m}u_1 \\ \ddot{\psi} = \dfrac{I_x - I_y}{I_z}\dot{\phi}\dot{\theta} - \dfrac{K_6}{I_z}\dot{\psi} + \dfrac{1}{I_z}u_4\end{cases} \tag{4.59}$$

欠驱动子系统为：

$$\begin{cases}\ddot{x} = -\dfrac{K_1}{m}\dot{x} + \dfrac{\cos\phi\sin\theta\cos\psi + \sin\phi\sin\psi}{m}u_1 \\ \ddot{y} = -\dfrac{K_2}{m}\dot{y} + \dfrac{\cos\phi\sin\theta\sin\psi - \sin\phi\cos\psi}{m}u_1 \\ \ddot{\phi} = \dfrac{I_y - I_z}{I_x}\dot{\theta}\dot{\psi} - \dfrac{K_4}{I_x}\dot{\phi} + \dfrac{1}{I_x}u_2 \\ \ddot{\theta} = \dfrac{I_z - I_x}{I_y}\dot{\phi}\dot{\psi} - \dfrac{K_5}{I_y}\dot{\theta} + \dfrac{1}{I_y}u_3\end{cases} \tag{4.60}$$

4.4.1 全驱动子系统滑模控制器设计

针对式(4.59)所示全驱动子系统，控制目标为：当 $t \to \infty$ 时，$z \to z_d$，$\psi \to \psi_d$；同时保持 z，$\dot{z}$，ψ，$\dot{\psi}$ 有界。

令 $\boldsymbol{q} = [z, \psi]^{\mathrm{T}}$，$\boldsymbol{\tau} = [u_1, u_4]^{\mathrm{T}}$，则式(4.59)可转换为：

$$\ddot{\boldsymbol{q}} = \boldsymbol{M}\dot{\boldsymbol{q}} + \boldsymbol{G} + \boldsymbol{H}\boldsymbol{\tau} + \boldsymbol{d}_1 \tag{4.61}$$

其中，

$$\boldsymbol{M} = \begin{bmatrix} -\dfrac{K_3}{m} & 0 \\ 0 & -\dfrac{K_6}{I_z}\end{bmatrix},\ \boldsymbol{G} = \begin{bmatrix} -g \\ \dfrac{I_x - I_y}{I_z}\dot{\phi}\dot{\theta}\end{bmatrix},\ \boldsymbol{H} = \begin{bmatrix}\dfrac{\cos\phi\cos\theta}{m} & 0 \\ 0 & \dfrac{1}{I_z}\end{bmatrix}$$

，$\boldsymbol{d}_1$ 为外部加入的干扰。

假设： $\boldsymbol{d}_1$ 有上界 $\bar{\boldsymbol{d}}_1 = [\bar{d}_{11}, \bar{d}_{12}]^{\mathrm{T}}$ 。

令 $\boldsymbol{q}_d = [z_d, \psi_d]^{\mathrm{T}}$，定义：

$$\boldsymbol{e}_q = [e_{q1}, e_{q2}]^{\mathrm{T}} = \boldsymbol{q}_d - \boldsymbol{q}$$

其中，$e_{q1} = z_d - z$，$e_{q2} = \psi_d - \psi$。

滑模流形设计为：

$$\boldsymbol{s}_q = \boldsymbol{c}_q\boldsymbol{e}_q + \dot{\boldsymbol{e}}_q \tag{4.62}$$

其中，$\boldsymbol{s}_{\mathrm{q}}=\begin{bmatrix} s_{\mathrm{q}1} \\ s_{\mathrm{q}2} \end{bmatrix}$，$\boldsymbol{c}_{\mathrm{q}}=\begin{bmatrix} c_{\mathrm{q}1} & 0 \\ 0 & c_{\mathrm{q}2} \end{bmatrix}$，$\boldsymbol{c}_{\mathrm{q}}$ 矩阵满足 Hurwitz 条件。

通过设计指数趋近律 $\dot{\boldsymbol{s}}_{\mathrm{q}}=-\boldsymbol{N}_{\mathrm{q}}\mathrm{sgn}(\boldsymbol{s}_{\mathrm{q}})-\boldsymbol{\lambda}_{\mathrm{q}}\boldsymbol{s}_{\mathrm{q}}$，并假设干扰 $\boldsymbol{d}_1=\boldsymbol{0}$ 可得控制律为：

$$\boldsymbol{\tau}=\boldsymbol{H}^{-1}(\boldsymbol{c}_{\mathrm{q}}\dot{\boldsymbol{e}}_{\mathrm{q}}+\ddot{\boldsymbol{q}}_{\mathrm{d}}-\boldsymbol{M}\dot{\boldsymbol{q}}-\boldsymbol{G}+\boldsymbol{N}_{\mathrm{q}}\mathrm{sgn}(\boldsymbol{s}_{\mathrm{q}})+\boldsymbol{\lambda}_{\mathrm{q}}\boldsymbol{s}_{\mathrm{q}}) \tag{4.63}$$

其中，$\boldsymbol{N}_{\mathrm{q}}=\begin{bmatrix} n_{\mathrm{q}1} & 0 \\ 0 & n_{\mathrm{q}2} \end{bmatrix}$，$\boldsymbol{\lambda}_{\mathrm{q}}=\begin{bmatrix} \lambda_{\mathrm{q}1} & 0 \\ 0 & \lambda_{\mathrm{q}2} \end{bmatrix}$，$n_{\mathrm{q}1}>0, n_{\mathrm{q}2}>0, \lambda_{\mathrm{q}1}>0, \lambda_{\mathrm{q}2}>0$，$\mathrm{sgn}(\boldsymbol{s}_{\mathrm{q}})=\begin{bmatrix} \mathrm{sgn}(s_{\mathrm{q}1}) \\ \mathrm{sgn}(s_{\mathrm{q}2}) \end{bmatrix}$，取 $n_{\mathrm{q}1}>\bar{d}_{11}$，$n_{\mathrm{q}2}>\bar{d}_{12}$。

取 Lyapunov 函数：

$$V=\frac{1}{2}\boldsymbol{s}_{\mathrm{q}}^{\mathrm{T}}\boldsymbol{s}_{\mathrm{q}}>0, \boldsymbol{s}_{\mathrm{q}}\neq\boldsymbol{0} \tag{4.64}$$

则有：

$$\begin{aligned}\dot{V}&=\boldsymbol{s}_{\mathrm{q}}^{\mathrm{T}}\dot{\boldsymbol{s}}_{\mathrm{q}}=\boldsymbol{s}_{\mathrm{q}}^{\mathrm{T}}(\boldsymbol{c}_{\mathrm{q}}\dot{\boldsymbol{e}}_{\mathrm{q}}+\ddot{e}_{\mathrm{q}})=\boldsymbol{s}_{\mathrm{q}}^{\mathrm{T}}(\boldsymbol{c}_{\mathrm{q}}\dot{\boldsymbol{e}}_{\mathrm{q}}+\ddot{\boldsymbol{q}}_{\mathrm{d}}-\ddot{\boldsymbol{q}})\\&=\boldsymbol{s}_{\mathrm{q}}^{\mathrm{T}}(\boldsymbol{c}_{\mathrm{q}}\dot{\boldsymbol{e}}_{\mathrm{q}}+\ddot{\boldsymbol{q}}_{\mathrm{d}}-\boldsymbol{M}\dot{\boldsymbol{q}}-\boldsymbol{G}-\boldsymbol{H}\boldsymbol{\tau}-\boldsymbol{d}_1)\end{aligned} \tag{4.65}$$

将式(4.63)代入式(4.65)，并根据假设可得：

$$\begin{aligned}\dot{V}&=\boldsymbol{s}_{\mathrm{q}}^{\mathrm{T}}(\boldsymbol{c}_{\mathrm{q}}\dot{\boldsymbol{e}}_{\mathrm{q}}+\ddot{\boldsymbol{q}}_{\mathrm{d}}-\boldsymbol{M}\dot{\boldsymbol{q}}-\boldsymbol{G}-\boldsymbol{H}\boldsymbol{\tau}-\boldsymbol{d}_1)\\&=\boldsymbol{s}_{\mathrm{q}}^{\mathrm{T}}(\boldsymbol{c}_{\mathrm{q}}\dot{\boldsymbol{e}}_{\mathrm{q}}+\ddot{\boldsymbol{q}}_{\mathrm{d}}-\boldsymbol{M}\dot{\boldsymbol{q}}-\boldsymbol{G}-\boldsymbol{c}_{\mathrm{q}}\dot{\boldsymbol{e}}_{\mathrm{q}}-\ddot{\boldsymbol{q}}_{\mathrm{d}}+\boldsymbol{M}\dot{\boldsymbol{q}}+\boldsymbol{G}-\boldsymbol{N}_{\mathrm{q}}\mathrm{sgn}(\boldsymbol{s}_{\mathrm{q}})-\boldsymbol{\lambda}_{\mathrm{q}}\boldsymbol{s}_{\mathrm{q}}-\boldsymbol{d}_1)\\&=\boldsymbol{s}_{\mathrm{q}}^{\mathrm{T}}(-\boldsymbol{N}_{\mathrm{q}}\mathrm{sgn}(\boldsymbol{s}_{\mathrm{q}})-\boldsymbol{\lambda}_{\mathrm{q}}\boldsymbol{s}_{\mathrm{q}}-\boldsymbol{d}_1)<0, \boldsymbol{s}_{\mathrm{q}}\neq\boldsymbol{0}\end{aligned} \tag{4.66}$$

显然，V 正定且径向无界，$\dot{V}$ 负定，所以，全驱动子系统在式(4.63)所示控制律作用下，系统是全局渐近稳定的。满足滑模可达性条件，保证了在滑模流形以外的运动点都将在有限时间内到达滑模流形 $\boldsymbol{s}_{\mathrm{q}}=\boldsymbol{0}$。可得 $\boldsymbol{e}_{\mathrm{q}}\to\boldsymbol{0}, \dot{\boldsymbol{e}}_{\mathrm{q}}\to\boldsymbol{0}$，即实现了 $z\to z_{\mathrm{d}}$、$\psi\to\psi_{\mathrm{d}}$。同时，因为 $z_{\mathrm{d}}, \dot{z}_{\mathrm{d}}, \psi_{\mathrm{d}}, \dot{\psi}_{\mathrm{d}}$ 有界，所以 z，$\dot{z}$，ψ，$\dot{\psi}$ 有界。

4.4.2 欠驱动子系统滑模控制器设计

针对式(4.60)所示欠驱动子系统，控制目标为：当 $t\to\infty$ 时，$x\to x_{\mathrm{d}}, y\to y_{\mathrm{d}}$，同时保持 $x, \dot{x}, y, \dot{y}, \phi, \dot{\phi}, \theta, \dot{\theta}$ 有界。

由式(4.60)所示欠驱动子系统可得：

$$\begin{cases}\begin{bmatrix}\ddot{x}\\ \ddot{y}\end{bmatrix}=\boldsymbol{A}\begin{bmatrix}\dot{x}\\ \dot{y}\end{bmatrix}+\dfrac{u_1}{m}\begin{bmatrix}\cos\psi & \sin\psi\\ \sin\psi & -\cos\psi\end{bmatrix}\begin{bmatrix}\cos\phi\sin\theta\\ \sin\phi\end{bmatrix}\\ \begin{bmatrix}\ddot{\theta}\\ \ddot{\phi}\end{bmatrix}=\boldsymbol{C}\begin{bmatrix}\dot{\theta}\\ \dot{\phi}\end{bmatrix}+\boldsymbol{Du}\end{cases} \tag{4.67}$$

其中，$\boldsymbol{A}=\begin{bmatrix}-\dfrac{K_1}{m} & 0\\ 0 & -\dfrac{K_2}{m}\end{bmatrix}$，$\boldsymbol{C}=\begin{bmatrix}-\dfrac{K_5}{I_y} & \dfrac{I_z-I_x}{I_y}\dot{\psi}\\ \dfrac{I_y-I_z}{I_x}\dot{\psi} & -\dfrac{K_4}{I_x}\end{bmatrix}$，$\boldsymbol{D}=\begin{bmatrix}\dfrac{1}{I_y} & 0\\ 0 & \dfrac{1}{I_x}\end{bmatrix}$，$\boldsymbol{u}=\begin{bmatrix}u_3\\ u_2\end{bmatrix}$。

全驱动子系统和欠驱动子系统采用并联形式来控制整个四旋翼飞行器，两子系统之间存在相互耦合，为了简化设计，在这里做如下处理，将全驱动子系统要达成的控制目标 $z=z_d$，$\psi=\psi_d$ 直接提供给欠驱动子系统。

通过全驱动子系统的控制可得 $z=z_d$，$\psi=\psi_d$，则由式(4.59)的第一个方程可得：

$$u_1=\frac{m}{\cos\phi\cos\theta}\left(\ddot{z}_d+\frac{K_3}{m}\dot{z}_d+g\right) \tag{4.68}$$

将式(4.68)和 $\psi=\psi_d$ 代入式(4.67)可得：

$$\begin{cases}\begin{bmatrix}\ddot{x}\\ \ddot{y}\end{bmatrix}=\boldsymbol{A}\begin{bmatrix}\dot{x}\\ \dot{y}\end{bmatrix}+\left(\ddot{z}_d+\dfrac{K_3}{m}\dot{z}_d+g\right)\begin{bmatrix}\cos\psi_d & \sin\psi_d\\ \sin\psi_d & -\cos\psi_d\end{bmatrix}\begin{bmatrix}\tan\theta\\ \tan\phi\sec\theta\end{bmatrix}\\ \begin{bmatrix}\ddot{\theta}\\ \ddot{\phi}\end{bmatrix}=\boldsymbol{C}\begin{bmatrix}\dot{\theta}\\ \dot{\phi}\end{bmatrix}+\boldsymbol{Du}\end{cases} \tag{4.69}$$

其中，$\boldsymbol{C}=\begin{bmatrix}-\dfrac{K_5}{I_y} & \dfrac{I_z-I_x}{I_y}\dot{\psi}_d\\ \dfrac{I_y-I_z}{I_x}\dot{\psi}_d & -\dfrac{K_4}{I_x}\end{bmatrix}$。

令

$$\boldsymbol{T}=\left(\ddot{z}_d+\frac{K_3}{m}\dot{z}_d+g\right)\begin{bmatrix}\cos\psi_d & \sin\psi_d\\ \sin\psi_d & -\cos\psi_d\end{bmatrix} \tag{4.70}$$

同时考虑到飞行器滚转和俯仰运动均是做小角度运动，为了简化设计，可以

近似 $\tan\theta \approx \theta$, $\tan\phi\sec\theta \approx \phi$,则式(4.69)可转换为:

$$\begin{cases} \begin{bmatrix} \ddot{x} \\ \ddot{y} \end{bmatrix} = \boldsymbol{A}\begin{bmatrix} \dot{x} \\ \dot{y} \end{bmatrix} + \boldsymbol{T}\begin{bmatrix} \theta \\ \phi \end{bmatrix} \\ \begin{bmatrix} \ddot{\theta} \\ \ddot{\phi} \end{bmatrix} = \boldsymbol{C}\begin{bmatrix} \dot{\theta} \\ \dot{\phi} \end{bmatrix} + \boldsymbol{D}\boldsymbol{u} \end{cases} \tag{4.71}$$

不妨取:

$$\boldsymbol{x}_1 = \boldsymbol{T}^{-1}\begin{bmatrix} x \\ y \end{bmatrix}, \boldsymbol{x}_2 = \boldsymbol{T}^{-1}\begin{bmatrix} \dot{x} \\ \dot{y} \end{bmatrix}, \boldsymbol{x}_3 = \begin{bmatrix} \theta \\ \phi \end{bmatrix}, \boldsymbol{x}_4 = \begin{bmatrix} \dot{\theta} \\ \dot{\phi} \end{bmatrix}$$

则有:

$$\dot{\boldsymbol{x}}_1 = \boldsymbol{T}^{-1}\begin{bmatrix} \dot{x} \\ \dot{y} \end{bmatrix} = \boldsymbol{x}_2, \dot{\boldsymbol{x}}_2 = \boldsymbol{T}^{-1}\begin{bmatrix} \ddot{x} \\ \ddot{y} \end{bmatrix} = \boldsymbol{T}^{-1}\boldsymbol{A}\begin{bmatrix} \dot{x} \\ \dot{y} \end{bmatrix} + \boldsymbol{T}^{-1}\boldsymbol{T}\begin{bmatrix} \theta \\ \phi \end{bmatrix}$$

因为 $\boldsymbol{A}$ 为对角矩阵,所以有 $\boldsymbol{T}^{-1}\boldsymbol{A} = \boldsymbol{A}\boldsymbol{T}^{-1}$,于是有

$$\dot{\boldsymbol{x}}_2 = \boldsymbol{A}\boldsymbol{x}_2 + \boldsymbol{B}\boldsymbol{x}_3$$

其中, $\boldsymbol{B} = \begin{bmatrix} 1 & 0 \\ 0 & 1 \end{bmatrix}$,则由式(4.71)可得:

$$\begin{cases} \dot{\boldsymbol{x}}_1 = \boldsymbol{x}_2 \\ \dot{\boldsymbol{x}}_2 = \boldsymbol{f}_1(\boldsymbol{x}_1, \boldsymbol{x}_2, \boldsymbol{x}_3, \boldsymbol{x}_4) \\ \dot{\boldsymbol{x}}_3 = \boldsymbol{x}_4 \\ \dot{\boldsymbol{x}}_4 = \boldsymbol{f}_2(\boldsymbol{x}_1, \boldsymbol{x}_2, \boldsymbol{x}_3, \boldsymbol{x}_4) + \boldsymbol{D}\boldsymbol{u} + \boldsymbol{d}_2 \end{cases} \tag{4.72}$$

其中, $\boldsymbol{f}_1(\boldsymbol{x}_1, \boldsymbol{x}_2, \boldsymbol{x}_3, \boldsymbol{x}_4) = \boldsymbol{A}\boldsymbol{x}_2 + \boldsymbol{B}\boldsymbol{x}_3$, $\boldsymbol{f}_2(\boldsymbol{x}_1, \boldsymbol{x}_2, \boldsymbol{x}_3, \boldsymbol{x}_4) = \boldsymbol{C}\boldsymbol{x}_4$, $\boldsymbol{d}_2$ 为外部加入的干扰,假设 $\boldsymbol{d}_2$ 有上界 $\bar{\boldsymbol{d}}_2$ 。

显然,式(4.72)与式(4.23)所示一类欠驱动系统标准形式一致,则采用本章提出的针对这类欠驱动系统的滑模控制方法,可以实现所要求的控制。很明显, $\dfrac{\partial \boldsymbol{f}_1}{\partial \boldsymbol{x}_4} = \boldsymbol{0}$,符合本章所提出的欠驱动系统滑模控制方法的第一种情况,因此可以采用式(4.30)所示的控制律。

不过,由于式(4.30)所示的控制律是针对系统镇定问题,而本题是针对跟踪问题,所以有必要做相应的调整。同时由于式(4.72)是矢量形式,而式(4.23)是标量形式,所以在应用时也要做好相对应的变换调整。

取误差方程为：

$$\begin{cases} \boldsymbol{e}_1 = \boldsymbol{x}_{1\mathrm{d}} - \boldsymbol{x}_1 \\ \boldsymbol{e}_2 = \dot{\boldsymbol{e}}_1 = \dot{\boldsymbol{x}}_{1\mathrm{d}} - \dot{\boldsymbol{x}}_1 = \dot{\boldsymbol{x}}_{1\mathrm{d}} - \boldsymbol{x}_2 \\ \boldsymbol{e}_3 = \dot{\boldsymbol{e}}_2 = \ddot{\boldsymbol{x}}_{1\mathrm{d}} - \dot{\boldsymbol{x}}_2 = \ddot{\boldsymbol{x}}_{1\mathrm{d}} - \boldsymbol{f}_1(\boldsymbol{x}_1, \boldsymbol{x}_2, \boldsymbol{x}_3, \boldsymbol{x}_4) \\ \boldsymbol{e}_4 = \dot{\boldsymbol{e}}_3 = \dddot{\boldsymbol{x}}_{1\mathrm{d}} - \dot{\boldsymbol{f}}_1 = \dddot{\boldsymbol{x}}_{1\mathrm{d}} - \left(\dfrac{\partial \boldsymbol{f}_1}{\partial \boldsymbol{x}_1} x_2 + \dfrac{\partial \boldsymbol{f}_1}{\partial \boldsymbol{x}_2} \boldsymbol{f}_1 + \dfrac{\partial \boldsymbol{f}_1}{\partial \boldsymbol{x}_3} \boldsymbol{x}_4\right) \end{cases} \tag{4.24}$$

式(4.30)所示控制律要相应修改为如下矢量形式：

$$\boldsymbol{u} = \left[\frac{\partial \boldsymbol{f}_1}{\partial \boldsymbol{x}_3}\boldsymbol{D}\right]^{-1}\left(-\boldsymbol{c}_1\boldsymbol{x}_2 - \boldsymbol{c}_2\boldsymbol{f}_1 - \boldsymbol{c}_3\left(\frac{\partial \boldsymbol{f}_1}{\partial \boldsymbol{x}_1}\boldsymbol{x}_2 + \frac{\partial \boldsymbol{f}_1}{\partial \boldsymbol{x}_2}\boldsymbol{f}_1 + \frac{\partial \boldsymbol{f}_1}{\partial \boldsymbol{x}_3}\boldsymbol{x}_4\right) - \frac{\mathrm{d}}{\mathrm{d}t}\left[\frac{\partial \boldsymbol{f}_1}{\partial \boldsymbol{x}_1}\boldsymbol{x}_2\right] - \frac{\mathrm{d}}{\mathrm{d}t}\left[\frac{\partial \boldsymbol{f}_1}{\partial \boldsymbol{x}_2}\boldsymbol{f}_1\right] - \frac{\mathrm{d}}{\mathrm{d}t}\left[\frac{\partial \boldsymbol{f}_1}{\partial \boldsymbol{x}_3}\right]\boldsymbol{x}_4 - \frac{\partial \boldsymbol{f}_1}{\partial \boldsymbol{x}_3}\boldsymbol{f}_2 + \boldsymbol{K}\mathrm{sgn}(\boldsymbol{s}) + \boldsymbol{\lambda}\boldsymbol{s} + \boldsymbol{c}_1\dot{\boldsymbol{x}}_{1\mathrm{d}} + \boldsymbol{c}_2\ddot{\boldsymbol{x}}_{1\mathrm{d}} + \boldsymbol{c}_3\dddot{\boldsymbol{x}}_{1\mathrm{d}} + \boldsymbol{x}_{1\mathrm{d}}^{(4)}\right) \tag{4.73}$$

其中，$\boldsymbol{s} = \boldsymbol{c}_1\boldsymbol{e}_1 + \boldsymbol{c}_2\boldsymbol{e}_2 + \boldsymbol{c}_3\boldsymbol{e}_3 + \boldsymbol{e}_4$，

$\boldsymbol{c}_1 = \begin{bmatrix} c_{11} & 0 \\ 0 & c_{12} \end{bmatrix}$，$\boldsymbol{c}_2 = \begin{bmatrix} c_{21} & 0 \\ 0 & c_{22} \end{bmatrix}$，$\boldsymbol{c}_3 = \begin{bmatrix} c_{31} & 0 \\ 0 & c_{32} \end{bmatrix}$，$\boldsymbol{K} = \begin{bmatrix} k_1 & 0 \\ 0 & k_2 \end{bmatrix}$，$\boldsymbol{\lambda} = \begin{bmatrix} \lambda_1 & 0 \\ 0 & \lambda_2 \end{bmatrix}$。

通过状态反馈控制器，可以使当 $t \to \infty$ 时，$\boldsymbol{e}_1 \to \boldsymbol{0}$，$\boldsymbol{e}_2 \to \boldsymbol{0}$，$\boldsymbol{e}_3 \to \boldsymbol{0}$，$\boldsymbol{e}_4 \to \boldsymbol{0}$，实现了 $\boldsymbol{x}_1 \to \boldsymbol{x}_{1\mathrm{d}}$，即 $x \to x_{\mathrm{d}}$，$y \to y_{\mathrm{d}}$。

同时，因为 $\boldsymbol{x}_2 \to \dot{\boldsymbol{x}}_{1\mathrm{d}}$，$\dot{x}_{\mathrm{d}}$ 和 $\dot{y}_{\mathrm{d}}$ 有界，所以 $\boldsymbol{x}_2$ 有界，即 $\dot{x}$ 和 $\dot{y}$ 有界。

因为 $\boldsymbol{e}_3 = \ddot{\boldsymbol{x}}_{1\mathrm{d}} - \boldsymbol{f}_1(\boldsymbol{x}_1, \boldsymbol{x}_2, \boldsymbol{x}_3, \boldsymbol{x}_4) \to \boldsymbol{0}$，$\boldsymbol{x}_1 \to \boldsymbol{x}_{1\mathrm{d}}$，$\boldsymbol{x}_2 \to \dot{\boldsymbol{x}}_{1\mathrm{d}}$，则 $\boldsymbol{f}_1(\boldsymbol{x}_{1\mathrm{d}}, \dot{\boldsymbol{x}}_{1\mathrm{d}}, \boldsymbol{x}_3, \boldsymbol{x}_4) = \boldsymbol{A}\dot{\boldsymbol{x}}_{1\mathrm{d}} + \boldsymbol{B}\boldsymbol{x}_3 \to \ddot{\boldsymbol{x}}_{1\mathrm{d}}$，又因为，$\dot{x}_{\mathrm{d}}$，$\dot{y}_{\mathrm{d}}$ 有界，即 $\dot{\boldsymbol{x}}_{1\mathrm{d}}$ 有界，$\ddot{x}_{\mathrm{d}}$，$\ddot{y}_{\mathrm{d}}$ 有界，即 $\ddot{\boldsymbol{x}}_{1\mathrm{d}}$ 有界，可得 $\boldsymbol{x}_3$ 有界，即 ϕ，θ 有界；

因为 $\dfrac{\partial \boldsymbol{f}_1}{\partial \boldsymbol{x}_1} = \boldsymbol{0}$，$\dfrac{\partial \boldsymbol{f}_1}{\partial \boldsymbol{x}_2} = \boldsymbol{A}$，$\dfrac{\partial \boldsymbol{f}_1}{\partial \boldsymbol{x}_3} = \boldsymbol{B}$，则：

$$\begin{aligned} \boldsymbol{e}_4 &= \dddot{\boldsymbol{x}}_{1\mathrm{d}} - \left(\frac{\partial \boldsymbol{f}_1}{\partial \boldsymbol{x}_1}\boldsymbol{x}_2 + \frac{\partial \boldsymbol{f}_1}{\partial \boldsymbol{x}_2}\boldsymbol{f}_1 + \frac{\partial \boldsymbol{f}_1}{\partial \boldsymbol{x}_3}\boldsymbol{x}_4\right) = \dddot{\boldsymbol{x}}_{1\mathrm{d}} - (\boldsymbol{A}\boldsymbol{f}_1 + \boldsymbol{B}\boldsymbol{x}_4) \\ &= \dddot{\boldsymbol{x}}_{1\mathrm{d}} - \boldsymbol{A}(\boldsymbol{A}\boldsymbol{x}_2 + \boldsymbol{B}\boldsymbol{x}_3) - \boldsymbol{B}\boldsymbol{x}_4 \to \boldsymbol{0} \end{aligned}$$

又因为 $\boldsymbol{x}_2$ 有界，$\boldsymbol{x}_3$ 有界，$\dddot{x}_{\mathrm{d}}$，$\dddot{y}_{\mathrm{d}}$ 有界，即 $\dddot{\boldsymbol{x}}_{1\mathrm{d}}$ 有界，可得 $\boldsymbol{x}_4$ 有界，即 $\dot{\phi}$，$\dot{\theta}$ 有界。

4.4.3 仿真实例

四旋翼飞行器参数和初始条件与第 2 章相同。

全驱动控制器采用式(4.63)所示控制律,控制器参数为:

$$\boldsymbol{c}_{\mathrm{q}}=\begin{bmatrix}1.5 & 0\\ 0 & 1.5\end{bmatrix},\ \boldsymbol{N}_{\mathrm{q}}=\begin{bmatrix}2 & 0\\ 0 & 2\end{bmatrix},\ \boldsymbol{\lambda}_{\mathrm{q}}=\begin{bmatrix}2 & 0\\ 0 & 2\end{bmatrix}$$

欠驱动控制器采用式(4.73)所示控制律,控制器参数为:

$$\boldsymbol{c}_1=\begin{bmatrix}8 & 0\\ 0 & 8\end{bmatrix},\ \boldsymbol{c}_2=\begin{bmatrix}12 & 0\\ 0 & 12\end{bmatrix},\ \boldsymbol{c}_3=\begin{bmatrix}6 & 0\\ 0 & 6\end{bmatrix},\ \boldsymbol{K}=\begin{bmatrix}1.8 & 0\\ 0 & 1.8\end{bmatrix},\ \boldsymbol{\lambda}=\begin{bmatrix}2 & 0\\ 0 & 2\end{bmatrix}$$

假设针对式(4.61)和式(4.72)所示系统的干扰为:

$$\boldsymbol{d}_1=\begin{bmatrix}d_{11}\\ d_{12}\end{bmatrix}=\begin{bmatrix}0.1\sin 10t\\ 0.1\sin 10t\end{bmatrix},\ \boldsymbol{d}_2=\begin{bmatrix}d_{21}\\ d_{22}\end{bmatrix}=\begin{bmatrix}0.1\sin 10t\\ 0.1\sin 10t\end{bmatrix}$$

为了方便编程时输入干扰,程序中干扰输入是直接针对控制输入端口加入的,这时需要注意对干扰进行一个转换,转换成直接针对输入端口的干扰 $\boldsymbol{d}_{\mathrm{u}}$,则有:

$$\boldsymbol{d}_{\mathrm{u}}=\begin{bmatrix}d_{\mathrm{u}1}\\ d_{\mathrm{u}4}\\ d_{\mathrm{u}3}\\ d_{\mathrm{u}2}\end{bmatrix}=\begin{bmatrix}\boldsymbol{H}^{-1}\boldsymbol{d}_1\\ \boldsymbol{D}^{-1}\boldsymbol{d}_2\end{bmatrix}$$

其中,$\boldsymbol{H}=\begin{bmatrix}\dfrac{\cos\phi\cos\theta}{m} & 0\\ 0 & \dfrac{1}{I_{\mathrm{z}}}\end{bmatrix}$,$\boldsymbol{D}=\begin{bmatrix}\dfrac{1}{I_{\mathrm{y}}} & 0\\ 0 & \dfrac{1}{I_{\mathrm{x}}}\end{bmatrix}$。

为简化问题,估算干扰时,取最大值,直接取 $\phi=0,\theta=0$,即 $\cos\phi\cos\theta=1$。

给定期望飞行轨迹:

$$\begin{cases}x_{\mathrm{d}}(t)=3\cos t\\ y_{\mathrm{d}}(t)=3\sin t\\ z_{\mathrm{d}}(t)=2+0.5t\\ \psi_{\mathrm{d}}(t)=0.5\end{cases}$$

仿真结果如图4.6~图4.9所示。从图4.7可以看出滚转角和俯仰角在仿真过程中有一定的角度波动,这正是所需要的,因为四旋翼飞行器在沿 x 轴或 y 轴平动时,是靠飞行器有一定滚转角或俯仰角来实现的,如果滚转角或俯仰角等于零,则飞行器就不能沿 x 轴或 y 轴平动。

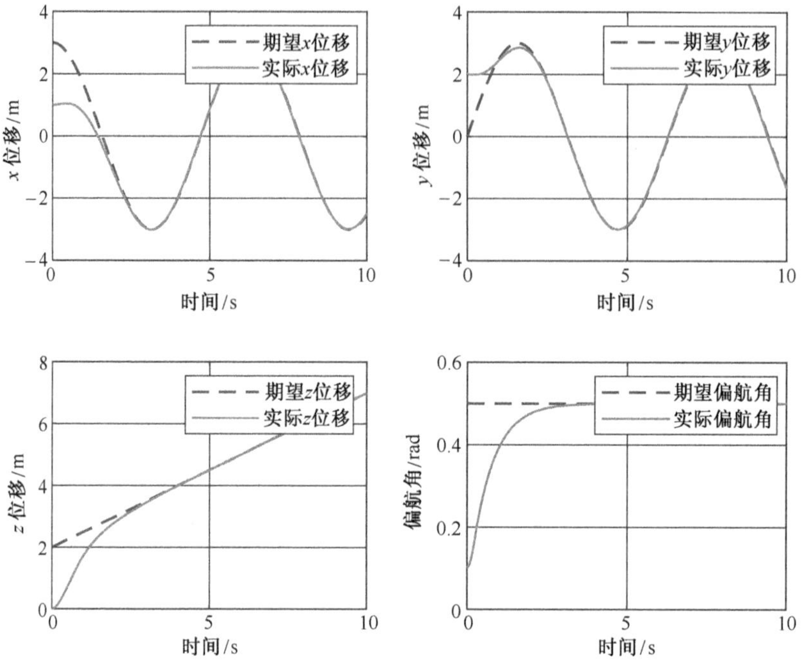

图 4.6　飞行器轨迹跟踪过程

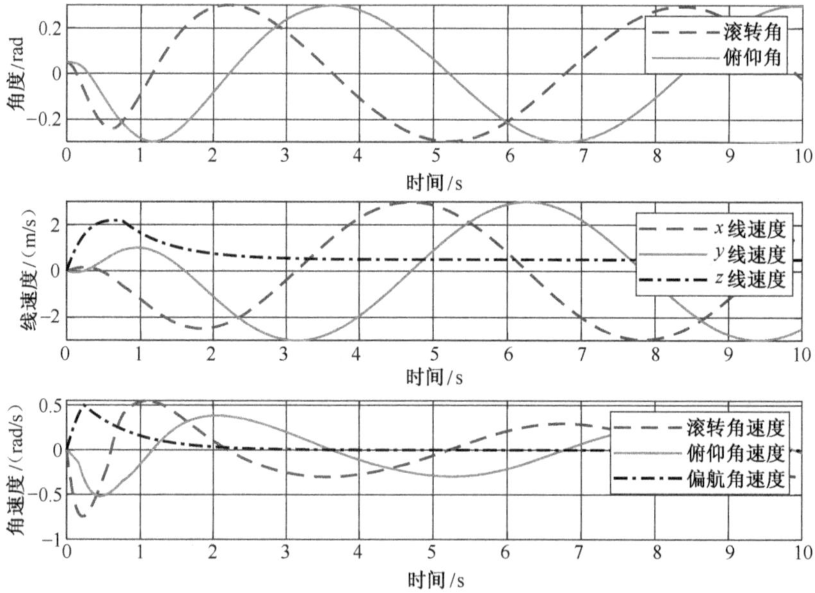

图 4.7　飞行器其余状态响应过程

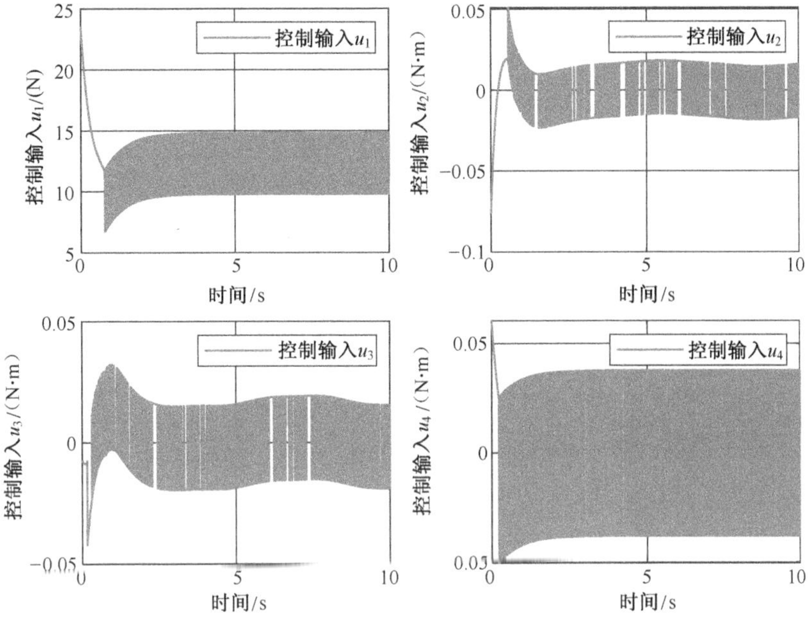

图 4.8　飞行器控制输入

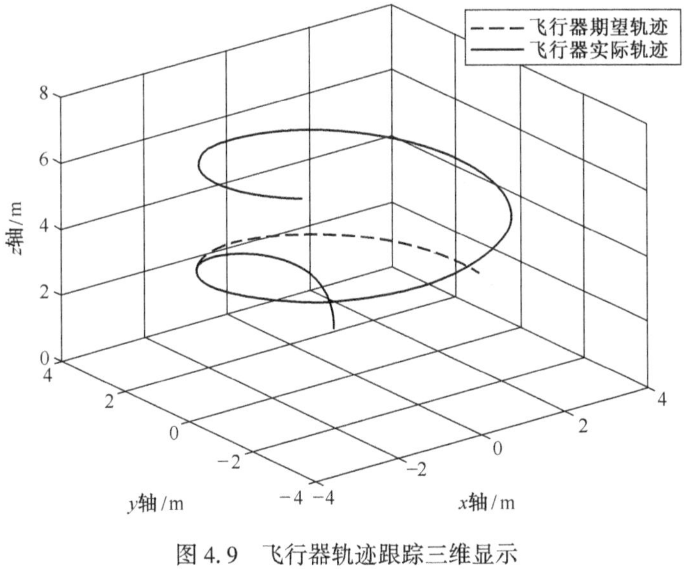

图 4.9　飞行器轨迹跟踪三维显示

仿真程序：

(1) Simulink 主程序：chap4_3sim. slx

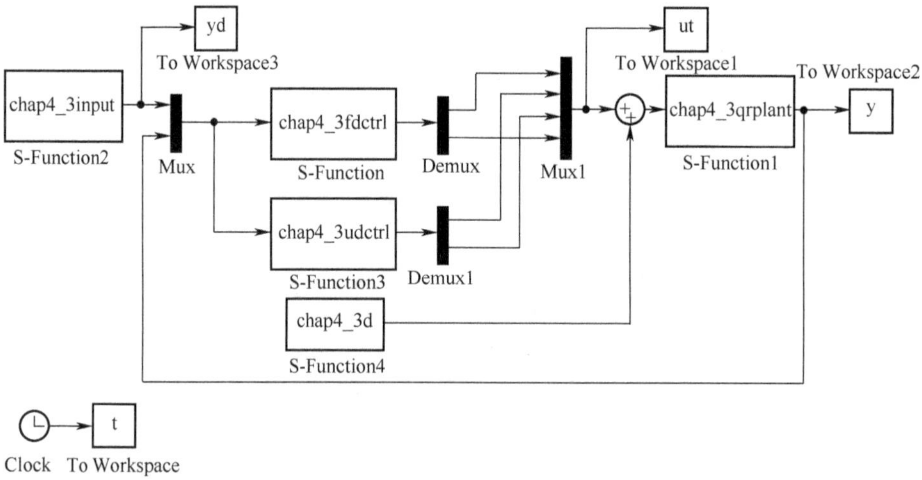

(2) 被控对象程序:chap4_3qrplant. m

与第 2 章的 chap2_qrplant. m 相同。

(3) 全驱动子系统控制器程序:chap4_3fdctrl. m

```
function [sys,x0,str,ts] = chap4_3fdctrl(t,x,u,flag)
switch flag
case 0
    [sys,x0,str,ts]=mdlInitializeSizes;
case 3
    sys=mdlOutputs(t,x,u);
case {2,4,9}
    sys=[];
otherwise
    error(['Unhandled flag = ',num2str(flag)]);
end
function [sys,x0,str,ts]=mdlInitializeSizes
sizes = simsizes;
sizes.NumContStates  = 0;
sizes.NumDiscStates  = 0;
sizes.NumOutputs     = 2;
sizes.NumInputs      = 28;
sizes.DirFeedthrough = 1;
sizes.NumSampleTimes = 1;
sys = simsizes(sizes);
```

```
x0  = [];
str = [];
ts  = [0 0];
function sys=mdlOutputs(t,x,u)
m=1.2;g=9.8;
Ix=0.0091;Iy=0.0096;Iz=0.0189;
K3=0.019;K6=0.0031;
cq=[1.5,0;0,1.5];Nq=[2,0;0,2];remq=[2,0;0,2];
zd=u(1);d_zd=u(2);dd_zd=u(3);
yawd=u(4);d_yawd=u(5);dd_yawd=u(6);
z=u(21);d_z=u(22);
roll=u(23);d_roll=u(24);
pitch=u(25);d_pitch=u(26);
yaw=u(27);d_yaw=u(28);
a3=(Ix-Iy)/Iz;
M=[-K3/m,0;0,-K6/Iz];
G=[-g;a3*d_roll*d_pitch];
H=[cos(roll)*cos(pitch)/m,0;0,1/Iz];
q=[z;yaw];d_q=[d_z;d_yaw];
qd=[zd;yawd];d_qd=[d_zd;d_yawd];dd_qd=[dd_zd;dd_yawd];
eq=qd-q;d_eq=d_qd-d_q;  sq=cq*eq+d_eq;
tol=H^-1*(cq*d_eq+dd_qd-M*d_q-G+Nq*sign(sq)+remq*sq);
sys(1)=tol(1);sys(2)=tol(2);
```

(4)欠驱动子系统控制器程序:chap4_3udctrl.m

```
function [sys,x0,str,ts] = chap4_3udctrl(t,x,u,flag)
switch flag
case 0
    [sys,x0,str,ts]=mdlInitializeSizes;
case 3
    sys=mdlOutputs(t,x,u);
case {2,4,9}
    sys=[];
otherwise
    error(['Unhandled flag = ',num2str(flag)]);
end
function [sys,x0,str,ts]=mdlInitializeSizes
sizes = simsizes;
```

```
sizes.NumContStates  = 0;
sizes.NumDiscStates  = 0;
sizes.NumOutputs     = 2;
sizes.NumInputs      = 28;
sizes.DirFeedthrough = 1;
sizes.NumSampleTimes = 1;
sys = simsizes(sizes);
x0  = [];
str = [];
ts  = [0 0];
function sys=mdlOutputs(t,x,u)
m=1.2;g=9.8;
Ix=0.0091;Iy=0.0096;Iz=0.0189;
K1=0.01;K2=0.012;K3=0.019;K4=0.0022;K5=0.0024;
c1=[8,0;0,8];c2=[12,0;0,12];c3=[6,0;0,6];
K=[1.8,0;0,1.8];rem=[2,0;0,2];
d_zd=u(2);dd_zd=u(3);
yawd=u(4);d_yawd=u(5);
xx=u(17);d_x=u(18);
y=u(19);d_y=u(20);
roll=u(23);d_roll=u(24);
pitch=u(25);d_pitch=u(26);
a1=(Iy-Iz)/Ix;
a2=(Iz-Ix)/Iy;
A=[-K1/m,0;0,-K2/m];
B=[1,0;0,1];
C=[-K5/Iy,a2*d_yawd;a1*d_yawd,-K4/Ix];
D=[1/Iy,0;0,1/Ix];
T=(dd_zd+K3*d_zd/m+g)*[cos(yawd),sin(yawd);sin(yawd),-cos
(yawd)];
x1=T^-1*[xx;y];
x2=T^-1*[d_x;d_y];
x3=[pitch;roll];
x4=[d_pitch;d_roll];
f1=A*x2+B*x3;
f2=C*x4;
df1_dx1=0;
```

```
df1_dx2=A;
df1_dx3=B;
df1=df1_dx1*x2+df1_dx2*f1+df1_dx3*x4;
dt_df1_dx1_x2=0;
dt_df1_dx2_f1=A*A*f1+A*B*x4;
dt_df1_dx3=0;
dtf1=dt_df1_dx1_x2+dt_df1_dx2_f1+dt_df1_dx3*x4+df1_dx3*f2;
xd=u(7);d_xd=u(8);dd_xd=u(9);ddd_xd=u(10);dddd_xd=u(11);
yd=u(12);d_yd=u(13);dd_yd=u(14);ddd_yd=u(15);dddd_yd=u(16);
x1d=T^-1*[xd;yd];d_x1d=T^-1*[d_xd;d_yd];dd_x1d=T^-1*[dd_xd;dd_yd];
ddd_x1d=T^-1*[ddd_xd;ddd_yd];dddd_x1d=T^-1*[dddd_xd;dddd_yd];
e1=x1d-x1;e2=d_x1d-x2;e3=dd_x1d-f1;e4=ddd_x1d-df1;
s=c1*e1+c2*e2+c3*e3+e4;
fd=c1*d_x1d+c2*dd_x1d+c3*ddd_x1d+dddd_x1d;
ut=(df1_dx3*D)^-1*(-c1*x2-c2*f1-c3*df1-dtf1+K*sign(s)+rem*s+fd);
sys(1)=ut(2);sys(2)=ut(1);
```

（5）指令输入程序:chap4_3input.m

```
function [sys,x0,str,ts]=chap4_3input(t,x,u,flag)
switch flag
  case 0
    [sys,x0,str,ts]=mdlInitializeSizes;
  case 1
    sys=mdlDerivatives(t,x,u);
  case 3
    sys=mdlOutputs(t,x,u);
  case {2, 4, 9 }
    sys = [];
  otherwise
    error(['Unhandled flag = ',num2str(flag)]);
end
function [sys,x0,str,ts]=mdlInitializeSizes
sizes = simsizes;
sizes.NumContStates  = 0;
sizes.NumDiscStates  = 0;
sizes.NumOutputs     = 16;
```

```
sizes.NumInputs      = 0;
sizes.DirFeedthrough = 1;
sizes.NumSampleTimes = 1;
sys=simsizes(sizes);
x0=[];
str=[];
ts=[0 0];
function sys=mdlOutputs(t,x,u)
zd=2+0.5*t;d_zd=0.5;dd_zd=0;
yawd=0.5;d_yawd=0;dd_yawd=0;
xd=3*cos(t);d_xd=-3*sin(t);dd_xd=-3*cos(t);ddd_xd=3*sin(t);dddd_xd=3*cos(t);
yd=3*sin(t);d_yd=3*cos(t);dd_yd=-3*sin(t);ddd_yd=-3*cos(t);dddd_yd=3*sin(t);
sys(1)=zd;sys(2)=d_zd;sys(3)=dd_zd;sys(4)=yawd;sys(5)=d_yawd;sys(6)=dd_yawd;
sys(7)=xd;sys(8)=d_xd;sys(9)=dd_xd;sys(10)=ddd_xd;sys(11)=dddd_xd;
sys(12)=yd;sys(13)=d_yd;sys(14)=dd_yd;sys(15)=ddd_yd;sys(16)=dddd_yd;
```

(6) 干扰输入程序:chap4_3d.m

```
function [sys,x0,str,ts]=chap4_3d(t,x,u,flag)
switch flag
  case 0
    [sys,x0,str,ts]=mdlInitializeSizes;
  case 1
    sys=mdlDerivatives(t,x,u);
  case 3
    sys=mdlOutputs(t,x,u);
  case {2, 4, 9 }
    sys = [];
  otherwise
    error(['Unhandled flag = ',num2str(flag)]);
end
function [sys,x0,str,ts]=mdlInitializeSizes
sizes = simsizes;
sizes.NumContStates  = 0;
```

```
sizes.NumDiscStates  = 0;
sizes.NumOutputs     = 4;
sizes.NumInputs      = 0;
sizes.DirFeedthrough = 1;
sizes.NumSampleTimes = 1;
sys=simsizes(sizes);
x0=[];
str=[];
ts=[0 0];
function sys=mdlOutputs(t,x,u)
m=1.2;Ix=0.0091;Iy=0.0096;Iz=0.0189;
H=[1/m,0;0,1/Iz];
D=[1/Iy,0;0,1/Ix];
d11=0.1*sin(10*t);d12=0.1*sin(10*t);
d21=0.1*sin(10*t);d22=0.1*sin(10*t);
d1=[d11;d12];d2=[d21;d22];
du=[H^-1*d1;D^-1*d2];
sys(1)=du(1);sys(2)=du(4);sys(3)=du(3);sys(4)=du(2);
```

(7) 作图程序:chap4_3plot. m

```
close all;
figure(1);
subplot(221);
plot(t,yd(:,7),'-- b',t,y(:,1),'r','linewidth',1);
legend('期望x位移','实际x位移');
xlabel('时间(s)');ylabel('x位移(m)');
grid on
subplot(222);
plot(t,yd(:,12),'-- b',t,y(:,3),'r','linewidth',1);
legend('期望y位移','实际y位移');
xlabel('时间(s)');ylabel('y位移(m)');
grid on
subplot(223);
plot(t,yd(:,1),'-- b',t,y(:,5),'r','linewidth',1);
legend('期望z位移','实际z位移');
xlabel('时间(s)');ylabel('z位移(m)');
grid on
subplot(224);
```

```
plot(t,yd(:,4),'-- b',t,y(:,11),'r','linewidth',1);
legend('期望偏航角','实际偏航角');
xlabel('时间(s)');ylabel('偏航角(rad)');
grid on
figure(2);
subplot(311);
plot(t,y(:,7),'-- b',t,y(:,9),'r','linewidth',1);
legend('滚转角','俯仰角');
xlabel('时间(s)');ylabel('角度(rad)');
grid on
subplot(312);
plot(t,y(:,2),'-- b',t,y(:,4),'r',t,y(:,6),'-. k','linewidth',1);
legend('x 线速度','y 线速度','z 线速度');
xlabel('时间(s)');ylabel('线速度(m/s)');
grid on
subplot(313);
plot(t,y(:,8),'-- b',t,y(:,10),'r',t,y(:,12),'-. k','linewidth',1);
legend('滚转角速度','俯仰角速度','偏航角速度');
xlabel('时间(s)');ylabel('角速度(rad/s)');
grid on
figure(3);
subplot(221);
plot(t,ut(:,1),'r','linewidth',1);
legend('控制输入 u1');
xlabel('时间(s)');ylabel('控制输入 u1(N)');
grid on
subplot(222);
plot(t,ut(:,2),'r','linewidth',1);
legend('控制输入 u2');
xlabel('时间(s)');ylabel('控制输入 u2(N·m)');
grid on
subplot(223);
plot(t,ut(:,3),'r','linewidth',1);
legend('控制输入 u3');
xlabel('时间(s)');ylabel('控制输入 u3(N·m)');
grid on
subplot(224);
```

```
plot(t,ut(:,4),'r','linewidth',1);
legend('控制输入 u4 ');
xlabel('时间(s)');ylabel('控制输入 u4(N·m)');
grid on
figure(4);
plot3(yd(:,7),yd(:,12),yd(:,1),'-- b','linewidth',1);
hold on
plot3(y(:,1),y(:,3),y(:,5),'r','linewidth',1);
hold on
legend('飞行器期望轨迹','飞行器实际轨迹');
xlabel('x 轴(m)');ylabel('y 轴(m)');zlabel('z 轴(m)');
grid on
```

4.5 四旋翼飞行器基于 Hurwitz 稳定的滑模控制方法设计

本节在参考文献[43,46]设计思路的基础上,针对四旋翼飞行器,提出了一种基于 Hurwitz 稳定的滑模控制方法。

4.5.1 系统描述

第 2 章建立的四旋翼飞行器简化模型如下:

$$\begin{cases}\ddot{x}=-\dfrac{K_1}{m}\dot{x}+\dfrac{\cos\phi\sin\theta\cos\psi+\sin\phi\sin\psi}{m}u_1\\ \ddot{y}=-\dfrac{K_2}{m}\dot{y}+\dfrac{\cos\phi\sin\theta\sin\psi-\sin\phi\cos\psi}{m}u_1\\ \ddot{z}=-\dfrac{K_3}{m}\dot{z}-g+\dfrac{\cos\phi\cos\theta}{m}u_1\\ \ddot{\phi}=\dfrac{I_y-I_z}{I_x}\dot{\theta}\dot{\psi}-\dfrac{K_4}{I_x}\dot{\phi}+\dfrac{1}{I_x}u_2\\ \ddot{\theta}=\dfrac{I_z-I_x}{I_y}\dot{\phi}\dot{\psi}-\dfrac{K_5}{I_y}\dot{\theta}+\dfrac{1}{I_y}u_3\\ \ddot{\psi}=\dfrac{I_x-I_y}{I_z}\dot{\phi}\dot{\theta}-\dfrac{K_6}{I_z}\dot{\psi}+\dfrac{1}{I_z}u_4\end{cases}\tag{4.74}$$

控制目标为,设计状态反馈控制器,使飞行器定高定向悬停,也就是:当 $t\rightarrow\infty$

时，$z \to z_d$，$\psi \to \psi_d$，$\dot{z} \to \dot{z}_d$，$\dot{\psi} \to \dot{\psi}_d$，其余状态镇定。假设 z_d，$\dot{z}_d$，$\ddot{z}_d$，ψ_d，$\dot{\psi}_d$，$\ddot{\psi}_d$ 有界。

为了方便设计滑模控制方法，与 4.4 节一样，可以将四旋翼飞行器动力学模型分为两个子系统：一个全驱动子系统（即高度和偏航子系统）；一个欠驱动子系统（即 xy 轴平动和滚转俯仰子系统），如图 4.10 所示。

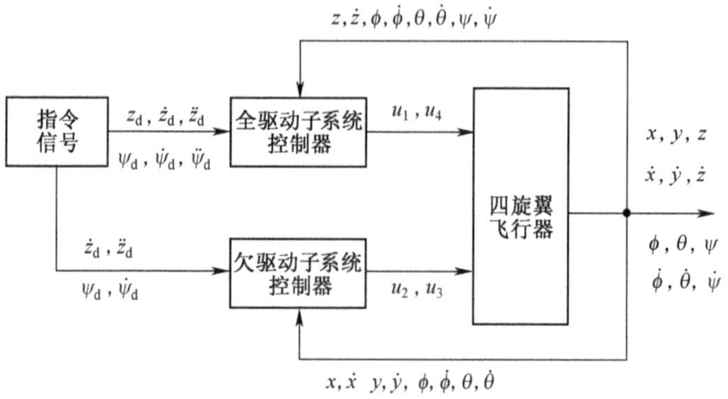

图 4.10　全驱动与欠驱动系统结构与信号传递关系

全驱动子系统为：

$$\begin{cases} \ddot{z} = -\dfrac{K_3}{m}\dot{z} - g + \dfrac{\cos\phi\cos\theta}{m}u_1 \\ \ddot{\psi} = \dfrac{I_x - I_y}{I_z}\dot{\phi}\dot{\theta} - \dfrac{K_6}{I_z}\dot{\psi} + \dfrac{1}{I_z}u_4 \end{cases} \tag{4.75}$$

欠驱动子系统为：

$$\begin{cases} \ddot{x} = -\dfrac{K_1}{m}\dot{x} + \dfrac{\cos\phi\sin\theta\cos\psi + \sin\phi\sin\psi}{m}u_1 \\ \ddot{y} = -\dfrac{K_2}{m}\dot{y} + \dfrac{\cos\phi\sin\theta\sin\psi - \sin\phi\cos\psi}{m}u_1 \\ \ddot{\phi} = \dfrac{I_y - I_z}{I_x}\dot{\theta}\dot{\psi} - \dfrac{K_4}{I_x}\dot{\phi} + \dfrac{1}{I_x}u_2 \\ \ddot{\theta} = \dfrac{I_z - I_x}{I_y}\dot{\phi}\dot{\psi} - \dfrac{K_5}{I_y}\dot{\theta} + \dfrac{1}{I_y}u_3 \end{cases} \tag{4.76}$$

4.5.2　全驱动子系统滑模控制器设计

针对式(4.75)所示全驱动子系统,控制目标为:当 $t \to \infty$ 时, $z \to z_{\mathrm{d}}$, $\psi \to \psi_{\mathrm{d}}$, $\dot{z} \to \dot{z}_{\mathrm{d}}$, $\psi \to \dot{\psi}_{\mathrm{d}}$。

令 $\boldsymbol{q} = [z,\psi]^{\mathrm{T}}$, $\boldsymbol{\tau} = [u_1,u_4]^{\mathrm{T}}$,则式(4.75)可转换为:

$$\ddot{\boldsymbol{q}} = \boldsymbol{M}\dot{\boldsymbol{q}} + \boldsymbol{G} + \boldsymbol{H}\boldsymbol{\tau} + \boldsymbol{d}_1 \tag{4.77}$$

其中, $\boldsymbol{M} = \begin{bmatrix} -\dfrac{K_3}{m} & 0 \\ 0 & -\dfrac{K_6}{I_z} \end{bmatrix}$, $\boldsymbol{G} = \begin{bmatrix} -g \\ \dfrac{I_x - I_y}{I_z}\dot{\phi}\dot{\theta} \end{bmatrix}$, $\boldsymbol{H} = \begin{bmatrix} \dfrac{\cos\phi\cos\theta}{m} & 0 \\ 0 & \dfrac{1}{I_z} \end{bmatrix}$, $\boldsymbol{d}_1$ 为外部加入的干扰。

假设:$\boldsymbol{d}_1$有上界 $\bar{\boldsymbol{d}}_1 = [\bar{d}_{11},\bar{d}_{12}]^{\mathrm{T}}$ 。

令 $\boldsymbol{q}_{\mathrm{d}} = [z_{\mathrm{d}},\psi_{\mathrm{d}}]^{\mathrm{T}}$,定义:

$$\boldsymbol{e}_{\mathrm{q}} = [e_{\mathrm{q}1},e_{\mathrm{q}2}]^{\mathrm{T}} = \boldsymbol{q}_{\mathrm{d}} - \boldsymbol{q}$$

其中, $e_{\mathrm{q}1} = z_{\mathrm{d}} - z, e_{\mathrm{q}2} = \psi_{\mathrm{d}} - \psi$。

滑模流形设计为:

$$\boldsymbol{s}_{\mathrm{q}} = \boldsymbol{c}_{\mathrm{q}}\boldsymbol{e}_{\mathrm{q}} + \dot{\boldsymbol{e}}_{\mathrm{q}} \tag{4.78}$$

其中, $\boldsymbol{s}_{\mathrm{q}} = \begin{bmatrix} s_{\mathrm{q}1} \\ s_{\mathrm{q}2} \end{bmatrix}$, $\boldsymbol{c}_{\mathrm{q}} = \begin{bmatrix} c_{\mathrm{q}1} & 0 \\ 0 & c_{\mathrm{q}2} \end{bmatrix}$, $\boldsymbol{c}_{\mathrm{q}}$ 矩阵满足 Hurwitz 条件。

与 4.4.1 节的滑模控制设计相同,可以得控制律为

$$\boldsymbol{\tau} = \boldsymbol{H}^{-1}(\boldsymbol{c}_{\mathrm{q}}\dot{\boldsymbol{e}}_{\mathrm{q}} + \ddot{\boldsymbol{q}}_{\mathrm{d}} - \boldsymbol{M}\dot{\boldsymbol{q}} - \boldsymbol{G} + \boldsymbol{N}_{\mathrm{q}}\mathrm{sgn}(\boldsymbol{s}_{\mathrm{q}}) + \boldsymbol{\lambda}_{\mathrm{q}}\boldsymbol{s}_{\mathrm{q}}) \tag{4.79}$$

其中, $\boldsymbol{N}_{\mathrm{q}} = \begin{bmatrix} n_{\mathrm{q}1} & 0 \\ 0 & n_{\mathrm{q}2} \end{bmatrix}$, $\boldsymbol{\lambda}_{\mathrm{q}} = \begin{bmatrix} \lambda_{\mathrm{q}1} & 0 \\ 0 & \lambda_{\mathrm{q}2} \end{bmatrix}$, $n_{\mathrm{q}1} > 0, n_{\mathrm{q}2} > 0, \lambda_{\mathrm{q}1} > 0, \lambda_{\mathrm{q}2} > 0$, $\mathrm{sgn}(\boldsymbol{s}_{\mathrm{q}}) = \begin{bmatrix} \mathrm{sgn}(s_{\mathrm{q}1}) \\ \mathrm{sgn}(s_{\mathrm{q}2}) \end{bmatrix}$,取 $n_{\mathrm{q}1} > \bar{d}_{11}$, $n_{\mathrm{q}2} > \bar{d}_{12}$ 。

稳定性证明也与 4.4.1 节的相同。

4.5.3　欠驱动子系统基于 Hurwitz 稳定的滑模控制器设计

针对式(4.76)所示欠驱动子系统,控制目标为使欠驱动系统镇定。

由第 4 章的相关推导可得,式(4.76)可以转换为:

$$\begin{cases}\dot{\boldsymbol{x}}_1=\boldsymbol{x}_2\\ \dot{\boldsymbol{x}}_2=\boldsymbol{f}_1(\boldsymbol{x}_1,\boldsymbol{x}_2,\boldsymbol{x}_3,\boldsymbol{x}_4)\\ \dot{\boldsymbol{x}}_3=\boldsymbol{x}_4\\ \dot{\boldsymbol{x}}_4=\boldsymbol{f}_2(\boldsymbol{x}_1,\boldsymbol{x}_2,\boldsymbol{x}_3,\boldsymbol{x}_4)+\boldsymbol{D}\boldsymbol{u}+\boldsymbol{d}_2\end{cases} \tag{4.80}$$

其中，$\boldsymbol{x}_1=\boldsymbol{T}^{-1}\begin{bmatrix}x\\ y\end{bmatrix}$，$\boldsymbol{x}_2=\boldsymbol{T}^{-1}\begin{bmatrix}\dot{x}\\ \dot{y}\end{bmatrix}$，$\boldsymbol{x}_3=\begin{bmatrix}\theta\\ \phi\end{bmatrix}$，$\boldsymbol{x}_4=\begin{bmatrix}\dot{\theta}\\ \dot{\phi}\end{bmatrix}$，

$$\boldsymbol{T}=\left(\ddot{z}_{\mathrm{d}}+\frac{K_3}{m}\dot{z}_{\mathrm{d}}+g\right)\begin{bmatrix}\cos\psi_{\mathrm{d}} & \sin\psi_{\mathrm{d}}\\ \sin\psi_{\mathrm{d}} & -\cos\psi_{\mathrm{d}}\end{bmatrix},$$

$\boldsymbol{f}_1(\boldsymbol{x}_1,\boldsymbol{x}_2,\boldsymbol{x}_3,\boldsymbol{x}_4)=\boldsymbol{A}\boldsymbol{x}_2+\boldsymbol{B}\boldsymbol{x}_3$，$\boldsymbol{f}_2(\boldsymbol{x}_1,\boldsymbol{x}_2,\boldsymbol{x}_3,\boldsymbol{x}_4)=\boldsymbol{C}\boldsymbol{x}_4$，$\boldsymbol{d}_2$ 为外部加入的干扰，

$$\boldsymbol{A}=\begin{bmatrix}-\frac{K_1}{m} & 0\\ 0 & -\frac{K_2}{m}\end{bmatrix},\ \boldsymbol{B}=\begin{bmatrix}1 & 0\\ 0 & 1\end{bmatrix},\ \boldsymbol{C}=\begin{bmatrix}-\frac{K_5}{I_{\mathrm{y}}} & \frac{I_{\mathrm{z}}-I_{\mathrm{x}}}{I_{\mathrm{y}}}\dot{\psi}_{\mathrm{d}}\\ \frac{I_{\mathrm{y}}-I_{\mathrm{z}}}{I_{\mathrm{x}}}\dot{\psi}_{\mathrm{d}} & -\frac{K_4}{I_{\mathrm{x}}}\end{bmatrix},\ \boldsymbol{D}=\begin{bmatrix}\frac{1}{I_{\mathrm{y}}} & 0\\ 0 & \frac{1}{I_{\mathrm{x}}}\end{bmatrix},\ \boldsymbol{u}=\begin{bmatrix}u_3\\ u_2\end{bmatrix}。$$

假设：$\boldsymbol{d}_2$有上界 $\bar{\boldsymbol{d}}_2=[\bar{d}_{21},\bar{d}_{22}]^{\mathrm{T}}$。

取误差方程为：

$$\begin{cases}\boldsymbol{e}_1=\boldsymbol{x}_1\\ \boldsymbol{e}_2=\boldsymbol{x}_2\\ \boldsymbol{e}_3=\boldsymbol{x}_3\\ \boldsymbol{e}_4=\boldsymbol{x}_4\end{cases} \tag{4.81}$$

则控制目标为：当 $t\to\infty$ 时，$\boldsymbol{e}_i\to\boldsymbol{0}$，即 $\boldsymbol{x}_i\to 0$，$i=1,2,3,4$。

设计滑模流形为：

$$\boldsymbol{s}=\boldsymbol{c}_1\boldsymbol{e}_1+\boldsymbol{c}_2\boldsymbol{e}_2+\boldsymbol{c}_3\boldsymbol{e}_3+\boldsymbol{e}_4 \tag{4.82}$$

其中，$\boldsymbol{s}=\begin{bmatrix}s_1\\ s_2\end{bmatrix}$，$\boldsymbol{c}_1=\begin{bmatrix}c_{11} & 0\\ 0 & c_{12}\end{bmatrix}$，$\boldsymbol{c}_2=\begin{bmatrix}c_{21} & 0\\ 0 & c_{22}\end{bmatrix}$，$\boldsymbol{c}_3=\begin{bmatrix}c_{31} & 0\\ 0 & c_{32}\end{bmatrix}$，系数阵 $\boldsymbol{c}_1$，$\boldsymbol{c}_2$，$\boldsymbol{c}_3$ 通过满足 Hurwitz 条件来确定。

由式(4.80)和式(4.82)可得：

$$\begin{aligned}\dot{\boldsymbol{s}} &= \boldsymbol{c}_1\dot{\boldsymbol{e}}_1 + \boldsymbol{c}_2\dot{\boldsymbol{e}}_2 + \boldsymbol{c}_3\dot{\boldsymbol{e}}_3 + \dot{\boldsymbol{e}}_4 = \boldsymbol{c}_1\dot{\boldsymbol{x}}_1 + \boldsymbol{c}_2\dot{\boldsymbol{x}}_2 + \boldsymbol{c}_3\dot{\boldsymbol{x}}_3 + \dot{\boldsymbol{x}}_4 \\ &= \boldsymbol{c}_1\boldsymbol{x}_2 + \boldsymbol{c}_2\boldsymbol{f}_1 + \boldsymbol{c}_3\boldsymbol{x}_4 + \boldsymbol{f}_2 + \boldsymbol{D}\boldsymbol{u} + \boldsymbol{d}_2\end{aligned} \tag{4.83}$$

设计指数趋近律：

$$\dot{\boldsymbol{s}} = -\boldsymbol{K}\mathrm{sgn}(\boldsymbol{s}) - \boldsymbol{\lambda}\boldsymbol{s} \tag{4.84}$$

其中，$\boldsymbol{K} = \begin{bmatrix} k_1 & 0 \\ 0 & k_2 \end{bmatrix}$，$\boldsymbol{\lambda} = \begin{bmatrix} \lambda_1 & 0 \\ 0 & \lambda_2 \end{bmatrix}$，$k_1 > 0, k_2 > 0, \lambda_1 > 0, \lambda_2 > 0$，$\mathrm{sgn}(s) = \begin{bmatrix} \mathrm{sgn}(s_1) \\ \mathrm{sgn}(s_2) \end{bmatrix}$，取 $k_1 > \bar{d}_{21}$，$k_2 > \bar{d}_{22}$。

设 $\boldsymbol{d}_2 = 0$，由式(4.83)和式(4.84)可得控制律为：

$$\boldsymbol{u} = -\boldsymbol{D}^{-1}(\boldsymbol{c}_1\boldsymbol{x}_2 + \boldsymbol{c}_2\boldsymbol{f}_1 + \boldsymbol{c}_3\boldsymbol{x}_4 + \boldsymbol{f}_2 + \boldsymbol{K}\mathrm{sgn}(\boldsymbol{s}) + \boldsymbol{\lambda}\boldsymbol{s}) \tag{4.85}$$

选取 Lyapunov 函数：

$$V = \frac{1}{2}\boldsymbol{s}^{\mathrm{T}}\boldsymbol{s} > 0, \boldsymbol{s} \neq \boldsymbol{0} \tag{4.86}$$

则由式(4.83)和式(4.86)可得：

$$\dot{V} = \boldsymbol{s}^{\mathrm{T}}\dot{\boldsymbol{s}} = \boldsymbol{s}^{\mathrm{T}}(\boldsymbol{c}_1\boldsymbol{x}_2 + \boldsymbol{c}_2\boldsymbol{f}_1 + \boldsymbol{c}_3\boldsymbol{x}_4 + \boldsymbol{f}_2 + \boldsymbol{D}\boldsymbol{u} + \boldsymbol{d}_2) \tag{4.87}$$

将式(4.85)代入式(4.87)可得：

$$\dot{V} = \boldsymbol{s}^{\mathrm{T}}(\boldsymbol{d}_2 - \boldsymbol{K}\mathrm{sgn}(\boldsymbol{s}) - \boldsymbol{\lambda}\boldsymbol{s}) < 0, \boldsymbol{s} \neq \boldsymbol{0} \tag{4.88}$$

所以，V 正定且径向无界，$\dot{V}$ 负定，系统全局渐近稳定。

与 4.3.2 节相关情况同理，式 (4.88) 保证了在滑模流形以外的运动点都将在有限时间内到达滑模流形 $\boldsymbol{s} = \boldsymbol{0}$。

当 $\boldsymbol{s} = \boldsymbol{0}$ 时，由式(4.82)可得：

$$\boldsymbol{e}_4 = -\boldsymbol{c}_1\boldsymbol{e}_1 - \boldsymbol{c}_2\boldsymbol{e}_2 - \boldsymbol{c}_3\boldsymbol{e}_3 \tag{4.89}$$

由式(4.80)、式(4.81)和式(4.89)可得：

$$\begin{cases}\dot{\boldsymbol{e}}_1 = \boldsymbol{e}_2 \\ \dot{\boldsymbol{e}}_2 = \boldsymbol{f}_1(\boldsymbol{e}_1, \boldsymbol{e}_2, \boldsymbol{e}_3, \boldsymbol{e}_4) = \boldsymbol{A}\boldsymbol{e}_2 + \boldsymbol{B}\boldsymbol{e}_3 \\ \dot{\boldsymbol{e}}_3 = \boldsymbol{e}_4 = -\boldsymbol{c}_1\boldsymbol{e}_1 - \boldsymbol{c}_2\boldsymbol{e}_2 - \boldsymbol{c}_3\boldsymbol{e}_3\end{cases} \tag{4.90}$$

取 $\boldsymbol{E} = [\boldsymbol{e}_1, \boldsymbol{e}_2, \boldsymbol{e}_3]^{\mathrm{T}}$，则有：

$$\dot{\boldsymbol{E}} = \boldsymbol{P}\boldsymbol{E} \tag{4.91}$$

其中，$\boldsymbol{P}=\begin{bmatrix}\boldsymbol{0} & \boldsymbol{I}_{2\times2} & \boldsymbol{0}\\ \boldsymbol{0} & \boldsymbol{A} & \boldsymbol{B}\\ -\boldsymbol{c}_1 & -\boldsymbol{c}_2 & -\boldsymbol{c}_3\end{bmatrix}$，$\boldsymbol{P}$ 矩阵满足 Hurwitz 条件。

与 4.3.2 节的相关情况同理，可得 $t\to\infty$ 时，$\boldsymbol{E}\to\boldsymbol{0}$，即 $\boldsymbol{e}_1\to\boldsymbol{0}$，$\boldsymbol{e}_2\to\boldsymbol{0}$，$\boldsymbol{e}_3\to\boldsymbol{0}$，由式(4.89)可得 $\boldsymbol{e}_4\to\boldsymbol{0}$。

下面根据 $\boldsymbol{P}$ 矩阵满足 Hurwitz 这个条件，确定系数阵 $\boldsymbol{c}_1$，$\boldsymbol{c}_2$，$\boldsymbol{c}_3$ 的取值。

假设 $\boldsymbol{\lambda}_0=\begin{bmatrix}\lambda_{01} & 0\\ 0 & \lambda_{02}\end{bmatrix}$ 为矩阵 $\boldsymbol{P}$ 的特征根，则其特征方程为：

$$|\boldsymbol{\lambda}_0\boldsymbol{I}_{6\times6}-\boldsymbol{P}|=\boldsymbol{\lambda}_0^3+(\boldsymbol{c}_3-\boldsymbol{A})\boldsymbol{\lambda}_0^2+(\boldsymbol{c}_2\boldsymbol{B}-\boldsymbol{c}_3\boldsymbol{A})\boldsymbol{\lambda}_0+\boldsymbol{c}_1\boldsymbol{B}=\boldsymbol{0} \tag{4.92}$$

取特征根为 $\begin{bmatrix}-1 & 0\\ 0 & -1\end{bmatrix}$，$\begin{bmatrix}-2 & 0\\ 0 & -2\end{bmatrix}$，$\begin{bmatrix}-3 & 0\\ 0 & -3\end{bmatrix}$，则可得特征方程为：

$$\left(\boldsymbol{\lambda}_0+\begin{bmatrix}1 & 0\\ 0 & 1\end{bmatrix}\right)\left(\boldsymbol{\lambda}_0+\begin{bmatrix}2 & 0\\ 0 & 2\end{bmatrix}\right)\left(\boldsymbol{\lambda}_0+\begin{bmatrix}3 & 0\\ 0 & 3\end{bmatrix}\right)=\boldsymbol{0} \tag{4.93}$$

由式(4.93)可得：

$$\boldsymbol{\lambda}_0^3+\begin{bmatrix}6 & 0\\ 0 & 6\end{bmatrix}\boldsymbol{\lambda}_0^2+\begin{bmatrix}11 & 0\\ 0 & 11\end{bmatrix}\boldsymbol{\lambda}_0+\begin{bmatrix}6 & 0\\ 0 & 6\end{bmatrix}=0 \tag{4.94}$$

对照式(4.92)和式(4.94)，可得：

$$\begin{cases}\boldsymbol{c}_3-\boldsymbol{A}=\begin{bmatrix}6 & 0\\ 0 & 6\end{bmatrix}\\ \boldsymbol{c}_2\boldsymbol{B}-\boldsymbol{c}_3\boldsymbol{A}=\begin{bmatrix}11 & 0\\ 0 & 11\end{bmatrix}\\ \boldsymbol{c}_1\boldsymbol{B}=\begin{bmatrix}6 & 0\\ 0 & 6\end{bmatrix}\end{cases} \tag{4.95}$$

解方程式(4.95)可得：

$$\boldsymbol{c}_1=\begin{bmatrix}6 & 0\\ 0 & 6\end{bmatrix},\ \boldsymbol{c}_2=\begin{bmatrix}11-(6-\frac{K_1}{m})\frac{K_1}{m} & 0\\ 0 & 11-(6-\frac{K_2}{m})\frac{K_2}{m}\end{bmatrix},\ \boldsymbol{c}_3=\begin{bmatrix}6-\frac{K_1}{m} & 0\\ 0 & 6-\frac{K_2}{m}\end{bmatrix}$$

4.5.4 仿真实例

四旋翼飞行器参数、初始条件与第 2 章的相同；外加干扰与 4.4 节的相同。

全驱动控制器采用式(4.79)所示控制律，控制器参数为：

$$\boldsymbol{c}_{\mathrm{q}}=\begin{bmatrix}1.5 & 0\\ 0 & 1.5\end{bmatrix},\boldsymbol{N}_{\mathrm{q}}=\begin{bmatrix}2 & 0\\ 0 & 2\end{bmatrix},\boldsymbol{\lambda}_{\mathrm{q}}=\begin{bmatrix}2 & 0\\ 0 & 2\end{bmatrix}$$

欠驱动控制器采用式(4.85)所示控制律，控制器参数为：

$$\boldsymbol{c}_1=\begin{bmatrix}6 & 0\\ 0 & 6\end{bmatrix},\boldsymbol{c}_2=\begin{bmatrix}11-\left(6-\dfrac{K_1}{m}\right)\dfrac{K_1}{m} & 0\\ 0 & 11-\left(6-\dfrac{K_2}{m}\right)\dfrac{K_2}{m}\end{bmatrix},\boldsymbol{c}_3=\begin{bmatrix}6-\dfrac{K_1}{m} & 0\\ 0 & 6-\dfrac{K_2}{m}\end{bmatrix},$$

$$\boldsymbol{K}=\begin{bmatrix}1.8 & 0\\ 0 & 1.8\end{bmatrix},\boldsymbol{\lambda}=\begin{bmatrix}2 & 0\\ 0 & 2\end{bmatrix}$$

给定期望高度和航向角：$z_{\mathrm{d}}=3\mathrm{m}$，$\psi_{\mathrm{d}}=0.5\mathrm{rad}$。

仿真结果如图 4.11、图 4.12 所示。

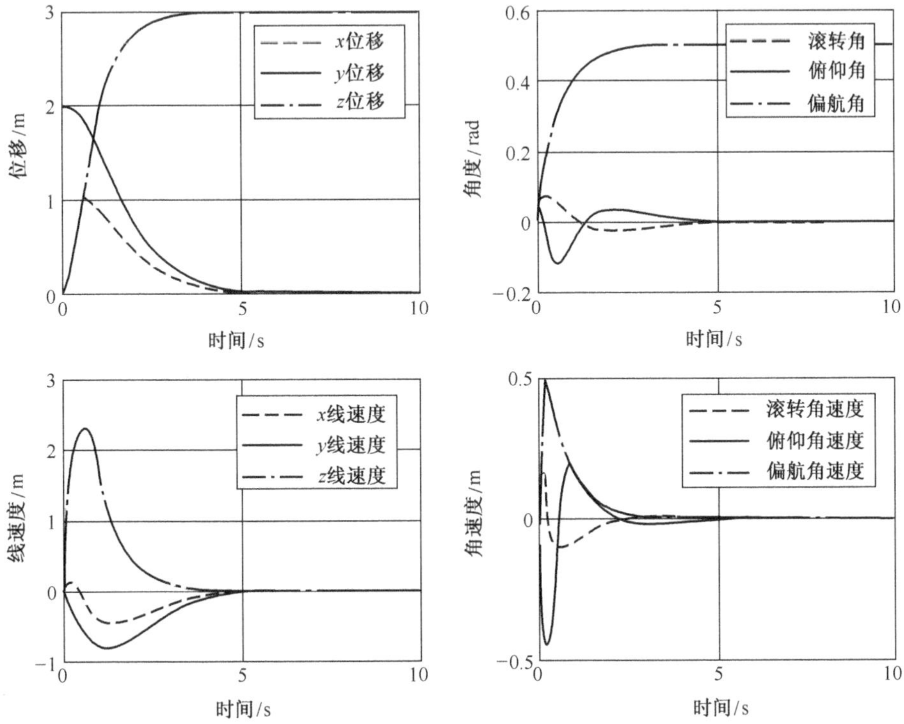

图 4.11 飞行器状态响应过程

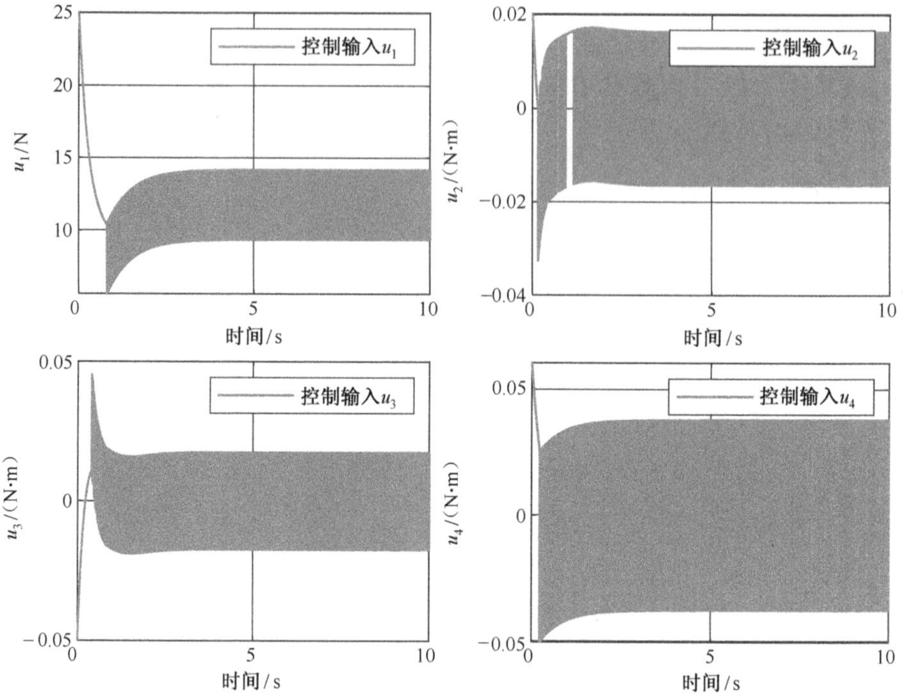

图 4.12　飞行器控制输入

仿真程序：

(1) Simulink 主程序：chap4_4sim. slx

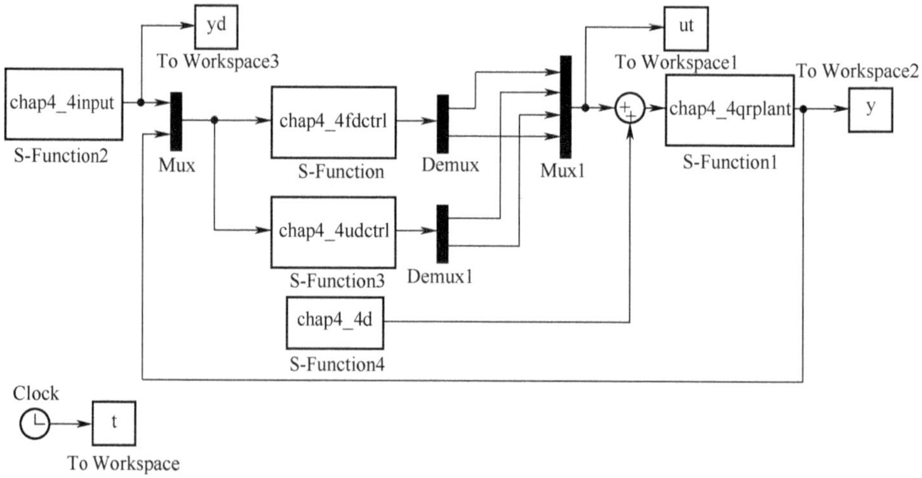

(2) 被控对象程序：chap4_4qrplant. m

与第 2 章的 chap2_qrplant. m 相同。

(3) 全驱动子系统控制器程序:chap4_4fdctrl. m

```
function [sys,x0,str,ts] = chap4_4fdctrl(t,x,u,flag)
switch flag
case 0
    [sys,x0,str,ts]=mdlInitializeSizes;
case 3
    sys=mdlOutputs(t,x,u);
case {2,4,9}
    sys=[];
otherwise
    error(['Unhandled flag = ',num2str(flag)]);
end
function [sys,x0,str,ts]=mdlInitializeSizes
sizes = simsizes;
sizes.NumContStates  = 0;
sizes.NumDiscStates  = 0;
sizes.NumOutputs     = 2;
sizes.NumInputs      = 18;
sizes.DirFeedthrough = 1;
sizes.NumSampleTimes = 1;
sys = simsizes(sizes);
x0  = [];
str = [];
ts  = [0 0];
function sys=mdlOutputs(t,x,u)
m=1.2;g=9.8;
Ix=0.0091;Iy=0.0096;Iz=0.0189;
K3=0.019;K6=0.0031;
cq=[1.5,0;0,1.5];Nq=[2,0;0,2];remq=[2,0;0,2];
zd=u(1);d_zd=u(2);dd_zd=u(3);
yawd=u(4);d_yawd=u(5);dd_yawd=u(6);
z=u(11);d_z=u(12);
roll=u(13);d_roll=u(14);
pitch=u(15);d_pitch=u(16);
yaw=u(17);d_yaw=u(18);
a3=(Ix-Iy)/Iz;
```

```
M=[-K3/m,0;0,-K6/Iz];
G=[-g;a3*d_roll*d_pitch];
H=[cos(roll)*cos(pitch)/m,0;0,1/Iz];
q=[z;yaw];d_q=[d_z;d_yaw];
qd=[zd;yawd];d_qd=[d_zd;d_yawd];dd_qd=[dd_zd;dd_yawd];
eq=qd-q;d_eq=d_qd-d_q;sq=cq*eq+d_eq;
tol=H^-1*(cq*d_eq+dd_qd-M*d_q-G+Nq*sign(sq)+remq*sq);
sys(1)=tol(1);sys(2)=tol(2);
```

(4) 欠驱动子系统控制器程序:chap4_4udctrl.m

```
function [sys,x0,str,ts] = chap4_4udctrl(t,x,u,flag)
switch flag
case 0
    [sys,x0,str,ts]=mdlInitializeSizes;
case 3
    sys=mdlOutputs(t,x,u);
case {2,4,9}
    sys=[];
otherwise
    error(['Unhandled flag = ',num2str(flag)]);
end
function [sys,x0,str,ts]=mdlInitializeSizes
sizes = simsizes;
sizes.NumContStates  = 0;
sizes.NumDiscStates  = 0;
sizes.NumOutputs     = 2;
sizes.NumInputs      = 18;
sizes.DirFeedthrough = 1;
sizes.NumSampleTimes = 1;
sys = simsizes(sizes);
x0  = [];
str = [];
ts  = [0 0];
function sys=mdlOutputs(t,x,u)
m=1.2;g=9.8;
Ix=0.0091;Iy=0.0096;Iz=0.0189;
K1=0.01;K2=0.012;K3=0.019;K4=0.0022;K5=0.0024;
c1=[6,0;0,6];
```

```
c2=[11-(6-K1/m)*(K1/m),0;0,11-(6-K2/m)*(K2/m)];
c3=[6-K1/m,0;0,6-K2/m];
K=[1.8,0;0,1.8];rem=[2,0;0,2];
d_zd=u(2);dd_zd=u(3);
yawd=u(4);d_yawd=u(5);
xx=u(7);d_x=u(8);
y=u(9);d_y=u(10);
roll=u(13);d_roll=u(14);
pitch=u(15);d_pitch=u(16);
a1=(Iy-Iz)/Ix;
a2=(Iz-Ix)/Iy;
A=[-K1/m,0;0,-K2/m];
B=[1,0;0,1];
C=[-K5/Iy,a2*d_yawd;a1*d_yawd,-K4/Ix];
D=[1/Iy,0;0,1/Ix];
T=(dd_zd+K3*d_zd/m+g)*[cos(yawd),sin(yawd);sin(yawd),-cos
(yawd)];
x1=T^-1*[xx;y];
x2=T^-1*[d_x;d_y];
x3=[pitch;roll];
x4=[d_pitch;d_roll];
f1=A*x2+B*x3;
f2=C*x4;
e1=x1;e2=x2;e3=x3;e4=x4;
s=c1*e1+c2*e2+c3*e3+e4;
ut=-(D)^-1*(c1*x2+c2*f1+c3*x4+f2+K*sign(s)+rem*s);
sys(1)=ut(2);sys(2)=ut(1);
```

(5) 指令输入程序:chap4_4input. m

```
function [sys,x0,str,ts]=chap4_4input(t,x,u,flag)
switch flag
  case 0
    [sys,x0,str,ts]=mdlInitializeSizes;
  case 1
    sys=mdlDerivatives(t,x,u);
  case 3
    sys=mdlOutputs(t,x,u);
  case {2, 4, 9 }
```

```
    sys = [];
  otherwise
    error(['Unhandled flag = ',num2str(flag)]);
end
function [sys,x0,str,ts]=mdlInitializeSizes
sizes = simsizes;
sizes.NumContStates  = 0;
sizes.NumDiscStates  = 0;
sizes.NumOutputs     = 6;
sizes.NumInputs      = 0;
sizes.DirFeedthrough = 1;
sizes.NumSampleTimes = 1;
sys=simsizes(sizes);
x0=[];
str=[];
ts=[0 0];
function sys=mdlOutputs(t,x,u)
zd=3;d_zd=0;dd_zd=0;
yawd=0.5;d_yawd=0;dd_yawd=0;
sys(1)=zd;sys(2)=d_zd;sys(3)=dd_zd;
sys(4)=yawd;sys(5)=d_yawd;sys(6)=dd_yawd;
```

（6）干扰输入程序：chap4_4d. m

与 4.4 节的 chap4_3d. m 相同。

（7）作图程序：chap4_4plot. m

```
close all;
figure(1);
subplot(221);
plot(t,y(:,1),'-- b',t,y(:,3),'r',t,y(:,5),'-. k','linewidth',1);
legend('x 位移','y 位移','z 位移');
xlabel('时间(s)');ylabel('位移(m)');
grid on
subplot(222);
plot(t,y(:,7),'-- b',t,y(:,9),'r',t,y(:,11),'-. k','linewidth',1);
legend('滚转角','俯仰角','偏航角');
xlabel('时间(s)');ylabel('角度(rad)');
grid on
subplot(223);
```

```
plot(t,y(:,2),'-- b',t,y(:,4),'r',t,y(:,6),'-. k','linewidth',1);
legend('x 线速度','y 线速度','z 线速度');
xlabel('时间(s)');ylabel('线速度(m)');
grid on
subplot(224);
plot(t,y(:,8),'-- b',t,y(:,10),'r',t,y(:,12),'-. k','linewidth',1);
legend('滚转角速度','俯仰角速度','偏航角速度');
xlabel('时间(s)');ylabel('角速度(m)');
grid on
figure(2);
subplot(221);
plot(t,ut(:,1),'r','linewidth',1);
legend('控制输入 u1 ');
xlabel('时间(s)');ylabel('u1(N)');
grid on
subplot(222);
plot(t,ut(:,2),'r','linewidth',1);
legend('控制输入 u2 ');
xlabel('时间(s)');ylabel('u2(Nm)');
grid on
subplot(223);
plot(t,ut(:,3),'r','linewidth',1);
legend('控制输入 u3 ');
xlabel('时间(s)');ylabel('u3(Nm)');
grid on
subplot(224);
plot(t,ut(:,4),'r','linewidth',1);
legend('控制输入 u4 ');
xlabel('时间(s)');ylabel('u4(N·m)');
grid on
```

第 5 章 四旋翼飞行器积分滑模控制方法设计

为了提高控制精度,可以在设计滑模流形时,增加跟踪误差的积分环节,形成所谓的积分滑模控制方法。积分环节主要对以往的误差信号发生作用,引入积分环节能有效消除控制中的静态误差,但同时又会增加系统的超调量,增加调整时间。

本章首先在第 4 章滑模控制方法设计的基础上,提出了一种针对一类欠驱动系统的积分滑模控制方法,并将其用于倒立摆控制和四旋翼飞行器控制之中;然后,针对四旋翼飞行器的欠驱动子系统提出了一种基于 Hurwitz 稳定的积分滑模控制方法。

5.1 一类欠驱动系统积分滑模控制方法设计

5.1.1 系统描述

针对如下欠驱动非线性系统:

$$\begin{cases}\dot{x}_1 = x_2 \\ \dot{x}_2 = f_1(x_1, x_2, x_3, x_4) \\ \dot{x}_3 = x_4 \\ \dot{x}_4 = f_2(x_1, x_2, x_3, x_4) + b(x_1, x_2, x_3, x_4)u + d\end{cases} \tag{5.1}$$

其中,$f_1(x_1, x_2, x_3, x_4)$,$f_2(x_1, x_2, x_3, x_4)$,$b(x_1, x_2, x_3, x_4)$ 为光滑函数,u 为控制输入,d 为系统中的不确定项,包括系统模型不确定性和外加扰动。

通过设计状态反馈控制器,使系统镇定。即控制目标为:当 $t \to \infty$时,$x_i \to 0$,$i = 1,2,3,4$。

5.1.2 积分滑模控制算法设计

分两种情况进行积分滑模控制算法设计。

1. 第一种情况，当 $\frac{\partial f_1}{\partial x_4}=0$ 时

设系统(5.1)满足如下5个假设条件：

假设1：$f_1(0,0,0,0)\to 0$；

假设2：$\frac{\partial f_1}{\partial x_3}$ 可逆；

假设3：如果 $f_1(0,0,x_3,0)\to 0$，则 $x_3\to 0$；

假设4：$\left|\frac{\partial f_1}{\partial x_3}\right|\leqslant\bar{\sigma}$，即 $\bar{\sigma}$ 为 $\left|\frac{\partial f_1}{\partial x_3}\right|$ 的上界；

假设5：不确定项 d 满足 $|d|\leqslant\bar{d}$，即 $\bar{d}$ 为 d 的上界。

取误差方程为

$$\begin{cases}e_1=x_1\\ e_2=\dot{e}_1=\dot{x}_1=x_2\\ e_3=\dot{e}_2=\dot{x}_2=f_1(x_1,x_2,x_3,x_4)\\ e_4=\dot{e}_3=\dot{f}_1=\frac{\partial f_1}{\partial x_1}x_2+\frac{\partial f_1}{\partial x_2}f_1+\frac{\partial f_1}{\partial x_3}x_4\end{cases}\tag{5.2}$$

式(5.2)可转换为

$$\begin{cases}\dot{e}_1=e_2\\ \dot{e}_2=e_3\\ \dot{e}_3=e_4\\ \dot{e}_4=\frac{\mathrm{d}}{\mathrm{d}t}\left[\frac{\partial f_1}{\partial x_1}x_2\right]+\frac{\mathrm{d}}{\mathrm{d}t}\left[\frac{\partial f_1}{\partial x_2}f_1\right]+\frac{\mathrm{d}}{\mathrm{d}t}\left[\frac{\partial f_1}{\partial x_3}\right]x_4+\frac{\partial f_1}{\partial x_3}(f_2+bu+d)\end{cases}\tag{5.3}$$

设计积分滑模流形为

$$s=c_0\int_0^t e_1\mathrm{d}t+c_1e_1+c_2e_2+c_3e_3+e_4\tag{5.4}$$

其中，$c_i > 0$，$i = 0,1,2,3$，取 $\boldsymbol{A} = \begin{bmatrix} 0 & 1 & 0 & 0 \\ 0 & 0 & 1 & 0 \\ 0 & 0 & 0 & 1 \\ -c_0 & -c_1 & -c_2 & -c_3 \end{bmatrix}$，$\boldsymbol{A}$ 矩阵满足 Hurwitz 条件。

由式(5.4)可知：

$$\begin{aligned}\dot{s} &= c_0 e_1 + c_1 \dot{e}_1 + c_2 \dot{e}_2 + c_3 \dot{e}_3 + \dot{e}_4 \\ &= c_0 x_1 + c_1 x_2 + c_2 f_1 + c_3\left(\frac{\partial f_1}{\partial x_1}x_2 + \frac{\partial f_1}{\partial x_2}f_1 + \frac{\partial f_1}{\partial x_3}x_4\right) + \frac{\mathrm{d}}{\mathrm{d}t}\left[\frac{\partial f_1}{\partial x_1}x_2\right] + \\ &\quad \frac{\mathrm{d}}{\mathrm{d}t}\left[\frac{\partial f_1}{\partial x_2}f_1\right] + \frac{\mathrm{d}}{\mathrm{d}t}\left[\frac{\partial f_1}{\partial x_3}\right]x_4 + \frac{\partial f_1}{\partial x_3}(f_2 + bu + d)\end{aligned} \tag{5.5}$$

设计指数趋近律：

$$\dot{s} = -K\operatorname{sgn}(s) - \lambda s \tag{5.6}$$

其中，$\lambda > 0$，取 $K = \bar{\sigma}\bar{d} + \varepsilon$，$\varepsilon > 0$。

不妨设 $d = 0$，不确定项 d 可以通过滑模切换控制的鲁棒性而克服，则由式(5.5)和式(5.6)可得控制律为

$$\begin{aligned}u = &-\left[\frac{\partial f_1}{\partial x_3}b\right]^{-1}\left(c_0 x_1 + c_1 x_2 + c_2 f_1 + c_3\left(\frac{\partial f_1}{\partial x_1}x_2 + \frac{\partial f_1}{\partial x_2}f_1 + \frac{\partial f_1}{\partial x_3}x_4\right) + \right. \\ &\left.\frac{\mathrm{d}}{\mathrm{d}t}\left[\frac{\partial f_1}{\partial x_1}x_2\right] + \frac{\mathrm{d}}{\mathrm{d}t}\left[\frac{\partial f_1}{\partial x_2}f_1\right] + \frac{\mathrm{d}}{\mathrm{d}t}\left[\frac{\partial f_1}{\partial x_3}\right]x_4 + \frac{\partial f_1}{\partial x_3}f_2 + K\operatorname{sgn}(s) + \lambda s\right)\end{aligned} \tag{5.7}$$

定理 5.1：针对式(5.1)所示的欠驱动非线性系统，如果满足上述五个假设条件，且 $\frac{\partial f_1}{\partial x_4} = 0$ 时，则在式(5.7)所示控制律作用下，系统所有状态将渐近收敛到零。

证明：选取 Lyapunov 函数：

$$V = \frac{1}{2}s^2 > 0, s \neq 0 \tag{5.8}$$

则有

$$\begin{aligned}\dot{V} &= s\dot{s} = s(c_0 e_1 + c_1 \dot{e}_1 + c_2 \dot{e}_2 + c_3 \dot{e}_3 + \dot{e}_4) \\ &= s\left(c_0 x_1 + c_1 x_2 + c_2 f_1 + c_3\left(\frac{\partial f_1}{\partial x_1}x_2 + \frac{\partial f_1}{\partial x_2}f_1 + \frac{\partial f_1}{\partial x_3}x_4\right) + \frac{\mathrm{d}}{\mathrm{d}t}\left[\frac{\partial f_1}{\partial x_1}x_2\right] + \right.\end{aligned}$$

$$\frac{\mathrm{d}}{\mathrm{d}t}\left[\frac{\partial f_1}{\partial x_2}f_1\right]+\frac{\mathrm{d}}{\mathrm{d}t}\left[\frac{\partial f_1}{\partial x_3}\right]x_4+\frac{\partial f_1}{\partial x_3}(f_2+bu+d)\Bigg) \tag{5.9}$$

将控制律式(5.7)代入式(5.9),并根据假设4和假设5可得

$$\begin{aligned}\dot V=s\dot s&=s\left(\frac{\partial f_1}{\partial x_3}d-K\mathrm{sgn}(s)-\lambda s\right)=s\left(\frac{\partial f_1}{\partial x_3}d-(\bar\sigma\bar d+\varepsilon)\mathrm{sgn}(s)-\lambda s\right)\\&=s\frac{\partial f_1}{\partial x_3}d-(\bar\sigma\bar d+\varepsilon)|s|-\lambda s^2\leqslant-\varepsilon|s|-\lambda s^2\leqslant-\varepsilon|s|<0,s\neq0\end{aligned} \tag{5.10}$$

所以,V正定且径向无界,$\dot V$负定,系统全局渐近稳定。

与4.3.2节的相关情况同理,式(5.10)保证了在滑模流形以外的运动点都将在有限时间内到达滑模流形。

当$s=0$时,由式(5.3)和式(5.4)可得

$$\begin{cases}\dfrac{\mathrm{d}}{\mathrm{d}t}\left(\int_0^t e_1\mathrm{d}t\right)=e_1\\ \dot e_1=e_2\\ \dot e_2=e_3\\ \dot e_3=e_4=-c_0\int_0^t e_1\mathrm{d}t-c_1e_1-c_2e_2-c_3e_3\end{cases} \tag{5.11}$$

由于 $\boldsymbol{A}=\begin{bmatrix}0&1&0&0\\0&0&1&0\\0&0&0&1\\-c_0&-c_1&-c_2&-c_3\end{bmatrix}$,$\boldsymbol{A}$ 矩阵为 Hurwitz。取 $\boldsymbol{E}=\left[\int_0^t e_1\mathrm{d}t\quad e_1\quad e_2\quad e_3\right]^{\mathrm{T}}$,则有

$$\dot{\boldsymbol{E}}=\boldsymbol{AE} \tag{5.12}$$

与4.3.2节的相关情况同理,可得$t\to\infty$时,$\boldsymbol{E}\to0$,即$\int_0^t e_1\mathrm{d}t\to0$, $e_1\to0$, $e_2\to0$, $e_3\to0$。

又因为$s=c_0\int_0^t e_1\mathrm{d}t+c_1e_1+c_2e_2+c_3e_3+e_4=0$,可知$e_4\to0$。

由$e_1\to0$, $e_2\to0$,可得$x_1\to0$, $x_2\to0$。

由$e_3=f_1(x_1,x_2,x_3,x_4)\to0$,再由$e_4=\dfrac{\partial f_1}{\partial x_1}x_2+\dfrac{\partial f_1}{\partial x_2}f_1+\dfrac{\partial f_1}{\partial x_3}x_4\to0$,由假设条

件 2 可知 $\frac{\partial f_1}{\partial x_3}$ 可逆,即 $\frac{\partial f_1}{\partial x_3} \neq 0$,可得 $x_4 \to 0$。

$e_3 = f_1(x_1, x_2, x_3, x_4) = f_1(0, 0, x_3, 0) \to 0$, 根据假设 3 可知 $x_3 \to 0$。

同时满足假设 1, $f_1(0,0,0,0) \to 0$。

为了使 $\boldsymbol{A}$ 矩阵满足 Hurwitz 条件,需要保证 $\boldsymbol{A}$ 的特征值具有负实部。

$$|\lambda_0 \boldsymbol{I} - \boldsymbol{A}| = \begin{vmatrix} \lambda_0 & -1 & 0 & 0 \\ 0 & \lambda_0 & -1 & 0 \\ 0 & 0 & \lambda_0 & -1 \\ c_0 & c_1 & c_2 & \lambda_0 + c_3 \end{vmatrix} = \lambda_0^4 + c_3 \lambda_0^3 + c_2 \lambda_0^2 + c_1 \lambda_0 + c_0 = 0 \tag{5.13}$$

即特征方程(5.13)的根具有负实部。

不妨取特征根为-1,由 $(\lambda_0 + 1)^4 = 0$ 可得 $\lambda_0^4 + 4\lambda_0^3 + 6\lambda_0^2 + 4\lambda_0 + 1 = 0$,与式(5.13)对照可取 $c_0 = 1$, $c_1 = 4$, $c_2 = 6$, $c_3 = 4$。

2. 第二种情况,当 $\frac{\partial f_1}{\partial x_4}$ 可逆,即 $\frac{\partial f_1}{\partial x_4} \neq 0$ 时

设系统(5.1)满足如下 4 个假设条件:

假设 1: $f_1(0,0,0,0) \to 0$;

假设 2: 如果 $f_1(0,0,x_3,x_4) \to 0$, 则 $x_3 \to 0$, $x_4 \to 0$;

假设 3: $\left|\frac{\partial f_1}{\partial x_4}\right| \leqslant \bar{\delta}$,即 $\bar{\delta}$ 为 $\left|\frac{\partial f_1}{\partial x_4}\right|$ 的上界;

假设 4: 不确定项 d 满足 $|d| \leqslant \bar{d}$,即 $\bar{d}$ 为 d 的上界。

取误差方程为

$$\begin{cases} e_1 = x_1 \\ e_2 = \dot{e}_1 = \dot{x}_1 = x_2 \\ e_3 = \dot{e}_2 = \dot{x}_2 = f_1(x_1, x_2, x_3, x_4) \\ e_4 = \dot{e}_3 = \dot{f}_1 = \frac{\partial f_1}{\partial x_1} x_2 + \frac{\partial f_1}{\partial x_2} f_1 + \frac{\partial f_1}{\partial x_3} x_4 + \frac{\partial f_1}{\partial x_4} \dot{x}_4 \end{cases} \tag{5.14}$$

式(5.14)可转换为

$$\begin{cases} \dot{e}_1 = e_2 \\ \dot{e}_2 = e_3 \\ \dot{e}_3 = e_4 = \frac{\partial f_1}{\partial x_1} x_2 + \frac{\partial f_1}{\partial x_2} f_1 + \frac{\partial f_1}{\partial x_3} x_4 + \frac{\partial f_1}{\partial x_4} (f_2 + bu + d) \end{cases} \tag{5.15}$$

设计积分滑模流形为

$$s = c_0\int_0^t e_1 \mathrm{d}t + c_1 e_1 + c_2 e_2 + e_3 \tag{5.16}$$

其中，$c_i > 0, i = 0,1,2$，取 $\boldsymbol{A} = \begin{bmatrix} 0 & 1 & 0 \\ 0 & 0 & 1 \\ -c_0 & -c_1 & -c_2 \end{bmatrix}$，$\boldsymbol{A}$ 矩阵满足 Hurwitz 条件。

由式(5.16)可知：

$$\begin{aligned} \dot{s} &= c_0 e_1 + c_1 \dot{e}_1 + c_2 \dot{e}_2 + \dot{e}_3 \\ &= c_0 x_1 + c_1 x_2 + c_2 f_1 + \frac{\partial f_1}{\partial x_1} x_2 + \frac{\partial f_1}{\partial x_2} f_1 + \frac{\partial f_1}{\partial x_3} x_4 + \frac{\partial f_1}{\partial x_4}(f_2 + bu + d) \end{aligned} \tag{5.17}$$

设计指数趋近律：

$$\dot{s} = -K\mathrm{sgn}(s) - \lambda s \tag{5.18}$$

其中，$\lambda > 0$，取 $K = \bar{\delta}\bar{d} + \varepsilon$，$\varepsilon > 0$。

设 $d = 0$，则由式(5.17)和式(5.18)可得控制律为

$$\begin{aligned} u = -\left[\frac{\partial f_1}{\partial x_4} b\right]^{-1} \bigg(& c_0 x_1 + c_1 x_2 + c_2 f_1 + \frac{\partial f_1}{\partial x_1} x_2 + \frac{\partial f_1}{\partial x_2} f_1 + \frac{\partial f_1}{\partial x_3} x_4 + \\ & \frac{\partial f_1}{\partial x_4} f_2 + K\mathrm{sgn}(s) + \lambda s \bigg) \end{aligned} \tag{5.19}$$

定理 5.2：针对式(5.1)所示的欠驱动非线性系统，如果满足上述四个假设条件，且 $\frac{\partial f_1}{\partial x_4}$ 可逆时，则在式(5.19)所示控制律作用下，系统所有状态将渐近收敛到零。

证明：选取 Lyapunov 函数：

$$V = \frac{1}{2}s^2 > 0, s \neq 0 \tag{5.20}$$

则有

$$\begin{aligned} \dot{V} &= s\dot{s} = s(c_0 e_1 + c_1 \dot{e}_1 + c_2 \dot{e}_2 + \dot{e}_3) \\ &= s\left(c_0 x_1 + c_1 x_2 + c_2 f_1 + \frac{\partial f_1}{\partial x_1} x_2 + \frac{\partial f_1}{\partial x_2} f_1 + \frac{\partial f_1}{\partial x_3} x_4 + \frac{\partial f_1}{\partial x_4}(f_2 + bu + d)\right) \end{aligned} \tag{5.21}$$

将控制律式(5.19)代入式(5.21)，并根据假设 3 和假设 4 可得

$$\dot{V} = s\left(\frac{\partial f_1}{\partial x_4} d - K\mathrm{sgn}(s) - \lambda s\right) = s\left(\frac{\partial f_1}{\partial x_4} d - (\bar{\delta}\bar{d} + \varepsilon)\mathrm{sgn}(s) - \lambda s\right)$$

$$= s\frac{\partial f_1}{\partial x_4}d - (\bar{\delta}\bar{d} + \varepsilon)|s| - \lambda s^2 \leqslant -\varepsilon|s| - \lambda s^2 \leqslant -\varepsilon|s| < 0, s \neq 0 \tag{5.22}$$

所以，V 正定且径向无界，$\dot{V}$ 负定，系统全局渐近稳定。

与 4.3.2 节的相关情况同理，式(5.22)保证了在滑模流形以外的运动点都将在有限时间内到达滑模流形 $s = 0$。

当 $s = 0$ 时，由式(5.15)和式(5.16)可得

$$\begin{cases} \dfrac{\mathrm{d}}{\mathrm{d}t}\left(\int_0^t e_1 \mathrm{d}t\right) = e_1 \\ \dot{e}_1 = e_2 \\ \dot{e}_2 = e_3 = -c_0\int_0^t e_1 \mathrm{d}t - c_1 e_1 - c_2 e_2 \end{cases} \tag{5.23}$$

由于 $\boldsymbol{A} = \begin{bmatrix} 0 & 1 & 0 \\ 0 & 0 & 1 \\ -c_0 & -c_1 & -c_2 \end{bmatrix}$，$\boldsymbol{A}$ 矩阵满足 Hurwitz 条件。取 $\boldsymbol{E} = \left[\int_0^t e_1 \mathrm{d}t \quad e_1 \quad e_2\right]^{\mathrm{T}}$，则有

$$\dot{\boldsymbol{E}} = \boldsymbol{A}\boldsymbol{E} \tag{5.24}$$

与 4.3.2 节的相关情况同理，可得 $t \to \infty$ 时，$\boldsymbol{E} \to 0$，即：$\int_0^t e_1 \mathrm{d}t \to 0, e_1 \to 0, e_2 \to 0$。

又因为 $c_0\int_0^t e_1 \mathrm{d}t + c_1 e_1 + c_2 e_2 + e_3 = 0$，可知 $e_3 \to 0$。

由 $e_1 \to 0$，$e_2 \to 0$，可得 $x_1 \to 0$，$x_2 \to 0$。

由 $e_3 = f_1(x_1, x_2, x_3, x_4) = f_1(0, 0, x_3, x_4) \to 0$，根据假设 2 可知 $x_3 \to 0, x_4 \to 0$。

同时满足假设 1，$f_1(0,0,0,0) \to 0$。

为了使 $\boldsymbol{A}$ 矩阵满足 Hurwitz 条件，需要保证 $\boldsymbol{A}$ 的特征值具有负实部。

$$|\lambda_0 \boldsymbol{I} - \boldsymbol{A}| = \begin{vmatrix} \lambda_0 & -1 & 0 \\ 0 & \lambda_0 & -1 \\ c_0 & c_1 & \lambda_0 + c_2 \end{vmatrix} = \lambda_0^3 + c_2\lambda_0^2 + c_1\lambda_0 + c_0 = 0 \tag{5.25}$$

即特征方程(5.25)的根具有负实部。

不妨取特征根为−2，由 $(\lambda_0 + 2)^3 = 0$ 可得 $\lambda_0^3 + 6\lambda_0^2 + 12\lambda_0 + 8 = 0$，与式(5.25)对照可取 $c_0 = 8, c_1 = 12, c_2 = 6$。

5.1.3　仿真实例

针对式(4.54)所示的倒立摆模型,为方便控制器设计,第4章推导了用于控制器设计的倒立摆简化模型如下:

$$\begin{cases}\dot{x}_1 = x_2 \\ \dot{x}_2 = f_1(x_1, x_2, x_3, x_4) \\ \dot{x}_3 = x_4 \\ \dot{x}_4 = f_2(x_1, x_2, x_3, x_4) + b(x_1, x_2, x_3, x_4)u + d\end{cases} \tag{5.26}$$

其中,d 为外加干扰,

$$f_1 = \frac{(I + ml^2)(m + M)g - m^2 g l^2}{(m + M)I + mMl^2} x_3$$

$$f_2 = \frac{m(m + M)gl}{(m + M)I + mMl^2} x_3$$

$$b = \frac{-ml}{(m + M)I + mMl^2}$$

控制目标为设计状态反馈控制器使系统镇定。

显然,$\frac{\partial f_1}{\partial x_4} = 0$,符合本章提出的欠驱动系统积分滑模控制方法的第一种情况,因此可以采用式(5.7)所示的控制律。

倒立摆参数、初始条件、外加干扰与4.3节的相同。

控制器采用式(5.7)所示控制律,控制器参数为:$c_0 = 1$, $c_1 = 4$, $c_2 = 6$, $c_3 = 4$, $K = 15$, $\lambda = 5$。

仿真实验结果如图5.1所示。

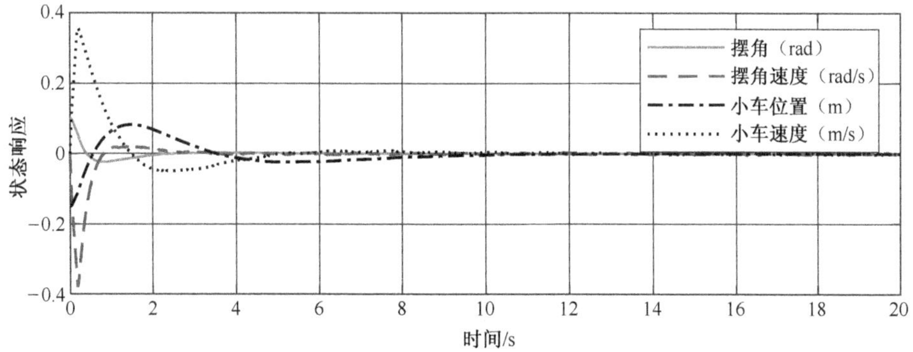

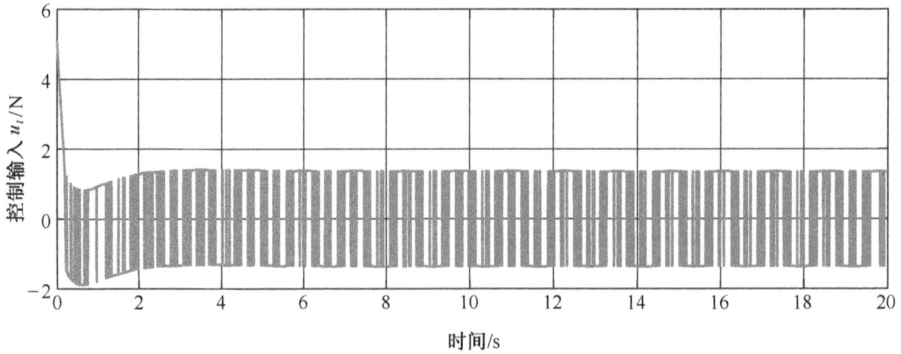

图 5.1 状态响应与控制输入

仿真程序:

(1) Simulink 主程序:chap5_1sim. slx

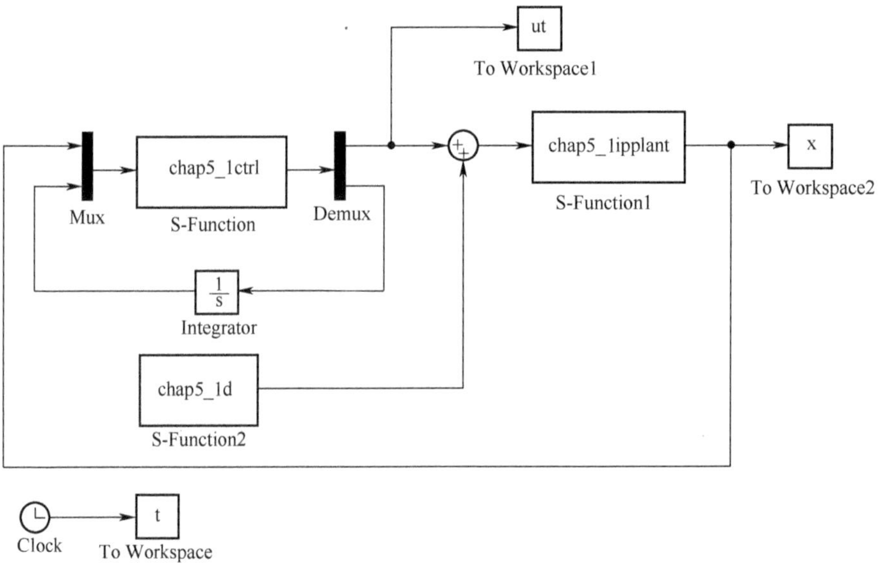

(2) 被控对象程序:chap5_1ipplant. m

与第 4 章的 chap4_2ipplant. m 相同。

(3) 控制器程序:chap5_1ctrl. m

```
function [sys,x0,str,ts] = chap5_1ctrl(t,x,u,flag)
switch flag
case 0
    [sys,x0,str,ts]=mdlInitializeSizes;
```

```
case 3
    sys=mdlOutputs(t,x,u);
case {2,4,9}
    sys=[];
otherwise
    error(['Unhandled flag = ',num2str(flag)]);
end
function [sys,x0,str,ts]=mdlInitializeSizes
sizes = simsizes;
sizes.NumContStates  = 0;
sizes.NumDiscStates  = 0;
sizes.NumOutputs     = 2;
sizes.NumInputs      = 5;
sizes.DirFeedthrough = 1;
sizes.NumSampleTimes = 1;
sys = simsizes(sizes);
x0  = [];
str = [];
ts  = [0 0];
function sys=mdlOutputs(t,x,u)
g=9.8; M=1.6; m=0.2; L=0.8;
I=1/12*m*L^2; l=1/2*L;
th=u(1); dth=u(2); xx=u(3); dxx=u(4); i_e=u(5);
x1=xx; x2=dxx; x3=th; x4=dth;
a11=(I+m*l^2)*(m+M)*g-m^2*g*l^2;
a22=(m+M)*I+m*M*l^2;
a33=m*(m+M)*g*l;
a44=-m*l;
f1=(a11/a22)*x3;
f2=(a33/a22)*x3;
b=a44/a22;
df1_dx1=0;
df1_dx2=0;
df1_dx3=a11/a22;
df1=df1_dx1*x2+df1_dx2*f1+df1_dx3*x4;
dt_df1_dx1_x2=0;
dt_df1_dx2_f1=0;
```

```
dt_df1_dx3=0;
dtf1=dt_df1_dx1_x2+dt_df1_dx2_f1+dt_df1_dx3*x4+df1_dx3*f2;
e1=x1;e2=x2;e3=f1;e4=df1;
c0=1;c1=4; c2=6; c3=4;
K=15; rem=5;
s=c0*i_e+c1*e1+c2*e2+c3*e3+e4;
ut=-(df1_dx3*b)^-1*(c0*x1+c1*x2+c2*f1+c3*df1+dtf1+K*sign
(s)+rem*s);
sys(1)=ut;sys(2)=e1;
```

(4) 干扰输入程序:chap5_1d. m

与第 4 章的 chap4_2d. m 相同。

(5) 作图程序:chap5_1plot. m

与第 4 章的 chap4_2plot. m 相同。

5.2 四旋翼飞行器积分滑模控制方法设计

本节主要讨论应用本章提出的针对一类欠驱动系统的积分滑模控制方法,设计四旋翼飞行器的控制。

第 2 章建立的四旋翼飞行器简化模型如下:

$$
\begin{cases}
\ddot{x} = -\dfrac{K_1}{m}\dot{x} + \dfrac{\cos\phi\sin\theta\cos\psi + \sin\phi\sin\psi}{m}u_1 \\
\ddot{y} = -\dfrac{K_2}{m}\dot{y} + \dfrac{\cos\phi\sin\theta\sin\psi - \sin\phi\cos\psi}{m}u_1 \\
\ddot{z} = -\dfrac{K_3}{m}\dot{z} - g + \dfrac{\cos\phi\cos\theta}{m}u_1 \\
\ddot{\phi} = \dfrac{I_y - I_z}{I_x}\dot{\theta}\dot{\psi} - \dfrac{K_4}{I_x}\dot{\phi} + \dfrac{1}{I_x}u_2 \\
\ddot{\theta} = \dfrac{I_z - I_x}{I_y}\dot{\phi}\dot{\psi} - \dfrac{K_5}{I_y}\dot{\theta} + \dfrac{1}{I_y}u_3 \\
\ddot{\psi} = \dfrac{I_x - I_y}{I_z}\dot{\phi}\dot{\theta} - \dfrac{K_6}{I_z}\dot{\psi} + \dfrac{1}{I_z}u_4
\end{cases}
\tag{5.27}
$$

控制目标为,设计状态反馈控制器,使飞行器定高定向悬停,也就是:当 $t\to\infty$ 时, $z\to z_d$, $\psi\to\psi_d$, $\dot{z}\to\dot{z}_d$, $\dot{\psi}\to\dot{\psi}_d$, 其余状态镇定。假设 z_d , $\dot{z}_d$, $\ddot{z}_d$,ψ_d , $\dot{\psi}_d$,

$\ddot{\psi}_d$ 有界。

为了方便应用本章提出的积分滑模控制方法,与第 4 章一样,可以将四旋翼飞行器动力学模型分为两个子系统:一个全驱动子系统(即高度和偏航子系统);一个欠驱动子系统(即 xy 轴平动和滚转俯仰子系统),如图 4.10 所示。

全驱动子系统为

$$\begin{cases} \ddot{z} = -\dfrac{K_3}{m}\dot{z} - g + \dfrac{\cos\phi\cos\theta}{m}u_1 \\ \ddot{\psi} = \dfrac{I_x - I_y}{I_z}\dot{\phi}\dot{\theta} - \dfrac{K_6}{I_z}\dot{\psi} + \dfrac{1}{I_z}u_4 \end{cases} \tag{5.28}$$

欠驱动子系统为

$$\begin{cases} \ddot{x} = -\dfrac{K_1}{m}\dot{x} + \dfrac{\cos\phi\sin\theta\cos\psi + \sin\phi\sin\psi}{m}u_1 \\ \ddot{y} = -\dfrac{K_2}{m}\dot{y} + \dfrac{\cos\phi\sin\theta\sin\psi - \sin\phi\cos\psi}{m}u_1 \\ \ddot{\phi} = \dfrac{I_y - I_z}{I_x}\dot{\theta}\dot{\psi} - \dfrac{K_4}{I_x}\dot{\phi} + \dfrac{1}{I_x}u_2 \\ \ddot{\theta} = \dfrac{I_z - I_x}{I_y}\dot{\phi}\dot{\psi} - \dfrac{K_5}{I_y}\dot{\theta} + \dfrac{1}{I_y}u_3 \end{cases} \tag{5.29}$$

5.2.1 全驱动子系统积分滑模控制器设计

针对式(5.28)所示全驱动子系统,控制目标为:当 $t \to \infty$时, $z \to z_d$, $\psi \to \psi_d$, $\dot{z} \to \dot{z}_d$, $\dot{\psi} \to \dot{\psi}_d$。

令 $\boldsymbol{q} = [z,\psi]^T$, $\boldsymbol{\tau} = [u_1,u_4]^T$,则式(5.28)可转换为

$$\ddot{\boldsymbol{q}} = \boldsymbol{M}\dot{\boldsymbol{q}} + \boldsymbol{G} + \boldsymbol{H}\boldsymbol{\tau} + \boldsymbol{d}_1 \tag{5.30}$$

其中,

$$\boldsymbol{M} = \begin{bmatrix} -\dfrac{K_3}{m} & 0 \\ 0 & -\dfrac{K_6}{I_z} \end{bmatrix}, \boldsymbol{G} = \begin{bmatrix} -g \\ \dfrac{I_x - I_y}{I_z}\dot{\phi}\dot{\theta} \end{bmatrix}, \boldsymbol{H} = \begin{bmatrix} \dfrac{\cos\phi\cos\theta}{m} & 0 \\ 0 & \dfrac{1}{I_z} \end{bmatrix}$$,$\boldsymbol{d}_1$ 为外部加入的干扰。

假设:$\boldsymbol{d}_1$ 有上界 $\bar{\boldsymbol{d}}_1 = [\bar{d}_{11},\bar{d}_{12}]^T$ 。

令 $\boldsymbol{q}_d = [z_d,\psi_d]^T$,定义:

$$\boldsymbol{e}_{\mathrm{q}} = [e_{\mathrm{q1}}, e_{\mathrm{q2}}]^{\mathrm{T}} = \boldsymbol{q}_{\mathrm{d}} - \boldsymbol{q}$$

其中，$e_{\mathrm{q1}} = z_{\mathrm{d}} - z$，$e_{\mathrm{q2}} = \psi_{\mathrm{d}} - \psi$。

积分滑模流形设计为

$$\boldsymbol{s}_{\mathrm{q}} = \boldsymbol{c}_{\mathrm{q0}}\int_0^t \boldsymbol{e}_{\mathrm{q}}\mathrm{d}t + \boldsymbol{c}_{\mathrm{q1}}\boldsymbol{e}_{\mathrm{q}} + \dot{\boldsymbol{e}}_{\mathrm{q}} \tag{5.31}$$

其中，$\boldsymbol{s}_{\mathrm{q}} = \begin{bmatrix} s_{\mathrm{q1}} \\ s_{\mathrm{q2}} \end{bmatrix}$，$\boldsymbol{c}_{\mathrm{q0}} = \begin{bmatrix} c_{\mathrm{q01}} & 0 \\ 0 & c_{\mathrm{q02}} \end{bmatrix}$，$\boldsymbol{c}_{\mathrm{q1}} = \begin{bmatrix} c_{\mathrm{q11}} & 0 \\ 0 & c_{\mathrm{q12}} \end{bmatrix}$，系数 $\boldsymbol{c}_{\mathrm{q0}}$ 和 $\boldsymbol{c}_{\mathrm{q1}}$ 要满足 Hurwitz 条件。

通过设计指数趋近律 $\dot{\boldsymbol{s}}_{\mathrm{q}} = -\boldsymbol{N}_{\mathrm{q}}\mathrm{sgn}(\boldsymbol{s}_{\mathrm{q}}) - \boldsymbol{\lambda}_{\mathrm{q}}\boldsymbol{s}_{\mathrm{q}}$，并假设 $\boldsymbol{d}_1 = \boldsymbol{0}$ 可得控制律为

$$\boldsymbol{\tau} = \boldsymbol{H}^{-1}(\boldsymbol{c}_{\mathrm{q0}}\boldsymbol{e}_{\mathrm{q}} + \boldsymbol{c}_{\mathrm{q1}}\dot{\boldsymbol{e}}_{\mathrm{q}} + \ddot{\boldsymbol{q}}_{\mathrm{d}} - \boldsymbol{M}\dot{\boldsymbol{q}} - \boldsymbol{G} + \boldsymbol{N}_{\mathrm{q}}\mathrm{sgn}(\boldsymbol{s}_{\mathrm{q}}) + \boldsymbol{\lambda}_{\mathrm{q}}\boldsymbol{s}_{\mathrm{q}}) \tag{5.32}$$

其中，$\boldsymbol{N}_{\mathrm{q}} = \begin{bmatrix} n_{\mathrm{q1}} & 0 \\ 0 & n_{\mathrm{q2}} \end{bmatrix}$，$\boldsymbol{\lambda}_{\mathrm{q}} = \begin{bmatrix} \lambda_{\mathrm{q1}} & 0 \\ 0 & \lambda_{\mathrm{q2}} \end{bmatrix}$，$n_{\mathrm{q1}} > 0$，$n_{\mathrm{q2}} > 0$，$\lambda_{\mathrm{q1}} > 0$，$\lambda_{\mathrm{q2}} > 0$，$\mathrm{sgn}(\boldsymbol{s}_{\mathrm{q}}) = \begin{bmatrix} \mathrm{sgn}(s_{\mathrm{q1}}) \\ \mathrm{sgn}(s_{\mathrm{q2}}) \end{bmatrix}$，取 $n_{\mathrm{q1}} > \bar{d}_{11}$，$n_{\mathrm{q2}} > \bar{d}_{12}$。

取 Lyapunov 函数：

$$V = \frac{1}{2}\boldsymbol{s}_{\mathrm{q}}^{\mathrm{T}}\boldsymbol{s}_{\mathrm{q}} > 0, \boldsymbol{s}_{\mathrm{q}} \neq \boldsymbol{0} \tag{5.33}$$

则有

$$\begin{aligned} \dot{V} &= \boldsymbol{s}_{\mathrm{q}}^{\mathrm{T}}\dot{\boldsymbol{s}}_{\mathrm{q}} = \boldsymbol{s}_{\mathrm{q}}^{\mathrm{T}}(\boldsymbol{c}_{\mathrm{q0}}\boldsymbol{e}_{\mathrm{q}} + \boldsymbol{c}_{\mathrm{q1}}\dot{\boldsymbol{e}}_{\mathrm{q}} + \ddot{\boldsymbol{e}}_{\mathrm{q}}) = \boldsymbol{s}_{\mathrm{q}}^{\mathrm{T}}(\boldsymbol{c}_{\mathrm{q0}}\boldsymbol{e}_{\mathrm{q}} + \boldsymbol{c}_{\mathrm{q1}}\dot{\boldsymbol{e}}_{\mathrm{q}} + \ddot{\boldsymbol{q}}_{\mathrm{d}} - \ddot{\boldsymbol{q}}) \\ &= \boldsymbol{s}_{\mathrm{q}}^{\mathrm{T}}(\boldsymbol{c}_{\mathrm{q0}}\boldsymbol{e}_{\mathrm{q}} + \boldsymbol{c}_{\mathrm{q1}}\dot{\boldsymbol{e}}_{\mathrm{q}} + \ddot{\boldsymbol{q}}_{\mathrm{d}} - \boldsymbol{M}\dot{\boldsymbol{q}} - \boldsymbol{G} - \boldsymbol{H}\boldsymbol{\tau} - \boldsymbol{d}_1) \end{aligned} \tag{5.34}$$

将式(5.32)代入式(5.34)，并根据假设可得

$$\begin{aligned} \dot{V} &= \boldsymbol{s}_{\mathrm{q}}^{\mathrm{T}}(\boldsymbol{c}_{\mathrm{q0}}\boldsymbol{e}_{\mathrm{q}} + \boldsymbol{c}_{\mathrm{q1}}\dot{\boldsymbol{e}}_{\mathrm{q}} + \ddot{\boldsymbol{q}}_{\mathrm{d}} - \boldsymbol{M}\dot{\boldsymbol{q}} - \boldsymbol{G} - \boldsymbol{H}\boldsymbol{\tau} - \boldsymbol{d}_1) \\ &= \boldsymbol{s}_{\mathrm{q}}^{\mathrm{T}}(\boldsymbol{c}_{\mathrm{q0}}\boldsymbol{e}_{\mathrm{q}} + \boldsymbol{c}_{\mathrm{q1}}\dot{\boldsymbol{e}}_{\mathrm{q}} + \ddot{\boldsymbol{q}}_{\mathrm{d}} - \boldsymbol{M}\dot{\boldsymbol{q}} - \boldsymbol{G} - \boldsymbol{c}_{\mathrm{q0}}\boldsymbol{e}_{\mathrm{q}} - \boldsymbol{c}_{\mathrm{q1}}\dot{\boldsymbol{e}}_{\mathrm{q}} - \ddot{\boldsymbol{q}}_{\mathrm{d}} + \boldsymbol{M}\dot{\boldsymbol{q}} + \boldsymbol{G} - \\ &\quad \boldsymbol{N}_{\mathrm{q}}\mathrm{sgn}(\boldsymbol{s}_{\mathrm{q}}) - \boldsymbol{\lambda}_{\mathrm{q}}\boldsymbol{s}_{\mathrm{q}} - \boldsymbol{d}_1) = \boldsymbol{s}_{\mathrm{q}}^{\mathrm{T}}(-\boldsymbol{N}_{\mathrm{q}}\mathrm{sgn}(\boldsymbol{s}_{\mathrm{q}}) - \boldsymbol{\lambda}_{\mathrm{q}}\boldsymbol{s}_{\mathrm{q}} - \boldsymbol{d}_1) < 0, \boldsymbol{s}_{\mathrm{q}} \neq \boldsymbol{0} \end{aligned} \tag{5.35}$$

显然，V 正定且径向无界，$\dot{V}$ 负定，所以，全驱动子系统在式(5.32)所示控制律作用下，系统是全局渐近稳定的。

5.2.2 欠驱动子系统积分滑模控制器设计

针对式(5.29)所示欠驱动子系统，控制目标为使欠驱动子系统镇定。

由第 4 章的相关推导，式(5.29)可以转换为

$$\begin{cases}\dot{\boldsymbol{x}}_1 = \boldsymbol{x}_2 \\ \dot{\boldsymbol{x}}_2 = \boldsymbol{f}_1(x_1, x_2, x_3, x_4) \\ \dot{\boldsymbol{x}}_3 = \boldsymbol{x}_4 \\ \dot{\boldsymbol{x}}_4 = \boldsymbol{f}_2(\boldsymbol{x}_1, \boldsymbol{x}_2, \boldsymbol{x}_3, \boldsymbol{x}_4) + \boldsymbol{D}\boldsymbol{u} + \boldsymbol{d}_2\end{cases} \tag{5.36}$$

其中，$\boldsymbol{x}_1 = \boldsymbol{T}^{-1}\begin{bmatrix} x \\ y \end{bmatrix}$，$\boldsymbol{x}_2 = \boldsymbol{T}^{-1}\begin{bmatrix} \dot{x} \\ \dot{y} \end{bmatrix}$，$\boldsymbol{x}_3 = \begin{bmatrix} \theta \\ \phi \end{bmatrix}$，$\boldsymbol{x}_4 = \begin{bmatrix} \dot{\theta} \\ \dot{\phi} \end{bmatrix}$，

$$\boldsymbol{T} = \left(\ddot{z}_d + \frac{K_3}{m}\dot{z}_d + g\right)\begin{bmatrix} \cos\psi_d & \sin\psi_d \\ \sin\psi_d & -\cos\psi_d \end{bmatrix},$$

$\boldsymbol{f}_1(\boldsymbol{x}_1, \boldsymbol{x}_2, \boldsymbol{x}_3, \boldsymbol{x}_4) = \boldsymbol{A}\boldsymbol{x}_2 + \boldsymbol{B}\boldsymbol{x}_3$，$\boldsymbol{f}_2(\boldsymbol{x}_1, \boldsymbol{x}_2, \boldsymbol{x}_3, \boldsymbol{x}_4) = \boldsymbol{C}\boldsymbol{x}_4$，$\boldsymbol{d}_2$ 为外部加入的干扰，假设 $\boldsymbol{d}_2$ 有上界 $\bar{\boldsymbol{d}}_2$，

$$\boldsymbol{A} = \begin{bmatrix} -\frac{K_1}{m} & 0 \\ 0 & -\frac{K_2}{m} \end{bmatrix}, \boldsymbol{B} = \begin{bmatrix} 1 & 0 \\ 0 & 1 \end{bmatrix}, \boldsymbol{C} = \begin{bmatrix} -\frac{K_5}{I_y} & \frac{I_z - I_x}{I_y}\dot{\psi}_d \\ \frac{I_y - I_z}{I_x}\dot{\psi}_d & -\frac{K_4}{I_x} \end{bmatrix},$$

$$\boldsymbol{D} = \begin{bmatrix} \frac{1}{I_y} & 0 \\ 0 & \frac{1}{I_x} \end{bmatrix}, \boldsymbol{u} = \begin{bmatrix} u_3 \\ u_2 \end{bmatrix}$$

显然，式(5.36)与式(5.1)所示一类欠驱动系统标准形式一致，则采用本章提出的针对这类欠驱动系统的积分滑模控制方法，可以实现所要求的控制。很明显，$\frac{\partial f_1}{\partial x_4} = \boldsymbol{0}$，符合本章所提出的欠驱动系统积分滑模控制方法的第一种情况，因此可以采用式(5.7)所示的控制律。

由于式(5.36)是矢量形式，而式(5.1)是标量形式，所以在应用时要做好相对应的变换，式(5.7)所示控制律要修改为如下矢量形式：

$$\begin{aligned}\boldsymbol{u} = -\left[\frac{\partial \boldsymbol{f}_1}{\partial \boldsymbol{x}_3}\boldsymbol{D}\right]^{-1}&\left(\boldsymbol{c}_0\boldsymbol{x}_1 + \boldsymbol{c}_1\boldsymbol{x}_2 + \boldsymbol{c}_2\boldsymbol{f}_1 + \boldsymbol{c}_3\left(\frac{\partial \boldsymbol{f}_1}{\partial \boldsymbol{x}_1}\boldsymbol{x}_2 + \frac{\partial \boldsymbol{f}_1}{\partial \boldsymbol{x}_2}\boldsymbol{f}_1 + \frac{\partial \boldsymbol{f}_1}{\partial \boldsymbol{x}_3}\boldsymbol{x}_4\right)\right. \\ &\left. + \frac{\mathrm{d}}{\mathrm{d}\boldsymbol{t}}\left[\frac{\partial \boldsymbol{f}_1}{\partial \boldsymbol{x}_1}\boldsymbol{x}_2\right] + \frac{\mathrm{d}}{\mathrm{d}\boldsymbol{t}}\left[\frac{\partial \boldsymbol{f}_1}{\partial \boldsymbol{x}_2}\boldsymbol{f}_1\right] + \frac{\mathrm{d}}{\mathrm{d}\boldsymbol{t}}\left[\frac{\partial \boldsymbol{f}_1}{\partial \boldsymbol{x}_3}\right]\boldsymbol{x}_4 + \frac{\partial \boldsymbol{f}_1}{\partial \boldsymbol{x}_3}\boldsymbol{f}_2 + \boldsymbol{K}\mathrm{sgn}(\boldsymbol{s}) + \boldsymbol{\lambda}\boldsymbol{s}\right)\end{aligned} \tag{5.37}$$

其中，$\boldsymbol{s} = \boldsymbol{c}_0\int_0^t \boldsymbol{e}_1 \mathrm{d}t + \boldsymbol{c}_1\boldsymbol{e}_1 + \boldsymbol{c}_2\boldsymbol{e}_2 + \boldsymbol{c}_3\boldsymbol{e}_3 + \boldsymbol{e}_4$，

$$
\begin{cases}
\boldsymbol{e}_1 = \boldsymbol{x}_1 \\
\boldsymbol{e}_2 = \dot{\boldsymbol{e}}_1 = \dot{\boldsymbol{x}}_1 = \boldsymbol{x}_2 \\
\boldsymbol{e}_3 = \dot{\boldsymbol{e}}_2 = \dot{\boldsymbol{x}}_2 = \boldsymbol{f}_1(\boldsymbol{x}_1, \boldsymbol{x}_2, \boldsymbol{x}_3, \boldsymbol{x}_4), \\
\boldsymbol{e}_4 = \dot{\boldsymbol{e}}_3 = \dot{\boldsymbol{f}}_1 = \dfrac{\partial \boldsymbol{f}_1}{\partial \boldsymbol{x}_1}\boldsymbol{x}_2 + \dfrac{\partial \boldsymbol{f}_1}{\partial \boldsymbol{x}_2}\boldsymbol{f}_1 + \dfrac{\partial \boldsymbol{f}_1}{\partial \boldsymbol{x}_3}\boldsymbol{x}_4
\end{cases}
$$

$$
\boldsymbol{c}_0 = \begin{bmatrix} c_{01} & 0 \\ 0 & c_{02} \end{bmatrix}, \boldsymbol{c}_1 = \begin{bmatrix} c_{11} & 0 \\ 0 & c_{12} \end{bmatrix}, \boldsymbol{c}_2 = \begin{bmatrix} c_{21} & 0 \\ 0 & c_{22} \end{bmatrix}, \boldsymbol{c}_3 = \begin{bmatrix} c_{31} & 0 \\ 0 & c_{32} \end{bmatrix},
$$

$$
\boldsymbol{K} = \begin{bmatrix} k_1 & 0 \\ 0 & k_2 \end{bmatrix}, \boldsymbol{\lambda} = \begin{bmatrix} \lambda_1 & 0 \\ 0 & \lambda_2 \end{bmatrix}
$$

5.2.3 仿真实例

四旋翼飞行器参数、初始条件与第 2 章的相同;外加干扰与 4.4 节的相同。全驱动控制器采用式(5.32)所示控制律,控制器参数为

$$
\boldsymbol{c}_{\mathrm{q}0} = \begin{bmatrix} 1 & 0 \\ 0 & 1 \end{bmatrix}, \boldsymbol{c}_{\mathrm{q}1} = \begin{bmatrix} 2 & 0 \\ 0 & 2 \end{bmatrix}, \boldsymbol{N}_{\mathrm{q}} = \begin{bmatrix} 2 & 0 \\ 0 & 2 \end{bmatrix}, \boldsymbol{\lambda}_{\mathrm{q}} = \begin{bmatrix} 2 & 0 \\ 0 & 2 \end{bmatrix}
$$

欠驱动控制器采用式(5.37)所示控制律,控制器参数为

$$
\boldsymbol{c}_0 = \begin{bmatrix} 1 & 0 \\ 0 & 1 \end{bmatrix}, \boldsymbol{c}_1 = \begin{bmatrix} 4 & 0 \\ 0 & 4 \end{bmatrix}, \boldsymbol{c}_2 = \begin{bmatrix} 6 & 0 \\ 0 & 6 \end{bmatrix}, \boldsymbol{c}_3 = \begin{bmatrix} 4 & 0 \\ 0 & 4 \end{bmatrix},
$$

$$
\boldsymbol{K} = \begin{bmatrix} 1.8 & 0 \\ 0 & 1.8 \end{bmatrix}, \boldsymbol{\lambda} = \begin{bmatrix} 2 & 0 \\ 0 & 2 \end{bmatrix}
$$

给定期望高度和航向角:$z_{\mathrm{d}} = 3\mathrm{m}$,$\psi_{\mathrm{d}} = 0.5\mathrm{rad}$。

仿真结果如图 5.2、图 5.3 所示。

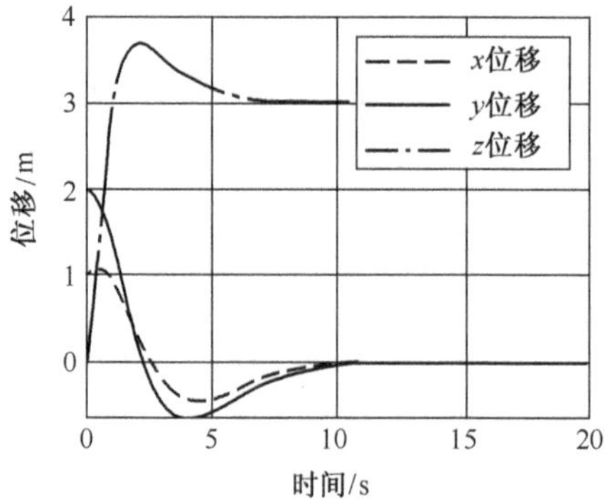

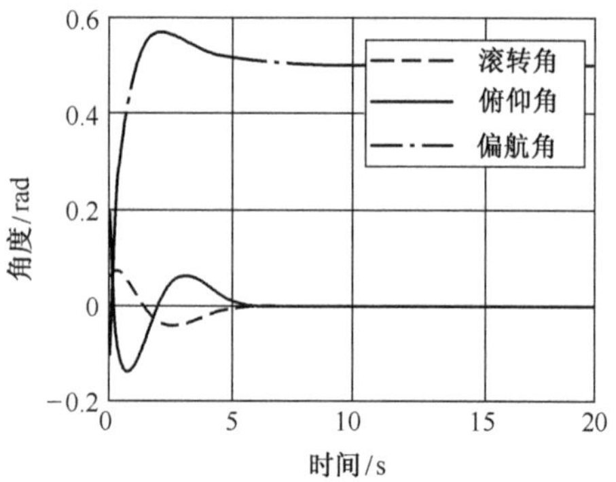

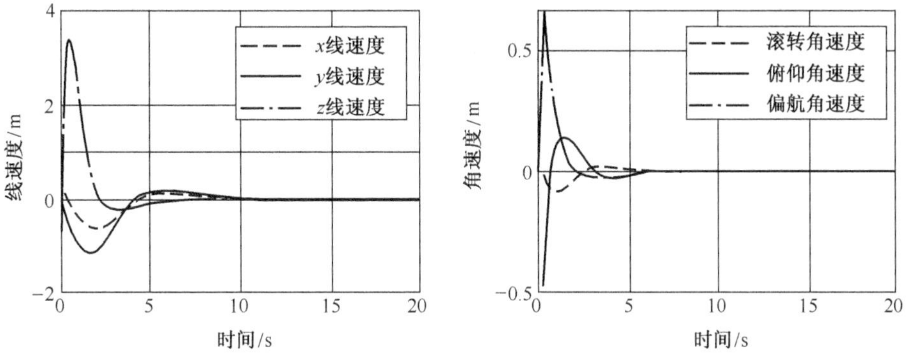

图 5.2　飞行器状态响应过程

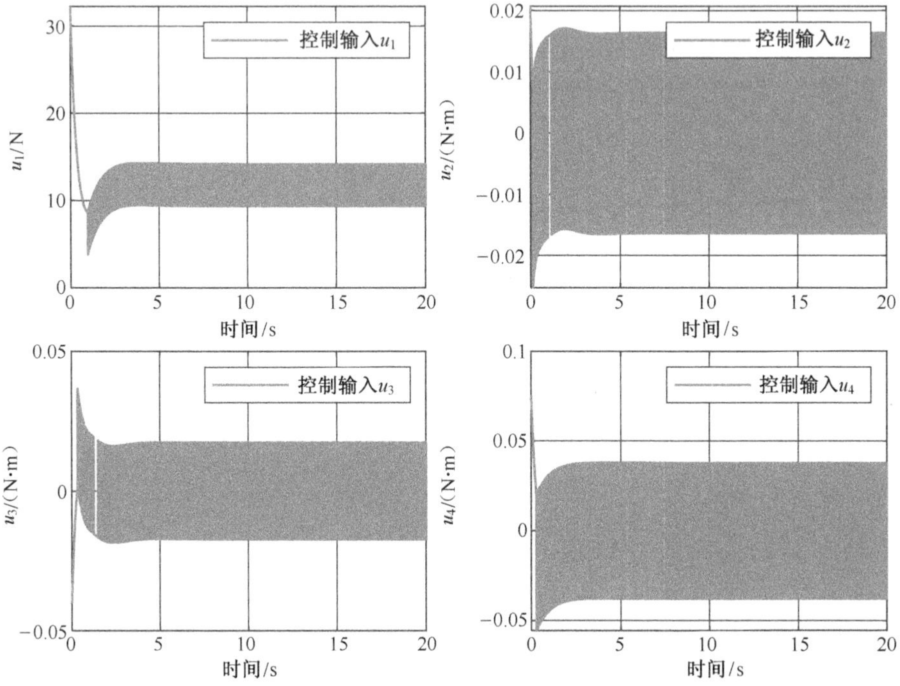

图 5.3　飞行器控制输入

仿真程序：

（1）Simulink 主程序：chap5_2sim. slx

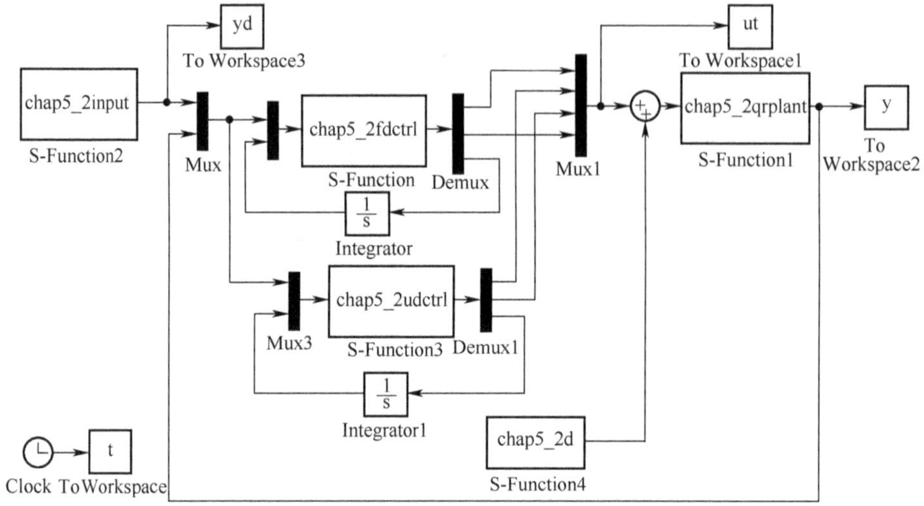

（2）被控对象程序：chap5_2qrplant. m

与第 2 章的 chap2_qrplant. m 相同。

（3）全驱动子系统控制器程序：chap5_2fdctrl. m

```
function [sys,x0,str,ts] = chap5_2fdctrl(t,x,u,flag)
switch flag
case 0
    [sys,x0,str,ts]=mdlInitializeSizes;
case 3
    sys=mdlOutputs(t,x,u);
case {2,4,9}
    sys=[];
otherwise
    error(['Unhandled flag = ',num2str(flag)]);
end
function [sys,x0,str,ts]=mdlInitializeSizes
sizes = simsizes;
sizes.NumContStates  = 0;
sizes.NumDiscStates  = 0;
sizes.NumOutputs     = 4;
sizes.NumInputs      = 20;
sizes.DirFeedthrough = 1;
```

```
sizes.NumSampleTimes = 1;
sys = simsizes(sizes);
x0  = [];
str = [];
ts  = [0 0];
function sys=mdlOutputs(t,x,u)
m=1.2;g=9.8;
Ix=0.0091;Iy=0.0096;Iz=0.0189;
K3=0.019;K6=0.0031;
cq0=[1,0;0,1];cq1=[2,0;0,2];
Nq=[2,0;0,2];remq=[2,0;0,2];
zd=u(1);d_zd=u(2);dd_zd=u(3);
yawd=u(4);d_yawd=u(5);dd_yawd=u(6);
z=u(11);d_z=u(12);
roll=u(13);d_roll=u(14);
pitch=u(15);d_pitch=u(16);
yaw=u(17);d_yaw=u(18);
i_eq1=u(19);i_eq2=u(20);
a3=(Ix-Iy)/Iz;
M=[-K3/m,0;0,-K6/Iz];
G=[-g;a3*d_roll*d_pitch];
H=[cos(roll)*cos(pitch)/m,0;0,1/Iz];
q=[z;yaw];d_q=[d_z;d_yaw];
qd=[zd;yawd];d_qd=[d_zd;d_yawd];dd_qd=[dd_zd;dd_yawd];
i_eq=[i_eq1;i_eq2];eq=qd-q;d_eq=d_qd-d_q;
sq=cq0*i_eq+cq1*eq+d_eq;
tol=H^-1*(cq0*eq+cq1*d_eq+dd_qd-M*d_q-G+Nq*sign(sq)+remq*
sq);
sys(1)=tol(1);sys(2)=tol(2);sys(3)=eq(1);sys(4)=eq(2);
```

(4) 欠驱动子系统控制器程序:chap5_2udctrl.m

```
function [sys,x0,str,ts] = chap5_2udctrl(t,x,u,flag)
switch flag
case 0
    [sys,x0,str,ts]=mdlInitializeSizes;
case 3
    sys=mdlOutputs(t,x,u);
case {2,4,9}
```

```
        sys=[];
    otherwise
        error(['Unhandled flag = ',num2str(flag)]);
    end
    function [sys,x0,str,ts]=mdlInitializeSizes
    sizes = simsizes;
    sizes.NumContStates  = 0;
    sizes.NumDiscStates  = 0;
    sizes.NumOutputs     = 4;
    sizes.NumInputs      = 20;
    sizes.DirFeedthrough = 1;
    sizes.NumSampleTimes = 1;
    sys = simsizes(sizes);
    x0  = [];
    str = [];
    ts  = [0 0];
    function sys=mdlOutputs(t,x,u)
    m=1.2;g=9.8;
    Ix=0.0091;Iy=0.0096;Iz=0.0189;
    K1=0.01;K2=0.012;K3=0.019;K4=0.0022;K5=0.0024;
    c0=[1,0;0,1];c1=[4,0;0,4];c2=[6,0;0,6];c3=[4,0;0,4];
    K=[1.8,0;0,1.8];rem=[2,0;0,2];
    d_zd=u(2);dd_zd=u(3);
    yawd=u(4);d_yawd=u(5);
    xx=u(7);d_x=u(8);
    y=u(9);d_y=u(10);
    roll=u(13);d_roll=u(14);
    pitch=u(15);d_pitch=u(16);
    i_e11=u(19);i_e12=u(20);
    a1=(Iy-Iz)/Ix;
    a2=(Iz-Ix)/Iy;
    A=[-K1/m,0;0,-K2/m];
    B=[1,0;0,1];
    C=[-K5/Iy,a2*d_yawd;a1*d_yawd,-K4/Ix];
    D=[1/Iy,0;0,1/Ix];
    T=(dd_zd+K3*d_zd/m+g)*[cos(yawd),sin(yawd);sin(yawd),-cos
(yawd)];
```

```
x1=T^-1*[xx;y];
x2=T^-1*[d_x;d_y];
x3=[pitch;roll];
x4=[d_pitch;d_roll];
f1=A*x2+B*x3;
f2=C*x4;
df1_dx1=0;
df1_dx2=A;
df1_dx3=B;
df1=df1_dx1*x2+df1_dx2*f1+df1_dx3*x4;
dt_df1_dx1_x2=0;
dt_df1_dx2_f1=A*A*f1+A*B*x4;
dt_df1_dx3=0;
dtf1=dt_df1_dx1_x2+dt_df1_dx2_f1+dt_df1_dx3*x4+df1_dx3*f2;
i_e1=[i_e11;i_e12];
e1=x1;e2=x2;e3=f1;e4=df1;
s=c0*i_e1+c1*e1+c2*e2+c3*e3+e4;
ut=-(df1_dx3*D)^-1*(c0*x1+c1*x2+c2*f1+c3*df1+dtf1+K*sign(s)+rem*s);
sys(1)=ut(2);sys(2)=ut(1);
sys(3)=e1(1);sys(4)=e1(2);
```

（5）指令输入程序：chap5_2input. m

与第 4 章的 chap4_4input. m 相同。

（6）干扰输入程序：chap5_2d. m

与第 4 章的 chap4_3d. m 相同。

（7）作图程序：chap5_2plot. m

与第 4 章的 chap4_4plot. m 相同。

5.3 四旋翼飞行器基于 Hurwitz 稳定的积分滑模控制方法设计

本节在第 4 章相关设计的基础上，提出一种基于 Hurwitz 稳定的积分滑模控制方法，可用于四旋翼飞行器的控制中。

5.3.1 系统描述

第 2 章建立的四旋翼飞行器简化模型如下：

$$\begin{cases}\ddot{x} = -\dfrac{K_1}{m}\dot{x} + \dfrac{\cos\phi\sin\theta\cos\psi + \sin\phi\sin\psi}{m}u_1 \\ \ddot{y} = -\dfrac{K_2}{m}\dot{y} + \dfrac{\cos\phi\sin\theta\sin\psi - \sin\phi\cos\psi}{m}u_1 \\ \ddot{z} = -\dfrac{K_3}{m}\dot{z} - g + \dfrac{\cos\phi\cos\theta}{m}u_1 \\ \ddot{\phi} = \dfrac{I_y - I_z}{I_x}\dot{\theta}\dot{\psi} - \dfrac{K_4}{I_x}\dot{\phi} + \dfrac{1}{I_x}u_2 \\ \ddot{\theta} = \dfrac{I_z - I_x}{I_y}\dot{\phi}\dot{\psi} - \dfrac{K_5}{I_y}\dot{\theta} + \dfrac{1}{I_y}u_3 \\ \ddot{\psi} = \dfrac{I_x - I_y}{I_z}\dot{\phi}\dot{\theta} - \dfrac{K_6}{I_z}\dot{\psi} + \dfrac{1}{I_z}u_4 \end{cases} \tag{5.38}$$

控制目标为,设计状态反馈控制器,使飞行器定高定向悬停,也就是:当 $t\to\infty$ 时,$z\to z_d$,$\psi\to\psi_d$,$\dot{z}\to\dot{z}_d$,$\dot{\psi}\to\dot{\psi}_d$,其余状态镇定。假设 z_d ,$\dot{z}_d$,$\ddot{z}_d$,ψ_d ,$\dot{\psi}_d$,$\ddot{\psi}_d$ 有界。

为了方便应用本章提出的积分滑模控制方法,与第 4 章一样,可以将四旋翼飞行器动力学模型分为两个子系统:一个全驱动子系统(即高度和偏航子系统);一个欠驱动子系统(即 xy 轴平动和滚转俯仰子系统),如图 4.10 所示。

全驱动子系统为

$$\begin{cases}\ddot{z} = -\dfrac{K_3}{m}\dot{z} - g + \dfrac{\cos\phi\cos\theta}{m}u_1 \\ \ddot{\psi} = \dfrac{I_x - I_y}{I_z}\dot{\phi}\dot{\theta} - \dfrac{K_6}{I_z}\dot{\psi} + \dfrac{1}{I_z}u_4 \end{cases} \tag{5.39}$$

欠驱动子系统为

$$\begin{cases}\ddot{x} = -\dfrac{K_1}{m}\dot{x} + \dfrac{\cos\phi\sin\theta\cos\psi + \sin\phi\sin\psi}{m}u_1 \\ \ddot{y} = -\dfrac{K_2}{m}\dot{y} + \dfrac{\cos\phi\sin\theta\sin\psi - \sin\phi\cos\psi}{m}u_1 \\ \ddot{\phi} = \dfrac{I_y - I_z}{I_x}\dot{\theta}\dot{\psi} - \dfrac{K_4}{I_x}\dot{\phi} + \dfrac{1}{I_x}u_2 \\ \ddot{\theta} = \dfrac{I_z - I_x}{I_y}\dot{\phi}\dot{\psi} - \dfrac{K_5}{I_y}\dot{\theta} + \dfrac{1}{I_y}u_3 \end{cases} \tag{5.40}$$

5.3.2 全驱动子系统积分滑模控制器设计

针对式(5.39)所示全驱动子系统,控制目标为:当 $t\to\infty$时,$z\to z_{\mathrm{d}}$,$\psi\to\psi_{\mathrm{d}}$,$\dot z\to\dot z_{\mathrm{d}}$,$\psi\to\dot\psi_{\mathrm{d}}$。

令 $\boldsymbol{q}=[z,\psi]^{\mathrm{T}}$,$\boldsymbol{\tau}=[u_1,u_4]^{\mathrm{T}}$,则式(5.39)可转换为

$$\ddot{\boldsymbol{q}}=\boldsymbol{M}\dot{\boldsymbol{q}}+\boldsymbol{G}+\boldsymbol{H}\boldsymbol{\tau}+\boldsymbol{d}_1 \tag{5.41}$$

其中,

$$\boldsymbol{M}=\begin{bmatrix}-\dfrac{K_3}{m} & 0\\ 0 & -\dfrac{K_6}{I_{\mathrm{z}}}\end{bmatrix},\ \boldsymbol{G}=\begin{bmatrix}-g\\ \dfrac{I_{\mathrm{x}}-I_{\mathrm{y}}}{I_{\mathrm{z}}}\dot\phi\,\dot\theta\end{bmatrix},\ \boldsymbol{H}=\begin{bmatrix}\dfrac{\cos\phi\cos\theta}{m} & 0\\ 0 & \dfrac{1}{I_{\mathrm{z}}}\end{bmatrix}$$

,$\boldsymbol{d}_1$ 为外部加入的干扰。

假设:$\boldsymbol{d}_1$ 有上界 $\bar{\boldsymbol{d}}_1=[\bar d_{11},\bar d_{12}]^{\mathrm{T}}$。

令 $\boldsymbol{q}_{\mathrm{d}}=[z_{\mathrm{d}},\psi_{\mathrm{d}}]^{\mathrm{T}}$,定义:

$$\boldsymbol{e}_{\mathrm{q}}=[e_{\mathrm{q1}},e_{\mathrm{q2}}]^{\mathrm{T}}=\boldsymbol{q}_{\mathrm{d}}-\boldsymbol{q}$$

其中,$e_{\mathrm{q1}}=z_{\mathrm{d}}-z$,$e_{\mathrm{q2}}=\psi_{\mathrm{d}}-\psi$。

积分滑模流形设计为

$$\boldsymbol{s}_{\mathrm{q}}=\boldsymbol{c}_{\mathrm{q0}}\int_0^t\boldsymbol{e}_{\mathrm{q}}\mathrm{d}t+\boldsymbol{c}_{\mathrm{q1}}\boldsymbol{e}_{\mathrm{q}}+\dot{\boldsymbol{e}}_{\mathrm{q}} \tag{5.42}$$

其中,$\boldsymbol{s}_{\mathrm{q}}=\begin{bmatrix}s_{\mathrm{q1}}\\ s_{\mathrm{q2}}\end{bmatrix}$,$\boldsymbol{c}_{\mathrm{q0}}=\begin{bmatrix}c_{\mathrm{q01}} & 0\\ 0 & c_{\mathrm{q02}}\end{bmatrix}$,$\boldsymbol{c}_{\mathrm{q1}}=\begin{bmatrix}c_{\mathrm{q11}} & 0\\ 0 & c_{\mathrm{q12}}\end{bmatrix}$,系数 $\boldsymbol{c}_{\mathrm{q0}}$ 和 $\boldsymbol{c}_{\mathrm{q1}}$ 要满足 Hurwitz 条件。

与 5.2.1 节积分滑模控制设计相同,可以得控制律为

$$\boldsymbol{\tau}=\boldsymbol{H}^{-1}(\boldsymbol{c}_{\mathrm{q0}}\boldsymbol{e}_{\mathrm{q}}+\boldsymbol{c}_{\mathrm{q1}}\dot{\boldsymbol{e}}_{\mathrm{q}}+\ddot{\boldsymbol{q}}_{\mathrm{d}}-\boldsymbol{M}\dot{\boldsymbol{q}}-\boldsymbol{G}+\boldsymbol{N}_{\mathrm{q}}\mathrm{sgn}(\boldsymbol{s}_{\mathrm{q}})+\boldsymbol{\lambda}_{\mathrm{q}}\boldsymbol{s}_{\mathrm{q}}) \tag{5.43}$$

其中,$\boldsymbol{N}_{\mathrm{q}}=\begin{bmatrix}n_{\mathrm{q1}} & 0\\ 0 & n_{\mathrm{q2}}\end{bmatrix}$,$\boldsymbol{\lambda}_{\mathrm{q}}=\begin{bmatrix}\lambda_{\mathrm{q1}} & 0\\ 0 & \lambda_{\mathrm{q2}}\end{bmatrix}$,$n_{q1}>0$,$n_{q2}>0$,$\lambda_{q1}>0$,$\lambda_{q2}>0$,$\mathrm{sgn}(\boldsymbol{s}_{\mathrm{q}})=\begin{bmatrix}\mathrm{sgn}(s_{\mathrm{q1}})\\ \mathrm{sgn}(s_{\mathrm{q2}})\end{bmatrix}$,取 $n_{q1}>\bar d_{11}$,$n_{q2}>\bar d_{12}$。

稳定性证明也与 5.2.1 节的相同。

5.3.3 欠驱动子系统基于 Hurwitz 稳定的积分滑模控制器设计

针对式(5.40)所示欠驱动子系统,控制目标为使欠驱动子系统镇定。

由第 4 章的相关推导,式(5.40)可以转换为

$$\begin{cases}\dot{\boldsymbol{x}}_1=\boldsymbol{x}_2\\ \dot{\boldsymbol{x}}_2=\boldsymbol{f}_1(\boldsymbol{x}_1,\boldsymbol{x}_2,\boldsymbol{x}_3,\boldsymbol{x}_4)\\ \dot{\boldsymbol{x}}_3=\boldsymbol{x}_4\\ \dot{\boldsymbol{x}}_4=\boldsymbol{f}_2(\boldsymbol{x}_1,\boldsymbol{x}_2,\boldsymbol{x}_3,\boldsymbol{x}_4)+\boldsymbol{D}\boldsymbol{u}+\boldsymbol{d}_2\end{cases}\tag{5.44}$$

其中, $\boldsymbol{x}_1=\boldsymbol{T}^{-1}\begin{bmatrix}x\\y\end{bmatrix}$, $\boldsymbol{x}_2=\boldsymbol{T}^{-1}\begin{bmatrix}\dot{x}\\\dot{y}\end{bmatrix}$, $\boldsymbol{x}_3=\begin{bmatrix}\theta\\\phi\end{bmatrix}$, $\boldsymbol{x}_4=\begin{bmatrix}\dot{\theta}\\\dot{\phi}\end{bmatrix}$,

$\boldsymbol{T}=\left(\ddot{z}_{\mathrm{d}}+\dfrac{K_3}{m}\dot{z}_{\mathrm{d}}+g\right)\begin{bmatrix}\cos\psi_{\mathrm{d}} & \sin\psi_{\mathrm{d}}\\ \sin\psi_{\mathrm{d}} & -\cos\psi_{\mathrm{d}}\end{bmatrix}$,

$\boldsymbol{f}_1(\boldsymbol{x}_1,\boldsymbol{x}_2,\boldsymbol{x}_3,\boldsymbol{x}_4)=\boldsymbol{A}\boldsymbol{x}_2+\boldsymbol{B}\boldsymbol{x}_3$, $\boldsymbol{f}_2(\boldsymbol{x}_1,\boldsymbol{x}_2,\boldsymbol{x}_3,\boldsymbol{x}_4)=\boldsymbol{C}\boldsymbol{x}_4$, $\boldsymbol{d}_2$ 为外部加入的干扰,

$$\boldsymbol{A}=\begin{bmatrix}-\dfrac{K_1}{m} & 0\\ 0 & -\dfrac{K_2}{m}\end{bmatrix},\ \boldsymbol{B}=\begin{bmatrix}1 & 0\\0 & 1\end{bmatrix},\ \boldsymbol{C}=\begin{bmatrix}-\dfrac{K_5}{I_{\mathrm{y}}} & \dfrac{I_{\mathrm{z}}-I_{\mathrm{x}}}{I_{\mathrm{y}}}\dot{\psi}_d\\ \dfrac{I_{\mathrm{y}}-I_{\mathrm{z}}}{I_{\mathrm{x}}}\dot{\psi}_d & -\dfrac{K_4}{I_{\mathrm{x}}}\end{bmatrix},$$

$$\boldsymbol{D}=\begin{bmatrix}\dfrac{1}{I_{\mathrm{y}}} & 0\\ 0 & \dfrac{1}{I_{\mathrm{x}}}\end{bmatrix},\ \boldsymbol{u}=\begin{bmatrix}u_3\\u_2\end{bmatrix}$$

假设:$\boldsymbol{d}_2$ 有上界 $\bar{\boldsymbol{d}}_2=[\bar{d}_{21},\bar{d}_{22}]^{\mathrm{T}}$ 。

控制目标为:当 $t\to\infty$时, $\boldsymbol{x}_i\to\boldsymbol{0}$, $i=1,2,3,4$。

取误差方程为

$$\begin{cases}\boldsymbol{e}_0=\int_0^t\boldsymbol{x}_1\mathrm{d}t\\ \boldsymbol{e}_1=\boldsymbol{x}_1\\ \boldsymbol{e}_2=\boldsymbol{x}_2\\ \boldsymbol{e}_3=\boldsymbol{x}_3\\ \boldsymbol{e}_4=\boldsymbol{x}_4\end{cases}\tag{5.45}$$

则控制目标为:当 $t\to\infty$时, $\boldsymbol{e}_i\to\boldsymbol{0}$, $i=0,1,2,3,4$。

设计滑模流形为

$$\boldsymbol{s}=\boldsymbol{c}_0\boldsymbol{e}_0+\boldsymbol{c}_1\boldsymbol{e}_1+\boldsymbol{c}_2\boldsymbol{e}_2+\boldsymbol{c}_3\boldsymbol{e}_3+\boldsymbol{e}_4\tag{5.46}$$

其中，$\boldsymbol{c}_0=\begin{bmatrix}c_{01}&0\\0&c_{02}\end{bmatrix}$，$\boldsymbol{s}=\begin{bmatrix}s_1\\s_2\end{bmatrix}$，$\boldsymbol{c}_1=\begin{bmatrix}c_{11}&0\\0&c_{12}\end{bmatrix}$，$\boldsymbol{c}_2=\begin{bmatrix}c_{21}&0\\0&c_{22}\end{bmatrix}$，$\boldsymbol{c}_3=\begin{bmatrix}c_{31}&0\\0&c_{32}\end{bmatrix}$，系数阵 $\boldsymbol{c}_0$，$\boldsymbol{c}_1$，$\boldsymbol{c}_2$，$\boldsymbol{c}_3$ 通过满足 Hurwitz 条件来确定。

由式(5.44)和式(5.46)可得

$$\begin{aligned}\dot{\boldsymbol{s}}&=\boldsymbol{c}_0\dot{\boldsymbol{e}}_0+\boldsymbol{c}_1\dot{\boldsymbol{e}}_1+\boldsymbol{c}_2\dot{\boldsymbol{e}}_2+\boldsymbol{c}_3\dot{\boldsymbol{e}}_3+\dot{\boldsymbol{e}}_4\\&=\boldsymbol{c}_0\boldsymbol{x}_1+\boldsymbol{c}_1\boldsymbol{x}_2+\boldsymbol{c}_2\boldsymbol{f}_1+\boldsymbol{c}_3\boldsymbol{x}_4+\boldsymbol{f}_2+\boldsymbol{D}\boldsymbol{u}+\boldsymbol{d}_2\end{aligned}\tag{5.47}$$

设计指数趋近律：

$$\dot{\boldsymbol{s}}=-\boldsymbol{K}\mathrm{sgn}(\boldsymbol{s})-\boldsymbol{\lambda}\boldsymbol{s}\tag{5.48}$$

其中，$\boldsymbol{K}=\begin{bmatrix}k_1&0\\0&k_2\end{bmatrix}$，$\boldsymbol{\lambda}=\begin{bmatrix}\lambda_1&0\\0&\lambda_2\end{bmatrix}$，$k_1>0$，$k_2>0$，$\lambda_1>0$，$\lambda_2>0$，$\mathrm{sgn}(\boldsymbol{s})=\begin{bmatrix}\mathrm{sgn}(s_1)\\\mathrm{sgn}(s_2)\end{bmatrix}$，取 $k_1>\bar{d}_{21}$，$k_2>\bar{d}_{22}$。

设$\boldsymbol{d}_2=0$，由式(5.47)和式(5.48)可得控制律为

$$\boldsymbol{u}=-\boldsymbol{D}^{-1}(\boldsymbol{c}_0\boldsymbol{x}_1+\boldsymbol{c}_1\boldsymbol{x}_2+\boldsymbol{c}_2\boldsymbol{f}_1+\boldsymbol{c}_3\boldsymbol{x}_4+\boldsymbol{f}_2+\boldsymbol{K}\mathrm{sgn}(\boldsymbol{s})+\boldsymbol{\lambda}\boldsymbol{s})\tag{5.49}$$

选取 Lyapunov 函数：

$$V=\frac{1}{2}\boldsymbol{s}^{\mathrm{T}}\boldsymbol{s}>0,\boldsymbol{s}\neq\boldsymbol{0}\tag{5.50}$$

则有

$$\dot{V}=\boldsymbol{s}^{\mathrm{T}}\dot{\boldsymbol{s}}=\boldsymbol{s}^{\mathrm{T}}(\boldsymbol{c}_0\boldsymbol{x}_1+\boldsymbol{c}_1\boldsymbol{x}_2+\boldsymbol{c}_2\boldsymbol{f}_1+\boldsymbol{c}_3\boldsymbol{x}_4+\boldsymbol{f}_2+\boldsymbol{D}\boldsymbol{u}+\boldsymbol{d}_2)\tag{5.51}$$

将式(5.49)代入式(5.51)，并根据本节假设可得

$$\dot{V}=\boldsymbol{s}^{\mathrm{T}}(\boldsymbol{d}_2-\boldsymbol{K}\mathrm{sgn}(\boldsymbol{s})-\boldsymbol{\lambda}\boldsymbol{s})<0,\boldsymbol{s}\neq\boldsymbol{0}\tag{5.52}$$

所以，V 正定且径向无界，$\dot{V}$ 负定，系统全局渐近稳定。

与4.3.2节的相关情况同理，式(5.52)保证了在滑模流形以外的运动点都将在有限时间内到达滑模流形 $\boldsymbol{s}=\boldsymbol{0}$。

当 $\boldsymbol{s}=\boldsymbol{0}$ 时，由式(5.46)可得

$$\boldsymbol{e}_4=-\boldsymbol{c}_0\boldsymbol{e}_0-\boldsymbol{c}_1\boldsymbol{e}_1-\boldsymbol{c}_2\boldsymbol{e}_2-\boldsymbol{c}_3\boldsymbol{e}_3\tag{5.53}$$

由式(5.44)、式(5.45)和式(5.53)可得

$$\begin{cases}\dot{\boldsymbol{e}}_0=\boldsymbol{e}_1\\\dot{\boldsymbol{e}}_1=\boldsymbol{e}_2\\\dot{\boldsymbol{e}}_2=\boldsymbol{f}_1(\boldsymbol{e}_1,\boldsymbol{e}_2,\boldsymbol{e}_3,\boldsymbol{e}_4)=\boldsymbol{A}\boldsymbol{e}_2+\boldsymbol{B}\boldsymbol{e}_3\\\dot{\boldsymbol{e}}_3=\boldsymbol{e}_4=-\boldsymbol{c}_0\boldsymbol{e}_0-\boldsymbol{c}_1\boldsymbol{e}_1-\boldsymbol{c}_2\boldsymbol{e}_2-\boldsymbol{c}_3\boldsymbol{e}_3\end{cases}\tag{5.54}$$

取 $\boldsymbol{E}=[\boldsymbol{e}_0,\boldsymbol{e}_1,\boldsymbol{e}_2,\boldsymbol{e}_3]^{\mathrm{T}}$，则有

$$\dot{\boldsymbol{E}} = \boldsymbol{P}\boldsymbol{E} \tag{5.55}$$

其中，$\boldsymbol{P} = \begin{bmatrix} \boldsymbol{0} & \boldsymbol{I}_{2\times2} & \boldsymbol{0} & \boldsymbol{0} \\ \boldsymbol{0} & \boldsymbol{0} & \boldsymbol{I}_{2\times2} & \boldsymbol{0} \\ \boldsymbol{0} & \boldsymbol{0} & \boldsymbol{A} & \boldsymbol{B} \\ -\boldsymbol{c}_0 & -\boldsymbol{c}_1 & -\boldsymbol{c}_2 & -\boldsymbol{c}_3 \end{bmatrix}$，$\boldsymbol{P}$ 矩阵满足 Hurwitz 条件。

与 4.3.2 节的相关情况同理，可得 $t \to \infty$时，$\boldsymbol{E} \to 0$，即 $\boldsymbol{e}_0 \to \boldsymbol{0}, \boldsymbol{e}_1 \to \boldsymbol{0}, \boldsymbol{e}_2 \to \boldsymbol{0}, \boldsymbol{e}_3 \to \boldsymbol{0}$，由式(5.53)可得 $\boldsymbol{e}_4 \to \boldsymbol{0}$。

下面根据 $\boldsymbol{P}$ 矩阵满足 Hurwitz 条件，确定系数阵 $\boldsymbol{c}_0, \boldsymbol{c}_1, \boldsymbol{c}_2, \boldsymbol{c}_3$ 的取值。

假设 $\boldsymbol{\lambda}_0 = \begin{bmatrix} \lambda_{01} & 0 \\ 0 & \lambda_{02} \end{bmatrix}$ 为矩阵 $\boldsymbol{P}$ 的特征根，则其特征方程为

$$|\boldsymbol{\lambda}_0 \boldsymbol{I}_{8\times8} - \boldsymbol{P}| = \boldsymbol{\lambda}_0^4 + (\boldsymbol{c}_3 - \boldsymbol{A})\boldsymbol{\lambda}_0^3 + (\boldsymbol{c}_2\boldsymbol{B} - \boldsymbol{c}_3\boldsymbol{A})\boldsymbol{\lambda}_0^2 + \boldsymbol{c}_1\boldsymbol{B}\boldsymbol{\lambda}_0 + \boldsymbol{c}_0\boldsymbol{B} = \boldsymbol{0} \tag{5.56}$$

取特征根为 $\begin{bmatrix} -1 & 0 \\ 0 & -1 \end{bmatrix}$，$\begin{bmatrix} -2 & 0 \\ 0 & -2 \end{bmatrix}$，$\begin{bmatrix} -3 & 0 \\ 0 & -3 \end{bmatrix}$，$\begin{bmatrix} -4 & 0 \\ 0 & -4 \end{bmatrix}$，则可得特征方程为

$$\left(\boldsymbol{\lambda}_0 + \begin{bmatrix} 1 & 0 \\ 0 & 1 \end{bmatrix}\right)\left(\boldsymbol{\lambda}_0 + \begin{bmatrix} 2 & 0 \\ 0 & 2 \end{bmatrix}\right)\left(\boldsymbol{\lambda}_0 + \begin{bmatrix} 3 & 0 \\ 0 & 3 \end{bmatrix}\right)\left(\boldsymbol{\lambda}_0 + \begin{bmatrix} 4 & 0 \\ 0 & 4 \end{bmatrix}\right) = \boldsymbol{0} \tag{5.57}$$

则有

$$\boldsymbol{\lambda}_0^4 + \begin{bmatrix} 10 & 0 \\ 0 & 10 \end{bmatrix}\boldsymbol{\lambda}_0^3 + \begin{bmatrix} 35 & 0 \\ 0 & 35 \end{bmatrix}\boldsymbol{\lambda}_0^2 + \begin{bmatrix} 50 & 0 \\ 0 & 50 \end{bmatrix}\boldsymbol{\lambda}_0 + \begin{bmatrix} 24 & 0 \\ 0 & 24 \end{bmatrix} = \boldsymbol{0} \tag{5.58}$$

对照式(5.56)和式(5.58)，可得

$$\begin{cases} \boldsymbol{c}_3 - \boldsymbol{A} = \begin{bmatrix} 10 & 0 \\ 0 & 10 \end{bmatrix} \\ \boldsymbol{c}_2\boldsymbol{B} - \boldsymbol{c}_3\boldsymbol{A} = \begin{bmatrix} 35 & 0 \\ 0 & 35 \end{bmatrix} \\ \boldsymbol{c}_1\boldsymbol{B} = \begin{bmatrix} 50 & 0 \\ 0 & 50 \end{bmatrix} \\ \boldsymbol{c}_0\boldsymbol{B} = \begin{bmatrix} 24 & 0 \\ 0 & 24 \end{bmatrix} \end{cases} \tag{5.59}$$

解方程式(5.59)可得

$$c_0=\begin{bmatrix}24&0\\0&24\end{bmatrix},\ c_1=\begin{bmatrix}50&0\\0&50\end{bmatrix},\ c_2=\begin{bmatrix}35-\frac{K_1}{m}(10-\frac{K_1}{m})&0\\0&35-\frac{K_2}{m}(10-\frac{K_2}{m})\end{bmatrix},$$

$$c_3=\begin{bmatrix}10-\frac{K_1}{m}&0\\0&10-\frac{K_2}{m}\end{bmatrix}$$

5.3.4 仿真实例

四旋翼飞行器参数、初始条件与第2章的相同;外加干扰与4.4节的相同。

全驱动控制器采用式(5.43)所示控制律,控制器参数为

$$c_{q0}=\begin{bmatrix}1&0\\0&1\end{bmatrix},\ c_{q1}=\begin{bmatrix}2&0\\0&2\end{bmatrix},\ N_q=\begin{bmatrix}2&0\\0&2\end{bmatrix},\ \lambda_q=\begin{bmatrix}2&0\\0&2\end{bmatrix}$$

欠驱动控制器采用式(5.49)所示控制律,控制器参数为

$$c_0=\begin{bmatrix}24&0\\0&24\end{bmatrix},\ c_1=\begin{bmatrix}50&0\\0&50\end{bmatrix},$$

$$c_2=\begin{bmatrix}35-\frac{K_1}{m}(10-\frac{K_1}{m})&0\\0&35-\frac{K_2}{m}(10-\frac{K_2}{m})\end{bmatrix},$$

$$c_3=\begin{bmatrix}10-\frac{K_1}{m}&0\\0&10-\frac{K_2}{m}\end{bmatrix},\ K=\begin{bmatrix}1.8&0\\0&1.8\end{bmatrix},\ \lambda=\begin{bmatrix}2&0\\0&2\end{bmatrix}$$

给定期望高度和航向角:$z_d=3\text{m}$,$\psi_d=0.5\text{rad}$。

仿真结果如图5.4和图5.5所示。

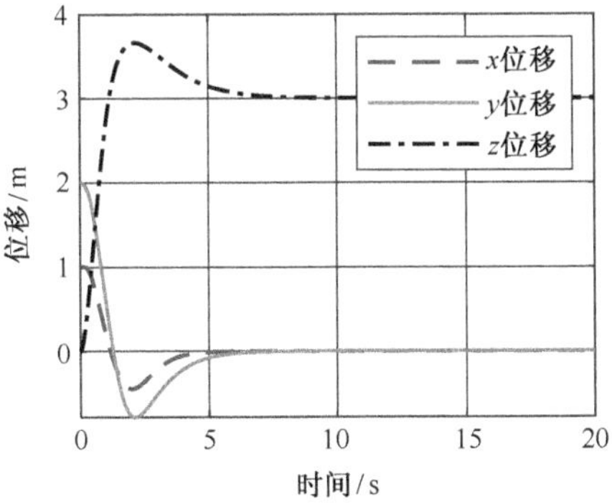

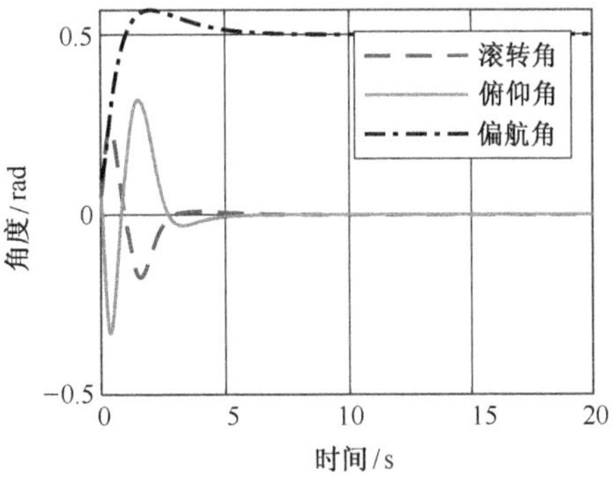

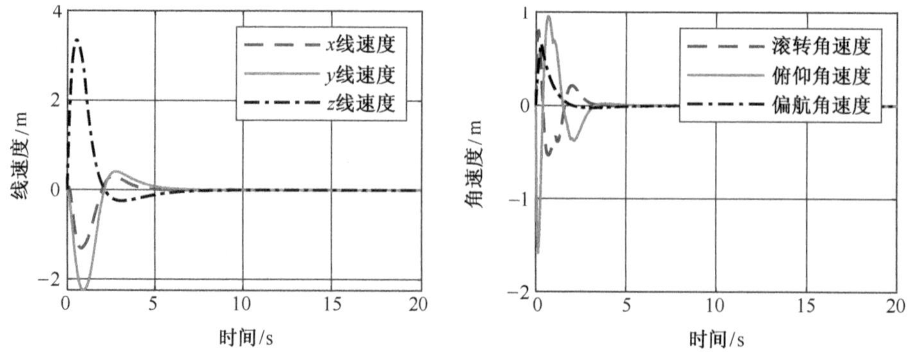

图 5.4　飞行器状态响应过程

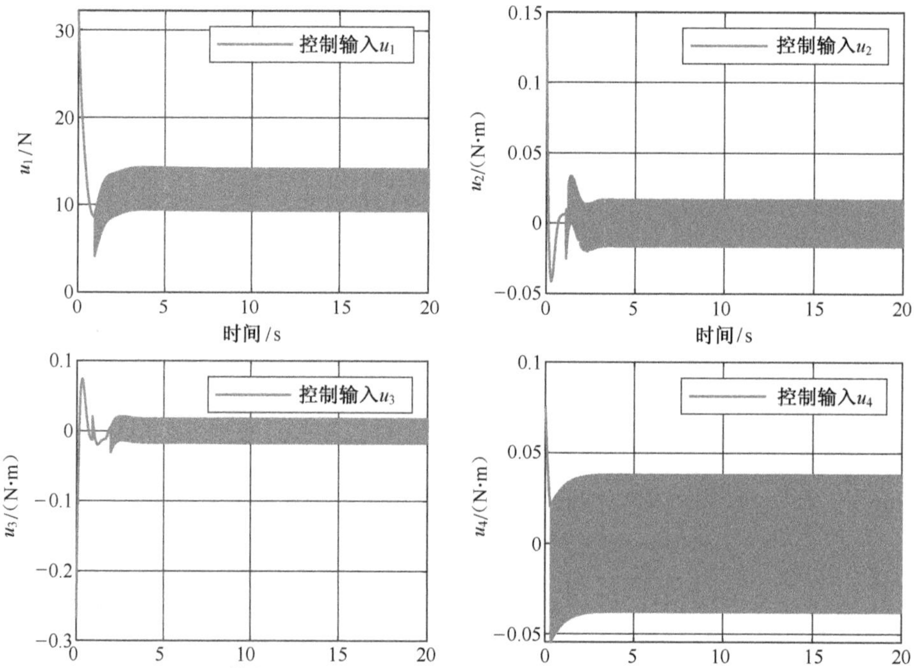

图 5.5　飞行器控制输入

仿真程序：

(1) Simulink 主程序：chap5_3sim. slx

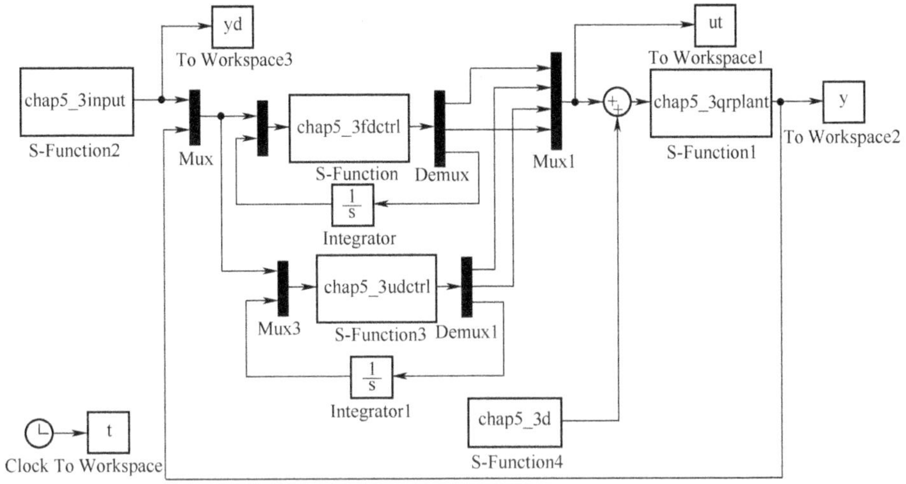

(2) 被控对象程序:chap5_3qrplant. m

与第 2 章的 chap2_qrplant. m 相同。

(3) 全驱动子系统控制器程序:chap5_3fdctrl. m

与本章的 chap5_2fdctrl. m 相同。

(4) 欠驱动子系统控制器程序:chap5_3udctrl. m

```
function [sys,x0,str,ts] = chap5_3udctrl(t,x,u,flag)
switch flag
case 0
    [sys,x0,str,ts]=mdlInitializeSizes;
case 3
    sys=mdlOutputs(t,x,u);
case {2,4,9}
    sys=[];
otherwise
    error(['Unhandled flag = ',num2str(flag)]);
end
function [sys,x0,str,ts]=mdlInitializeSizes
sizes = simsizes;
sizes.NumContStates  = 0;
sizes.NumDiscStates  = 0;
sizes.NumOutputs     = 4;
sizes.NumInputs      = 20;
```

```
sizes.DirFeedthrough = 1;
sizes.NumSampleTimes = 1;
sys = simsizes(sizes);
x0  = [];
str = [];
ts  = [0 0];
function sys=mdlOutputs(t,x,u)
m=1.2;g=9.8;
Ix=0.0091;Iy=0.0096;Iz=0.0189;
K1=0.01;K2=0.012;K3=0.019;K4=0.0022;K5=0.0024;
c0=[24,0;0,24];c1=[50,0;0,50];
c2=[35-(10-K1/m)*(K1/m),0;0,35-(10-K2/m)*(K2/m)];
c3=[10-K1/m,0;0,10-K2/m];
K=[1.8,0;0,1.8];rem=[2,0;0,2];
d_zd=u(2);dd_zd=u(3);
yawd=u(4);d_yawd=u(5);
xx=u(7);d_x=u(8);
y=u(9);d_y=u(10);
roll=u(13);d_roll=u(14);
pitch=u(15);d_pitch=u(16);
i_x=u(19);i_y=u(20);
a1=(Iy-Iz)/Ix;
a2=(Iz-Ix)/Iy;
A=[-K1/m,0;0,-K2/m];
B=[1,0;0,1];
C=[-K5/Iy,a2*d_yawd;a1*d_yawd,-K4/Ix];
D=[1/Iy,0;0,1/Ix];
T=(dd_zd+K3*d_zd/m+g)*[cos(yawd),sin(yawd);sin(yawd),-cos
(yawd)];
i_x1=[i_x;i_y];
x1=T^-1*[xx;y];
x2=T^-1*[d_x;d_y];
x3=[pitch;roll];
x4=[d_pitch;d_roll];
f1=A*x2+B*x3;
f2=C*x4;
e0=i_x1;e1=x1;e2=x2;e3=x3;e4=x4;
```

```
s=c0*e0+c1*e1+c2*e2+c3*e3+e4;
ut=-(D)^-1*(c0*x1+c1*x2+c2*f1+c3*x4+f2+K*sign(s)+rem*s);
sys(1)=ut(2);sys(2)=ut(1);sys(3)=x1(1);sys(4)=x1(2);
```

(5) 指令输入程序:chap5_3input. m

与第 4 章的 chap4_4input. m 相同。

(6) 干扰输入程序:chap5_3d. m

与第 4 章的 chap4_3d. m 相同。

(7) 作图程序:chap5_3plot. m

与第 4 章的 chap4_4plot. m 相同。

第 6 章
四旋翼飞行器终端滑模控制方法设计

滑模控制的状态运动分两个关键问题:第一个问题就是保证系统状态从任一偏离滑模流形的状态在有限时间内到达滑模流形,即可达性条件,一般通过 Lyapunov 稳定性来保证,到达方式一般是通过趋近律来设计;第二个问题就是当系统状态在滑模流形上时,如何沿着滑模流形到达平衡点,实质问题是如何设计滑模流形。对于第二个问题,普通的滑模控制通常选择一个线性的滑模流形,使系统到达滑模流形后,跟踪误差渐近地收敛到零,渐近收敛的速度可以通过调整滑模流形参数来实现,但无论如何状态跟踪误差都不会在有限时间内收敛为零,渐近收敛到零从理论上来说是时间趋于无穷才能实现。对此,有文献提出了所谓的终端滑模控制,就是在第二个问题上也实现有限时间到达平衡点的方法。具体做法就是在滑模流形的设计中引入非线性函数,构造所谓的终端滑模流形,使得在滑模流形上跟踪误差能够在指定的有限时间 T 内收敛到零[39]。

本章主要借鉴参考文献[47-48]中提出的一种特殊形式的终端滑模流形设计思路,提出了一种针对一类欠驱动系统的终端滑模控制方法,并将其用于倒立摆控制和四旋翼飞行器的控制中。

6.1 一类欠驱动系统终端滑模控制方法设计

6.1.1 系统描述

针对如下欠驱动非线性系统:

$$\begin{cases}\dot{x}_1 = x_2 \\ \dot{x}_2 = f_1(x_1,x_2,x_3,x_4) \\ \dot{x}_3 = x_4 \\ \dot{x}_4 = f_2(x_1,x_2,x_3,x_4) + b(x_1,x_2,x_3,x_4)u + d\end{cases} \tag{6.1}$$

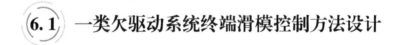

其中，$f_1(x_1,x_2,x_3,x_4)$，$f_2(x_1,x_2,x_3,x_4)$，$b(x_1,x_2,x_3,x_4)$ 为光滑函数，u 为控制输入，d 为系统中的不确定项，包括系统模型不确定性和外加扰动。

通过设计状态反馈控制器，使系统镇定。即控制目标为当 $t\to\infty$ 时，$x_i\to 0$，$i=1,2,3,4$。

6.1.2 终端滑模控制算法设计

分两种情况进行终端滑模控制算法设计。

1. 第一种情况，当 $\dfrac{\partial f_1}{\partial x_4}=0$ 时

设系统(6.1)满足如下5个假设条件：

假设1：$f_1(0,0,0,0)\to 0$；

假设2：$\dfrac{\partial f_1}{\partial x_3}$ 可逆；

假设3：如果 $f_1(0,0,x_3,0)\to 0$，则 $x_3\to 0$；

假设4：$\left|\dfrac{\partial f_1}{\partial x_3}\right|\leqslant\bar{\sigma}$，即 $\bar{\sigma}$ 为 $\left|\dfrac{\partial f_1}{\partial x_3}\right|$ 的上界；

假设5：不确定项 d 满足 $|d|\leqslant\bar{d}$，即 $\bar{d}$ 为 d 的上界。

取误差方程为：

$$\begin{cases}e_1=x_1\\ e_2=\dot{e}_1=\dot{x}_1=x_2\\ e_3=\dot{e}_2=\dot{x}_2=f_1(x_1,x_2,x_3,x_4)\\ e_4=\dot{e}_3=\dot{f}_1=\dfrac{\partial f_1}{\partial x_1}x_2+\dfrac{\partial f_1}{\partial x_2}f_1+\dfrac{\partial f_1}{\partial x_3}x_4\end{cases}\tag{6.2}$$

式(6.2)可转换为：

$$\begin{cases}\dot{e}_1=e_2\\ \dot{e}_2=e_3\\ \dot{e}_3=e_4\\ \dot{e}_4=\dfrac{\mathrm{d}}{\mathrm{d}t}\left[\dfrac{\partial f_1}{\partial x_1}x_2\right]+\dfrac{\mathrm{d}}{\mathrm{d}t}\left[\dfrac{\partial f_1}{\partial x_2}f_1\right]+\dfrac{\mathrm{d}}{\mathrm{d}t}\left[\dfrac{\partial f_1}{\partial x_3}\right]x_4+\dfrac{\partial f_1}{\partial x_3}(f_2+bu+d)\end{cases}\tag{6.3}$$

设计终端滑模流形为：

$$\boldsymbol{s}=\boldsymbol{C}(\boldsymbol{E}-\boldsymbol{P})\tag{6.4}$$

其中，$\boldsymbol{C}=[c_1,c_2,c_3,1]$，$c_i>0(i=1,2,3)$，$c_i$ 满足 Hurwitz 条件。

$\boldsymbol{E} = [e_1(t), e_2(t), e_3(t), e_4(t)]^{\mathrm{T}} = [e_1(t), \dot{e}_1(t), \ddot{e}_1(t), \dddot{e}_1(t)]^{\mathrm{T}}$,

$\boldsymbol{P} = [p(t), \dot{p}(t), \ddot{p}(t), \dddot{p}(t)]^{\mathrm{T}}$, $p(t)$ 为需要设计的函数,并假设 $p(t)$ 满足如下条件。

假设 6: $p(t): \mathbf{R}^{+} \to \mathbf{R}$, $p(t)$ 为定义在 $[0,\infty)$ 上的具有 1~4 阶可微的连续函数, $p(t), \dot{p}(t), \ddot{p}(t), \dddot{p}(t), p^{(4)}(t) \in L_{\infty}$。给定某个有限时间常数 $T > 0$, $p(t)$ 在时间段 $[0,T]$ 上有界。

(1)当 $t=0$ 时, $p(0)=e_1(0)$, $\dot{p}(0)=\dot{e}_1(0)$, $\ddot{p}(0)=\ddot{e}_1(0)$, $\dddot{p}(0)=\dddot{e}_1(0)$, $p^{(4)}(t)=e_1^{(4)}(0)$。

(2)当 $t=T$ 时, $p(T)=0$, $\dot{p}(T)=0$, $\ddot{p}(\mathrm{T})=0$, $\dddot{p}(T)=0$, $p^{(4)}(T)=0$。

(3)当 $t>T$ 时, $p(t)=0$, $\dot{p}(t)=0$, $\ddot{p}(\mathrm{t})=0$, $\dddot{p}(t)=0$, $p^{(4)}(t)=0$。

为了满足假设条件,按文献[1-2]提供的方法,可以构造 $p(t)$ 如下:

$$
p(t)=\begin{cases}
e_1(0)+\dot{e}_1(0)t+\dfrac{1}{2}\ddot{e}_1(0)t^2+\dfrac{1}{6}\dddot{e}_1(0)t^3+\dfrac{1}{24}e_1^{(4)}(0)t^4+ \\
\left(\dfrac{a_{00}}{T^5}e_1(0)+\dfrac{a_{01}}{T^4}\dot{e}_1(0)+\dfrac{a_{02}}{T^3}\ddot{e}_1(0)+\dfrac{a_{03}}{T^2}\dddot{e}_1(0)+\dfrac{a_{04}}{T}e_1^{(4)}(0)\right)t^5+ \\
\left(\dfrac{a_{10}}{T^6}e_1(0)+\dfrac{a_{11}}{T^5}\dot{e}_1(0)+\dfrac{a_{12}}{T^4}\ddot{e}_1(0)+\dfrac{a_{13}}{T^3}\dddot{e}_1(0)+\dfrac{a_{14}}{T^2}e_1^{(4)}(0)\right)t^6+ \\
\left(\dfrac{a_{20}}{T^7}e_1(0)+\dfrac{a_{21}}{T^6}\dot{e}_1(0)+\dfrac{a_{22}}{T^5}\ddot{e}_1(0)+\dfrac{a_{23}}{T^4}\dddot{e}_1(0)+\dfrac{a_{24}}{T^3}e_1^{(4)}(0)\right)t^7+ \\
\left(\dfrac{a_{30}}{T^8}e_1(0)+\dfrac{a_{31}}{T^7}\dot{e}_1(0)+\dfrac{a_{32}}{T^6}\ddot{e}_1(0)+\dfrac{a_{33}}{T^5}\dddot{e}_1(0)+\dfrac{a_{34}}{T^4}e_1^{(4)}(0)\right)t^8+ \\
\left(\dfrac{a_{40}}{T^9}e_1(0)+\dfrac{a_{41}}{T^8}\dot{e}_1(0)+\dfrac{a_{42}}{T^7}\ddot{e}_1(0)+\dfrac{a_{43}}{T^6}\dddot{e}_1(0)+\dfrac{a_{44}}{T^5}e_1^{(4)}(0)\right)t^9 \\
\qquad\qquad\qquad\qquad\qquad\qquad \text{当 } 0 \leqslant t \leqslant T \text{ 时} \\
0 \qquad\qquad\qquad\qquad\qquad\quad \text{当 } t > T \text{ 时}
\end{cases}
\tag{6.5}
$$

其中, $a_{ij}(i,j=0,1,2,3,4)$ 为系数。

对式(6.5)分别求一阶、二阶、三阶、四阶导数可得

$$\dot{p}(t)=\begin{cases}\dot{e}_1(0)+\ddot{e}_1(0)t+\dfrac{1}{2}\dddot{e}_1(0)t^2+\dfrac{1}{6}e_1^{(4)}(0)t^3+\\ 5\left(\dfrac{a_{00}}{T^5}e_1(0)+\dfrac{a_{01}}{T^4}\dot{e}_1(0)+\dfrac{a_{02}}{T^3}\ddot{e}_1(0)+\dfrac{a_{03}}{T^2}\dddot{e}_1(0)+\dfrac{a_{04}}{T}e_1^{(4)}(0)\right)t^4+\\ 6\left(\dfrac{a_{10}}{T^6}e_1(0)+\dfrac{a_{11}}{T^5}\dot{e}_1(0)+\dfrac{a_{12}}{T^4}\ddot{e}_1(0)+\dfrac{a_{13}}{T^3}\dddot{e}_1(0)+\dfrac{a_{14}}{T^2}e_1^{(4)}(0)\right)t^5+\\ 7\left(\dfrac{a_{20}}{T^7}e_1(0)+\dfrac{a_{21}}{T^6}\dot{e}_1(0)+\dfrac{a_{22}}{T^5}\ddot{e}_1(0)+\dfrac{a_{23}}{T^4}\dddot{e}_1(0)+\dfrac{a_{24}}{T^3}e_1^{(4)}(0)\right)t^6+\\ 8\left(\dfrac{a_{30}}{T^8}e_1(0)+\dfrac{a_{31}}{T^7}\dot{e}_1(0)+\dfrac{a_{32}}{T^6}\ddot{e}_1(0)+\dfrac{a_{33}}{T^5}\dddot{e}_1(0)+\dfrac{a_{34}}{T^4}e_1^{(4)}(0)\right)t^7+\\ 9\left(\dfrac{a_{40}}{T^9}e_1(0)+\dfrac{a_{41}}{T^8}\dot{e}_1(0)+\dfrac{a_{42}}{T^7}\ddot{e}_1(0)+\dfrac{a_{43}}{T^6}\dddot{e}_1(0)+\dfrac{a_{44}}{T^5}e_1^{(4)}(0)\right)t^8 \\ \qquad\qquad\qquad\qquad\qquad\qquad \text{当 } 0\leqslant t\leqslant T \text{ 时}\\ 0 \qquad\qquad\qquad\qquad\qquad\quad \text{当 } t>T \text{ 时}\end{cases} \tag{6.6}$$

$$\ddot{p}(t)=\begin{cases}\ddot{e}_1(0)+\dddot{e}_1(0)t+\dfrac{1}{2}e_1^{(4)}(0)t^2+\\ 20\left(\dfrac{a_{00}}{T^5}e_1(0)+\dfrac{a_{01}}{T^4}\dot{e}_1(0)+\dfrac{a_{02}}{T^3}\ddot{e}_1(0)+\dfrac{a_{03}}{T^2}\dddot{e}_1(0)+\dfrac{a_{04}}{T}e_1^{(4)}(0)\right)t^3+\\ 30\left(\dfrac{a_{10}}{T^6}e_1(0)+\dfrac{a_{11}}{T^5}\dot{e}_1(0)+\dfrac{a_{12}}{T^4}\ddot{e}_1(0)+\dfrac{a_{13}}{T^3}\dddot{e}_1(0)+\dfrac{a_{14}}{T^2}e_1^{(4)}(0)\right)t^4+\\ 42\left(\dfrac{a_{20}}{T^7}e_1(0)+\dfrac{a_{21}}{T^6}\dot{e}_1(0)+\dfrac{a_{22}}{T^5}\ddot{e}_1(0)+\dfrac{a_{23}}{T^4}\dddot{e}_1(0)+\dfrac{a_{24}}{T^3}e_1^{(4)}(0)\right)t^5+\\ 56\left(\dfrac{a_{30}}{T^8}e_1(0)+\dfrac{a_{31}}{T^7}\dot{e}_1(0)+\dfrac{a_{32}}{T^6}\ddot{e}_1(0)+\dfrac{a_{33}}{T^5}\dddot{e}_1(0)+\dfrac{a_{34}}{T^4}e_1^{(4)}(0)\right)t^6+\\ 72\left(\dfrac{a_{40}}{T^9}e_1(0)+\dfrac{a_{41}}{T^8}\dot{e}_1(0)+\dfrac{a_{42}}{T^7}\ddot{e}_1(0)+\dfrac{a_{43}}{T^6}\dddot{e}_1(0)+\dfrac{a_{44}}{T^5}e_1^{(4)}(0)\right)t^7 \\ \qquad\qquad\qquad\qquad\qquad\qquad \text{当 } 0\leqslant t\leqslant T \text{ 时}\\ 0 \qquad\qquad\qquad\qquad\qquad\quad \text{当 } t>T \text{ 时}\end{cases} \tag{6.7}$$

$$\dddot{p}(t)=\begin{cases}\dddot{e}_1(0)+e_1^{(4)}(0)t+\\60\left(\frac{a_{00}}{T^5}e_1(0)+\frac{a_{01}}{T^4}\dot{e}_1(0)+\frac{a_{02}}{T^3}\ddot{e}_1(0)+\frac{a_{03}}{T^2}\dddot{e}_1(0)+\frac{a_{04}}{T}e_1^{(4)}(0)\right)t^2+\\120\left(\frac{a_{10}}{T^6}e_1(0)+\frac{a_{11}}{T^5}\dot{e}_1(0)+\frac{a_{12}}{T^4}\ddot{e}_1(0)+\frac{a_{13}}{T^3}\dddot{e}_1(0)+\frac{a_{14}}{T^2}e_1^{(4)}(0)\right)t^3+\\210\left(\frac{a_{20}}{T^7}e_1(0)+\frac{a_{21}}{T^6}\dot{e}_1(0)+\frac{a_{22}}{T^5}\ddot{e}_1(0)+\frac{a_{23}}{T^4}\dddot{e}_1(0)+\frac{a_{24}}{T^3}e_1^{(4)}(0)\right)t^4+\\336\left(\frac{a_{30}}{T^8}e_1(0)+\frac{a_{31}}{T^7}\dot{e}_1(0)+\frac{a_{32}}{T^6}\ddot{e}_1(0)+\frac{a_{33}}{T^5}\dddot{e}_1(0)+\frac{a_{34}}{T^4}e_1^{(4)}(0)\right)t^5+\\504\left(\frac{a_{40}}{T^9}e_1(0)+\frac{a_{41}}{T^8}\dot{e}_1(0)+\frac{a_{42}}{T^7}\ddot{e}_1(0)+\frac{a_{43}}{T^6}\dddot{e}_1(0)+\frac{a_{44}}{T^5}e_1^{(4)}(0)\right)t^6\\\qquad\qquad\text{当 }0\leqslant t\leqslant T\text{ 时}\\0\qquad\qquad\text{当 }t>T\text{ 时}\end{cases}\tag{6.8}$$

$$p^{(4)}(t)=\begin{cases}e_1^{(4)}(0)+\\120\left(\frac{a_{00}}{T^5}e_1(0)+\frac{a_{01}}{T^4}\dot{e}_1(0)+\frac{a_{02}}{T^3}\ddot{e}_1(0)+\frac{a_{03}}{T^2}\dddot{e}_1(0)+\frac{a_{04}}{T}e_1^{(4)}(0)\right)t+\\360\left(\frac{a_{10}}{T^6}e_1(0)+\frac{a_{11}}{T^5}\dot{e}_1(0)+\frac{a_{12}}{T^4}\ddot{e}_1(0)+\frac{a_{13}}{T^3}\dddot{e}_1(0)+\frac{a_{14}}{T^2}e_1^{(4)}(0)\right)t^2+\\840\left(\frac{a_{20}}{T^7}e_1(0)+\frac{a_{21}}{T^6}\dot{e}_1(0)+\frac{a_{22}}{T^5}\ddot{e}_1(0)+\frac{a_{23}}{T^4}\dddot{e}_1(0)+\frac{a_{24}}{T^3}e_1^{(4)}(0)\right)t^3+\\1680\left(\frac{a_{30}}{T^8}e_1(0)+\frac{a_{31}}{T^7}\dot{e}_1(0)+\frac{a_{32}}{T^6}\ddot{e}_1(0)+\frac{a_{33}}{T^5}\dddot{e}_1(0)+\frac{a_{34}}{T^4}e_1^{(4)}(0)\right)t^4+\\3024\left(\frac{a_{40}}{T^9}e_1(0)+\frac{a_{41}}{T^8}\dot{e}_1(0)+\frac{a_{42}}{T^7}\ddot{e}_1(0)+\frac{a_{43}}{T^6}\dddot{e}_1(0)+\frac{a_{44}}{T^5}e_1^{(4)}(0)\right)t^5\\\qquad\qquad\text{当 }0\leqslant t\leqslant T\text{ 时}\\0\qquad\qquad\text{当 }t>T\text{ 时}\end{cases}\tag{6.9}$$

显然，由式(6.5)~式(6.9)可知，式(6.5)所提供的 $p(t)$ 满足假设 6 中的第 1 条和第 3 条。

现在要求式(6.5)所提供的 $p(t)$ 满足假设 6 中的第 2 条，即当 $t=T$ 时，$p(T)=0$，$\dot{p}(T)=0$，$\ddot{p}(T)=0$，$\dddot{p}(T)=0$，$p^{(4)}(T)=0$。

可以这样处理,反过来,令 $p(t)$ 满足假设 6 中的第 2 条,求出其系数 $a_{ij}(i,j=0,1,2,3,4)$,就完成了满足假设 6 的 $p(t)$ 的构造。

由 $p(T)=0$ 得

$$p(T)=\begin{cases} e_1(0)+\dot{e}_1(0)T+\frac{1}{2}\ddot{e}_1(0)T^2+\frac{1}{6}\dddot{e}_1(0)T^3+\frac{1}{24}e_1^{(4)}(0)T^4+ \\ (\frac{a_{00}}{T^5}e_1(0)+\frac{a_{01}}{T^4}\dot{e}_1(0)+\frac{a_{02}}{T^3}\ddot{e}_1(0)+\frac{a_{03}}{T^2}\dddot{e}_1(0)+\frac{a_{04}}{T}e_1^{(4)}(0))T^5+ \\ (\frac{a_{10}}{T^6}e_1(0)+\frac{a_{11}}{T^5}\dot{e}_1(0)+\frac{a_{12}}{T^4}\ddot{e}_1(0)+\frac{a_{13}}{T^3}\dddot{e}_1(0)+\frac{a_{14}}{T^2}e_1^{(4)}(0))T^6+ \\ (\frac{a_{20}}{T^7}e_1(0)+\frac{a_{21}}{T^6}\dot{e}_1(0)+\frac{a_{22}}{T^5}\ddot{e}_1(0)+\frac{a_{23}}{T^4}\dddot{e}_1(0)+\frac{a_{24}}{T^3}e_1^{(4)}(0))T^7+ \\ (\frac{a_{30}}{T^8}e_1(0)+\frac{a_{31}}{T^7}\dot{e}_1(0)+\frac{a_{32}}{T^6}\ddot{e}_1(0)+\frac{a_{33}}{T^5}\dddot{e}_1(0)+\frac{a_{34}}{T^4}e_1^{(4)}(0))T^8+ \\ (\frac{a_{40}}{T^9}e_1(0)+\frac{a_{41}}{T^8}\dot{e}_1(0)+\frac{a_{42}}{T^7}\ddot{e}_1(0)+\frac{a_{43}}{T^6}\dddot{e}_1(0)+\frac{a_{44}}{T^5}e_1^{(4)}(0))T^9 \end{cases}$$

$$=\begin{cases} (1+a_{00}+a_{10}+a_{20}+a_{30}+a_{40})e_1(0)+ \\ T(1+a_{01}+a_{11}+a_{21}+a_{31}+a_{41})\dot{e}_1(0)+ \\ T^2(\frac{1}{2}+a_{02}+a_{12}+a_{22}+a_{32}+a_{42})\ddot{e}_1(0)+ \\ T^3(\frac{1}{6}+a_{03}+a_{13}+a_{23}+a_{33}+a_{43})\dddot{e}_1(0)+ \\ T^4(\frac{1}{24}+a_{04}+a_{14}+a_{24}+a_{34}+a_{44})e_1^{(4)}(0) \end{cases}=0$$

则 $p(T)=0$ 成立的充分条件为:

$$\begin{cases} 1+a_{00}+a_{10}+a_{20}+a_{30}+a_{40}=0 \\ 1+a_{01}+a_{11}+a_{21}+a_{31}+a_{41}=0 \\ \frac{1}{2}+a_{02}+a_{12}+a_{22}+a_{32}+a_{42}=0 \\ \frac{1}{6}+a_{03}+a_{13}+a_{23}+a_{33}+a_{43}=0 \\ \frac{1}{24}+a_{04}+a_{14}+a_{24}+a_{34}+a_{44}=0 \end{cases}$$

同理,由 $\dot{p}(T)=0$, $\ddot{p}(T)=0$, $\dddot{p}(T)=0$, $p^{(4)}(T)=0$ 成立的充分条件为:

$$\begin{cases} 0 + 5a_{00} + 6a_{10} + 7a_{20} + 8a_{30} + 9a_{40} = 0 \\ 1 + 5a_{01} + 6a_{11} + 7a_{21} + 8a_{31} + 9a_{41} = 0 \\ 1 + 5a_{02} + 6a_{12} + 7a_{22} + 8a_{32} + 9a_{42} = 0 \\ \dfrac{1}{2} + 5a_{03} + 6a_{13} + 7a_{23} + 8a_{33} + 9a_{43} = 0 \\ \dfrac{1}{6} + 5a_{04} + 6a_{14} + 7a_{24} + 8a_{34} + 9a_{44} = 0 \end{cases}$$

$$\begin{cases} 0 + 20a_{00} + 30a_{10} + 42a_{20} + 56a_{30} + 72a_{40} = 0 \\ 0 + 20a_{01} + 30a_{11} + 42a_{21} + 56a_{31} + 72a_{41} = 0 \\ 1 + 20a_{02} + 30a_{12} + 42a_{22} + 56a_{32} + 72a_{42} = 0 \\ 1 + 20a_{03} + 30a_{13} + 42a_{23} + 56a_{33} + 72a_{43} = 0 \\ \dfrac{1}{2} + 20a_{04} + 30a_{14} + 42a_{24} + 56a_{34} + 72a_{44} = 0 \end{cases}$$

$$\begin{cases} 0 + 60a_{00} + 120a_{10} + 210a_{20} + 336a_{30} + 504a_{40} = 0 \\ 0 + 60a_{01} + 120a_{11} + 210a_{21} + 336a_{31} + 504a_{41} = 0 \\ 0 + 60a_{02} + 120a_{12} + 210a_{22} + 336a_{32} + 504a_{42} = 0 \\ 1 + 60a_{03} + 120a_{13} + 210a_{23} + 336a_{33} + 504a_{43} = 0 \\ 1 + 60a_{04} + 120a_{14} + 210a_{24} + 336a_{34} + 504a_{44} = 0 \end{cases}$$

$$\begin{cases} 0 + 120a_{00} + 360a_{10} + 840a_{20} + 1680a_{30} + 3024a_{40} = 0 \\ 0 + 120a_{01} + 360a_{11} + 840a_{21} + 1680a_{31} + 3024a_{41} = 0 \\ 0 + 120a_{02} + 360a_{12} + 840a_{22} + 1680a_{32} + 3024a_{42} = 0 \\ 0 + 120a_{03} + 360a_{13} + 840a_{23} + 1680a_{33} + 3024a_{43} = 0 \\ 1 + 120a_{04} + 360a_{14} + 840a_{24} + 1680a_{34} + 3024a_{44} = 0 \end{cases}$$

由上述方程组可以整理出 5 个五元一次方程组：

$$\begin{cases} a_{00} + a_{10} + a_{20} + a_{30} + a_{40} = -1 \\ 5a_{00} + 6a_{10} + 7a_{20} + 8a_{30} + 9a_{40} = 0 \\ 20a_{00} + 30a_{10} + 42a_{20} + 56a_{30} + 72a_{40} = 0 \\ 60a_{00} + 120a_{10} + 210a_{20} + 336a_{30} + 504a_{40} = 0 \\ 120a_{00} + 360a_{10} + 840a_{20} + 1680a_{30} + 3024a_{40} = 0 \end{cases}$$

$$\begin{cases}a_{01}+a_{11}+a_{21}+a_{31}+a_{41}=-1\\5a_{01}+6a_{11}+7a_{21}+8a_{31}+9a_{41}=-1\\20a_{01}+30a_{11}+42a_{21}+56a_{31}+72a_{41}=0\\60a_{01}+120a_{11}+210a_{21}+336a_{31}+504a_{41}=0\\120a_{01}+360a_{11}+840a_{21}+1680a_{31}+3024a_{41}=0\end{cases}$$

$$\begin{cases}a_{02}+a_{12}+a_{22}+a_{32}+a_{42}=-\dfrac{1}{2}\\5a_{02}+6a_{12}+7a_{22}+8a_{32}+9a_{42}=-1\\20a_{02}+30a_{12}+42a_{22}+56a_{32}+72a_{42}=-1\\60a_{02}+120a_{12}+210a_{22}+336a_{32}+504a_{42}=0\\120a_{02}+360a_{12}+840a_{22}+1680a_{32}+3024a_{42}=0\end{cases}$$

$$\begin{cases}a_{03}+a_{13}+a_{23}+a_{33}+a_{43}=-\dfrac{1}{6}\\5a_{03}+6a_{13}+7a_{23}+8a_{33}+9a_{43}=-\dfrac{1}{2}\\20a_{03}+30a_{13}+42a_{23}+56a_{33}+72a_{43}=-1\\60a_{03}+120a_{13}+210a_{23}+336a_{33}+504a_{43}=-1\\120a_{03}+360a_{13}+840a_{23}+1680a_{33}+3024a_{43}=0\end{cases}$$

$$\begin{cases}a_{04}+a_{14}+a_{24}+a_{34}+a_{44}=-\dfrac{1}{24}\\5a_{04}+6a_{14}+7a_{24}+8a_{34}+9a_{44}=-\dfrac{1}{6}\\20a_{04}+30a_{14}+42a_{24}+56a_{34}+72a_{44}=-\dfrac{1}{2}\\60a_{04}+120a_{14}+210a_{24}+336a_{34}+504a_{44}=-1\\120a_{04}+360a_{14}+840a_{24}+1680a_{34}+3024a_{44}=-1\end{cases}$$

按 $\boldsymbol{Ax}=\boldsymbol{b}$ 表达五元一次方程组，则上述 5 个方程组可以分别写成如下 5 种形式：

$$A_1 x_1 = b_1, 其中, A_1 = \begin{bmatrix} 1 & 1 & 1 & 1 & 1 \\ 5 & 6 & 7 & 8 & 9 \\ 20 & 30 & 42 & 56 & 72 \\ 60 & 120 & 210 & 336 & 504 \\ 120 & 360 & 840 & 1680 & 3024 \end{bmatrix}, b_1 = \begin{bmatrix} -1 \\ 0 \\ 0 \\ 0 \\ 0 \end{bmatrix}$$

$$A_2 x_2 = b_2, 其中, A_2 = \begin{bmatrix} 1 & 1 & 1 & 1 & 1 \\ 5 & 6 & 7 & 8 & 9 \\ 20 & 30 & 42 & 56 & 72 \\ 60 & 120 & 210 & 336 & 504 \\ 120 & 360 & 840 & 1680 & 3024 \end{bmatrix}, b_2 = \begin{bmatrix} -1 \\ -1 \\ 0 \\ 0 \\ 0 \end{bmatrix}$$

$$A_3 x_3 = b_3, 其中, A_3 = \begin{bmatrix} 1 & 1 & 1 & 1 & 1 \\ 5 & 6 & 7 & 8 & 9 \\ 20 & 30 & 42 & 56 & 72 \\ 60 & 120 & 210 & 336 & 504 \\ 120 & 360 & 840 & 1680 & 3024 \end{bmatrix}, b_3 = \begin{bmatrix} -\frac{1}{2} \\ -1 \\ -1 \\ 0 \\ 0 \end{bmatrix}$$

$$A_4 x_4 = b_4, 其中, A_4 = \begin{bmatrix} 1 & 1 & 1 & 1 & 1 \\ 5 & 6 & 7 & 8 & 9 \\ 20 & 30 & 42 & 56 & 72 \\ 60 & 120 & 210 & 336 & 504 \\ 120 & 360 & 840 & 1680 & 3024 \end{bmatrix}, b_4 = \begin{bmatrix} -\frac{1}{6} \\ -\frac{1}{2} \\ -1 \\ -1 \\ 0 \end{bmatrix}$$

$$A_5 x_5 = b_5, 其中, A_5 = \begin{bmatrix} 1 & 1 & 1 & 1 & 1 \\ 5 & 6 & 7 & 8 & 9 \\ 20 & 30 & 42 & 56 & 72 \\ 60 & 120 & 210 & 336 & 504 \\ 120 & 360 & 840 & 1680 & 3024 \end{bmatrix}, b_5 = \begin{bmatrix} -\frac{1}{24} \\ -\frac{1}{6} \\ -\frac{1}{2} \\ -1 \\ -1 \end{bmatrix}$$

解上述 5 个方程组可得：

$$\begin{cases}a_{00}=-126\\a_{10}=420\\a_{20}=-540\\a_{30}=315\\a_{40}=-70\end{cases},\begin{cases}a_{01}=-70\\a_{11}=224\\a_{21}=-280\\a_{31}=160\\a_{41}=-35\end{cases},\begin{cases}a_{02}=-17.5\\a_{12}=52.5\\a_{22}=-63\\a_{32}=35\\a_{42}=-7.5\end{cases},$$

$$\begin{cases}a_{03}=-2.5\\a_{13}=6.6667\\a_{23}=-7.5\\a_{33}=4\\a_{43}=-0.8333\end{cases},\begin{cases}a_{04}=-0.2083\\a_{14}=0.4167\\a_{24}=-0.4167\\a_{34}=0.2083\\a_{44}=-0.0417\end{cases}\tag{6.10}$$

由式(6.4)得：

$$\begin{aligned}\dot{s}&=\boldsymbol{C}(\dot{\boldsymbol{E}}-\dot{\boldsymbol{P}})=\boldsymbol{C}\left[\dot{e}_1-\dot{p}(t),\dot{e}_2-\ddot{p}(t),\dot{e}_3-\dddot{p}(t),\dot{e}_4-p^{(4)}(t)\right]^{\mathrm{T}}\\&=c_1(\dot{e}_1-\dot{p}(t))+c_2(\dot{e}_2-\ddot{p}(t))+c_3(\dot{e}_3-\dddot{p}(t))+\dot{e}_4-p^{(4)}(t)\\&=c_1(\dot{e}_1-\dot{p}(t))+c_2(\dot{e}_2-\ddot{p}(t))+c_3(\dot{e}_3-\dddot{p}(t))+\frac{\mathrm{d}}{\mathrm{d}t}\left[\frac{\partial f_1}{\partial x_1}x_2\right]+\\&\quad\frac{\mathrm{d}}{\mathrm{d}t}\left[\frac{\partial f_1}{\partial x_2}f_1\right]+\frac{\mathrm{d}}{\mathrm{d}t}\left[\frac{\partial f_1}{\partial x_3}\right]x_4+\frac{\partial f_1}{\partial x_3}(f_2+bu+d)-p^{(4)}(t)\end{aligned}\tag{6.11}$$

设计指数趋近律：

$$\dot{s}=-K\mathrm{sgn}(s)-\lambda s\tag{6.12}$$

其中，$\lambda>0$，取 $K=\bar{\sigma}\bar{d}+\varepsilon$，$\varepsilon>0$。

不妨设 $d=0$，不确定项 d 可以通过滑模切换控制的鲁棒性而克服，则由式(6.11)和式(6.12)可得控制律为

$$\begin{aligned}u=&-\left[\frac{\partial f_1}{\partial x_3}b\right]^{-1}\left(c_1\dot{e}_1+c_2\dot{e}_2+c_3\dot{e}_3-c_1\dot{p}(t)-c_2\ddot{p}(t)-c_3\dddot{p}(t)-p^{(4)}(t)+\right.\\&\left.\frac{\mathrm{d}}{\mathrm{d}t}\left[\frac{\partial f_1}{\partial x_1}x_2\right]+\frac{\mathrm{d}}{\mathrm{d}t}\left[\frac{\partial f_1}{\partial x_2}f_1\right]+\frac{\mathrm{d}}{\mathrm{d}t}\left[\frac{\partial f_1}{\partial x_3}\right]x_4+\frac{\partial f_1}{\partial x_3}f_2+K\mathrm{sgn}(s)+\lambda s\right)\end{aligned}\tag{6.13}$$

定理 6.1：针对式(6.1)所示的欠驱动非线性系统，如果满足上述六个假设条件，且 $\dfrac{\partial f_1}{\partial x_4}=0$ 时，则在式(6.13)所示控制律作用下，系统所有状态将渐近收敛到零。

证明：选取 Lyapunov 函数：

$$V = \frac{1}{2}s^2 > 0, s \neq 0 \tag{6.14}$$

则有

$$\dot{V} = s\dot{s} = s(c_1(\dot{e}_1 - \dot{p}(t)) + c_2(\dot{e}_2 - \ddot{p}(t)) + c_3(\dot{e}_3 - \dddot{p}(t)) + \frac{\mathrm{d}}{\mathrm{d}t}\left[\frac{\partial f_1}{\partial x_1}x_2\right] + \frac{\mathrm{d}}{\mathrm{d}t}\left[\frac{\partial f_1}{\partial x_2}f_1\right] + \frac{\mathrm{d}}{\mathrm{d}t}\left[\frac{\partial f_1}{\partial x_3}\right]x_4 + \frac{\partial f_1}{\partial x_3}(f_2 + bu + d) - p^{(4)}(t)) \tag{6.15}$$

将式(6.13)代入式(6.15),并根据假设4和假设5可得:

$$\dot{V} = s(-(\bar{\sigma}\bar{d} + \varepsilon)\mathrm{sgn}(s) - \lambda s + \frac{\partial f_1}{\partial x_3}d)$$
$$= -(\bar{\sigma}\bar{d} + \varepsilon)|s| - \lambda s^2 + \frac{\partial f_1}{\partial x_3}d \leqslant -\varepsilon|s| - \lambda s^2 \leqslant -\varepsilon|s| < 0, s \neq 0 \tag{6.16}$$

所以,V 正定且径向无界,$\dot{V}$ 负定,系统全局渐近稳定。

与4.3.2节的相关情况同理,式(6.16)保证了在滑模流形以外的运动点都将在有限时间内到达滑模流形 $s = 0$。

当 $t = 0$ 时,由假设6第1条可知,$p(0) = e_1(0)$,$\dot{p}(0) = \dot{e}_1(0)$,$\ddot{p}(0) = \ddot{e}_1(0)$,$\dddot{p}(0) = \dddot{e}_1(0)$,$p^{(4)}(t) = e_1^{(4)}(0)$,则由式(6.4)可得 $s = 0$,也就是说系统的初始状态就已经在滑模流形上,从而消除了滑模控制的到达阶段。

当 $t > 0$ 时,由式(6.15)保证了滑模流形 $s = 0$,即 $\boldsymbol{E}(t) = \boldsymbol{P}(t)$;由假设6第2条和第3条可知,当 $t \geqslant T$ 时,$p(t) = 0$, $\dot{p}(t) = 0$, $\ddot{p}(t) = 0$, $\dddot{p}(t) = 0$,$p^{(4)}(t) = 0$, 即有 $\boldsymbol{P}(t) = \boldsymbol{0}$;则可得 $\boldsymbol{E}(t) = \boldsymbol{P}(t) = 0$,也就是跟踪误差 $\boldsymbol{E}(t)$ 可以在有限时间 T 内收敛至零,即 $e_i \to 0, i = 1,2,3,4$。

根据式(6.2),由 $e_1 \to 0$, $e_2 \to 0$,可得 $x_1 \to 0$, $x_2 \to 0$。

由 $e_3 = f_1(x_1, x_2, x_3, x_4) \to 0$, $e_4 = \frac{\partial f_1}{\partial x_1}x_2 + \frac{\partial f_1}{\partial x_2}f_1 + \frac{\partial f_1}{\partial x_3}x_4 \to 0$,根据假设2可知 $\frac{\partial f_1}{\partial x_3}$ 可逆,即 $\frac{\partial f_1}{\partial x_3} \neq 0$,可得 $x_4 \to 0$。

$e_3 = f_1(x_1, x_2, x_3, x_4) = f_1(0,0,x_3,0) \to 0$,根据假设3可知 $x_3 \to 0$。

同时满足假设1,$f_1(0,0,0,0) \to 0$。

2. 第二种情况,当 $\frac{\partial f_1}{\partial x_4}$ 可逆,即 $\frac{\partial f_1}{\partial x_4} \neq 0$ 时

设系统(6.1)满足如下4个假设条件:

假设1：$f_1(0,0,0,0) \to 0$；

假设2：如果 $f_1(0,0,x_3,,x_4) \to 0$，则 $x_3 \to 0,\ x_4 \to 0$；

假设3：$\left|\dfrac{\partial f_1}{\partial x_4}\right| \leqslant \bar{\delta}$，即 $\bar{\delta}$ 为 $\left|\dfrac{\partial f_1}{\partial x_4}\right|$ 的上界；

假设4：不确定项 d 满足 $|d| \leqslant \bar{d}$，即 $\bar{d}$ 为 d 的上界。

取误差方程为

$$\begin{cases} e_1 = x_1 \\ e_2 = \dot{e}_1 = \dot{x}_1 = x_2 \\ e_3 = \dot{e}_2 = \dot{x}_2 = f_1(x_1,x_2,x_3,x_4) \\ e_4 = \dot{e}_3 = \dot{f}_1 = \dfrac{\partial f_1}{\partial x_1}x_2 + \dfrac{\partial f_1}{\partial x_2}f_1 + \dfrac{\partial f_1}{\partial x_3}x_4 + \dfrac{\partial f_1}{\partial x_4}\dot{x}_4 \end{cases} \tag{6.17}$$

式(6.17)可转换为

$$\begin{cases} \dot{e}_1 = e_2 \\ \dot{e}_2 = e_3 \\ \dot{e}_3 = e_4 = \dfrac{\partial f_1}{\partial x_1}x_2 + \dfrac{\partial f_1}{\partial x_2}f_1 + \dfrac{\partial f_1}{\partial x_3}x_4 + \dfrac{\partial f_1}{\partial x_4}(f_2 + bu + d) \end{cases} \tag{6.18}$$

设计终端滑模流形为

$$s = \boldsymbol{C}(\boldsymbol{E} - \boldsymbol{P}) \tag{6.19}$$

其中，$\boldsymbol{C} = [c_1,c_2,1]$，$c_i > 0(i = 1,2)$，$c_i$ 满足 Hurwitz 条件。

$\boldsymbol{E} = [e_1(t),e_2(t),e_3(t)]^{\mathrm{T}} = [e_1(t),\dot{e}_1(t),\ddot{e}_1(t)]^{\mathrm{T}}$，

$\boldsymbol{P} = [p(t),\dot{p}(t),\ddot{p}(t)]^{\mathrm{T}}$，$p(t)$ 为需要设计的函数。并假设 $p(t)$ 满足如下条件。

假设5：$p(t):\mathbf{R}^+ \to \mathbf{R}$，$p(t)$ 为定义在 $[0,\infty)$ 上的具有1~3阶可微的连续函数，$p(t),\dot{p}(t),\ddot{p}(t),\dddot{p}(t) \in L_\infty$。给定某个有限时间常数 $T > 0$，$p(t)$ 在时间段 $[0,T]$ 上有界。

(1) 当 $t = 0$ 时，$p(0) = e_1(0)$，$\dot{p}(0) = \dot{e}_1(0)$，$\ddot{p}(0) = \ddot{e}_1(0)$，$\dddot{p}(0) = \dddot{e}_1(0)$。

(2) 当 $t = T$ 时，$p(T) = 0$，$\dot{p}(T) = 0$，$\ddot{p}(T) = 0$，$\dddot{p}(T) = 0$。

(3) 当 $t > T$ 时，$p(t) = 0$，$\dot{p}(t) = 0$，$\ddot{p}(t) = 0$，$\dddot{p}(t) = 0$。

为了满足假设条件，按文献[47-48]提供的方法，可以构造 $p(t)$ 如下：

$$p(t)=\begin{cases} e_1(0)+\dot{e}_1(0)t+\frac{1}{2}\ddot{e}_1(0)t^2+\frac{1}{6}\dddot{e}_1(0)t^3+ \\ \left(\frac{a_{00}}{T^4}e_1(0)+\frac{a_{01}}{T^3}\dot{e}_1(0)+\frac{a_{02}}{T^2}\ddot{e}_1(0)+\frac{a_{03}}{T}\dddot{e}_1(0)\right)t^4+ \\ \left(\frac{a_{10}}{T^5}e_1(0)+\frac{a_{11}}{T^4}\dot{e}_1(0)+\frac{a_{12}}{T^3}\ddot{e}_1(0)+\frac{a_{13}}{T^2}\dddot{e}_1(0)\right)t^5+ \\ \left(\frac{a_{20}}{T^6}e_1(0)+\frac{a_{21}}{T^5}\dot{e}_1(0)+\frac{a_{22}}{T^4}\ddot{e}_1(0)+\frac{a_{23}}{T^3}\dddot{e}_1(0)\right)t^6+ \\ \left(\frac{a_{30}}{T^7}e_1(0)+\frac{a_{31}}{T^6}\dot{e}_1(0)+\frac{a_{32}}{T^5}\ddot{e}_1(0)+\frac{a_{33}}{T^4}\dddot{e}_1(0)\right)t^7 \\ \qquad\qquad\qquad\qquad\qquad\qquad\qquad \text{当 } 0\leqslant t\leqslant T \text{ 时} \\ 0 \qquad\qquad\qquad\qquad\qquad\qquad\quad \text{当 } t>T \text{ 时} \end{cases} \tag{6.20}$$

其中，$a_{ij}(i,j=0,1,2,3)$ 为系数。

与情况一同理，可得：

$$\begin{cases} a_{00}=-35 \\ a_{10}=84 \\ a_{20}=-70 \\ a_{30}=20 \end{cases},\begin{cases} a_{01}=-20 \\ a_{11}=45 \\ a_{21}=-36 \\ a_{31}=10 \end{cases},\begin{cases} a_{02}=-5 \\ a_{12}=10 \\ a_{22}=-15/2 \\ a_{32}=2 \end{cases},\begin{cases} a_{03}=-2/3 \\ a_{13}=1 \\ a_{23}=-2/3 \\ a_{33}=1/6 \end{cases} \tag{6.21}$$

由式(6.19)得

$$\begin{aligned} \dot{s} &= \boldsymbol{C}(\dot{\boldsymbol{E}}-\dot{\boldsymbol{P}})=\boldsymbol{C}\,[\dot{e}_1-\dot{p}(t),\dot{e}_2-\ddot{p}(t),\dot{e}_3-\dddot{p}(t)]^{\mathrm{T}} \\ &= c_1(\dot{e}_1-\dot{p}(t))+c_2(\dot{e}_2-\ddot{p}(t))+\dot{e}_3-\dddot{p}(t) \\ &= c_1(\dot{e}_1-\dot{p}(t))+c_2(\dot{e}_2-\ddot{p}(t))+\frac{\partial f_1}{\partial x_1}x_2+\frac{\partial f_1}{\partial x_2}f_1+\frac{\partial f_1}{\partial x_3}x_4+ \\ &\quad \frac{\partial f_1}{\partial x_4}(f_2+bu+d)-\dddot{p}(t) \end{aligned} \tag{6.22}$$

设计指数趋近律：

$$\dot{s}=-K\mathrm{sgn}(s)-\lambda s \tag{6.23}$$

其中，$\lambda>0$，取 $K=\bar{\delta}\,\bar{d}+\varepsilon$，$\varepsilon>0$。

不妨设 $d=0$，不确定项 d 可以通过滑模切换控制的鲁棒性而克服，则由式(6.22)和式(6.23)可得控制律为

$$u=-\left[\frac{\partial f_1}{\partial x_4}b\right]^{-1}\left(c_1\dot{e}_1+c_2\dot{e}_2-c_1\dot{p}(t)-c_2\ddot{p}(t)-\dddot{p}(t)+\right.$$

$$\left.\frac{\partial f_1}{\partial x_1}x_2+\frac{\partial f_1}{\partial x_2}f_1+\frac{\partial f_1}{\partial x_3}x_4+\frac{\partial f_1}{\partial x_4}f_2+K\mathrm{sgn}(s)+\lambda s\right) \tag{6.24}$$

定理 6.2:针对式(6.1)所示的欠驱动非线性系统,如果满足上述 5 个假设条件,且 $\frac{\partial f_1}{\partial x_4}$ 可逆时,则在式(6.24)所示控制律作用下,系统所有状态将渐近收敛到零。

证明:选取 Lyapunov 函数:

$$V=\frac{1}{2}s^2>0,s\neq 0 \tag{6.25}$$

则有

$$\begin{aligned}\dot V=s\dot s&=s(c_1(\dot e_1-\dot p(t))+c_2(\dot e_2-\ddot p(t))+\dot e_3-\dddot p(t))\\&=s\left(c_1(\dot e_1-\dot p(t))+c_2(\dot e_2-\ddot p(t))+\frac{\partial f_1}{\partial x_1}x_2+\frac{\partial f_1}{\partial x_2}f_1+\frac{\partial f_1}{\partial x_3}x_4+\right.\\&\left.\frac{\partial f_1}{\partial x_4}(f_2+bu+d)-\dddot p(t)\right)\end{aligned} \tag{6.26}$$

将控制律式(6.24)代入式(6.26),并根据假设 3 和假设 4 可得:

$$\begin{aligned}\dot V&=s\left(\frac{\partial f_1}{\partial x_4}d-K\mathrm{sgn}(s)-\lambda s\right)=s\left(\frac{\partial f_1}{\partial x_4}d-(\bar\delta\,\bar d+\varepsilon)\,\mathrm{sgn}(s)-\lambda s\right)\\&=s\frac{\partial f_1}{\partial x_4}d-(\bar\delta\,\bar d+\varepsilon)\,|s|-\lambda s^2\leqslant-\varepsilon|s|-\lambda s^2\leqslant-\varepsilon|s|<0,s\neq 0\end{aligned} \tag{6.27}$$

所以,V 正定且径向无界,$\dot V$ 负定,系统全局渐近稳定。

与 4.3.2 节的相关情况同理,式 (6.27) 保证了在滑模流形以外的运动点都将在有限时间内到达滑模流形 $s=0$。

当 $t=0$ 时,由假设 5 第 1 条可知,$p(0)=e_1(0)$,$\dot p(0)=\dot e_1(0)$,$\ddot p(0)=\ddot e_1(0)$,$\dddot p(0)=\dddot e_1(0)$,则由式(6.19)可得到 $s=0$,也就是说系统的初始状态就已经在滑模流形上,从而消除了滑模控制的到达阶段。

当 $t>0$ 时,由式(6.27)保证了滑模流形 $s=0$,即 $\boldsymbol{E}(t)=\boldsymbol{P}(t)$;由假设 5 第 2 条和第 3 条可知,当 $t\geqslant T$ 时,$p(t)=0$,$\dot p(t)=0$,$\ddot p(t)=0$,$\dddot p(t)=0$,即有 $\boldsymbol{P}(t)=\boldsymbol{0}$;则可得 $\boldsymbol{E}(t)=\boldsymbol{P}(t)=\boldsymbol{0}$,也就是跟踪误差 $\boldsymbol{E}(t)$ 可以在有限时间 T 内收敛至零,即 $e_i\to 0,i=1,2,3$。

根据式(6.17),由 $e_1\to 0$, $e_2\to 0$,可得 $x_1\to 0$, $x_2\to 0$。

由 $e_3=f_1(x_1,x_2,x_3,x_4)=f_1(0,0,x_3,x_4)\to 0$,根据假设 2 可知 $x_3\to 0$, $x_4\to 0$。

同时满足假设 1, $f_1(0,0,0,0) \to 0$。

6.1.3 仿真实例

针对式(4.54)所示的倒立摆模型,为方便控制器设计,第 4 章推导了用于控制器设计的倒立摆简化模型如下:

$$\begin{cases}\dot{x}_1 = x_2 \\ \dot{x}_2 = f_1(x_1, x_2, x_3, x_4) \\ \dot{x}_3 = x_4 \\ \dot{x}_4 = f_2(x_1, x_2, x_3, x_4) + b(x_1, x_2, x_3, x_4)u + d\end{cases} \tag{6.28}$$

其中, d 为外加干扰,

$$f_1 = \frac{(I + ml^2)(m + M)g - m^2 g l^2}{(m + M)I + mMl^2} x_3$$

$$f_2 = \frac{m(m + M)gl}{(m + M)I + mMl^2} x_3$$

$$b = \frac{-ml}{(m + M)I + mMl^2}$$

控制目标为设计状态反馈控制器使系统镇定。

显然, $\dfrac{\partial f_1}{\partial x_4} = 0$,符合本章提出的欠驱动系统终端滑模控制方法的第一种情况,因此可以采用式(6.13)所示的控制律。

倒立摆控制目标、参数、初始条件、外加干扰与 4.3 节的相同。

控制器采用式(6.13)所示控制律,控制器参数为: $c_1 = 1, c_2 = 3, c_3 = 3, K = 15, \lambda = 5$,终端滑模到达时间 $T = 1$, $p(t)$ 由式(6.5)确定,其系数由式(6.10)给出。

仿真实验结果如图 6.1 所示。

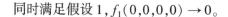

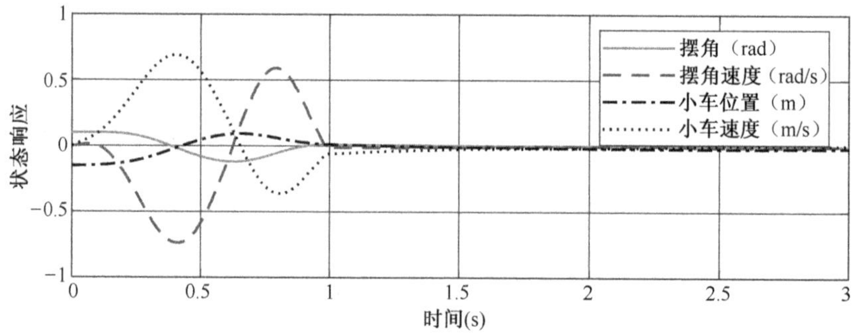

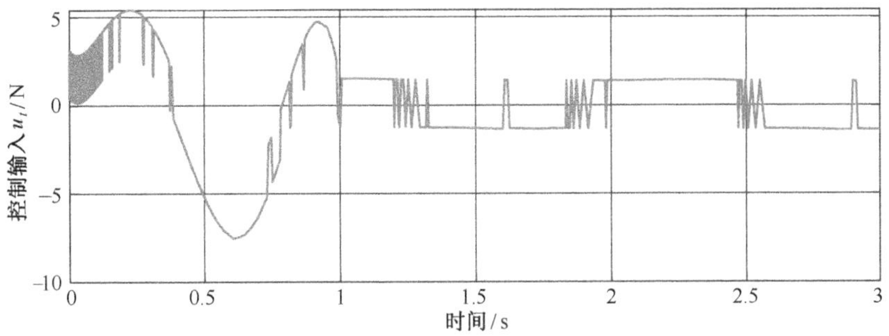

图 6.1　状态响应与控制输入

仿真程序：

（1）Simulink 主程序：chap6_1sim. slx

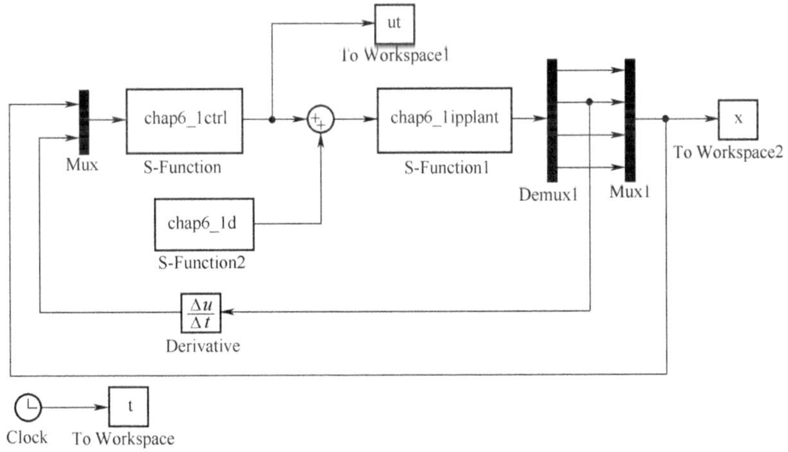

（2）被控对象程序：chap6_1ipplant. m

与第 4 章的 chap4_2ipplant. m 相同。

（3）控制器程序：chap6_1ctrl. m

```
function [sys,x0,str,ts] = chap6_1ctrl(t,x,u,flag)
switch flag
case 0
    [sys,x0,str,ts]=mdlInitializeSizes;
case 3
    sys=mdlOutputs(t,x,u);
case {2,4,9}
    sys=[];
```

```
otherwise
    error(['Unhandled flag = ',num2str(flag)]);
end
function [sys,x0,str,ts]=mdlInitializeSizes
sizes = simsizes;
sizes.NumContStates  = 0;
sizes.NumDiscStates  = 0;
sizes.NumOutputs     = 1;
sizes.NumInputs      = 5;
sizes.DirFeedthrough = 1;
sizes.NumSampleTimes = 1;
sys = simsizes(sizes);
x0  = [];
str = [];
ts  = [0 0];
function sys=mdlOutputs(t,x,u)
persistent e0 de0 dde0 ddde0 dddde0
g=9.8; M=1.6; m=0.2; L=0.8;
I=1/12*m*L^2; l=1/2*L;
th=u(1); dth=u(2); xx=u(3); dxx=u(4);
x1=xx; x2=dxx; x3=th; x4=dth; dx4=u(5);
a11=(I+m*l^2)*(m+M)*g-m^2*g*l^2;
a22=(m+M)*I+m*M*l^2;
a33=m*(m+M)*g*l;
a44=-m*l;
f1=(a11/a22)*x3;
f2=(a33/a22)*x3;
b=a44/a22;
df1_dx1=0;
df1_dx2=0;
df1_dx3=a11/a22;
dt_df1_dx1_x2=0;
dt_df1_dx2_f1=0;
dt_df1_dx3=0;
dtf1=dt_df1_dx1_x2+dt_df1_dx2_f1+dt_df1_dx3*x4+df1_dx3*f2;
e1=x1;e2=x2;e3=f1;
e4=df1_dx1*x2+df1_dx2*f1+df1_dx3*x4;
```

```
de1=e2;de2=e3;de3=e4;
de4=dt_df1_dx1_x2+dt_df1_dx2_f1+dt_df1_dx3*x4+df1_dx3*dx4;
if t==0
    e0=e1;
    de0=de1;
    dde0=de2;
    ddde0=de3;
    dddde0=de4;
end
a00=-126;  a01=-70;  a02=-17.5;  a03=-2.5;    a04=-0.2083;
a10=420;   a11=224;  a12=52.5;   a13=6.6667;  a14=0.4167;
a20=-540;  a21=-280; a22=-63;    a23=-7.5;    a24=-0.4167;
a30=315;   a31=160;  a32=35;     a33=4;       a34=0.2083;
a40=-70;   a41=-35;  a42=-7.5;   a43=-0.8333; a44=-0.0417;
T=1;
if t<=T
    A0=a00/T^5*e0+a01/T^4*de0+a02/T^3*dde0+a03/T^2*ddde0+
a04/T*dddde0;
    A1=a10/T^6*e0+a11/T^5*de0+a12/T^4*dde0+a13/T^3*ddde0+
a14/T^2*dddde0;
    A2=a20/T^7*e0+a21/T^6*de0+a22/T^5*dde0+a23/T^4*ddde0+
a24/T^3*dddde0;
    A3=a30/T^8*e0+a31/T^7*de0+a32/T^6*dde0+a33/T^5*ddde0+
a34/T^4*dddde0;
    A4=a40/T^9*e0+a41/T^8*de0+a42/T^7*dde0+a43/T^6*ddde0+
a44/T^5*dddde0;
    p=e0+de0*t+1/2*dde0*t^2+1/6*ddde0*t^3+1/24*dddde0*t^4+A0*
t^5+A1*t^6+A2*t^7+A3*t^8+A4*t^9;
    dp=de0+dde0*t+1/2*ddde0*t^2+1/6*dddde0*t^3+5*A0*t^4+6*A1
*t^5+7*A2*t^6+8*A3*t^7+9*A4*t^8;
    ddp=dde0+ddde0*t+1/2*dddde0*t^2+20*A0*t^3+30*A1*t^4+42*A2
*t^5+56*A3*t^6+72*A4*t^7;
    dddp=ddde0+dddde0*t+60*A0*t^2+120*A1*t^3+210*A2*t^4+336*
A3*t^5+504*A4*t^6;
        ddddp=dddde0+120*A0*t+360*A1*t^2+840*A2*t^3+1680*A3*t
^4
    +3024*A4*t^5;
    else
```

```
    p=0; dp=0; ddp=0; dddp=0; ddddp=0;
end
c1=1; c2=3; c3=3;
C=[c1,c2,c3,1];E=[e1;e2;e3;e4];P=[p;dp;ddp;dddp];
s=C*(E-P);
K=15; rem=5;
ut=-(df1_dx3*b)^-1*(c1*de1+c2*de2+c3*de3-c1*dp-c2*ddp-c3*
dddp-ddddp+dtf1+K*sign(s)+rem*s);
sys(1)=ut;
```

（4）干扰输入程序：chap6_1d. m

与第 4 章的 chap4_2d. m 相同。

（5）作图程序：chap6_1plot. m

与第 4 章的 chap4_2plot. m 相同。

6.2 四旋翼飞行器终端滑模控制方法设计

本节主要讨论应用本章提出的针对一类欠驱动系统的终端滑模控制方法，设计四旋翼飞行器定点悬停的飞行控制算法。

第 2 章建立的四旋翼飞行器简化模型如下：

$$\begin{cases}\ddot{x}=-\dfrac{K_1}{m}\dot{x}+\dfrac{\cos\phi\sin\theta\cos\psi+\sin\phi\sin\psi}{m}u_1\\ \ddot{y}=-\dfrac{K_2}{m}\dot{y}+\dfrac{\cos\phi\sin\theta\sin\psi-\sin\phi\cos\psi}{m}u_1\\ \ddot{z}=-\dfrac{K_3}{m}\dot{z}-g+\dfrac{\cos\phi\cos\theta}{m}u_1\\ \ddot{\phi}=\dfrac{I_y-I_z}{I_x}\dot{\theta}\dot{\psi}-\dfrac{K_4}{I_x}\dot{\phi}+\dfrac{1}{I_x}u_2\\ \ddot{\theta}=\dfrac{I_z-I_x}{I_y}\dot{\phi}\dot{\psi}-\dfrac{K_5}{I_y}\dot{\theta}+\dfrac{1}{I_y}u_3\\ \ddot{\psi}=\dfrac{I_x-I_y}{I_z}\dot{\phi}\dot{\theta}-\dfrac{K_6}{I_z}\dot{\psi}+\dfrac{1}{I_z}u_4\end{cases}\tag{6.29}$$

控制目标为，设计状态反馈控制器，使飞行器定高定向悬停，也就是：当 $t\to\infty$

时，$z \to z_d$，$\psi \to \psi_d$，$\dot{z} \to \dot{z}_d$，$\dot{\psi} \to \dot{\psi}_d$，其余状态镇定。假设 z_d，$\dot{z}_d$，$\ddot{z}_d$，ψ_d，$\dot{\psi}_d$，$\ddot{\psi}_d$ 有界。

为了方便应用本章提出的终端滑模控制方法，与第4章一样，可以将四旋翼飞行器动力学模型分为两个子系统：一个全驱动子系统（即高度和偏航子系统）；一个欠驱动子系统（即 xy 轴平动和滚转俯仰子系统），如图4.10所示。

全驱动子系统为

$$\begin{cases} \ddot{z} = -\dfrac{K_3}{m}\dot{z} - g + \dfrac{\cos\phi\cos\theta}{m}u_1 \\ \ddot{\psi} = \dfrac{I_x - I_y}{I_z}\dot{\phi}\dot{\theta} - \dfrac{K_6}{I_z}\dot{\psi} + \dfrac{1}{I_z}u_4 \end{cases} \tag{6.30}$$

欠驱动子系统为

$$\begin{cases} \ddot{x} = -\dfrac{K_1}{m}\dot{x} + \dfrac{\cos\phi\sin\theta\cos\psi + \sin\phi\sin\psi}{m}u_1 \\ \ddot{y} = -\dfrac{K_2}{m}\dot{y} + \dfrac{\cos\phi\sin\theta\sin\psi - \sin\phi\cos\psi}{m}u_1 \\ \ddot{\phi} = \dfrac{I_y - I_z}{I_x}\dot{\theta}\dot{\psi} - \dfrac{K_4}{I_x}\dot{\phi} + \dfrac{1}{I_x}u_2 \\ \ddot{\theta} = \dfrac{I_z - I_x}{I_y}\dot{\phi}\dot{\psi} - \dfrac{K_5}{I_y}\dot{\theta} + \dfrac{1}{I_y}u_3 \end{cases} \tag{6.31}$$

6.2.1　全驱动子系统终端滑模控制器设计

针对式(6.30)所示全驱动子系统，控制目标为：当 $t \to \infty$ 时，$z \to z_d$，$\psi \to \psi_d$，$\dot{z} \to \dot{z}_d$，$\psi \to \dot{\psi}_d$。

令 $\boldsymbol{q} = [z,\psi]^{\mathrm{T}}$，$\boldsymbol{\tau} = [u_1,u_4]^{\mathrm{T}}$，则式(6.30)可转换为：

$$\ddot{\boldsymbol{q}} = \boldsymbol{M}\dot{\boldsymbol{q}} + \boldsymbol{G} + \boldsymbol{H}\boldsymbol{\tau} + \boldsymbol{d}_1 \tag{6.32}$$

其中，

$$\boldsymbol{M} = \begin{bmatrix} -\dfrac{K_3}{m} & 0 \\ 0 & -\dfrac{K_6}{I_z} \end{bmatrix}, \boldsymbol{G} = \begin{bmatrix} -g \\ \dfrac{I_x - I_y}{I_z}\dot{\phi}\dot{\theta} \end{bmatrix}, \boldsymbol{H} = \begin{bmatrix} \dfrac{\cos\phi\cos\theta}{m} & 0 \\ 0 & \dfrac{1}{I_z} \end{bmatrix}$$

，$\boldsymbol{d}_1$ 为外部加入的干扰。

假设1：$\boldsymbol{d}_1$ 有上界 $\bar{\boldsymbol{d}}_1 = [\bar{d}_{11},\bar{d}_{12}]^{\mathrm{T}}$。

令 $\boldsymbol{q}_{\mathrm{d}}=[z_{\mathrm{d}},\psi_{\mathrm{d}}]^{\mathrm{T}}$，定义：

$$\boldsymbol{e}_{\mathrm{q}}=[e_{\mathrm{q1}},e_{\mathrm{q2}}]^{\mathrm{T}}=\boldsymbol{q}_{\mathrm{d}}-\boldsymbol{q}$$

其中，$e_{\mathrm{q1}}=z_{\mathrm{d}}-z$，$e_{\mathrm{q2}}=\psi_{\mathrm{d}}-\psi$。

设计终端滑模流形为：

$$\boldsymbol{s}_{\mathrm{q}}=\boldsymbol{C}_{\mathrm{q}}(\boldsymbol{E}_{\mathrm{q}}-\boldsymbol{P}_{\mathrm{q}}) \tag{6.33}$$

其中，$\boldsymbol{C}_{\mathrm{q}}=[\boldsymbol{c}_{\mathrm{q}},\boldsymbol{I}_{2\times 2}]$，$\boldsymbol{c}_{\mathrm{q}}=\begin{bmatrix} c_{\mathrm{q1}} & 0 \\ 0 & c_{\mathrm{q2}} \end{bmatrix}$，$c_{\mathrm{q1}}$ 和 c_{q2} 满足 Hurwitz 条件。

$\boldsymbol{E}_{\mathrm{q}}=[\boldsymbol{e}_{\mathrm{q}}(\mathrm{t}),\dot{\boldsymbol{e}}_{\mathrm{q}}(t)]^{\mathrm{T}}$，$\boldsymbol{P}_{\mathrm{q}}=[\boldsymbol{p}_{\mathrm{q}}(t),\dot{\boldsymbol{p}}_{\mathrm{q}}(t)]^{\mathrm{T}}$，$\boldsymbol{p}_{\mathrm{q}}(\mathrm{t})=[p_{\mathrm{q1}}(t),p_{\mathrm{q2}}(t)]^{\mathrm{T}}$，$p_{\mathrm{q}i}(t)$ 为需要设计的函数 $(i=1,2)$。假设 $p_i(t)$ 满足如下条件。

假设 2： $p_i(t):\mathbf{R}^+\to\mathbf{R}$，$p_i(t)$ 为定义在 $[0,\infty)$ 上的具有 1~2 阶可微的连续函数，$p_i(t),\dot{p}_i(t),\ddot{p}_i(t)\in L_\infty$。给定某个有限时间常数 $T>0$，$p_i(t)$ 在时间段 $[0,T]$ 上有界，

（1）当 $t=0$ 时，$p_{\mathrm{q1}}(0)=e_{\mathrm{q1}}(0)$，$\dot{p}_{\mathrm{q1}}(0)=\dot{e}_{\mathrm{q1}}(0)$，$\ddot{p}_{\mathrm{q1}}(0)=\ddot{e}_{\mathrm{q1}}(0)$，$p_{\mathrm{q2}}(0)=e_{\mathrm{q2}}(0)$，$\dot{p}_{\mathrm{q2}}(0)=\dot{e}_{\mathrm{q2}}(0)$，$\ddot{p}_{q2}(0)=\ddot{e}_{q2}(0)$。

（2）当 $t=T$ 时，$p_{\mathrm{q}i}(T)=0$，$\dot{p}_{\mathrm{q}i}(T)=0$，$\ddot{p}_{\mathrm{q}i}(T)=0$。

（3）当 $t>T$ 时，$p_{\mathrm{q}i}(t)=0$，$\dot{p}_{\mathrm{q}i}(t)=0$，$\ddot{p}_{\mathrm{q}i}(t)=0$。

为了满足假设 2，按文献[1-2]提供的方法，可以构造 $p_i(t)$ 如下：

$$p_{\mathrm{q1}}(t)=\begin{cases} e_{\mathrm{q1}}(0)+\dot{e}_{\mathrm{q1}}(0)t+\dfrac{1}{2}\ddot{e}_{\mathrm{q1}}(0)t^2+ \\ \left(\dfrac{a_{00}}{T^3}e_{\mathrm{q1}}(0)+\dfrac{a_{01}}{T^2}\dot{e}_{\mathrm{q1}}(0)+\dfrac{a_{02}}{T}\ddot{e}_{\mathrm{q1}}(0)\right)t^3+ \\ \left(\dfrac{a_{10}}{T^4}e_{\mathrm{q1}}(0)+\dfrac{a_{11}}{T^3}\dot{e}_{\mathrm{q1}}(0)+\dfrac{a_{12}}{T^2}\ddot{e}_{\mathrm{q1}}(0)\right)t^4+ \\ \left(\dfrac{a_{20}}{T^5}e_{\mathrm{q1}}(0)+\dfrac{a_{21}}{T^4}\dot{e}_{\mathrm{q1}}(0)+\dfrac{a_{22}}{T^3}\ddot{e}_{\mathrm{q1}}(0)\right)t^5 \\ \qquad\qquad\qquad\qquad\qquad \text{当 } 0\leqslant t\leqslant T \text{ 时} \\ 0 \qquad\qquad\qquad\qquad\quad\ \ \text{当 } t>T \text{ 时} \end{cases} \tag{6.34}$$

其中，$a_{ij}(i,j=0,1,2,3)$ 为系数。

$$p_{q2}(t)=\begin{cases} e_{q2}(0)+\dot{e}_{q2}(0)t+\dfrac{1}{2}\ddot{e}_{q2}(0)t^2+ \\ \left(\dfrac{a_{00}}{T^3}e_{q2}(0)+\dfrac{a_{01}}{T^2}\dot{e}_{q2}(0)+\dfrac{a_{02}}{T}\ddot{e}_{q2}(0)\right)t^3+ \\ \left(\dfrac{a_{10}}{T^4}e_{q2}(0)+\dfrac{a_{11}}{T^3}\dot{e}_{q2}(0)+\dfrac{a_{12}}{T^2}\ddot{e}_{q2}(0)\right)t^4+ \\ \left(\dfrac{a_{20}}{T^5}e_{q2}(0)+\dfrac{a_{21}}{T^4}\dot{e}_{q2}(0)+\dfrac{a_{22}}{T^3}\ddot{e}_{q2}(0)\right)t^5 \\ \qquad\qquad\qquad\qquad\qquad\qquad \text{当 } 0\leqslant t\leqslant T \text{ 时} \\ 0 \qquad\qquad\qquad\qquad\qquad\qquad \text{当 } t>T \text{ 时} \end{cases} \tag{6.35}$$

$p_2(t)$ 的系数取值与 $p_1(t)$ 相同。

与前面推导同理,可得:

$$\begin{cases} a_{00}=-10 \\ a_{10}=15 \\ a_{20}=-6 \end{cases},\ \begin{cases} a_{01}=-6 \\ a_{11}=8 \\ a_{21}=-3 \end{cases},\ \begin{cases} a_{02}=-3/2 \\ a_{12}=3/2 \\ a_{22}=-1/2 \end{cases} \tag{6.36}$$

由式(6.19)得:

$$\begin{aligned} \dot{\boldsymbol{s}}_q &= \boldsymbol{C}_q(\dot{\boldsymbol{E}}_q-\dot{\boldsymbol{P}}_q)=\boldsymbol{C}_q\,[\dot{\boldsymbol{e}}_q(t)-\dot{\boldsymbol{p}}_q(t),\ddot{\boldsymbol{e}}_q(t)-\ddot{\boldsymbol{p}}_q(t)]^{\mathrm{T}} \\ &= \boldsymbol{c}_q(\dot{\boldsymbol{e}}_q(t)-\dot{\boldsymbol{p}}_q(t))+\ddot{\boldsymbol{e}}_q(t)-\ddot{\boldsymbol{p}}_q(t)=\boldsymbol{c}_q\dot{\boldsymbol{e}}_q(t)-\boldsymbol{c}_q\dot{\boldsymbol{p}}_q(t)-\ddot{\boldsymbol{p}}_q(t)+\ddot{\boldsymbol{e}}_q(t) \\ &= \boldsymbol{c}_q\dot{\boldsymbol{e}}_q-\boldsymbol{c}_q\dot{\boldsymbol{p}}_q-\ddot{\boldsymbol{p}}_q+\ddot{\boldsymbol{q}}_d-\ddot{\boldsymbol{q}}=\boldsymbol{c}_q\dot{\boldsymbol{e}}_q-\boldsymbol{c}_q\dot{\boldsymbol{p}}_q-\ddot{\boldsymbol{p}}_q+\ddot{\boldsymbol{q}}_d- \\ &\quad \boldsymbol{M}\dot{\boldsymbol{q}}-\boldsymbol{G}-\boldsymbol{H}\boldsymbol{\tau}-\boldsymbol{d}_1 \end{aligned} \tag{6.37}$$

通过设计指数趋近律 $\dot{\boldsymbol{s}}_q=-\boldsymbol{N}_q\mathrm{sgn}(\boldsymbol{s}_q)-\boldsymbol{\lambda}_q\boldsymbol{s}_q$,并假设 $\boldsymbol{d}_1=0$ 可得控制律为

$$\boldsymbol{\tau}=\boldsymbol{H}^{-1}(\boldsymbol{c}_q\dot{\boldsymbol{e}}_q-\boldsymbol{c}_q\dot{\boldsymbol{p}}_q-\ddot{\boldsymbol{p}}_q+\ddot{\boldsymbol{q}}_d-\boldsymbol{M}\dot{\boldsymbol{q}}-\boldsymbol{G}+\boldsymbol{N}_q\mathrm{sgn}(\boldsymbol{s}_q)+\boldsymbol{\lambda}_q\boldsymbol{s}_q) \tag{6.38}$$

其中, $\boldsymbol{N}_q=\begin{bmatrix} n_{q1} & 0 \\ 0 & n_{q2} \end{bmatrix}$, $\boldsymbol{\lambda}_q=\begin{bmatrix} \lambda_{q1} & 0 \\ 0 & \lambda_{q2} \end{bmatrix}$, $n_{q1}>0, n_{q2}>0, \lambda_{q1}>0, \lambda_{q2}>0$, $\mathrm{sgn}(\boldsymbol{s}_q)=\begin{bmatrix} \mathrm{sgn}(s_{q1}) \\ \mathrm{sgn}(s_{q2}) \end{bmatrix}$,取 $n_{q1}>\bar{d}_{11}$, $n_{q2}>\bar{d}_{12}$。

取 Lyapunov 函数:

$$V=\frac{1}{2}\boldsymbol{s}_q^{\mathrm{T}}\boldsymbol{s}_q>0,\boldsymbol{s}_q\neq\boldsymbol{0} \tag{6.39}$$

则有:

$$\dot{V}=\boldsymbol{s}_q^{\mathrm{T}}\dot{\boldsymbol{s}}_q=\boldsymbol{s}_q^{\mathrm{T}}(\boldsymbol{c}_q\dot{\boldsymbol{e}}_q-\boldsymbol{c}_q\dot{\boldsymbol{p}}_q-\ddot{\boldsymbol{p}}_q+\ddot{\boldsymbol{q}}_d-\boldsymbol{M}\dot{\boldsymbol{q}}-\boldsymbol{G}-\boldsymbol{H}\boldsymbol{\tau}-\boldsymbol{d}_1) \tag{6.40}$$

将式(6.38)代入式(6.40),并根据假设1可得:

$$\dot{V} = \boldsymbol{s}_{\mathrm{q}}^{\mathrm{T}}(-\boldsymbol{N}_{\mathrm{q}}\mathrm{sgn}(\boldsymbol{s}_{\mathrm{q}}) - \boldsymbol{\lambda}_{\mathrm{q}}\boldsymbol{s}_{\mathrm{q}} - \boldsymbol{d}_1) < 0, \boldsymbol{s}_{\mathrm{q}} \neq \boldsymbol{0} \tag{6.41}$$

显然,V正定且径向无界,$\dot{V}$负定,所以,全驱动子系统在式(6.38)所示控制律作用下,系统是全局渐近稳定的。

6.2.2 欠驱动子系统终端滑模控制器设计

针对式(6.31)所示欠驱动子系统,控制目标为使欠驱动子系统镇定。

由第4章的相关推导,式(6.31)可以转换为:

$$\begin{cases} \dot{\boldsymbol{x}}_1 = \boldsymbol{x}_2 \\ \dot{\boldsymbol{x}}_2 = \boldsymbol{f}_1(\boldsymbol{x}_1, \boldsymbol{x}_2, \boldsymbol{x}_3, \boldsymbol{x}_4) \\ \dot{\boldsymbol{x}}_3 = \boldsymbol{x}_4 \\ \dot{\boldsymbol{x}}_4 = \boldsymbol{f}_2(\boldsymbol{x}_1, \boldsymbol{x}_2, \boldsymbol{x}_3, \boldsymbol{x}_4) + \boldsymbol{D}\boldsymbol{u} + \boldsymbol{d}_2 \end{cases} \tag{6.42}$$

其中,$\boldsymbol{x}_1 = \boldsymbol{T}^{-1}\begin{bmatrix} x \\ y \end{bmatrix}$,$\boldsymbol{x}_2 = \boldsymbol{T}^{-1}\begin{bmatrix} \dot{x} \\ \dot{y} \end{bmatrix}$,$\boldsymbol{x}_3 = \begin{bmatrix} \theta \\ \phi \end{bmatrix}$,$\boldsymbol{x}_4 = \begin{bmatrix} \dot{\theta} \\ \dot{\phi} \end{bmatrix}$,

$$\boldsymbol{T} = \left(\ddot{z}_{\mathrm{d}} + \frac{K_3}{m}\dot{z}_{\mathrm{d}} + g\right)\begin{bmatrix} \cos\psi_{\mathrm{d}} & \sin\psi_{\mathrm{d}} \\ \sin\psi_{\mathrm{d}} & -\cos\psi_{\mathrm{d}} \end{bmatrix},$$

$\boldsymbol{f}_1(\boldsymbol{x}_1, \boldsymbol{x}_2, \boldsymbol{x}_3, \boldsymbol{x}_4) = \boldsymbol{A}\boldsymbol{x}_2 + \boldsymbol{B}\boldsymbol{x}_3$,$\boldsymbol{f}_2(\boldsymbol{x}_1, \boldsymbol{x}_2, \boldsymbol{x}_3, \boldsymbol{x}_4) = \boldsymbol{C}\boldsymbol{x}_4$,$\boldsymbol{d}_2$为外部加入的干扰,假设$\boldsymbol{d}_2$有上界$\bar{\boldsymbol{d}}_2$,

$$\boldsymbol{A} = \begin{bmatrix} -\dfrac{K_1}{m} & 0 \\ 0 & -\dfrac{K_2}{m} \end{bmatrix}, \boldsymbol{B} = \begin{bmatrix} 1 & 0 \\ 0 & 1 \end{bmatrix}, \boldsymbol{C} = \begin{bmatrix} -\dfrac{K_5}{I_{\mathrm{y}}} & \dfrac{I_{\mathrm{z}} - I_{\mathrm{x}}}{I_{\mathrm{y}}}\dot{\psi}_d \\ \dfrac{I_{\mathrm{y}} - I_{\mathrm{z}}}{I_{\mathrm{x}}}\dot{\psi}_d & -\dfrac{K_4}{I_{\mathrm{x}}} \end{bmatrix},$$

$$\boldsymbol{D} = \begin{bmatrix} \dfrac{1}{I_{\mathrm{y}}} & 0 \\ 0 & \dfrac{1}{I_{\mathrm{x}}} \end{bmatrix}, \boldsymbol{u} = \begin{bmatrix} u_3 \\ u_2 \end{bmatrix}$$

显然,式(6.42)与式(6.1)所示一类欠驱动系统标准形式一致,则采用本章提出的针对这类欠驱动系统的终端滑模控制方法,可以实现所要求的控制。很明显,$\dfrac{\partial \boldsymbol{f}_1}{\partial \boldsymbol{x}_4} = \boldsymbol{0}$,符合本章所提出的欠驱动系统终端滑模控制方法的第一种情况,因此可以采用式(6.13)所示的控制律。

由于式(6.42)是矢量形式,而式(6.1)是标量形式,所以在应用时要做好相对应的变换,式(6.13)所示控制律要修改为如下矢量形式:

$$\boldsymbol{u} = -\left[\frac{\partial \boldsymbol{f}_1}{\partial \boldsymbol{x}_3}\boldsymbol{D}\right]^{-1}\Big(\boldsymbol{c}_1\dot{\boldsymbol{e}}_1 + \boldsymbol{c}_2\dot{\boldsymbol{e}}_2 + \boldsymbol{c}_3\dot{\boldsymbol{e}}_3 - \boldsymbol{c}_1\dot{\boldsymbol{p}}(\boldsymbol{t}) - \boldsymbol{c}_2\ddot{\boldsymbol{p}}(\boldsymbol{t}) - \boldsymbol{c}_3\dddot{\boldsymbol{p}}(\boldsymbol{t}) - \boldsymbol{p}^{(4)}(\boldsymbol{t}) + \frac{\mathrm{d}}{\mathrm{d}\boldsymbol{t}}\left[\frac{\partial \boldsymbol{f}_1}{\partial \boldsymbol{x}_1}\boldsymbol{x}_2\right] + \frac{\mathrm{d}}{\mathrm{d}\boldsymbol{t}}\left[\frac{\partial \boldsymbol{f}_1}{\partial \boldsymbol{x}_2}\boldsymbol{f}_1\right] + \frac{\mathrm{d}}{\mathrm{d}\boldsymbol{t}}\left[\frac{\partial \boldsymbol{f}_1}{\partial \boldsymbol{x}_3}\right]\boldsymbol{x}_4 + \frac{\partial \boldsymbol{f}_1}{\partial \boldsymbol{x}_3}\boldsymbol{f}_2 + \boldsymbol{K}\mathrm{sgn}(\boldsymbol{s}) + \boldsymbol{\lambda s}\Big) \tag{6.43}$$

终端滑模流形为

$$\boldsymbol{s} = \boldsymbol{C}(\boldsymbol{E} - \boldsymbol{P})$$

其中, $\boldsymbol{C} = [\boldsymbol{c}_1, \boldsymbol{c}_2, \boldsymbol{c}_3, \boldsymbol{I}_{2\times 2}]$, $\boldsymbol{E} = [\boldsymbol{e}_1(t), \boldsymbol{e}_2(t), \boldsymbol{e}_3(t), \boldsymbol{e}_4(t)]^{\mathrm{T}}$,

$$\begin{cases} \boldsymbol{e}_1 = \begin{bmatrix} e_1 \\ e_2 \end{bmatrix} = \boldsymbol{x}_1 \\ \boldsymbol{e}_2 = \dot{\boldsymbol{e}}_1 = \dot{\boldsymbol{x}}_1 = \boldsymbol{x}_2 \\ \boldsymbol{e}_3 = \dot{\boldsymbol{e}}_2 = \dot{\boldsymbol{x}}_2 = \boldsymbol{f}_1(\boldsymbol{x}_1, \boldsymbol{x}_2, \boldsymbol{x}_3, \boldsymbol{x}_4) \\ \boldsymbol{e}_4 = \dot{\boldsymbol{e}}_3 = \dot{\boldsymbol{f}}_1 = \dfrac{\partial \boldsymbol{f}_1}{\partial x_1}\boldsymbol{x}_2 + \dfrac{\partial \boldsymbol{f}_1}{\partial \boldsymbol{x}_2}\boldsymbol{f}_1 + \dfrac{\partial \boldsymbol{f}_1}{\partial \boldsymbol{x}_3}\boldsymbol{x}_4 \end{cases},$$

$$\boldsymbol{P} = [\boldsymbol{p}(t), \dot{\boldsymbol{p}}(t), \ddot{\boldsymbol{p}}(t), \dddot{\boldsymbol{p}}(t)]^{\mathrm{T}}, \quad \boldsymbol{p}(t) = [p_1(t), p_2(t)]^{\mathrm{T}},$$

$$p_1(t) = \begin{cases} e_1(0) + \dot{e}_1(0)t + \frac{1}{2}\ddot{e}_1(0)t^2 + \frac{1}{6}\dddot{e}_1(0)t^3 + \frac{1}{24}e_1^{(4)}(0)t^4 + \\ \left(\frac{a_{00}}{T^5}e_1(0) + \frac{a_{01}}{T^4}\dot{e}_1(0) + \frac{a_{02}}{T^3}\ddot{e}_1(0) + \frac{a_{03}}{T^2}\dddot{e}_1(0) + \frac{a_{04}}{T}e_1^{(4)}(0)\right)t^5 + \\ \left(\frac{a_{10}}{T^6}e_1(0) + \frac{a_{11}}{T^5}\dot{e}_1(0) + \frac{a_{12}}{T^4}\ddot{e}_1(0) + \frac{a_{13}}{T^3}\dddot{e}_1(0) + \frac{a_{14}}{T^2}e_1^{(4)}(0)\right)t^6 + \\ \left(\frac{a_{20}}{T^7}e_1(0) + \frac{a_{21}}{T^6}\dot{e}_1(0) + \frac{a_{22}}{T^5}\ddot{e}_1(0) + \frac{a_{23}}{T^4}\dddot{e}_1(0) + \frac{a_{24}}{T^3}e_1^{(4)}(0)\right)t^7 + \\ \left(\frac{a_{30}}{T^8}e_1(0) + \frac{a_{31}}{T^7}\dot{e}_1(0) + \frac{a_{32}}{T^6}\ddot{e}_1(0) + \frac{a_{33}}{T^5}\dddot{e}_1(0) + \frac{a_{34}}{T^4}e_1^{(4)}(0)\right)t^8 + \\ \left(\frac{a_{40}}{T^9}e_1(0) + \frac{a_{41}}{T^8}\dot{e}_1(0) + \frac{a_{42}}{T^7}\ddot{e}_1(0) + \frac{a_{43}}{T^6}\dddot{e}_1(0) + \frac{a_{44}}{T^5}e_1^{(4)}(0)\right)t^9 \\ \qquad\qquad\qquad\qquad\qquad \text{当 } 0 \leqslant t \leqslant T \text{ 时} \\ 0 \qquad\qquad\qquad\qquad\qquad \text{当 } t > T \text{ 时} \end{cases} \tag{6.44}$$

$$p_2(t)=\begin{cases}e_2(0)+\dot{e}_2(0)t+\frac{1}{2}\ddot{e}_2(0)t^2+\frac{1}{6}\dddot{e}_2(0)t^3+\frac{1}{24}e_2^{(4)}(0)t^4+\\ \left(\frac{a_{00}}{T^5}e_2(0)+\frac{a_{01}}{T^4}\dot{e}_2(0)+\frac{a_{02}}{T^3}\ddot{e}_2(0)+\frac{a_{03}}{T^2}\dddot{e}_2(0)+\frac{a_{04}}{T}e_2^{(4)}(0)\right)t^5+\\ \left(\frac{a_{10}}{T^6}e_2(0)+\frac{a_{11}}{T^5}\dot{e}_2(0)+\frac{a_{12}}{T^4}\ddot{e}_2(0)+\frac{a_{13}}{T^3}\dddot{e}_2(0)+\frac{a_{14}}{T^2}e_2^{(4)}(0)\right)t^6+\\ \left(\frac{a_{20}}{T^7}e_2(0)+\frac{a_{21}}{T^6}\dot{e}_2(0)+\frac{a_{22}}{T^5}\ddot{e}_2(0)+\frac{a_{23}}{T^4}\dddot{e}_2(0)+\frac{a_{24}}{T^3}e_2^{(4)}(0)\right)t^7+\\ \left(\frac{a_{30}}{T^8}e_2(0)+\frac{a_{31}}{T^7}\dot{e}_2(0)+\frac{a_{32}}{T^6}\ddot{e}_2(0)+\frac{a_{33}}{T^5}\dddot{e}_2(0)+\frac{a_{34}}{T^4}e_2^{(4)}(0)\right)t^8+\\ \left(\frac{a_{40}}{T^9}e_2(0)+\frac{a_{41}}{T^8}\dot{e}_2(0)+\frac{a_{42}}{T^7}\ddot{e}_2(0)+\frac{a_{43}}{T^6}\dddot{e}_2(0)+\frac{a_{44}}{T^5}e_2^{(4)}(0)\right)t^9 & \text{当 } 0\leqslant t\leqslant T \text{ 时}\\ 0 & \text{当 } t>T \text{ 时}\end{cases} \tag{6.45}$$

$p_1(t)$ 和 $p_2(t)$ 系数相同,由式(6.10)给出。

$\boldsymbol{c}_1=\begin{bmatrix}c_{11}&0\\0&c_{12}\end{bmatrix}$, $\boldsymbol{c}_2=\begin{bmatrix}c_{21}&0\\0&c_{22}\end{bmatrix}$, $\boldsymbol{c}_3=\begin{bmatrix}c_{31}&0\\0&c_{32}\end{bmatrix}$, $\boldsymbol{K}=\begin{bmatrix}k_1&0\\0&k_2\end{bmatrix}$, $\boldsymbol{\lambda}=\begin{bmatrix}\lambda_1&0\\0&\lambda_2\end{bmatrix}$

6.2.3 仿真实例

四旋翼飞行器参数、初始条件与第 2 章的相同;外加干扰与 4.4 节的相同。

全驱动控制器采用式(6.38)所示控制律,控制器参数为:

$\boldsymbol{c}_{\mathrm{q}}=\begin{bmatrix}1&0\\0&1\end{bmatrix}$, $\boldsymbol{N}_{\mathrm{q}}=\begin{bmatrix}2&0\\0&2\end{bmatrix}$, $\boldsymbol{\lambda}_{\mathrm{q}}=\begin{bmatrix}2&0\\0&2\end{bmatrix}$,终端滑模到达时间 $T=1$, $\boldsymbol{p}_{\mathrm{q}}(t)=[p_{\mathrm{q}1}(t),p_{\mathrm{q}2}(t)]^{\mathrm{T}}$, $p_{\mathrm{q}1}(t)$ 由式(6.34)确定, $p_{\mathrm{q}2}(t)$ 由式(6.35)确定, $p_{\mathrm{q}1}(t)$ 和 $p_{\mathrm{q}2}(t)$ 系数相同,由式(6.36)给出。

欠驱动控制器采用式(6.43)所示控制律,控制器参数为:

$\boldsymbol{c}_1=\begin{bmatrix}8&0\\0&8\end{bmatrix}$, $\boldsymbol{c}_2=\begin{bmatrix}12&0\\0&12\end{bmatrix}$, $\boldsymbol{c}_3=\begin{bmatrix}6&0\\0&6\end{bmatrix}$, $\boldsymbol{K}=\begin{bmatrix}1.8&0\\0&1.8\end{bmatrix}$, $\boldsymbol{\lambda}=\begin{bmatrix}2&0\\0&2\end{bmatrix}$,终端滑模到达时间 $T=1$, $\boldsymbol{p}(t)=[p_1(t),p_2(t)]^{\mathrm{T}}$, $p_1(t)$ 由式(6.44)确定, $p_2(t)$ 由式(6.45)确定, $p_1(t)$ 和 $p_2(t)$ 系数相同,由式(6.10)给出。

给定期望高度和航向角：$z_d = 3m$，$\psi_d = 0.5rad$。

仿真结果如图 6.2 和图 6.3 所示。

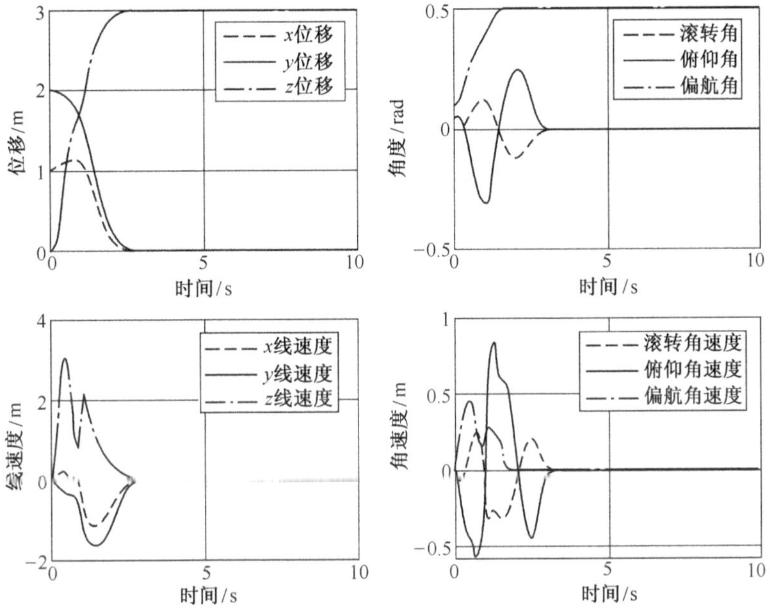

图 6.2 飞行器状态响应过程

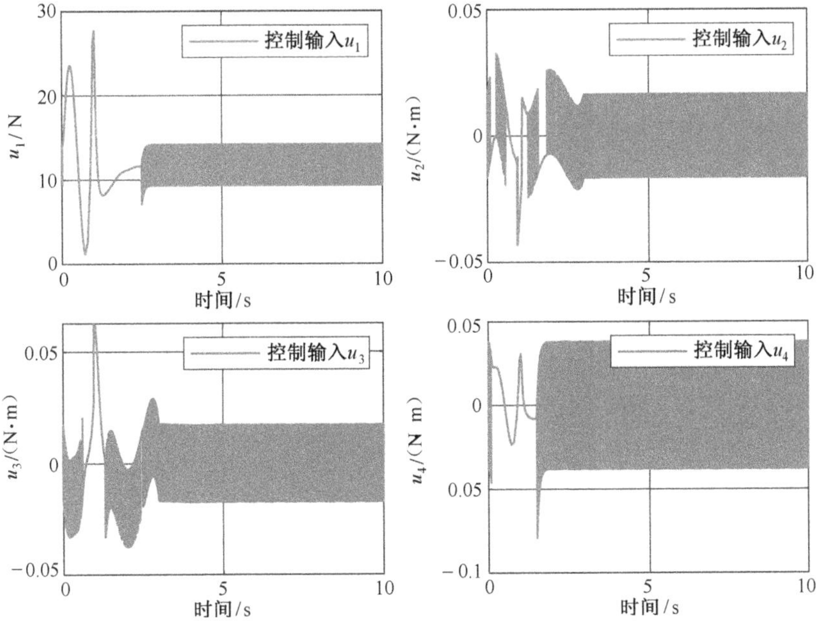

图 6.3 飞行器控制输入

仿真程序:

(1) Simulink 主程序:chap6_2sim. slx

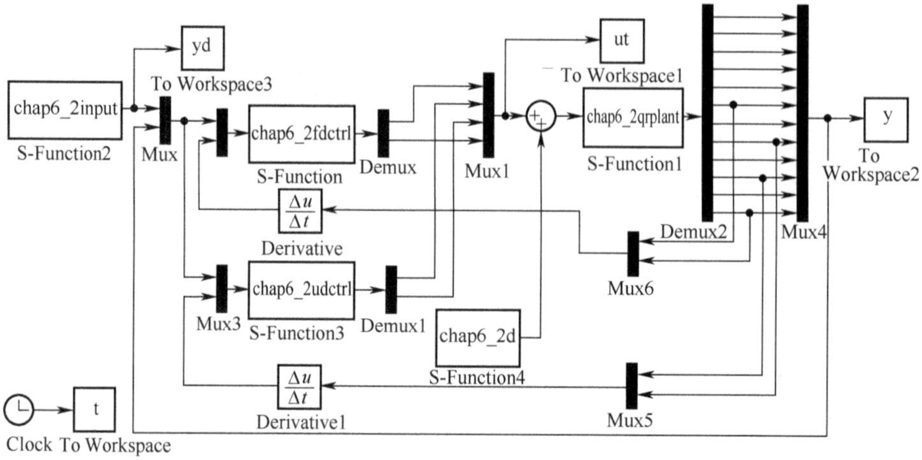

(2) 被控对象程序:chap6_2qrplant. m

与第 2 章的 chap2_qrplant. m 相同。

(3) 全驱动子系统控制器程序:chap6_2fdctrl. m

```
function [sys,x0,str,ts] = chap6_2fdctrl(t,x,u,flag)
switch flag
case 0
    [sys,x0,str,ts]=mdlInitializeSizes;
case 3
    sys=mdlOutputs(t,x,u);
case {2,4,9}
    sys=[];
otherwise
    error(['Unhandled flag = ',num2str(flag)]);
end
function [sys,x0,str,ts]=mdlInitializeSizes
sizes = simsizes;
sizes.NumContStates  = 0;
sizes.NumDiscStates  = 0;
sizes.NumOutputs     = 2;
sizes.NumInputs      = 20;
sizes.DirFeedthrough = 1;
sizes.NumSampleTimes = 1;
```

```
sys = simsizes(sizes);
x0  = [];
str = [];
ts  = [0 0];
function sys=mdlOutputs(t,x,u)
persistent eq10 deq10 ddeq10
persistent eq20 deq20 ddeq20
m=1.2;g=9.8;Ix=0.0091;Iy=0.0096;Iz=0.0189;
K3=0.019;K6=0.0031;
cq=[15,0;0,15];Nq=[2,0;0,2];remq=[2,0;0,2];
zd=u(1);d_zd=u(2);dd_zd=u(3);
yawd=u(4);d_yawd=u(5);dd_yawd=u(6);
z=u(11);d_z=u(12);
roll=u(13);d_roll=u(14);
pitch=u(15);d_pitch=u(16);
yaw=u(17);d_yaw=u(18);
dd_z=u(19);dd_yaw=u(20);
a3=(Ix-Iy)/Iz;
M=[-K3/m,0;0,-K6/Iz];
G=[-g;a3*d_roll*d_pitch];
H=[cos(roll)*cos(pitch)/m,0;0,1/Iz];
q=[z;yaw];d_q=[d_z;d_yaw];dd_q=[dd_z;dd_yaw];
qd=[zd;yawd];d_qd=[d_zd;d_yawd];dd_qd=[dd_zd;dd_yawd];
eq=qd-q;d_eq=d_qd-d_q;dd_eq=dd_qd-dd_q;
a00=-10;  a01=-6;   a02=-3/2;
a10=15;   a11=8;    a12=3/2;
a20=-6;   a21=-3;   a22=-1/2;
T=1;
if t==0
   eq10=eq(1);
   deq10=d_eq(1);
   ddeq10=dd_eq(1);
end
if t<=T
   Aq10=a00/T^3*eq10+a01/T^2*deq10+a02/T*ddeq10;
   Aq11=a10/T^4*eq10+a11/T^3*deq10+a12/T^2*ddeq10;
   Aq12=a20/T^5*eq10+a21/T^4*deq10+a22/T^3*ddeq10;
```

```
    pq1=eq10+deq10*t+1/2*ddeq10*t^2+Aq10*t^3+Aq11*t^4+Aq12*t^5;
    d_pq1=deq10+ddeq10*t+3*Aq10*t^2+4*Aq11*t^3+5*Aq12*t^4;
    dd_pq1=ddeq10+6*Aq10*t^3+12*Aq11*t^2+20*Aq12*t^3;
else
    pq1=0; d_pq1=0; dd_pq1=0;
end
if t==0
    eq20=eq(2);
    deq20=d_eq(2);
    ddeq20=dd_eq(2);
end
if t<=T
    Aq20=a00/T^3*eq20+a01/T^2*deq20+a02/T*ddeq20;
    Aq21=a10/T^4*eq20+a11/T^3*deq20+a12/T^2*ddeq20;
    Aq22=a20/T^5*eq20+a21/T^4*deq20+a22/T^3*ddeq20;
    pq2=eq20+deq20*t+1/2*ddeq20*t^2+Aq20*t^3+Aq21*t^4+Aq22*t^5;
    d_pq2=deq20+ddeq20*t+3*Aq20*t^2+4*Aq21*t^3+5*Aq22*t^4;
    dd_pq2=ddeq20+6*Aq20*t^3+12*Aq21*t^2+20*Aq22*t^3;
else
    pq2=0; d_pq2=0; dd_pq2=0;
end
pq=[pq1;pq2];d_pq=[d_pq1;d_pq2];dd_pq=[dd_pq1;dd_pq2];
Cq=[cq,eye(2)];Eq=[eq;d_eq];Pq=[pq;d_pq];sq=Cq*(Eq-Pq);
tol=H^-1*(cq*d_eq-cq*d_pq-dd_pq+dd_qd-M*d_q-G+Nq*sign(sq)+remq*sq);
sys(1)=tol(1);sys(2)=tol(2);
```

(4) 欠驱动子系统控制器程序:chap6_2udctrl. m

```
function [sys,x0,str,ts] = chap6_2udctrl(t,x,u,flag)
switch flag
case 0
    [sys,x0,str,ts]=mdlInitializeSizes;
case 3
    sys=mdlOutputs(t,x,u);
case {2,4,9}
    sys=[];
```

```
otherwise
    error(['Unhandled flag = ',num2str(flag)]);
end
function [sys,x0,str,ts]=mdlInitializeSizes
sizes = simsizes;
sizes.NumContStates  = 0;
sizes.NumDiscStates  = 0;
sizes.NumOutputs     = 2;
sizes.NumInputs      = 20;
sizes.DirFeedthrough = 1;
sizes.NumSampleTimes = 1;
sys = simsizes(sizes);
x0  = [];
str = [];
ts  = [0 0];
function sys=mdlOutputs(t,x,u)
persistent e10 de10 dde10 ddde10 dddde10
persistent e20 de20 dde20 ddde20 dddde20
m=1.2;g=9.8;
Ix=0.0091;Iy=0.0096;Iz=0.0189;
K1=0.01;K2=0.012;K3=0.019;K4=0.0022;K5=0.0024;
c1=[27,0;0,27];c2=[27,0;0,27];c3=[9,0;0,9];
K=[1.8,0;0,1.8];rem=[2,0;0,2];
d_zd=u(2);dd_zd=u(3);
yawd=u(4);d_yawd=u(5);
xx=u(7);d_x=u(8);
y=u(9);d_y=u(10);
roll=u(13);d_roll=u(14);
pitch=u(15);d_pitch=u(16);
dd_pitch=u(19);dd_roll=u(20);
a1=(Iy-Iz)/Ix;a2=(Iz-Ix)/Iy;
A=[-K1/m,0;0,-K2/m];
B=[1,0;0,1];
C=[-K5/Iy,a2*d_yawd;a1*d_yawd,-K4/Ix];
D=[1/Iy,0;0,1/Ix];
T=(dd_zd+K3*d_zd/m+g)*[cos(yawd),sin(yawd);sin(yawd),-cos
(yawd)];
```

```
x1=T^-1*[xx;y];
x2=T^-1*[d_x;d_y];
x3=[pitch;roll];
x4=[d_pitch;d_roll];
dx4=[dd_pitch;dd_roll];
f1=A*x2+B*x3;
f2=C*x4;
df1_dx1=0;
df1_dx2=A;
df1_dx3=B;
df1=df1_dx1*x2+df1_dx2*f1+df1_dx3*x4;
dt_df1_dx1_x2=0;
dt_df1_dx2_f1=A*A*f1+A*B*x4;
dt_df1_dx3=0;
dtf1=dt_df1_dx1_x2+dt_df1_dx2_f1+dt_df1_dx3*x4+df1_dx3*f2;
e1=x1;e2=x2;e3=f1;e4=df1;
de1=e2;de2=e3;de3=e4;
de4=dt_df1_dx1_x2+dt_df1_dx2_f1+dt_df1_dx3*x4+df1_dx3*dx4;
a00=-126;  a01=-70;  a02=-17.5;  a03=-2.5;    a04=-0.2083;
a10=420;   a11=224;  a12=52.5;   a13=6.6667;  a14=0.4167;
a20=-540;  a21=-280; a22=-63;    a23=-7.5;    a24=-0.4167;
a30=315;   a31=160;  a32=35;     a33=4;       a34=0.2083;
a40=-70;   a41=-35;  a42=-7.5;   a43=-0.8333; a44=-0.0417;
T=3;
if t==0
   e10=e1(1);
   de10=de1(1);
   dde10=de2(1);
   ddde10=de3(1);
   dddde10=de4(1);
end
if t<=T
A10=a00/T^5*e10+a01/T^4*de10+a02/T^3*dde10+a03/T^2*ddde10+
a04/T*dddde10;
A11=a10/T^6*e10+a11/T^5*de10+a12/T^4*dde10+a13/T^3*ddde10+
a14/T^2*dddde10;
A12=a20/T^7*e10+a21/T^6*de10+a22/T^5*dde10+a23/T^4*ddde10+
```

```
a24/T^3*dddde10;
    A13=a30/T^8*e10+a31/T^7*de10+a32/T^6*dde10+a33/T^5*ddde10+
a34/T^4*dddde10;
    A14=a40/T^9*e10+a41/T^8*de10+a42/T^7*dde10+a43/T^6*ddde10+
a44/T^5*dddde10;
    p1=e10+de10*t+1/2*dde10*t^2+1/6*ddde10*t^3+1/24*dddde10*t^
4+A10*t^5+A11*t^6+A12*t^7+A13*t^8+A14*t^9;
    d_p1=de10+dde10*t+1/2*ddde10*t^2+1/6*dddde10*t^3+5*A10*t^4
+6*A11*t^5+7*A12*t^6+8*A13*t^7+9*A14*t^8;
    dd_p1=dde10+ddde10*t+1/2*dddde10*t^2+20*A10*t^3+30*A11*t^4
+42*A12*t^5+56*A13*t^6+72*A14*t^7;
    ddd_p1=ddde10+dddde10*t+60*A10*t^2+120*A11*t^3+210*A12*t^4
+336*A13*t^5+504*A14*t^6;
    dddd_p1=dddde10+120*A10*t+360*A11*t^2+840*A12*t^3+1680*A13
*t^4+3024*A14*t^5;
    else
        p1=0; d_p1=0; dd_p1=0; ddd_p1=0; dddd_p1=0;
    end
    if t==0
        e20=e1(2);
        de20=de1(2);
        dde20=de2(2);
        ddde20=de3(2);
        dddde20=de4(2);
    end
    if t<=T
      A20=a00/T^5*e20+a01/T^4*de20+a02/T^3*dde20+a03/T^2*ddde20
+a04/T*dddde20;
    A21=a10/T^6*e20+a11/T^5*de20+a12/T^4*dde20+a13/T^3*ddde20+
a14/T^2*dddde20;
    A22=a20/T^7*e20+a21/T^6*de20+a22/T^5*dde20+a23/T^4*ddde20+
a24/T^3*dddde20;
    A23=a30/T^8*e20+a31/T^7*de20+a32/T^6*dde20+a33/T^5*ddde20+
a34/T^4*dddde20;
    A24=a40/T^9*e20+a41/T^8*de20+a42/T^7*dde20+a43/T^6*ddde20+
a44/T^5*dddde20;
    p2=e20+de20*t+1/2*dde20*t^2+1/6*ddde20*t^3+1/24*dddde20*t^
```

```
4+A20*t^5+A21*t^6+A22*t^7+A23*t^8+A24*t^9;
    d_p2=de20+dde20*t+1/2*ddde20*t^2+1/6*dddde20*t^3+5*A20*t^4
+6*A21*t^5+7*A22*t^6+8*A23*t^7+9*A24*t^8;
    dd_p2=dde20+ddde20*t+1/2*dddde20*t^2+20*A20*t^3+30*A21*t^4
+42*A22*t^5+56*A23*t^6+72*A24*t^7;
    ddd_p2=ddde20+dddde20*t+60*A20*t^2+120*A21*t^3+210*A22*t^4
+336*A23*t^5+504*A24*t^6;
    dddd_p2=dddde20+120*A20*t+360*A21*t^2+840*A22*t^3+1680*A23
*t^4+3024*A24*t^5;
    else
        p2=0; d_p2=0; dd_p2=0; ddd_p2=0; dddd_p2=0;
    end
    p=[p1;p2];d_p=[d_p1;d_p2];dd_p=[dd_p1;dd_p2];
    ddd_p=[ddd_p1;ddd_p2];dddd_p=[dddd_p1;dddd_p2];
    C=[c1,c2,c3,eye(2)];E=[e1;e2;e3;e4];P=[p;d_p;dd_p;ddd_p];
    s=C*(E-P);
    ut=-(df1_dx3*D)^-1*(c1*de1+c2*de2+c3*de3-c1*d_p-c2*dd_p-c3
*ddd_p-dddd_p+dtf1+K*sign(s)+rem*s);
    sys(1)=ut(2);sys(2)=ut(1);
```

(5) 指令输入程序:chap6_2input. m

与第 4 章的 chap4_4input. m 相同。

(6) 干扰输入程序:chap6_2d. m

与第 4 章的 chap4_3d. m 相同。

(7) 作图程序:chap6_2plot. m

与第 4 章的 chap4_4plot. m 相同。

第7章 四旋翼飞行器双曲正切滑模控制方法设计

滑模控制除了对匹配不确定性具有良好的鲁棒性优点之外，还有一个明显的缺陷，就是在控制过程中会产生所谓的抖振，这个抖振从前面章节的滑模控制输入也可以很明显看出来。理想的滑模控制在使状态点到达平衡点的过程中，需要经历两个阶段：第一个阶段就是状态点从任一偏离滑模流形的状态在有限时间内到达滑模流形 $s=0$，第二个阶段就是状态点在滑模流形上沿着滑模流形到达平衡点。理论上第二阶段一直是在滑模流形上运动，但是实际情况是，假如状态点从滑模流形 $s>0$ 的区域到达滑模流形，由于 s 符号变化时刻与控制切换时刻之间会有一个延迟，在延迟期间，状态点到达滑模流形后会越过滑模流形进入 $s<0$ 的区域，当控制切换时，状态点又调转方向，再次向滑模流形方向运动并越过滑模流形，如此反复，就产生了抖振。抖振会导致控制精度降低，功率电路的热消耗和机械运动部件的磨损，还可能激励未建模的高频动力学系统，从而降低系统性能，甚至导致系统不稳定[37]。

减弱或消除抖振的方法较多，最常用的方法就是用陡峭的饱和函数替代滑模控制中的符号函数来减弱抖振。还有一种比较有效的方法就是将滑模控制分解为等效控制部分和切换控制部分，通过减小切换控制部分的幅度来减弱抖振。也有不少文献采用模糊控制的方法自适应地调整切换控制部分的增益来达到有效减弱抖振[39,41]，有关其他减弱抖振的方法，可以参考文献[39]。

采用饱和函数法减弱抖振的缺点就是由于其属于不连续函数，不适合需要对滑模函数求导的场合。由于双曲正切函数是连续光滑的，可以求导，这时采用双曲正切函数取代饱和函数来替代滑模控制中的符号函数是一种有效减弱抖振的方法，该方法就是所谓的双曲正切滑模控制。

本章首先将四旋翼飞行器的控制分解为外环位置子系统和内环姿态子系统，再分别设计控制器，形成所谓的内外环控制。在此基础上，针对四旋翼飞行器的轨迹跟踪控制，分别提出了双曲正切滑模控制、反演双曲正切滑模控制以及反演动态双曲正切滑模控制三种控制方法。

7.1 典型双曲函数及其特性

7.1.1 典型双曲函数的定义

双曲正弦函数定义为:

$$\sinh(x)=\frac{e^{x}-e^{-x}}{2} \tag{7.1}$$

双曲余弦函数定义为:

$$\cosh(x)=\frac{e^{x}+e^{-x}}{2} \tag{7.2}$$

双曲正切函数定义为:

$$\tanh(x)=\frac{\sinh(x)}{\cosh(x)}=\frac{e^{x}-e^{-x}}{e^{x}+e^{-x}} \tag{7.3}$$

为了减弱滑模控制的抖振,用于替代符号函数的双曲正切函数常用如下形式:

$$\tanh\left(\frac{x}{\gamma}\right)=\frac{e^{\frac{x}{\gamma}}-e^{-\frac{x}{\gamma}}}{e^{\frac{x}{\gamma}}+e^{-\frac{x}{\gamma}}} \tag{7.4}$$

其中,$\gamma>0$,γ 值的大小决定了双曲正切光滑函数拐点的变化快慢。

7.1.2 典型双曲函数的特性

1. 有界性

$$\cosh(x)\geqslant 1 \tag{7.5}$$

$$-1\leqslant \tanh(x)\leqslant 1 \tag{7.6}$$

$$x\tanh(x)\geqslant 0 \tag{7.7}$$

2. 有关引理

引理 7.1[49]:对于任意给定的 x,存在 $\gamma>0$,有如下不等式成立:

$$x\tanh\left(\frac{x}{\gamma}\right)=\left|x\tanh\left(\frac{x}{\gamma}\right)\right|=|x|\left|\tanh\left(\frac{x}{\gamma}\right)\right|\geqslant 0 \tag{7.8}$$

针对引理 7.1,取 $\gamma=1$,则有 $x\tanh(x)\geqslant 0$,也即式(7.7)所示性质。

引理 7.2[50]:对于任意 $x\in R$,存在常数 $\gamma>0$,有如下不等式成立:

$$0\leqslant |x|-x\tanh\left(\frac{x}{\gamma}\right)\leqslant \mu\gamma,\mu=0.2785 \tag{7.9}$$

引理 7.3[51]：如下所示动态系统：

$$\begin{cases}\dot{x}_1 = x_2 \\ \dot{x}_2 = -\alpha\tanh(k_1x_1 + k_2x_2) - \beta\tanh(k_2x_2)\end{cases} \tag{7.10}$$

该系统是全局渐近稳定。其中，α、β、k_1、$k_2 > 0$。

7.2 四旋翼飞行器双曲正切滑模控制方法设计

7.2.1 系统描述

第 2 章建立的四旋翼飞行器简化模型如下：

$$\begin{cases}\ddot{x} = -\dfrac{K_1}{m}\dot{x} + \dfrac{\cos\phi\sin\theta\cos\psi + \sin\phi\sin\psi}{m}u_1 \\ \ddot{y} = -\dfrac{K_2}{m}\dot{y} + \dfrac{\cos\phi\sin\theta\sin\psi - \sin\phi\cos\psi}{m}u_1 \\ \ddot{z} = -\dfrac{K_3}{m}\dot{z} - g + \dfrac{\cos\phi\cos\theta}{m}u_1 \\ \ddot{\phi} = \dfrac{I_y - I_z}{I_x}\dot{\theta}\dot{\psi} - \dfrac{K_4}{I_x}\dot{\phi} + \dfrac{1}{I_x}u_2 \\ \ddot{\theta} = \dfrac{I_z - I_x}{I_y}\dot{\phi}\dot{\psi} - \dfrac{K_5}{I_y}\dot{\theta} + \dfrac{1}{I_y}u_3 \\ \ddot{\psi} = \dfrac{I_x - I_y}{I_z}\dot{\phi}\dot{\theta} - \dfrac{K_6}{I_z}\dot{\psi} + \dfrac{1}{I_z}u_4\end{cases} \tag{7.11}$$

本章主要讨论四旋翼飞行器的轨迹跟踪控制问题。

设计状态反馈控制器，使飞行器跟踪给定轨迹，即：当 $t \to \infty$ 时，$x \to x_d$、$y \to y_d$、$z \to z_d$、$\psi \to \psi_d$，同时保持所有状态 $x, \dot{x}, y, \dot{y}, z, \dot{z}, \phi, \dot{\phi}, \theta, \dot{\theta}, \psi, \dot{\psi}$ 有界。

假设 x_d、$\dot{x}_d$、$\ddot{x}_d$、y_d、$\dot{y}_d$、$\ddot{y}_d$、z_d、$\dot{z}_d$、$\ddot{z}_d$、ψ_d、$\dot{\psi}_d$、$\ddot{\psi}_d$ 有界。

为了方便控制方法设计，可以将四旋翼飞行器动力学模型分为两个子系统：位置子系统和姿态子系统，具体如下：

位置子系统为：

$$\begin{cases}\ddot{x}=-\dfrac{K_1}{m}\dot{x}+\dfrac{\cos\phi\sin\theta\cos\psi+\sin\phi\sin\psi}{m}u_1\\ \ddot{y}=-\dfrac{K_2}{m}\dot{y}+\dfrac{\cos\phi\sin\theta\sin\psi-\sin\phi\cos\psi}{m}u_1\\ \ddot{z}=-\dfrac{K_3}{m}\dot{z}-g+\dfrac{\cos\phi\cos\theta}{m}u_1\end{cases}\tag{7.12}$$

姿态子系统为：

$$\begin{cases}\ddot{\phi}=\dfrac{I_y-I_z}{I_x}\dot{\theta}\dot{\psi}-\dfrac{K_4}{I_x}\dot{\phi}+\dfrac{1}{I_x}u_2\\ \ddot{\theta}=\dfrac{I_z-I_x}{I_y}\dot{\phi}\dot{\psi}-\dfrac{K_5}{I_y}\dot{\theta}+\dfrac{1}{I_y}u_3\\ \ddot{\psi}=\dfrac{I_x-I_y}{I_z}\dot{\phi}\dot{\theta}-\dfrac{K_6}{I_z}\dot{\psi}+\dfrac{1}{I_z}u_4\end{cases}\tag{7.13}$$

把位置子系统作为外环，姿态子系统作为内环，控制过程中，外环子系统需要给内环子系统提供需要的信息，这就是所谓的内外双环控制，其控制结构图如图 7.1 所示。

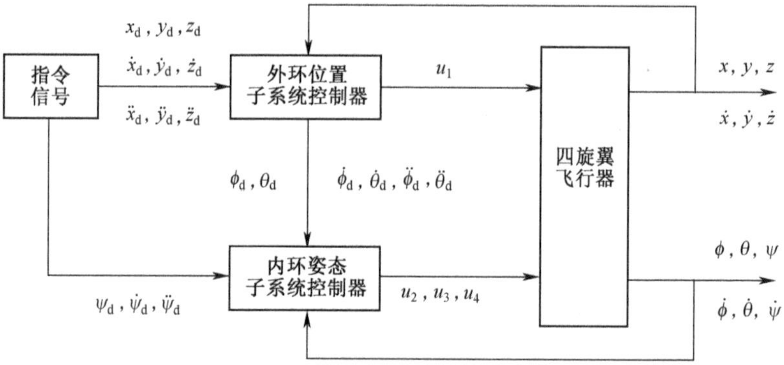

图 7.1　双环控制系统结构与信号传递关系

7.2.2　位置子系统双曲正切滑模控制器设计

针对式(7.12)所示位置子系统，控制目标为：当 $t\to\infty$ 时，$x\to x_d$，$y\to y_d$，$z\to z_d$；同时保持 $\dot{x}$，$\dot{y}$，$\dot{z}$ 有界。

定义如下中间控制变量：

$$\begin{cases} u_{1x} = \dfrac{\cos\phi\sin\theta\cos\psi + \sin\phi\sin\psi}{m}u_1 \\ u_{1y} = \dfrac{\cos\phi\sin\theta\sin\psi - \sin\phi\cos\psi}{m}u_1 \\ u_{1z} = \dfrac{\cos\phi\cos\theta}{m}u_1 \end{cases} \tag{7.14}$$

则式(7.12)可以转换为：

$$\ddot{x} = -\frac{K_1}{m}\dot{x} + u_{1x} + d_{p1} \tag{7.15}$$

$$\ddot{y} = -\frac{K_2}{m}\dot{y} + u_{1y} + d_{p2} \tag{7.16}$$

$$\ddot{z} = -\frac{K_3}{m}\dot{z} - g + u_{1z} + d_{p3} \tag{7.17}$$

其中，d_{p1}, d_{p2}, d_{p3} 为外部加入的干扰。

假设：d_{p1}, d_{p2}, d_{p3} 分别有上界，为 $\bar{d}_{p1}, \bar{d}_{p2}, \bar{d}_{p3}$，即 $|d_{p1}| \leqslant \bar{d}_{p1}$，$|d_{p2}| \leqslant \bar{d}_{p2}$，$|d_{p3}| \leqslant \bar{d}_{p3}$。

针对式(7.15)所示的 x 位移子系统，定义误差：$e_{p1} = x_d - x$。

滑模流形设计为：

$$s_{p1} = c_{p1}e_{p1} + \dot{e}_{p1} \tag{7.18}$$

其中，$c_{p1} > 0$。

由式(7.15)和式(7.18)可得：

$$\begin{aligned} \dot{s}_{p1} &= c_{p1}\dot{e}_{p1} + \ddot{e}_{p1} = c_{p1}(\dot{x}_d - \dot{x}) + \ddot{x}_d - \ddot{x} \\ &= c_{p1}\dot{x}_d + \ddot{x}_d - c_{p1}\dot{x} + \frac{K_1}{m}\dot{x} - u_{1x} - d_{p1} \end{aligned} \tag{7.19}$$

设计指数趋近律：

$$\dot{s}_{p1} = -n_{p1}\tanh\left(\frac{s_{p1}}{\gamma_{p1}}\right) - \lambda_{p1}s_{p1} \tag{7.20}$$

其中，$n_{p1} > 0, \lambda_{p1} > 0, \gamma_{p1} > 0$，$\tanh\left(\dfrac{s_{p1}}{\gamma_{p1}}\right)$ 为双曲正切函数，用于代替滑模控制的符号函数 $\mathrm{sgn}\left(\dfrac{s_{p1}}{\gamma_{p1}}\right)$，以达到减弱抖振的目的，取 $n_{p1} > \bar{d}_{p1}$。

不妨设 $d_{p1} = 0$，扰动可以通过滑模切换部分补偿，由式(7.19)和式(7.20)可得控制律为：

$$u_{1x} = c_{p1}\dot{x}_d + \ddot{x}_d - c_{p1}\dot{x} + \frac{K_1}{m}\dot{x} + n_{p1}\tanh\left(\frac{s_{p1}}{\gamma_{p1}}\right) + \lambda_{p1}s_{p1} \tag{7.21}$$

取 Lyapunov 函数：

$$V = \frac{1}{2}s_{p1}^2 > 0, s_{p1} \neq 0 \tag{7.22}$$

由式(7.15)、式(7.19)和式(7.22)，并根据本节假设可得：

$$\begin{aligned}\dot{V} = s_{p1}\dot{s}_{p1} &= s_{p1}\left(c_{p1}\dot{x}_d + \ddot{x}_d - c_{p1}\dot{x} + \frac{K_1}{m}\dot{x} - u_{1x} - d_{p1}\right)\\ &= s_{p1}\left(-n_{p1}\tanh\left(\frac{s_{p1}}{\gamma_{p1}}\right) - \lambda_{p1}s_{p1} - d_{p1}\right)\\ &= -n_{p1}s_{p1}\tanh\left(\frac{s_{p1}}{\gamma_{p1}}\right) - \lambda_{p1}s_{p1}^2 - s_{p1}d_{p1} < 0, s_{p1} \neq 0\end{aligned} \tag{7.23}$$

显然，V 正定且径向无界，$\dot{V}$ 负定，可见系统全局渐近稳定。

注：此处证明时，tanh 函数仍按 sgn 函数处理，下同。在有干扰时，用 tanh 函数替换 sgn 函数并不能严格保证系统渐近稳定，只能保证稳定，会影响系统抗干扰的鲁棒性和控制精度，只有在无干扰时，才能保证系统渐近稳定。

实际上，由引理 7.2 可得：

$$|s_{p1}| - s_{p1}\tanh\left(\frac{s_{p1}}{\gamma_{p1}}\right) \leqslant \mu\gamma_{p1}, \mu = 0.2785 \tag{7.24}$$

则由式(7.24)可得：

$$-n_{p1}s_{p1}\tanh\left(\frac{s_{p1}}{\gamma_{p1}}\right) \leqslant -n_{p1}|s_{p1}| + n_{p1}\mu\gamma_{p1} \tag{7.25}$$

则由式(7.23)和式(7.25)可得：

$$\begin{aligned}\dot{V} &\leqslant -n_{p1}|s_{p1}| + n_{p1}\mu\gamma_{p1} - \lambda_{p1}s_{p1}^2 - s_{p1}d_{p1}\\ &\leqslant -\lambda_{p1}s_{p1}^2 + n_{p1}\mu\gamma_{p1} = -2\lambda_{p1}V + n_{p1}\mu\gamma_{p1}\end{aligned} \tag{7.26}$$

则由定理 4.5(有界性定理)可得：

$$V(t) \leqslant V(0)e^{-2\lambda_{p1}t} + \frac{n_{p1}\mu\gamma_{p1}}{2\lambda_{p1}}(1 - e^{-2\lambda_{p1}t}), \mu = 0.2785 \tag{7.27}$$

则有：

$$\lim_{t\to\infty}V(t) \leqslant \frac{n_{p1}\mu\gamma_{p1}}{2\lambda_{p1}} \tag{7.28}$$

可知 $V(t)$ 收敛，收敛精度取决于 $n_{p1}, \gamma_{p1}, \lambda_{p1}$。$n_{p1}$ 和 γ_{p1} 越小，λ_{p1} 最大，则精度越高，再由式(7.22)和式(7.18)可知 e_{p1} 收敛。

所以，$e_{p1} \to 0$，即 $x \to x_d$；同时，$s_{p1}=0$，可得 $\dot{e}_{p1} \to 0$，则 $\dot{x} \to \dot{x}_d$，因为 $\dot{x}_d$ 有界，所以 $\dot{x}$ 有界。

针对式(7.16)所示的 y 位移子系统，定义误差：$e_{p2}=y_d-y$。

滑模流形设计为：

$$s_{p2}=c_{p2}e_{p2}+\dot{e}_{p2} \tag{7.29}$$

其中，$c_{p2}>0$。

与本节上述同理可得控制律为：

$$u_{1y}=c_{p2}\dot{y}_d+\ddot{y}_d-c_{p2}\dot{y}+\frac{K_2}{m}\dot{y}+n_{p2}\tanh\left(\frac{s_{p2}}{\gamma_{p2}}\right)+\lambda_{p2}s_{p2} \tag{7.30}$$

其中，$n_{p2}>0,\lambda_{p2}>0,\gamma_{p2}>0$，取 $n_{p2}>\overline{d}_{p2}$。

稳定性证明也与本节上述同理。

针对式(7.17)所示的 z 位移子系统，定义误差：$e_{p3}=z_d-z$。

滑模流形设计为：

$$s_{p3}=c_{p3}e_{p3}+\dot{e}_{p3} \tag{7.31}$$

其中，$c_{p3}>0$。

与本节上述同理可得控制律为：

$$u_{1z}=c_{p3}\dot{z}_d+\ddot{z}_d-c_{p3}\dot{z}+\frac{K_3}{m}\dot{z}+g+n_{p3}\tanh\left(\frac{s_{p3}}{\gamma_{p3}}\right)+\lambda_{p3}s_{p3} \tag{7.32}$$

其中，$n_{p3}>0,\lambda_{p3}>0,\gamma_{p3}>0$，取 $n_{p3}>\overline{d}_{p3}$。

稳定性证明也与本节上述同理。

7.2.3　中间指令姿态角求解

假设满足控制律式(7.21)、式(7.30)和式(7.32)所需要的滚转角为 ϕ_d，俯仰角为 θ_d。为了实现滚转角 ϕ 对 ϕ_d 的跟踪，俯仰角 θ 对 θ_d 的跟踪，需要对 ϕ_d 和 θ_d 进行求解。外环位置子系统求解了 ϕ_d 和 θ_d 后，再把它们作为指令信号输入给内环姿态子系统。

由式(7.14)可得：

$$u_{1x}=\frac{\cos\phi_d\sin\theta_d\cos\psi+\sin\phi_d\sin\psi}{m}u_1 \tag{7.33}$$

$$u_{1y}=\frac{\cos\phi_d\sin\theta_d\sin\psi-\sin\phi_d\cos\psi}{m}u_1 \tag{7.34}$$

$$u_{1z}=\frac{\cos\phi_d\cos\theta_d}{m}u_1 \tag{7.35}$$

由式(7.33)和式(7.34)可得:

$$u_{1x}\sin\psi - u_{1y}\cos\psi = \sin\phi_d(\sin^2\psi + \cos^2\psi)\frac{u_1}{m} = \frac{u_1}{m}\sin\phi_d \tag{7.36}$$

$$u_{1x}\cos\psi + u_{1y}\sin\psi = \cos\phi_d\sin\theta_d(\cos^2\psi + \sin^2\psi)\frac{u_1}{m} = \frac{u_1}{m}\cos\phi_d\sin\theta_d \tag{7.37}$$

由式(7.35)和式(7.36)可得:

$$u_{1x}\sin\psi - u_{1y}\cos\psi = \frac{u_{1z}}{\cos\theta_d}\tan\phi_d \tag{7.38}$$

由式(7.35)和式(7.37)可得:

$$\frac{u_{1x}\cos\psi + u_{1y}\sin\psi}{u_{1z}} = \tan\theta_d \tag{7.39}$$

由式(7.39)可得:

$$\theta_d = \arctan\left(\frac{u_{1x}\cos\psi + u_{1y}\sin\psi}{u_{1z}}\right) \tag{7.40}$$

由式(7.38)和式(7.40)可得:

$$\phi_d = \arctan\left(\frac{u_{1x}\sin\psi - u_{1y}\cos\psi}{u_{1z}}\cos\left(\arctan\left(\frac{u_{1x}\cos\psi + u_{1y}\sin\psi}{u_{1z}}\right)\right)\right) \tag{7.41}$$

由式(7.21)、式(7.30)、式(7.32)可知,u_{1x},u_{1y},u_{1z} 是有界的,则由式(7.40)、式(7.41)可知 $\theta_d,\phi_d,\dot{\theta}_d,\dot{\phi}_d,\ddot{\theta}_d,\ddot{\phi}_d$ 有界。

求解 ϕ_d 和 θ_d 后,便可以由式(7.35)得到位置控制律为:

$$u_1 = \frac{mu_{1z}}{\cos\phi_d\cos\theta_d} \tag{7.42}$$

7.2.4 姿态子系统双曲正切滑模控制器设计

式(7.13)所示姿态子系统如下,控制目标为:当 $t\to\infty$ 时,$\psi\to\psi_d$;同时保持 $\dot{\psi},\phi,\dot{\phi},\theta,\dot{\theta}$ 有界。

$$\ddot{\phi} = \frac{I_y - I_z}{I_x}\dot{\theta}\dot{\psi} - \frac{K_4}{I_x}\dot{\phi} + \frac{1}{I_x}u_2 + d_{a1} \tag{7.43}$$

$$\ddot{\theta} = \frac{I_z - I_x}{I_y}\dot{\phi}\dot{\psi} - \frac{K_5}{I_y}\dot{\theta} + \frac{1}{I_y}u_3 + d_{a2} \tag{7.44}$$

$$\ddot{\psi}=\frac{I_x-I_y}{I_z}\dot{\phi}\dot{\theta}-\frac{K_6}{I_z}\dot{\psi}+\frac{1}{I_z}u_4+d_{a3} \tag{7.45}$$

其中，d_{a1},d_{a2},d_{a3} 为外加扰动。

假设：d_{a1},d_{a2},d_{a3} 分别有上界 $\bar{d}_{a1},\bar{d}_{a2},\bar{d}_{a3}$，即 $|d_{a1}|\leqslant\bar{d}_{a1}$，$|d_{a2}|\leqslant\bar{d}_{a2}$，$|d_{a3}|\leqslant\bar{d}_{a3}$。

针对式(7.43)所示滚转姿态子系统，定义误差为

$$e_{a1}=\phi_d-\phi$$

设计滑模流形为：

$$s_{a1}=c_{a1}e_{a1}+\dot{e}_{a1} \tag{7.46}$$

其中，$c_{a1}>0$。

与7.2.2节同理可得控制律为：

$$u_2=I_x\left(c_{a1}\dot{\phi}_d+\ddot{\phi}_d-c_{a1}\dot{\phi}-\frac{I_y-I_z}{I_x}\dot{\theta}\dot{\psi}+\frac{K_4}{I_x}\dot{\phi}+k_{a1}\tanh\left(\frac{s_{a1}}{\gamma_{a1}}\right)+\lambda_{a1}s_{a1}\right) \tag{7.47}$$

其中，$k_{a1}>0,\lambda_{a1}>0,\gamma_{a1}>0$，取 $k_{a1}>\bar{d}_{a1}$。

稳定性证明也与7.2.2节同理。

针对式(7.44)所示俯仰姿态子系统，定义误差为：

$$e_{a2}=\theta_d-\theta$$

设计滑模流形为：

$$s_{a2}=c_{a2}e_{a2}+\dot{e}_{a2} \tag{7.48}$$

其中，$c_{a2}>0$。

与7.2.2节同理可得控制律为：

$$u_3=I_y\left(c_{a2}\dot{\theta}_d+\ddot{\theta}_d-c_{a2}\dot{\theta}-\frac{I_z-I_x}{I_y}\dot{\phi}\dot{\psi}+\frac{K_5}{I_y}\dot{\theta}+k_{a2}\tanh\left(\frac{s_{a2}}{\gamma_{a2}}\right)+\lambda_{a2}s_{a2}\right) \tag{7.49}$$

其中，$k_{a2}>0,\lambda_{a2}>0,\gamma_{a2}>0$，取 $k_{a2}>\bar{d}_{a2}$。

稳定性证明也与7.2.2节同理。

针对式(7.45)所示偏航姿态子系统，定义误差为：

$$e_{a3}=\psi_d-\psi$$

设计滑模流形为：

$$s_{a3} = c_{a3}e_{a3} + \dot{e}_{a3} \tag{7.50}$$

其中，$c_{a3} > 0$。

与 7.2.2 节同理可得控制律为：

$$u_4 = I_z\left(c_{a3}\dot{\psi}_d + \ddot{\psi}_d - c_{a3}\dot{\psi} - \frac{I_x - I_y}{I_z}\dot{\phi}\dot{\theta} + \frac{K_6}{I_z}\dot{\psi} + k_{a3}\tanh\left(\frac{s_{a3}}{\gamma_{a3}}\right) + \lambda_{a3}s_{a3}\right) \tag{7.51}$$

其中，$k_{a3} > 0, \lambda_{a3} > 0, \gamma_{a3} > 0$，取 $k_{a3} > \overline{d}_{a3}$。

稳定性证明也与 7.2.2 节同理。

7.2.5 中间指令信号的一阶二阶求导问题

如图 7.1 所示，整个控制系统由外环位置子系统和内环姿态子系统构成，外环位置子系统产生两个中间指令信号 ϕ_d 和 θ_d，需要传入给内环姿态子系统，内环姿态子系统通过控制实现对其跟踪。

从内环姿态子系统的控制律式(7.47)、式(7.49)和式(7.51)可知，控制律需要对中间指令信号 ϕ_d 和 θ_d 求一阶和二阶导数，可以采用如下有限时间收敛三阶微分器来计算 ϕ_d 和 θ_d 的一阶导数和二阶导数[52]。

$$\begin{cases} \dot{x}_1 = x_2 \\ \dot{x}_2 = x_3 \\ \varepsilon^3\dot{x}_3 = -2^{\frac{3}{5}}4\left(x_1 - v(t) + (\varepsilon x_2)^{\frac{9}{7}}\right)^{\frac{1}{3}} - 4\left(\varepsilon^2 x_3\right)^{\frac{3}{5}} \\ y_1 = x_2 \\ y_2 = x_3 \end{cases} \tag{7.52}$$

其中，待微分的输入信号为 $v(t)$，x_1 为对信号进行跟踪，x_2 是信号一阶导数的估计，x_3 是信号二阶导数的估计，微分器的初始值为：$x_1(0) = 0, x_2(0) = 0, x_3(0) = 0$。

该微分器可以对非连续函数求导，所以指令信号 ϕ_d 和 θ_d 可以不连续，位置控制律中也可以含有不连续的滑模函数。由于该微分器具有积分链式结构，在工程上对含有噪声的信号求导时，噪声只含在微分器的最后一层，通过积分作用，信号的一阶导数中的噪声能够被更充分地抑制[53]。

在具有内环和外环的控制系统中，内环的动态性能会影响到外环的稳定性，从而造成整个闭环系统不稳定[54-55]。工程上为了保证内外环控制系统的稳定性，一般采用内环收敛速度大于外环收敛速度的方法来保证闭环系统的稳定性[43]。在滑模控制的指数趋近律 $\dot{s} = K\text{sgn}(s) + \lambda s$ 中，收敛速度主要取决于 λ 值，λ 值越大则收敛速度越快，因此在内外环均采用指数趋近律设计的滑模控制中，可以使内环的 λ 值大于外环的 λ 值来使内环收敛速度大于外环收敛速度。

7.2.6 仿真实例

四旋翼飞行器参数、初始条件与第 2 章的相同。

假设外加扰动为：

$$\boldsymbol{d}=\begin{bmatrix}d_{p1}\\d_{p2}\\d_{p3}\\d_{a1}\\d_{a2}\\d_{a3}\end{bmatrix}=\begin{bmatrix}0.1\sin(5t)\\0.1\sin(5t)\\0.1\sin(5t)\\0.1\sin(5t)\\0.1\sin(5t)\\0.1\sin(5t)\end{bmatrix}$$

外环位置控制器采用式(7.21)、式(7.30)、式(7.32) 和式(7.42)所示控制律，控制器参数为：

$$c_{p1}=1.2, n_{p1}=3, \lambda_{p1}=1.5, \gamma_{p1}=0.5,$$
$$c_{p2}=1.2, n_{p2}=3, \lambda_{p2}=1.5, \gamma_{p2}=0.5,$$
$$c_{p3}=1.2, n_{p3}=3, \lambda_{p3}=1.5, \gamma_{p3}=0.5$$

内环姿态控制器采用式(7.47)、式(7.49)和式(7.51)所示控制律，控制器参数为：

$$c_{a1}=1.5, k_{a1}=3, \lambda_{a1}=5, \gamma_{a1}=0.5,$$
$$c_{a2}=1.5, k_{a2}=3, \lambda_{a2}=5, \gamma_{a2}=0.5,$$
$$c_{a3}=1.5, k_{a3}=3, \lambda_{a3}=5, \gamma_{a3}=0.5$$

两个微分器的参数均为：

$$\varepsilon=0.1$$

给定期望飞行轨迹：

$$\begin{cases}x_d(t)=3\cos t\\y_d(t)=3\sin t\\z_d(t)=2+0.5t\\\psi_d(t)=0.5\end{cases}$$

仿真结果如图 7.2~图 7.5 所示。从图 7.4 可以看出，与前面的滑模控制对照，本章提出的双曲正切滑模控制较好地减弱了抖振。

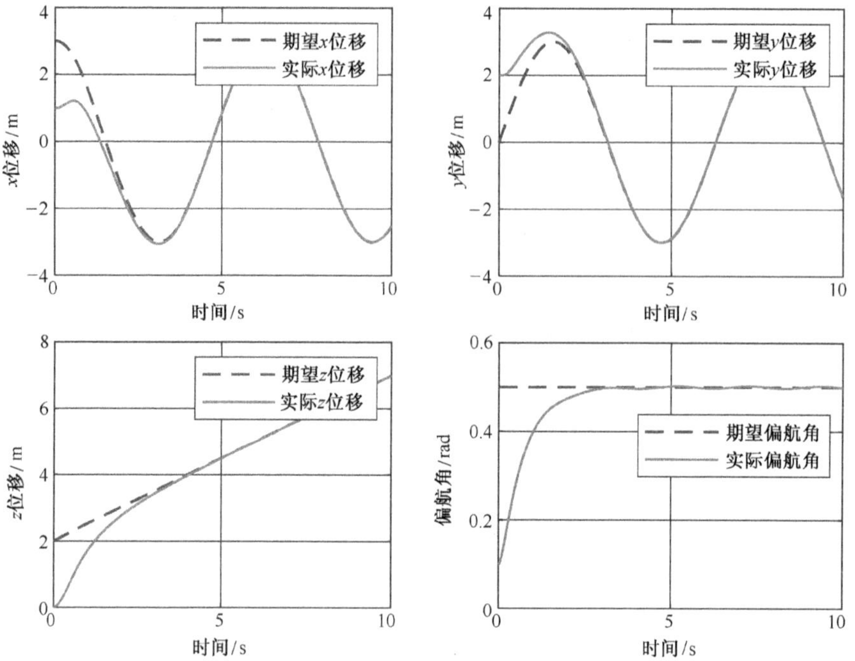

图 7.2　飞行器轨迹跟踪过程

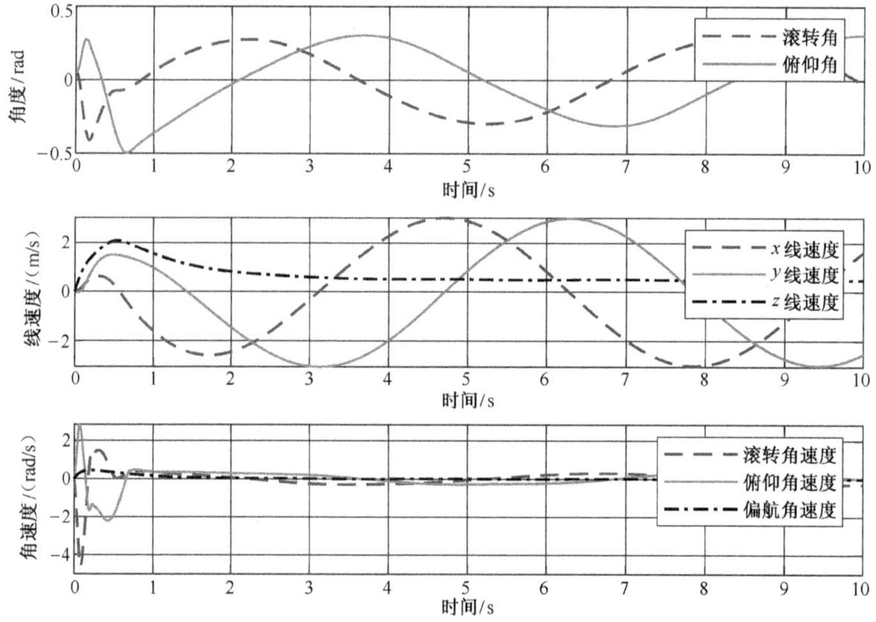

图 7.3　飞行器状态响应过程

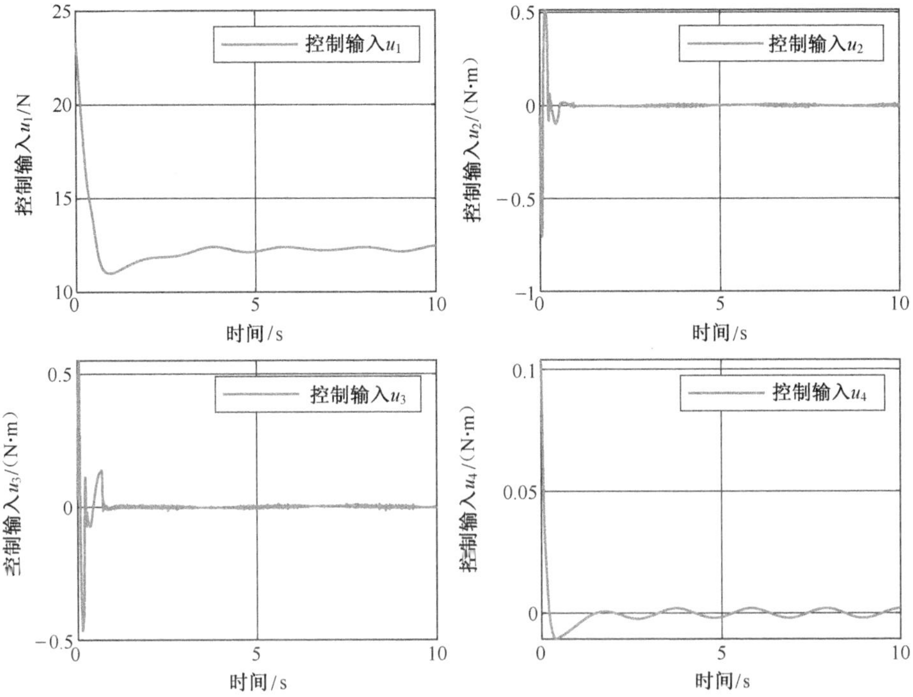

图 7.4　飞行器控制输入

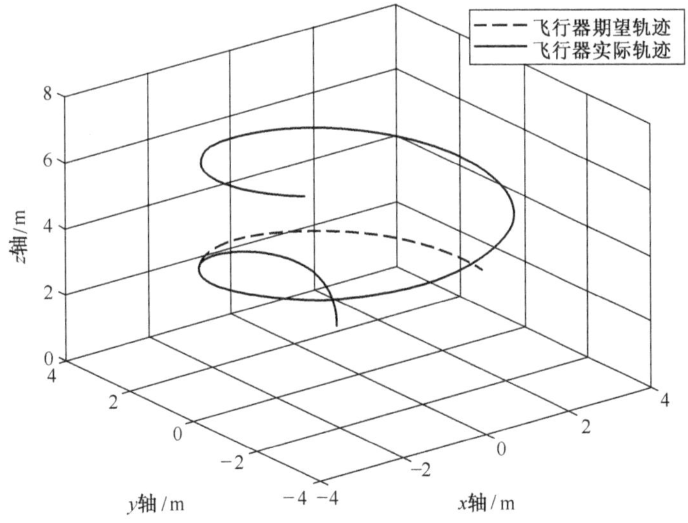

图 7.5　飞行器轨迹跟踪三维显示

仿真程序:

(1) Simulink 主程序:chap7_1sim. slx

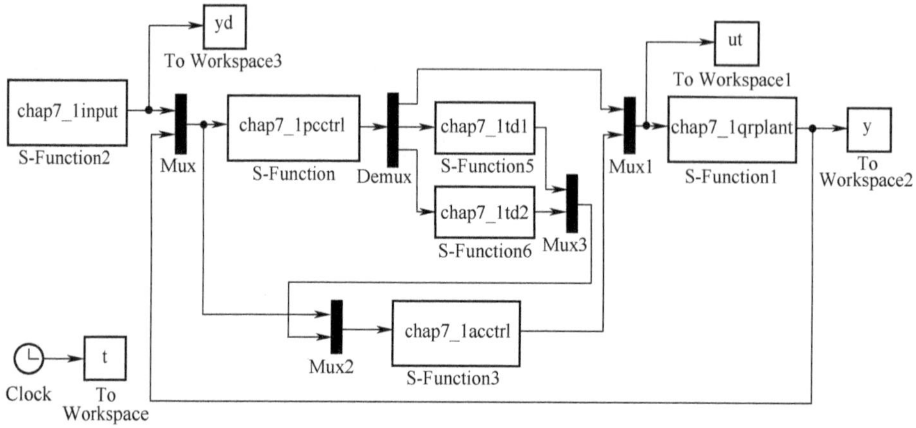

(2) 被控对象程序:chap7_1qrplant. m

```
function [sys,x0,str,ts]=chap7_1qrplant(t,x,u,flag)
switch flag
  case 0
    [sys,x0,str,ts]=mdlInitializeSizes;
  case 1
    sys=mdlDerivatives(t,x,u);
  case 3
    sys=mdlOutputs(t,x,u);
  case {2, 4, 9 }
    sys = [];
  otherwise
    error(['Unhandled flag = ',num2str(flag)]);
end
function [sys,x0,str,ts]=mdlInitializeSizes
sizes = simsizes;
sizes.NumContStates  = 12;
sizes.NumDiscStates  = 0;
sizes.NumOutputs     = 12;
sizes.NumInputs      = 4;
sizes.DirFeedthrough = 1;
sizes.NumSampleTimes = 1;
sys=simsizes(sizes);
```

```
x0=[1;0;2;0;0;0;0.05;0;0.05;0;0.1;0];
str=[];
ts=[0 0];
function sys=mdlDerivatives(t,x,u)
m=1.2;g=9.8;
Ix=0.0091;Iy=0.0096;Iz=0.0189;
K1=0.01;K2=0.012;K3=0.019;K4=0.0022;K5=0.0024;K6=0.0031;
a1=(Iy-Iz)/Ix;a2=(Iz-Ix)/Iy;a3=(Ix-Iy)/Iz;
b1=1/Ix;b2=1/Iy;b3=1/Iz;
d_x=x(2);d_y=x(4);d_z=x(6);
roll=x(7);d_roll=x(8);
pitch=x(9);d_pitch=x(10);
yaw=x(11);d_yaw=x(12);
U=u(1);T_roll=u(2);T_pitch=u(3);T_yaw=u(4);
Ax=-K1*d_x;
Ay=-K2*d_y;
Az=-K3*d_z;
Ap=-K4*d_roll;
Aq=-K5*d_pitch;
Ar=-K6*d_yaw;
g1=(1/m)*(cos(roll)*sin(pitch)*cos(yaw)+sin(roll)*sin(yaw));
g2=(1/m)*(cos(roll)*sin(pitch)*sin(yaw)-sin(roll)*cos(yaw));
g3=(1/m)*(cos(roll)*cos(pitch));
%加入干扰
d=[0.1*sin(3*t);0.1*sin(3*t);0.1*sin(3*t);
   0.1*sin(3*t);0.1*sin(3*t);0.1*sin(3*t)];
dd_x=Ax/m+g1*U+d(1);
dd_y=Ay/m+g2*U+d(2);
dd_z=Az/m-g+g3*U+d(3);
dd_roll=a1*d_pitch*d_yaw+b1*Ap+b1*T_roll+d(4);
dd_pitch=a2*d_roll*d_yaw+b2*Aq+b2*T_pitch+d(5);
dd_yaw=a3*d_roll*d_pitch+b3*Ar+b3*T_yaw+d(6);
sys(1)=d_x;sys(2)=dd_x;
sys(3)=d_y;sys(4)=dd_y;
sys(5)=d_z;sys(6)=dd_z;
sys(7)=d_roll;sys(8)=dd_roll;
sys(9)=d_pitch;sys(10)=dd_pitch;
```

```
sys(11)=d_yaw;sys(12)=dd_yaw;
function sys=mdlOutputs(t,x,u)
sys(1)=x(1);sys(2)=x(2);sys(3)=x(3);
sys(4)=x(4);sys(5)=x(5);sys(6)=x(6);
sys(7)=x(7);sys(8)=x(8);sys(9)=x(9);
sys(10)=x(10);sys(11)=x(11);sys(12)=x(12);
```

（3）外环位置子系统控制器程序：chap7_1pcctrl.m

```
function [sys,x0,str,ts] = chap7_1pcctrl(t,x,u,flag)
switch flag
case 0
    [sys,x0,str,ts]=mdlInitializeSizes;
case 3
    sys=mdlOutputs(t,x,u);
case {2,4,9}
    sys=[];
otherwise
    error(['Unhandled flag = ',num2str(flag)]);
end
function [sys,x0,str,ts]=mdlInitializeSizes
sizes = simsizes;
sizes.NumContStates  = 0;
sizes.NumDiscStates  = 0;
sizes.NumOutputs     = 3;
sizes.NumInputs      = 24;
sizes.DirFeedthrough = 1;
sizes.NumSampleTimes = 1;
sys = simsizes(sizes);
x0  = [];
str = [];
ts  = [0 0];
function sys=mdlOutputs(t,x,u)
m=1.2;g=9.8;K1=0.01;K2=0.012;K3=0.019;
cp1=1.2;np1=3;remp1=1.5;ebp1=0.5;
cp2=1.2;np2=3;remp2=1.5;ebp2=0.5;
cp3=1.2;np3=3;remp3=1.5;ebp3=0.5;
xd=u(1);d_xd=u(2);dd_xd=u(3);
yd=u(4);d_yd=u(5);dd_yd=u(6);
```

```
zd=u(7);d_zd=u(8);dd_zd=u(9);
xx=u(13);d_x=u(14);
y=u(15);d_y=u(16);
z=u(17);d_z=u(18);
yaw=u(23);
ep1=xd-xx;ep2=yd-y;ep3=zd-z;
d_ep1=d_xd-d_x;d_ep2=d_yd-d_y;d_ep3=d_zd-d_z;
sp1=cp1*ep1+d_ep1;sp2=cp2*ep2+d_ep2;sp3=cp3*ep3+d_ep3;
u1x=cp1*d_xd+dd_xd-cp1*d_x+(K1/m)*d_x+np1*tanh(sp1/ebp1)+
remp1*sp1;
u1y=cp2*d_yd+dd_yd-cp2*d_y+(K2/m)*d_y+np2*tanh(sp2/ebp2)+
remp2*sp2;
u1z=cp3*d_zd+dd_zd-cp3*d_z+(K3/m)*d_z+g+np3*tanh(sp3/ebp3)+
remp3*sp3;
pitchd=atan((u1x*cos(yaw)+u1y*sin(yaw))/u1z);
rolld=atan(((u1x*sin(yaw)-u1y*cos(yaw))/u1z)*cos(pitchd));
u1=m*u1z/(cos(rolld)*cos(pitchd));
sys(1)=u1;sys(2)=rolld;sys(3)=pitchd;
```

（4）内环姿态子系统控制器程序:chap7_1acctrl.m

```
function [sys,x0,str,ts] = chap7_1acctrl(t,x,u,flag)
switch flag
case 0
    [sys,x0,str,ts]=mdlInitializeSizes;
case 3
    sys=mdlOutputs(t,x,u);
case {2,4,9}
    sys=[];
otherwise
    error(['Unhandled flag = ',num2str(flag)]);
end
function [sys,x0,str,ts]=mdlInitializeSizes
sizes = simsizes;
sizes.NumContStates  = 0;
sizes.NumDiscStates  = 0;
sizes.NumOutputs     = 3;
sizes.NumInputs      = 30;
sizes.DirFeedthrough = 1;
```

```
sizes.NumSampleTimes = 1;
sys = simsizes(sizes);
x0  = [];
str = [];
ts  = [0 0];
function sys=mdlOutputs(t,x,u)
Ix=0.0091;Iy=0.0096;Iz=0.0189;
K4=0.0022;K5=0.0024;K6=0.0031;
ca1=1.5;ka1=3;rema1=5;eba1=0.5;
ca2=1.5;ka2=3;rema2=5;eba2=0.5;
ca3=1.5;ka3=3;rema3=5;eba3=0.5;
yawd=u(10); d_yawd=u(11);dd_yawd=u(12);
roll=u(19);d_roll=u(20);
pitch=u(21);d_pitch=u(22);
yaw=u(23);d_yaw=u(24);
rolld=u(25);d_rolld=u(26);dd_rolld=u(27);
pitchd=u(28);d_pitchd=u(29);dd_pitchd=u(30);
a1=(Iy-Iz)/Ix;a2=(Iz-Ix)/Iy;a3=(Ix-Iy)/Iz;
b1=1/Ix;b2=1/Iy;b3=1/Iz;
ea1=rolld-roll;d_ea1=d_rolld-d_roll;sa1=ca1*ea1+d_ea1;
ea2=pitchd-pitch;d_ea2=d_pitchd-d_pitch;sa2=ca2*ea2+d_ea2;
ea3=yawd-yaw;d_ea3=d_yawd-d_yaw;sa3=ca3*ea3+d_ea3;
T1=ka1*tanh(sa1/eba1)+rema1*sa1;
T2=ka2*tanh(sa2/eba2)+rema2*sa2;
T3=ka3*tanh(sa3/eba3)+rema3*sa3;
u2=Ix*(ca1*d_rolld+dd_rolld-ca1*d_roll-a1*d_pitch*d_yaw+K4*
b1*d_roll+T1);
u3=Iy*(ca2*d_pitchd+dd_pitchd-ca2*d_pitch-a2*d_roll*d_yaw+K5
*b2*d_pitch+T2);
u4=Iz*(ca3*d_yawd+dd_yawd-ca3*d_yaw-a3*d_roll*d_pitch+K6*b3
*d_yaw+T3);
sys(1)=u2;sys(2)=u3;sys(3)=u4;
```

(5) 微分器 1 程序:chap7_1td1. m

```
function [sys,x0,str,ts] = chap7_1td1(t,x,u,flag)
switch flag
case 0
    [sys,x0,str,ts]=mdlInitializeSizes;
```

```
case 1
    sys=mdlDerivatives(t,x,u);
case 3
    sys=mdlOutputs(t,x,u);
case {2,4,9}
    sys=[];
otherwise
    error(['Unhandled flag = ',num2str(flag)]);
end
function [sys,x0,str,ts]=mdlInitializeSizes
sizes = simsizes;
sizes.NumContStates  = 3;
sizes.NumDiscStates  = 0;
sizes.NumOutputs     = 3;
sizes.NumInputs      = 1;
sizes.DirFeedthrough = 1;
sizes.NumSampleTimes = 1;
sys = simsizes(sizes);
x0  = [0 0 0];
str = [];
ts  = [0 0];
function sys=mdlDerivatives(t,x,u)
ebs=0.1;
vt=u(1);
tp1=(abs(ebs*x(2)))^(9/7)*sign(ebs*x(2));
tp2=(abs(ebs^2*x(3)))^(3/5)*sign(ebs^2*x(3));
tp3=(abs(x(1)-vt+tp1))^(1/3)*sign(x(1)-vt+tp1);
sys(1)=x(2);
sys(2)=x(3);
sys(3)=(-2^(3/5)*4*tp3-4*tp2)/ebs^3;
function sys=mdlOutputs(t,x,u)
sys(1)=u(1);sys(2)=x(2);sys(3)=x(3);
```

(6) 微分器2程序:chap7_1td2. m

```
function [sys,x0,str,ts] = chap7_1td2(t,x,u,flag)
switch flag
case 0
    [sys,x0,str,ts]=mdlInitializeSizes;
```

```
case 1
    sys=mdlDerivatives(t,x,u);
case 3
    sys=mdlOutputs(t,x,u);
case {2,4,9}
    sys=[];
otherwise
    error(['Unhandled flag = ',num2str(flag)]);
end
function [sys,x0,str,ts]=mdlInitializeSizes
sizes = simsizes;
sizes.NumContStates  = 3;
sizes.NumDiscStates  = 0;
sizes.NumOutputs     = 3;
sizes.NumInputs      = 1;
sizes.DirFeedthrough = 1;
sizes.NumSampleTimes = 1;
sys = simsizes(sizes);
x0  = [0 0 0];
str = [];
ts  = [0 0];
function sys=mdlDerivatives(t,x,u)
ebs=0.1;
vt=u(1);
tp1=(abs(ebs*x(2)))^(9/7)*sign(ebs*x(2));
tp2=(abs(ebs^2*x(3)))^(3/5)*sign(ebs^2*x(3));
tp3=(abs(x(1)-vt+tp1))^(1/3)*sign(x(1)-vt+tp1);
sys(1)=x(2);
sys(2)=x(3);
sys(3)=(-2^(3/5)*4*tp3-4*tp2)/ebs^3;
function sys=mdlOutputs(t,x,u)
sys(1)=u(1);sys(2)=x(2);sys(3)=x(3);
```

(7) 指令输入程序:chap7_1input. m

```
function [sys,x0,str,ts]=chap7_1input(t,x,u,flag)
switch flag
  case 0
    [sys,x0,str,ts]=mdlInitializeSizes;
```

```
  case 1
    sys=mdlDerivatives(t,x,u);
  case 3
    sys=mdlOutputs(t,x,u);
  case {2, 4, 9 }
    sys = [];
  otherwise
    error(['Unhandled flag = ',num2str(flag)]);
end
function [sys,x0,str,ts]=mdlInitializeSizes
sizes = simsizes;
sizes.NumContStates  = 0;
sizes.NumDiscStates  = 0;
sizes.NumOutputs     = 12;
sizes.NumInputs      = 0;
sizes.DirFeedthrough = 1;
sizes.NumSampleTimes = 1;
sys=simsizes(sizes);
x0=[];
str=[];
ts=[0 0];
function sys=mdlOutputs(t,x,u)
xd=3*cos(t);d_xd=-3*sin(t);dd_xd=-3*cos(t);
yd=3*sin(t);d_yd=3*cos(t);dd_yd=-3*sin(t);
zd=2+0.5*t;d_zd=0.5;dd_zd=0;
yawd=0.5;d_yawd=0;dd_yawd=0;
sys(1)=xd;sys(2)=d_xd;sys(3)=dd_xd;
sys(4)=yd;sys(5)=d_yd;sys(6)=dd_yd;
sys(7)=zd;sys(8)=d_zd;sys(9)=dd_zd;
sys(10)=yawd;sys(11)=d_yawd;sys(12)=dd_yawd;
```

（8）作图程序：chap7_1plot.m

```
close all;
figure(1);
subplot(221);
plot(t,yd(:,1),'-- b',t,y(:,1),'r','linewidth',1);
legend('期望x位移','实际x位移');
xlabel('时间(s)');ylabel('x位移(m)');
```

```
    grid on
subplot(222);
plot(t,yd(:,4),'-- b',t,y(:,3),'r','linewidth',1);
legend('期望 y 位移','实际 y 位移');
xlabel('时间(s)');ylabel('y 位移(m)');
grid on
subplot(223);
plot(t,yd(:,7),'-- b',t,y(:,5),'r','linewidth',1);
legend('期望 z 位移','实际 z 位移');
xlabel('时间(s)');ylabel('z 位移(m)');
grid on
subplot(224);
plot(t,yd(:,10),'-- b',t,y(:,11),'r','linewidth',1);
legend('期望偏航角','实际偏航角');
xlabel('时间(s)');ylabel('偏航角(rad)');
grid on
figure(2);
subplot(311);
plot(t,y(:,7),'-- b',t,y(:,9),'r','linewidth',1);
legend('滚转角','俯仰角');
xlabel('时间(s)');ylabel('角度(rad)');
grid on
subplot(312);
plot(t,y(:,2),'-- b',t,y(:,4),'r',t,y(:,6),'-. k','linewidth',1);
legend('x 线速度','y 线速度','z 线速度');
xlabel('时间(s)');ylabel('线速度(m/s)');
grid on
subplot(313);
plot(t,y(:,8),'-- b',t,y(:,10),'r',t,y(:,12),'-. k','linewidth',1);
legend('滚转角速度','俯仰角速度','偏航角速度');
xlabel('时间(s)');ylabel('角速度(rad/s)');
grid on
figure(3);
subplot(221);
plot(t,ut(:,1),'r','linewidth',1);
legend('控制输入 u1');
xlabel('时间(s)');ylabel('控制输入 u1(N)');
```

```
grid on
subplot(222);
plot(t,ut(:,2),'r','linewidth',1);
legend('控制输入 u2 ');
xlabel('时间(s)');ylabel('控制输入 u2(N·m)');
grid on
subplot(223);
plot(t,ut(:,3),'r','linewidth',1);
legend('控制输入 u3 ');
xlabel('时间(s)');ylabel('控制输入 u3(N·m)');
grid on
subplot(224);
plot(t,ut(:,4),'r','linewidth',1);
legend('控制输入 u4 ');
xlabel('时间(s)');ylabel('控制输入 u4(N·m)');
grid on
figure(4);
plot3(yd(:,1),yd(:,4),yd(:,7),'-- b','linewidth',1);
hold on
plot3(y(:,1),y(:,3),y(:,5),'r','linewidth',1);
hold on
legend('飞行器期望轨迹','飞行器实际轨迹');
xlabel('x 轴(m)');ylabel('y 轴(m)');zlabel('z 轴(m)');
grid on
```

7.3 四旋翼飞行器反演双曲正切滑模控制方法设计

本节主要采用反演设计的方法设计四旋翼飞行器的双曲正切滑模控制器。反演设计(又称反推设计)方法的基本思路是将复杂的非线性系统分解成不超过系统阶数的子系统,然后为每个子系统分别设计 Lyapunov 函数和中间虚拟控制量,一直后退到整个系统,直至完成整个控制律的设计[39]。

7.3.1 系统描述

第 2 章建立的四旋翼飞行器简化模型如下:

$$\begin{cases}\ddot{x}=-\dfrac{K_1}{m}\dot{x}+\dfrac{\cos\phi\sin\theta\cos\psi+\sin\phi\sin\psi}{m}u_1\\ \ddot{y}=-\dfrac{K_2}{m}\dot{y}+\dfrac{\cos\phi\sin\theta\sin\psi-\sin\phi\cos\psi}{m}u_1\\ \ddot{z}=-\dfrac{K_3}{m}\dot{z}-g+\dfrac{\cos\phi\cos\theta}{m}u_1\\ \ddot{\phi}=\dfrac{I_y-I_z}{I_x}\dot{\theta}\dot{\psi}-\dfrac{K_4}{I_x}\dot{\phi}+\dfrac{1}{I_x}u_2\\ \ddot{\theta}=\dfrac{I_z-I_x}{I_y}\dot{\phi}\dot{\psi}-\dfrac{K_5}{I_y}\dot{\theta}+\dfrac{1}{I_y}u_3\\ \ddot{\psi}=\dfrac{I_x-I_y}{I_z}\dot{\phi}\dot{\theta}-\dfrac{K_6}{I_z}\dot{\psi}+\dfrac{1}{I_z}u_4\end{cases}\tag{7.53}$$

设计状态反馈控制器,使飞行器跟踪给定轨迹,即当 $t\to\infty$ 时,$x\to x_d$,$y\to y_d$,$z\to z_d$,$\psi\to\psi_d$,同时保持所有状态 $x,\dot{x},y,\dot{y},z,\dot{z},\phi,\dot{\phi},\theta,\dot{\theta},\psi,\dot{\psi}$ 有界。

假设 $x_d,\dot{x}_d,\ddot{x}_d,y_d,\dot{y}_d,\ddot{y}_d,z_d,\dot{z}_d,\ddot{z}_d,\psi_d,\dot{\psi}_d,\ddot{\psi}_d$ 有界。

为了方便控制方法设计,可以将四旋翼飞行器动力学模型分为两个子系统:位置子系统和姿态子系统,具体如下:

位置子系统为:

$$\begin{cases}\ddot{x}=-\dfrac{K_1}{m}\dot{x}+\dfrac{\cos\phi\sin\theta\cos\psi+\sin\phi\sin\psi}{m}u_1\\ \ddot{y}=-\dfrac{K_2}{m}\dot{y}+\dfrac{\cos\phi\sin\theta\sin\psi-\sin\phi\cos\psi}{m}u_1\\ \ddot{z}=-\dfrac{K_3}{m}\dot{z}-g+\dfrac{\cos\phi\cos\theta}{m}u_1\end{cases}\tag{7.54}$$

姿态子系统为:

$$\begin{cases}\ddot{\phi}=\dfrac{I_y-I_z}{I_x}\dot{\theta}\dot{\psi}-\dfrac{K_4}{I_x}\dot{\phi}+\dfrac{1}{I_x}u_2\\ \ddot{\theta}=\dfrac{I_z-I_x}{I_y}\dot{\phi}\dot{\psi}-\dfrac{K_5}{I_y}\dot{\theta}+\dfrac{1}{I_y}u_3\\ \ddot{\psi}=\dfrac{I_x-I_y}{I_z}\dot{\phi}\dot{\theta}-\dfrac{K_6}{I_z}\dot{\psi}+\dfrac{1}{I_z}u_4\end{cases}\tag{7.55}$$

把位置子系统作为外环,姿态子系统作为内环,控制过程中,外环子系统需要给内环子系统提供需要的信息,其控制结构图如图 7.1 所示。

7.3.2　位置子系统反演双曲正切滑模控制器设计

针对式(7.54)所示位置子系统,控制目标为:当 $t \to \infty$ 时,$x \to x_d$,$y \to y_d$,$z \to z_d$;同时保持 $\dot{x}$,$\dot{y}$,$\dot{z}$ 有界。

定义如下中间控制变量:

$$\begin{cases} u_{1x} = \dfrac{\cos\phi\sin\theta\cos\psi + \sin\phi\sin\psi}{m}u_1 \\ u_{1y} = \dfrac{\cos\phi\sin\theta\sin\psi - \sin\phi\cos\psi}{m}u_1 \\ u_{1z} = \dfrac{\cos\phi\cos\theta}{m}u_1 \end{cases} \tag{7.56}$$

则式(7.54)可以转换为:

$$\ddot{x} = -\frac{K_1}{m}\dot{x} + u_{1x} + d_{p1} \tag{7.57}$$

$$\ddot{y} = -\frac{K_2}{m}\dot{y} + u_{1y} + d_{p2} \tag{7.58}$$

$$\ddot{z} = -\frac{K_3}{m}\dot{z} - g + u_{1z} + d_{p3} \tag{7.59}$$

其中,d_{p1},d_{p2},d_{p3} 为外部加入的干扰。

假设:d_{p1},d_{p2},d_{p3} 分别有上界,为 $\bar{d}_{p1}$,$\bar{d}_{p2}$,$\bar{d}_{p3}$,即:$|d_{p1}| \leqslant \bar{d}_{p1}$,$|d_{p2}| \leqslant \bar{d}_{p2}$,$|d_{p3}| \leqslant \bar{d}_{p3}$。

针对式(7.57)所示的 x 位移子系统,定义误差:

$$e_{1p1} = x_d - x$$

基本的反演控制方法设计步骤如下:

(1) 取 Lyapunov 函数:

$$V_1 = \frac{1}{2}e_{1p1}^2 \tag{7.60}$$

则有:

$$\dot{V}_1 = e_{1p1}\dot{e}_{1p1} \tag{7.61}$$

为了使 $\dot{V}_1 \leqslant 0$,不妨取:

$$\dot{e}_{1p1} = -c_{1p1}e_{1p1} + e_{2p1} \tag{7.62}$$

其中，$c_{1p1} > 0$，e_{2p1} 为所设计的中间虚拟控制量，则有：

$$e_{2p1} = \dot{e}_{1p1} + c_{1p1}e_{1p1} \tag{7.63}$$

很明显，e_{2p1} 实际上就是一个滑模流形。

于是有：

$$\dot{V}_1 = e_{1p1}\dot{e}_{1p1} = -c_{1p1}e_{1p1}^2 + e_{1p1}e_{2p1} \tag{7.64}$$

如果 $e_{2p1} = 0$，则有 $\dot{V}_1 \leqslant 0$。于是需要进行下一步设计。

(2) 取 Lyapunov 函数：

$$V_2 = V_1 + \frac{1}{2}e_{2p1}^2 \tag{7.65}$$

由式(7.63)可得：

$$\dot{e}_{2p1} = \ddot{e}_{1p1} + c_{1p1}\dot{e}_{1p1} = \ddot{x}_d - \ddot{x} + c_{1p1}\dot{e}_{1p1} \tag{7.66}$$

于是有：

$$\begin{aligned}\dot{V}_2 &= \dot{V}_1 + e_{2p1}\dot{e}_{2p1} = \dot{V}_1 + e_{2p1}(\ddot{x}_d - \ddot{x} + c_{1p1}\dot{e}_{1p1})\\ &= \dot{V}_1 + e_{2p1}\left(\ddot{x}_d + c_{1p1}\dot{e}_{1p1} + \frac{K_1}{m}\dot{x} - u_{1x} - d_{p1}\right)\\ &= -c_{1p1}e_{1p1}^2 + e_{1p1}e_{2p1} + e_{2p1}\left(\ddot{x}_d + c_{1p1}\dot{e}_{1p1} + \frac{K_1}{m}\dot{x} - u_{1x} - d_{p1}\right)\end{aligned} \tag{7.67}$$

为了使 $\dot{V}_2 \leqslant 0$，可以设计控制律（该控制律实际为双曲正切滑模控制律）为

$$u_{1x} = \ddot{x}_d + c_{1p1}\dot{e}_{1p1} + \frac{K_1}{m}\dot{x} + e_{1p1} + c_{2p1}e_{2p1} + n_{p1}\tanh\left(\frac{e_{2p1}}{\gamma_{p1}}\right) \tag{7.68}$$

其中，$c_{1p1} > 0, c_{2p1} > 0, n_{p1} > 0, \gamma_{p1} > 0$。

实际上，式(7.68)所设计的控制律与式(7.21)所设计的控制律相比，实际上差距不大，本质上是一致的，但是设计思路则完全不同。

针对式(7.68)所示的控制律，稳定性证明如下（实际上就是用反推法正向推导一遍）：

取 Lyapunov 函数：

$$V = \frac{1}{2}e_{1p1}^2 + \frac{1}{2}e_{2p1}^2 > 0 e_{1p1} \neq 0, e_{2p1} \neq 0 \tag{7.69}$$

于是有：

$$\begin{aligned}\dot{V} &= e_{1p1}\dot{e}_{1p1} + e_{2p1}\dot{e}_{2p1}\\ &= -c_{1p1}e_{1p1}^2 + e_{1p1}e_{2p1} + e_{2p1}\left(\ddot{x}_d + c_{1p1}\dot{e}_{1p1} + \frac{K_1}{m}\dot{x} - u_{1x} - d_{p1}\right)\end{aligned} \tag{7.70}$$

将式(7.68)代入式(7.70),并根据本节假设可得:

$$\begin{aligned}\dot{V} &= -c_{1p1}e_{1p1}^2 + e_{1p1}e_{2p1} + \\ &\quad e_{2p1}\left(-e_{1p1} - c_{2p1}e_{2p1} - n_{p1}\tanh\left(\frac{e_{2p1}}{\gamma_{p1}}\right) - d_{p1}\right) \\ &= -c_{1p1}e_{1p1}^2 - c_{2p1}e_{2p1}^2 - n_{p1}e_{2p1}\tanh\left(\frac{e_{2p1}}{\gamma_{p1}}\right) \\ &\quad - e_{2p1}d_{p1} < 0 \quad e_{1p1} \neq 0, e_{2p1} \neq 0\end{aligned} \tag{7.71}$$

显然,V 正定且径向无界,$\dot{V}$ 负定,系统全局渐近稳定。

则由 $e_{1p1} \to 0, e_{2p1} \to 0$,可得 $x \to x_d$;由 $e_{1p1} \to 0, e_{2p1} \to 0$,得 $\dot{e}_{1p1} \to 0$,即 $\dot{x} \to \dot{x}_d$,因为 $\dot{x}_d$ 有界,所以 $\dot{x}$ 有界。

针对式(7.58)所示的 y 位移子系统,定义误差:

$$e_{1p2} = y_d - y$$

设计中间虚拟控制量为

$$e_{2p2} = \dot{e}_{1p2} + c_{1p2}e_{1p2}$$

与本节上述同理可设计控制律为:

$$u_{1y} = \ddot{y}_d + c_{1p2}\dot{e}_{1p2} + \frac{K_2}{m}\dot{y} + e_{1p2} + c_{2p2}e_{2p2} + n_{p2}\tanh\left(\frac{e_{2p2}}{\gamma_{p2}}\right) \tag{7.72}$$

其中,$c_{1p2} > 0, c_{2p2} > 0, n_{p2} > 0, \gamma_{p2} > 0$。

稳定性证明也与本节上述同理。

针对式(7.59)所示的 z 位移子系统,定义误差:

$$e_{1p3} = z_d - z$$

设计中间虚拟控制量为:

$$e_{2p3} = \dot{e}_{1p3} + c_{1p3}e_{1p3}$$

与本节上述同理可设计控制律为:

$$u_{1z} = \ddot{z}_d + c_{1p3}\dot{e}_{1p3} + \frac{K_3}{m}\dot{z} + g + e_{1p3} + c_{2p3}e_{2p3} + n_{p3}\tanh\left(\frac{e_{2p3}}{\gamma_{p3}}\right) \tag{7.73}$$

其中,$c_{1p3} > 0, c_{2p3} > 0, n_{p3} > 0, \gamma_{p3} > 0$。

稳定性证明也与本节上述同理。

7.3.3 中间指令姿态角求解

假设满足控制律式(7.68)、式(7.72)和式(7.73)所需要的滚转角为 ϕ_d,俯仰角为 θ_d。为了实现滚转角 ϕ 对 ϕ_d 的跟踪,俯仰角 θ 对 θ_d 的跟踪,需要对 ϕ_d

和 θ_d 进行求解。外环位置子系统求解了 ϕ_d 和 θ_d 后，再把它们作为指令信号输入给内环姿态子系统。

与 7.2 节同理可得：

$$\theta_d = \arctan\left(\frac{u_{1x}\cos\psi + u_{1y}\sin\psi}{u_{1z}}\right) \tag{7.74}$$

$$\phi_d = \arctan\left(\frac{u_{1x}\sin\psi - u_{1y}\cos\psi}{u_{1z}}\cos\left(\arctan\left(\frac{u_{1x}\cos\psi + u_{1y}\sin\psi}{u_{1z}}\right)\right)\right) \tag{7.75}$$

由式(7.68)、式(7.72)、式(7.73)可知，u_{1x}, u_{1y}, u_{1z} 是有界的，则由式(7.74)、式(7.75)可知 $\theta_d, \phi_d, \dot{\theta}_d, \dot{\phi}_d, \ddot{\theta}_d, \ddot{\phi}_d$ 有界。

求解 ϕ_d 和 θ_d 后，便可得到速度控制律为

$$u_1 = \frac{m u_{1z}}{\cos\phi_d \cos\theta_d} \tag{7.76}$$

7.3.4 姿态子系统反演双曲正切滑模控制器设计

式(7.55)所示姿态子系统如下，控制目标为：当 $t \to \infty$ 时，$\psi \to \psi_d$；同时保持 $\dot{\psi}, \phi, \dot{\phi}, \theta, \dot{\theta}$ 有界。

$$\ddot{\phi} = \frac{I_y - I_z}{I_x}\dot{\theta}\dot{\psi} - \frac{K_4}{I_x}\dot{\phi} + \frac{1}{I_x}u_2 + d_{a1} \tag{7.77}$$

$$\ddot{\theta} = \frac{I_z - I_x}{I_y}\dot{\phi}\dot{\psi} - \frac{K_5}{I_y}\dot{\theta} + \frac{1}{I_y}u_3 + d_{a2} \tag{7.78}$$

$$\ddot{\psi} = \frac{I_x - I_y}{I_z}\dot{\phi}\dot{\theta} - \frac{K_6}{I_z}\dot{\psi} + \frac{1}{I_z}u_4 + d_{a3} \tag{7.79}$$

其中，d_{a1}, d_{a2}, d_{a3} 为外加扰动。

假设：d_{a1}, d_{a2}, d_{a3} 分别有上界 $\bar{d}_{a1}, \bar{d}_{a2}, \bar{d}_{a3}$，即 $|d_{a1}| \leqslant \bar{d}_{a1}$，$|d_{a2}| \leqslant \bar{d}_{a2}$，$|d_{a3}| \leqslant \bar{d}_{a3}$。

针对式(7.77)所示滚转姿态子系统，定义误差为：

$$e_{1a1} = \phi_d - \phi$$

设计中间虚拟控制量为：

$$e_{2a1} = \dot{e}_{1a1} + c_{1a1} e_{1a1}$$

与 7.3.2 节同理可设计控制律为：

$$u_2 = I_x\left(\ddot{\phi}_d + c_{1a1}\dot{e}_{1a1} - \frac{I_y - I_z}{I_x}\dot{\theta}\dot{\psi} + \frac{K_4}{I_x}\dot{\phi} + e_{1a1} + c_{2a1}e_{2a1} + n_{a1}\tanh\left(\frac{e_{2a1}}{\gamma_{a1}}\right)\right) \tag{7.80}$$

其中，$c_{1a1} > 0, c_{2a1} > 0, n_{a1} > 0, \gamma_{a1} > 0$。

稳定性证明也与 7.3.2 节同理。

针对式(7.78)所示俯仰姿态子系统，定义误差为：

$$e_{1a2} = \theta_d - \theta$$

设计中间虚拟控制量为：

$$e_{2a2} = \dot{e}_{1a2} + c_{1a2}e_{1a2}$$

与 7.3.2 节同理可设计控制律为：

$$u_3 = I_y\left(\ddot{\theta}_d + c_{1a2}\dot{e}_{1a2} - \frac{I_z - I_x}{I_y}\dot{\phi}\dot{\psi} + \frac{K_5}{I_y}\dot{\theta} + e_{1a2} + c_{2a2}e_{2a2} + n_{a2}\tanh\left(\frac{e_{2a2}}{\gamma_{a2}}\right)\right) \tag{7.81}$$

其中，$c_{1a2} > 0, c_{2a2} > 0, n_{a2} > 0, \gamma_{a2} > 0$。

稳定性证明也与 7.3.2 节同理。

针对式(7.79)所示偏航姿态子系统，定义误差为：

$$e_{1a3} = \psi_d - \psi$$

设计中间虚拟控制量为：

$$e_{2a3} = \dot{e}_{1a3} + c_{1a3}e_{1a3}$$

与 7.3.2 节同理可设计控制律为：

$$u_4 = I_z\left(\ddot{\psi}_d + c_{1a3}\dot{e}_{1a3} - \frac{I_x - I_y}{I_z}\dot{\phi}\dot{\theta} + \frac{K_6}{I_z}\dot{\psi} + e_{1a3} + c_{2a3}e_{2a3} + n_{a3}\tanh\left(\frac{e_{2a3}}{\gamma_{a3}}\right)\right) \tag{7.82}$$

其中，$c_{1a3} > 0, c_{2a3} > 0, n_{a3} > 0, \gamma_{a3} > 0$。

稳定性证明也与 7.3.2 节同理。

7.3.5　中间指令信号的一阶二阶求导问题

如图 7.1 所示，整个控制系统由外环位置子系统和内环姿态子系统构成，外环位置子系统产生两个中间指令信号 ϕ_d 和 θ_d，需要传入给内环姿态子系统，内环姿态子系统通过控制实现对其跟踪。

从内环姿态子系统的控制律式(7.72)、式(7.73)和式(7.74)可知,控制律需要对中间指令信号 ϕ_d 和 θ_d 求一阶和二阶导数,可以采用如下有限时间收敛三阶微分器来计算 ϕ_d 和 θ_d 的一阶导数和二阶导数[52]。

$$\begin{cases}\dot{x}_1 = x_2 \\ \dot{x}_2 = x_3 \\ \varepsilon^3\dot{x}_3 = -2^{\frac{3}{5}}4\left(x_1 - v(t) + (\varepsilon x_2)^{\frac{9}{7}}\right)^{\frac{1}{3}} - 4\left(\varepsilon^2 x_3\right)^{\frac{3}{5}} \\ y_1 = x_2 \\ y_2 = x_3\end{cases} \tag{7.83}$$

其中,待微分的输入信号为 $v(t)$,$\varepsilon = 0.04$,x_1 为对信号进行跟踪,x_2 是信号一阶导数的估计,x_3 是信号二阶导数的估计,微分器的初始值为:$x_1(0) = 0, x_2(0) = 0, x_3(0) = 0$。

7.3.6 仿真实例

四旋翼飞行器参数、初始条件与第 2 章的相同。外加扰动和微分器参数与 7.2 节的相同。

外环位置控制器采用式(7.68)、式(7.72)、式(7.73) 和式(7.76)所示控制律,控制器参数为:

$$c_{1p1} = 1.2, c_{2p1} = 1.5, n_{p1} = 3, \gamma_{p1} = 0.5\ ,$$
$$c_{1p2} = 1.2, c_{2p2} = 1.5, n_{p2} = 3, \gamma_{p2} = 0.5\ ,$$
$$c_{1p3} = 1.2, c_{2p3} = 1.5, n_{p3} = 3, \gamma_{p3} = 0.5$$

内环姿态控制器采用式(7.80)、式(7.81)和式(7.82)所示控制律,控制器参数为:

$$c_{1a1} = 1.5, c_{2a1} = 5, k_{a1} = 3, \gamma_{a1} = 0.5\ ,$$
$$c_{1a2} = 1.5, c_{2a2} = 5, k_{a2} = 3, \gamma_{a2} = 0.5\ ,$$
$$c_{1a3} = 1.5, c_{2a3} = 5, k_{a3} = 3, \gamma_{a3} = 0.5$$

给定期望飞行轨迹:

$$\begin{cases}x_d(t) = 3\cos(t) \\ y_d(t) = 3\sin(t) \\ z_d(t) = 2 + 0.5t \\ \psi_d(t) = 0.5\end{cases}$$

仿真结果如图 7.6~图 7.9 所示。

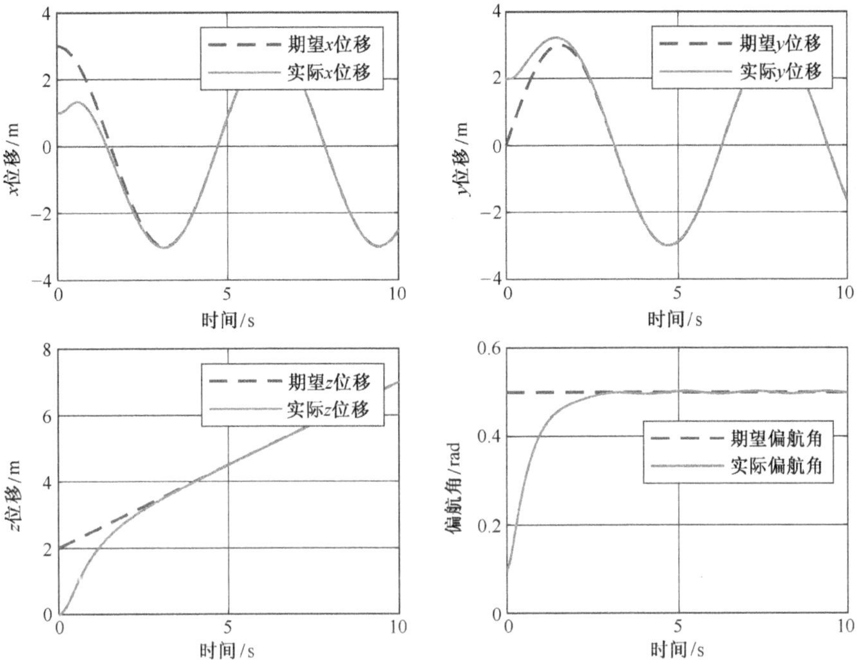

图 7.6　飞行器轨迹跟踪过程

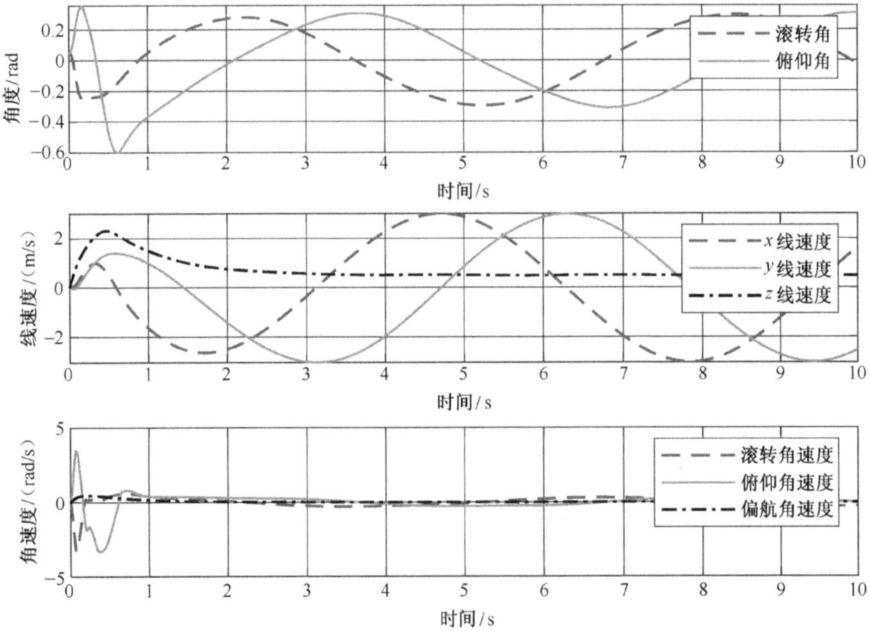

图 7.7　飞行器状态响应过程

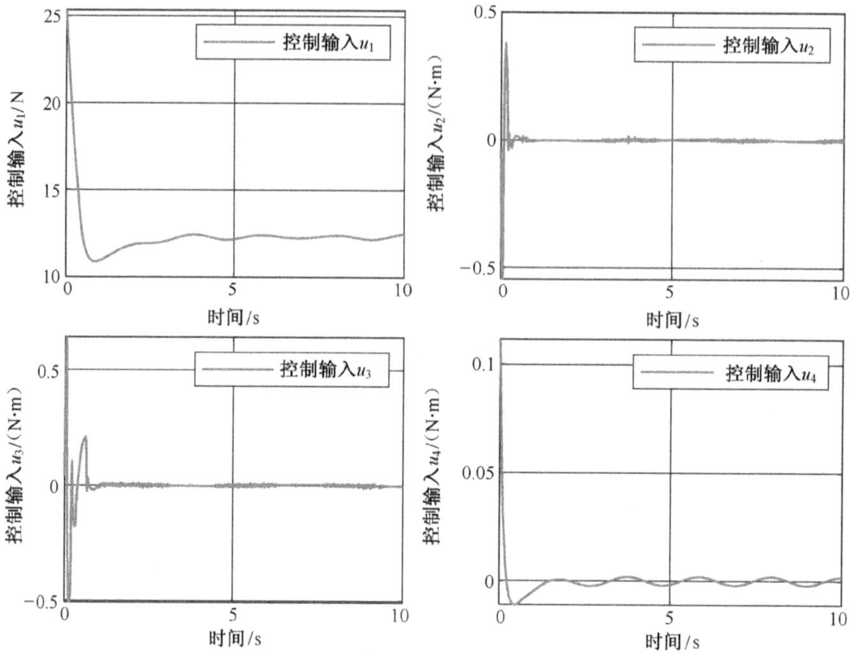

图 7.8　飞行器控制输入

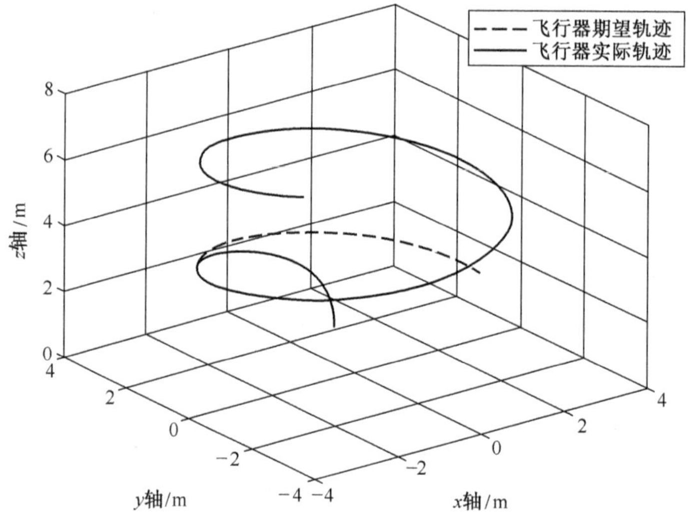

图 7.9　飞行器轨迹跟踪三维显示

仿真程序：

(1) Simulink 主程序:chap7_ 2sim. slx

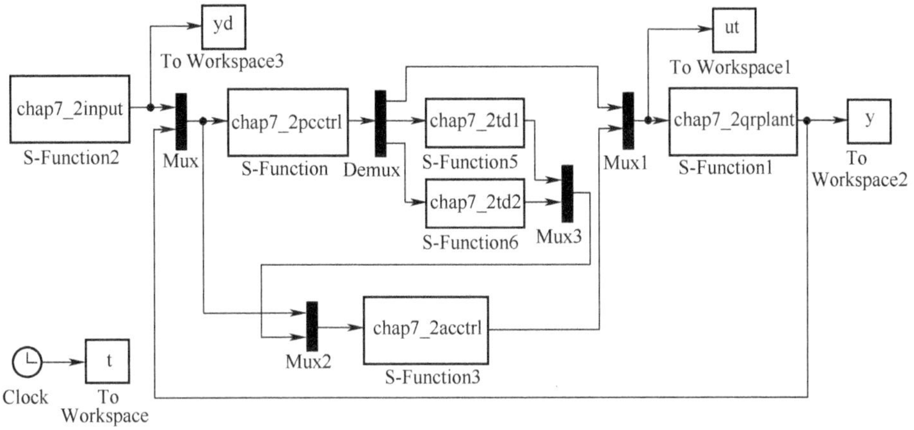

(2) 被控对象程序:chap7_ 2qrplant. m

与本章的 chap7_ 1qrplant. m 相同。

(3) 外环位置子系统控制器程序:chap7_ 2pcctrl. m

```
function [sys,x0,str,ts] = chap7_2pcctrl(t,x,u,flag)
switch flag
case 0
    [sys,x0,str,ts]=mdlInitializeSizes;
case 3
    sys=mdlOutputs(t,x,u);
case {2,4,9}
    sys=[];
otherwise
    error(['Unhandled flag = ',num2str(flag)]);
end
function [sys,x0,str,ts]=mdlInitializeSizes
sizes = simsizes;
sizes.NumContStates  = 0;
sizes.NumDiscStates  = 0;
sizes.NumOutputs     = 3;
sizes.NumInputs      = 24;
sizes.DirFeedthrough = 1;
sizes.NumSampleTimes = 1;
```

```
sys = simsizes(sizes);
x0  = [];
str = [];
ts  = [0 0];
function sys=mdlOutputs(t,x,u)
m=1.2;g=9.8;K1=0.01;K2=0.012;K3=0.019;
c1p1=1.2;c2p1=1.5;np1=3;ebp1=0.5;
c1p2=1.2;c2p2=1.5;np2=3;ebp2=0.5;
c1p3=1.2;c2p3=1.5;np3=3;ebp3=0.5;
xd=u(1);d_xd=u(2);dd_xd=u(3);
yd=u(4);d_yd=u(5);d_yd=u(6);
zd=u(7);d_zd=u(8);dd_zd=u(9);
xx=u(13);d_x=u(14);
y=u(15);d_y=u(16);
z=u(17);d_z=u(18);
yaw=u(23);
e1p1=xd-xx;e1p2=yd-y;e1p3=zd-z;
d_e1p1=d_xd-d_x;d_e1p2=d_yd-d_y;d_e1p3=d_zd-d_z;
e2p1=d_e1p1+c1p1*e1p1;e2p2=d_e1p2+c1p2*e1p2;e2p3=d_e1p3+c1p3
*e1p3;
u1x=dd_xd+c1p1*d_e1p1+(K1/m)*d_x+e1p1+c2p1*e2p1+np1*tanh
(e2p1/ebp1);
u1y=dd_yd+c1p2*d_e1p2+(K2/m)*d_y+e1p2+c2p2*e2p2+np2*tanh
(e2p2/ebp2);
u1z=dd_zd+c1p3*d_e1p3+(K3/m)*d_z+g+e1p3+c2p3*e2p3+np3*tanh
(e2p3/ebp3);
pitchd=atan((u1x*cos(yaw)+u1y*sin(yaw))/u1z);
rolld=atan(((u1x*sin(yaw)-u1y*cos(yaw))/u1z)*cos(pitchd));
u1=m*u1z/(cos(rolld)*cos(pitchd));
sys(1)=u1;sys(2)=rolld;sys(3)=pitchd;
```

(4) 内环姿态子系统控制器程序:chap7_2acctrl.m

```
function [sys,x0,str,ts] = chap7_2acctrl(t,x,u,flag)
switch flag
case 0
    [sys,x0,str,ts]=mdlInitializeSizes;
```

```
case 3
    sys=mdlOutputs(t,x,u);
case {2,4,9}
    sys=[];
otherwise
    error(['Unhandled flag = ',num2str(flag)]);
end
function [sys,x0,str,ts]=mdlInitializeSizes
sizes = simsizes;
sizes.NumContStates  = 0;
sizes.NumDiscStates  = 0;
sizes.NumOutputs     = 3;
sizes.NumInputs      = 30;
sizes.DirFeedthrough = 1;
sizes.NumSampleTimes = 1;
sys = simsizes(sizes);
x0  = [];
str = [];
ts  = [0 0];
function sys=mdlOutputs(t,x,u)
Ix=0.0091;Iy=0.0096;Iz=0.0189;
K4=0.0022;K5=0.0024;K6=0.0031;
c1a1=1.5;c2a1=5;ka1=3;eba1=0.5;
c1a2=1.5;c2a2=5;ka2=3;eba2=0.5;
c1a3=1.5;c2a3=5;ka3=3;eba3=0.5;
yawd=u(10); d_yawd=u(11);dd_yawd=u(12);
roll=u(19);d_roll=u(20);
pitch=u(21);d_pitch=u(22);
yaw=u(23);d_yaw=u(24);
rolld=u(25);d_rolld=u(26);dd_rolld=u(27);
pitchd=u(28);d_pitchd=u(29);dd_pitchd=u(30);
a1=(Iy-Iz)/Ix;a2=(Iz-Ix)/Iy;a3=(Ix-Iy)/Iz;
b1=1/Ix;b2=1/Iy;b3=1/Iz;
e1a1=rolld-roll;d_e1a1=d_rolld-d_roll;e2a1=d_e1a1+c1a1*e1a1;
e1a2=pitchd-pitch;d_e1a2=d_pitchd-d_pitch;e2a2=d_e1a2+c1a2
*e1a2;
```

```
e1a3 =yawd-yaw;d_ e1a3 =d_ yawd-d_ yaw;e2a3 =d_ e1a3 +c1a3 * e1a3;
T1 = ka1 * tanh(e2a1 /eba1);T2 = ka2 * tanh(e2a2 /eba2);T3 = ka3 * tanh
(e2a3 /eba3);
u2 =Ix * (dd_ rolld+c1a1 * d_ e1a1-a1 * d_ pitch * d_ yaw+K4 * b1 * d_ roll
+e1a1+c2a1 * e2a1+T1);
u3 =Iy * (dd_ pitchd+c1a2 * d_ e1a2 -a2 * d_ roll * d_ yaw+K5 * b2 * d_
pitch+e1a2+c2a2 * e2a2+T2);
u4 =Iz * (dd_yawd+c1a3 * d_ e1a3-a3 * d_ roll * d_ pitch+K6 * b3 * d_ yaw+
e1a3+c2a3 * e2a3+T3);
sys(1)=u2;sys(2)=u3;sys(3)=u4;
```

(5) 微分器 1 程序:chap7_ 2td1. m

与本章的 chap7_ 1td1. m 相同。

(6) 微分器 2 程序:chap7_ 2td2. m

与本章的 chap7_ 1td2. m 相同。

(7) 指令输入程序:chap7_ 2input. m

与本章的 chap7_ 1input. m 相同。

(8) 作图程序:chap7_ 2plot. m

与本章的 chap7_ 1plot. m 相同。

7.4 四旋翼飞行器反演动态双曲正切滑模控制方法设计

本节主要采用反演设计的方法,设计四旋翼飞行器的动态双曲正切滑模控制器。反演设计虽然在不确定性非线性系统的鲁棒控制和自适应控制方面有着良好的优势,但是,在反演设计过程中,由于对虚拟控制量求导会引起项数膨胀,尤其在高阶系统中更为突出[39]。为了解决这一问题,采用动态面的控制方法,利用一阶积分滤波器来计算虚拟控制量的导数,可消除微分项的膨胀,使控制器和参数设计简单[56]。

7.4.1 系统描述

第 2 章建立的四旋翼飞行器简化模型如下:

$$\begin{cases}\ddot{x}=-\dfrac{K_1}{m}\dot{x}+\dfrac{\cos\phi\sin\theta\cos\psi+\sin\phi\sin\psi}{m}u_1\\ \ddot{y}=-\dfrac{K_2}{m}\dot{y}+\dfrac{\cos\phi\sin\theta\sin\psi-\sin\phi\cos\psi}{m}u_1\\ \ddot{z}=-\dfrac{K_3}{m}\dot{z}-g+\dfrac{\cos\phi\cos\theta}{m}u_1\\ \ddot{\phi}=\dfrac{I_y-I_z}{I_x}\dot{\theta}\dot{\psi}-\dfrac{K_4}{I_x}\dot{\phi}+\dfrac{1}{I_x}u_2\\ \ddot{\theta}=\dfrac{I_z-I_x}{I_y}\dot{\phi}\dot{\psi}-\dfrac{K_5}{I_y}\dot{\theta}+\dfrac{1}{I_y}u_3\\ \ddot{\psi}=\dfrac{I_x-I_y}{I_z}\dot{\phi}\dot{\theta}-\dfrac{K_6}{I_z}\dot{\psi}+\dfrac{1}{I_z}u_4\end{cases}\tag{7.84}$$

设计状态反馈控制器,使飞行器跟踪给定轨迹,即:当 $t\to\infty$ 时,$x\to x_{\mathrm{d}}$,$y\to y_{\mathrm{d}}$,$z\to z_{\mathrm{d}}$,$\psi\to\psi_{\mathrm{d}}$,同时保持所有状态 $x,\dot{x},y,\dot{y},z,\dot{z},\phi,\dot{\phi},\theta,\dot{\theta},\psi,\dot{\psi}$ 有界。

假设 $x_{\mathrm{d}},\dot{x}_{\mathrm{d}},\ddot{x}_{\mathrm{d}},y_{\mathrm{d}},\dot{y}_{\mathrm{d}},\ddot{y}_{\mathrm{d}},z_{\mathrm{d}},\dot{z}_{\mathrm{d}},\ddot{z}_{\mathrm{d}},\psi_{\mathrm{d}},\dot{\psi}_{\mathrm{d}}\ddot{\psi}_{\mathrm{d}}$ 有界。

为了方便控制方法设计,可以将四旋翼飞行器动力学模型分为两个子系统:位置子系统和姿态子系统,具体如下:

位置子系统为:

$$\begin{cases}\ddot{x}=-\dfrac{K_1}{m}\dot{x}+\dfrac{\cos\phi\sin\theta\cos\psi+\sin\phi\sin\psi}{m}u_1\\ \ddot{y}=-\dfrac{K_2}{m}\dot{y}+\dfrac{\cos\phi\sin\theta\sin\psi-\sin\phi\cos\psi}{m}u_1\\ \ddot{z}=-\dfrac{K_3}{m}\dot{z}-g+\dfrac{\cos\phi\cos\theta}{m}u_1\end{cases}\tag{7.85}$$

姿态子系统为:

$$\begin{cases}\ddot{\phi}=\dfrac{I_y-I_z}{I_x}\dot{\theta}\dot{\psi}-\dfrac{K_4}{I_x}\dot{\phi}+\dfrac{1}{I_x}u_2\\ \ddot{\theta}=\dfrac{I_z-I_x}{I_y}\dot{\phi}\dot{\psi}-\dfrac{K_5}{I_y}\dot{\theta}+\dfrac{1}{I_y}u_3\\ \ddot{\psi}=\dfrac{I_x-I_y}{I_z}\dot{\phi}\dot{\theta}-\dfrac{K_6}{I_z}\dot{\psi}+\dfrac{1}{I_z}u_4\end{cases}\tag{7.86}$$

把位置子系统作为外环,姿态子系统作为内环,控制过程中,外环子系统需要给内环子系统提供需要的信息,其控制结构图如图 7.1 所示。

7.4.2 位置子系统反演动态双曲正切滑模控制器设计

针对式(7.85)所示位置子系统,控制目标为:当 $t \to \infty$ 时, $x \to x_d, y \to y_d, z \to z_d$;同时保持 $\dot{x}, \dot{y}, \dot{z}$ 有界。

定义如下中间控制变量:

$$\begin{cases} u_{1x} = \dfrac{\cos\phi\sin\theta\cos\psi + \sin\phi\sin\psi}{m} u_1 \\ u_{1y} = \dfrac{\cos\phi\sin\theta\sin\psi - \sin\phi\cos\psi}{m} u_1 \\ u_{1z} = \dfrac{\cos\phi\cos\theta}{m} u_1 \end{cases} \tag{7.87}$$

则式(7.85)可以转换为:

$$\ddot{x} = -\frac{K_1}{m}\dot{x} + u_{1x} + d_{p1} \tag{7.88}$$

$$\ddot{y} = -\frac{K_2}{m}\dot{y} + u_{1y} + d_{p2} \tag{7.89}$$

$$\ddot{z} = -\frac{K_3}{m}\dot{z} - g + u_{1z} + d_{p3} \tag{7.90}$$

其中, d_{p1}, d_{p2}, d_{p3} 为外部加入的干扰。

假设: d_{p1}, d_{p2}, d_{p3} 分别有上界,为 $\bar{d}_{p1}, \bar{d}_{p2}, \bar{d}_{p3}$,即: $|d_{p1}| \leqslant \bar{d}_{p1}$, $|d_{p2}| \leqslant \bar{d}_{p2}$, $|d_{p3}| \leqslant \bar{d}_{p3}$。

针对式(7.88)所示的 x 位移子系统,定义误差:

$$e_{1p1} = x_d - x$$

基本的反演动态滑模控制方法设计步骤如下:

(1) 取 Lyapunov 函数:

$$V_1 = \frac{1}{2}e_{1p1}^2 \tag{7.91}$$

则有

$$\dot{V}_1 = e_{1p1}\dot{e}_{1p1} = e_{1p1}(\dot{x}_d - \dot{x}) \tag{7.92}$$

定义:

$$e_{2p1} = \rho_x - \dot{x} \tag{7.93}$$

其中, ρ_x, e_{2p1} 为所设计的中间虚拟控制量。

则有

$$\dot{V}_1 = e_{1\mathrm{p}1}(\dot{x}_\mathrm{d} - \rho_\mathrm{x} + e_{2\mathrm{p}1}) \tag{7.94}$$

进一步按照反演算法设计,会在求 $\dot{\rho}_\mathrm{x}$ 时出现项数膨胀,这时通过采用低通滤波器可以克服这一缺点,简化设计。

定义:

$$\sigma_\mathrm{x} = c_{1\mathrm{p}1}e_{1\mathrm{p}1} + \dot{x}_\mathrm{d} \tag{7.95}$$

使 ρ_x 和 σ_x 满足如下低通滤波器的关系:

$$\begin{cases} \tau_\mathrm{x}\dot{\rho}_\mathrm{x} + \rho_\mathrm{x} = \sigma_\mathrm{x} \\ \rho_\mathrm{x}(0) = \sigma_\mathrm{x}(0) \end{cases} \tag{7.96}$$

其中, $\tau_\mathrm{x} > 0$ 为低通滤波器的系数, $c_{1\mathrm{p}1} > 0$。

由式(7.96)可得:

$$\dot{\rho}_\mathrm{x} - \frac{\sigma_\mathrm{x} - \rho_\mathrm{x}}{\tau_\mathrm{x}} \tag{7.97}$$

定义滤波误差为:

$$\Delta = \rho_\mathrm{x} - \sigma_\mathrm{x} \tag{7.98}$$

于是有:

$$\dot{e}_{1\mathrm{p}1} = \dot{x}_\mathrm{d} - \rho_\mathrm{x} + e_{2\mathrm{p}1} = \dot{x}_\mathrm{d} - \Delta - \sigma_\mathrm{x} + e_{2\mathrm{p}1} \tag{7.99}$$

$$\dot{e}_{2\mathrm{p}1} = \dot{\rho}_\mathrm{x} - \ddot{x} = \dot{\rho}_\mathrm{x} + \frac{K_1}{m}\dot{x} - u_{1\mathrm{x}} - d_{\mathrm{p}1} \tag{7.100}$$

$$\dot{\Delta} = \dot{\rho}_\mathrm{x} - \dot{\sigma}_\mathrm{x} = \frac{\sigma_\mathrm{x} - \rho_\mathrm{x}}{\tau_\mathrm{x}} - \dot{\sigma}_\mathrm{x} = -\frac{\Delta}{\tau_\mathrm{x}} - \dot{\sigma}_\mathrm{x} = -\frac{\Delta}{\tau_\mathrm{x}} - c_{1\mathrm{p}1}\dot{e}_{1\mathrm{p}1} - \ddot{x}_\mathrm{d}$$

$$\tag{7.101}$$

(2)取 Lyapunov 函数:

$$V = \frac{1}{2}e_{1\mathrm{p}1}^2 + \frac{1}{2}e_{2\mathrm{p}1}^2 + \frac{1}{2}\Delta^2 \tag{7.102}$$

于是有:

$$\dot{V} = e_{1\mathrm{p}1}\dot{e}_{1\mathrm{p}1} + e_{2\mathrm{p}1}\dot{e}_{2\mathrm{p}1} + \Delta\dot{\Delta}$$

$$= e_{1\mathrm{p}1}(\dot{x}_\mathrm{d} - \Delta - \sigma_\mathrm{x} + e_{2\mathrm{p}1}) + e_{2\mathrm{p}1}\left(\dot{\rho}_\mathrm{x} + \frac{K_1}{m}\dot{x} - u_{1\mathrm{x}} - d_{\mathrm{p}1}\right) +$$

$$\Delta\left(-\frac{\Delta}{\tau_\mathrm{x}} - c_{1\mathrm{p}1}\dot{e}_{1\mathrm{p}1} - \ddot{x}_\mathrm{d}\right)$$

$$= e_{1p1}(-c_{1p1}e_{1p1} - \Delta + e_{2p1}) + e_{2p1}\left(\dot{\rho}_x + \frac{K_1}{m}\dot{x} - u_{1x} - d_{p1}\right) + \Delta\left(-\frac{\Delta}{\tau_x} + W\right) \quad (7.103)$$

其中，$W = -c_{1p1}\dot{e}_{1p1} - \ddot{x}_d$。

因为：

$$W = -c_{1p1}\dot{e}_{1p1} - \ddot{x}_d = -c_{1p1}(\dot{x}_d - \dot{x}) - \ddot{x}_d = -c_{1p1}(\dot{x}_d + e_{2p1} - \rho_x) - \ddot{x}_d$$
$$= -c_{1p1}(\dot{x}_d + e_{2p1} - \Delta - \sigma_x) - \ddot{x}_d = -c_{1p1}(-c_{1p1}e_{1p1} + e_{2p1} - \Delta) - \ddot{x}_d \quad (7.104)$$

显然，W 是 e_{1p1}，e_{2p1}，Δ 和 $\ddot{x}_d$ 的函数。

设计控制律为：

$$u_{1x} = \frac{K_1}{m}\dot{x} + \dot{\rho}_x + c_{2p1}e_{2p1} + n_{p1}\tanh\left(\frac{e_{2p1}}{\gamma_{p1}}\right) \quad (7.105)$$

其中，$c_{2p1} > 0$，$n_{p1} > 0$，$\gamma_{p1} > 0$。

针对式(7.105)所示的控制律，稳定性证明如下[53]：

针对式(7.102)所示的 Lyapunov 函数，当 $V = p$ 时，即 $V = \frac{1}{2}e_{1p1}^2 + \frac{1}{2}e_{2p1}^2 + \frac{1}{2}\Delta^2 = p$，则此时 W 有界，记其上界为 M，则有：

$$\frac{W^2}{M^2} - 1 \leqslant 0 \quad (7.106)$$

于是有：

$$\dot{V} = e_{1p1}(-c_{1p1}e_{1p1} - \Delta + e_{2p1}) + e_{2p1}\left(\dot{\rho}_x + \frac{K_1}{m}\dot{x} - u_{1x} - d_{p1}\right) + \Delta\left(-\frac{\Delta}{\tau_x} + W\right)$$
$$= -c_{1p1}e_{1p1}^2 - e_{1p1}\Delta + e_{1p1}e_{2p1} - c_{2p1}e_{2p1}^2 - n_{p1}e_{2p1}\tanh\left(\frac{e_{2p1}}{\gamma_{p1}}\right) - e_{2p1}d_{p1} - \frac{1}{\tau}\Delta^2 + \Delta W$$
$$= -e_{1p1}\Delta + e_{1p1}e_{2p1} + \Delta W - c_{1p1}e_{1p1}^2 - c_{2p1}e_{2p1}^2 - \frac{1}{\tau_x}\Delta^2 - n_{p1}e_{2p1}\tanh\left(\frac{e_{2p1}}{\gamma_{p1}}\right) - e_{2p1}d_{p1}$$
$$\leqslant |e_{1p1}||\Delta| + |e_{1p1}||e_{2p1}| + |\Delta||W| - c_{1p1}e_{1p1}^2 - c_{2p1}e_{2p1}^2 - \frac{1}{\tau_x}\Delta^2 - n_{p1}e_{2p1}\tanh\left(\frac{e_{2p1}}{\gamma_{p1}}\right) - e_{2p1}d_{p1} \leqslant \frac{1}{2}(e_{1p1}^2 + \Delta^2) + \frac{1}{2}(e_{1p1}^2 + e_{2p1}^2) +$$

$$\frac{1}{2}(\Delta^2 w^2+1^2)-c_{1p1}e_{1p1}^2-c_{2p1}e_{2p1}^2-\frac{1}{\tau_x}\Delta^2-n_{p1}e_{2p1}\tanh\left(\frac{e_{2p1}}{\gamma_{p1}}\right)-e_{2p1}d_{p1}$$

$$=(1-c_{1p1})e_{1p1}^2+\left(\frac{1}{2}-c_{2p1}\right)e_{2p1}^2+\left(\frac{1}{2}w^2+\frac{1}{2}-\frac{1}{\tau_x}\right)\Delta^2+\frac{1}{2}-$$

$$n_{p1}e_{2p1}\tanh\left(\frac{e_{2p1}}{\gamma_{p1}}\right)-e_{2p1}d_{p1} \tag{7.107}$$

取：

$$c_{1p1}\geqslant 1+\delta, c_{2p1}\geqslant\frac{1}{2}+\delta,\frac{1}{\tau_x}\geqslant\frac{1}{2}M^2+\frac{1}{2}+\delta,\delta>0 \tag{7.108}$$

则有：

$$\dot{V}\leqslant-\delta e_{1p1}^2-\delta e_{2p1}^2+\left(\frac{1}{2}w^2-\frac{1}{2}M^2-\delta\right)\Delta^2+\frac{1}{2}-n_{p1}e_{2p1}\tanh\left(\frac{e_{2p1}}{\gamma_{p1}}\right)-e_{2p1}d_{p1}$$

$$=-\delta e_{1p1}^2-\delta e_{2p1}^2-\delta\Delta^2+\frac{1}{2}\left(\frac{w^2}{M^2}-1\right)M^2\Delta^2+\frac{1}{2}-n_{p1}e_{2p1}\tanh\left(\frac{e_{2p1}}{\gamma_{p1}}\right)-e_{2p1}d_{p1}$$

$$=-2\delta V+\frac{1}{2}\left(\frac{w^2}{M^2}-1\right)M^2\Delta^2+\frac{1}{2}-n_{p1}e_{2p1}\tanh\left(\frac{e_{2p1}}{\gamma_{p1}}\right)-e_{2p1}d_{p1}$$

$$\leqslant-2\delta V+\frac{1}{2} \tag{7.109}$$

由于此时 $V=p$，则式(7.109)可以写成 $\dot{V}\leqslant-2\delta p+\frac{1}{2}$，为了保证 $\dot{V}\leqslant 0$，取 $-2\delta p+\frac{1}{2}\leqslant 0$，即 $\delta\geqslant\frac{1}{4p}$。说明当 $\delta\geqslant\frac{1}{4p}$ 时，V 也在紧集内，即如果 $V(0)\leqslant p$，则 $\dot{V}\leqslant 0$，从而 $V(t)\leqslant p$。

实际上，针对式(7.109)，根据定理4.5(有界性定理)可得：

$$V(t)\leqslant V(0)\mathrm{e}^{-2\delta t}+\frac{1}{4\delta}(1-\mathrm{e}^{-2\delta t}) \tag{7.110}$$

即：

$$\lim_{t\to\infty}V(t)\leqslant\frac{1}{4\delta} \tag{7.111}$$

可得 $V(t)$ 渐近收敛，于是 e_{1p1}，e_{2p1} 和 Δ 渐近收敛，收敛精度取决于 δ。

$e_{1p1}\to 0$，$e_{2p1}\to 0$，$\Delta\to 0$，可得 $x\to x_d$；$W=-c_{1p1}\dot{e}_{1p1}-\ddot{x}_d$，$W$ 有界，所以 $\dot{e}_{1p1}$ 有界，即 $\dot{x}$ 有界。

针对式(7.89)所示的 y 位移子系统，定义误差：

$$e_{1p2}=y_d-y$$

定义：

$$e_{2p2}=\rho_y-\dot{y} \tag{7.112}$$

其中，ρ_y，e_{2p2} 为所设计的中间虚拟控制量。

定义：

$$\sigma_y=c_{1p2}e_{1p2}+\dot{y}_d \tag{7.113}$$

使 ρ_y 和 σ_y 满足如下低通滤波器的关系：

$$\begin{cases}\tau_y\dot{\rho}_y+\rho_y=\sigma_y\\ \rho_y(0)=\sigma_y(0)\end{cases} \tag{7.114}$$

其中，$\tau_y>0$ 为低通滤波器的系数，$c_{1p2}>0$。

与本节上述同理可设计控制律为：

$$u_{1y}=\frac{K_2}{m}\dot{y}+\dot{\rho}_y+c_{2p2}e_{2p2}+n_{p2}\tanh\left(\frac{e_{2p2}}{\gamma_{p2}}\right) \tag{7.115}$$

其中，$c_{2p2}>0$，$n_{p2}>0$，$\gamma_{p2}>0$。

稳定性证明也与本节上述同理。

针对式(7.90)所示的 z 位移子系统，定义误差：

$$e_{1p3}=z_d-z$$

定义：

$$e_{2p3}=\rho_z-\dot{z} \tag{7.116}$$

其中，ρ_z，e_{2p3} 为所设计的中间虚拟控制量。

定义：

$$\sigma_z=c_{1p3}e_{1p3}+\dot{z}_d \tag{7.117}$$

使 ρ_z 和 σ_z 满足如下低通滤波器的关系：

$$\begin{cases}\tau_z\dot{\rho}_z+\rho_z=\sigma_z\\ \rho_z(0)=\sigma_z(0)\end{cases} \tag{7.118}$$

其中，$\tau_z>0$ 为低通滤波器的系数，$c_{1p3}>0$。

与本节上述同理可设计控制律为：

$$u_{1z}=\frac{K_3}{m}\dot{z}+g+\dot{\rho}_z+c_{2p3}e_{2p3}+n_{p3}\tanh\left(\frac{e_{2p3}}{\gamma_{p3}}\right) \tag{7.119}$$

其中，$c_{2p3}>0$，$n_{p3}>0$，$\gamma_{p3}>0$。

稳定性证明也与本节上述同理。

7.4.3 中间指令姿态角求解

假设满足控制律式(7.105)、式(7.115)和式(7.119)所需要的滚转角为

ϕ_d，俯仰角为 θ_d。为了实现滚转角 ϕ 对 ϕ_d 的跟踪，俯仰角 θ 对 θ_d 的跟踪，需要对 ϕ_d 和 θ_d 进行求解。外环位置子系统求解了 ϕ_d 和 θ_d 后，再把它们作为指令信号输入给内环姿态子系统。

与 7.2 节同理可得：

$$\theta_d = \arctan\left(\frac{u_{1x}\cos\psi + u_{1y}\sin\psi}{u_{1z}}\right) \tag{7.120}$$

$$\phi_d = \arctan\left(\frac{u_{1x}\sin\psi - u_{1y}\cos\psi}{u_{1z}}\cos\left(\arctan\left(\frac{u_{1x}\cos\psi + u_{1y}\sin\psi}{u_{1z}}\right)\right)\right) \tag{7.121}$$

由式(7.105)、式(7.115)、式(7.119)可知，u_{1x}, u_{1y}, u_{1z} 是有界的，则由式(7.120)、式(7.121)可知 $\theta_d, \phi_d, \dot{\theta}_d, \dot{\phi}_d, \ddot{\theta}_d, \ddot{\phi}_d$ 有界。

求解 ϕ_d 和 θ_d 后，便可得到速度控制律为

$$u_1 = \frac{m u_{1z}}{\cos\phi_d \cos\theta_d} \tag{7.122}$$

7.4.4　姿态子系统反演动态双曲正切滑模控制器设计

由式(7.86)所示姿态子系统如下，控制目标为：当 $t \to \infty$ 时，$\psi \to \psi_d$；同时保持 $\dot{\psi}, \phi, \dot{\phi}, \theta, \dot{\theta}$ 有界。

$$\ddot{\phi} = \frac{I_y - I_z}{I_x}\dot{\theta}\dot{\psi} - \frac{K_4}{I_x}\dot{\phi} + \frac{1}{I_x}u_2 + d_{a1} \tag{7.123}$$

$$\ddot{\theta} = \frac{I_z - I_x}{I_y}\dot{\phi}\dot{\psi} - \frac{K_5}{I_y}\dot{\theta} + \frac{1}{I_y}u_3 + d_{a2} \tag{7.124}$$

$$\ddot{\psi} = \frac{I_x - I_y}{I_z}\dot{\phi}\dot{\theta} - \frac{K_6}{I_z}\dot{\psi} + \frac{1}{I_z}u_4 + d_{a3} \tag{7.125}$$

其中，d_{a1}, d_{a2}, d_{a3} 为外加扰动。

假设：d_{a1}, d_{a2}, d_{a3} 分别有上界，为 $\bar{d}_{a1}, \bar{d}_{a2}, \bar{d}_{a3}$，即 $|d_{a1}| \leqslant \bar{d}_{a1}$，$|d_{a2}| \leqslant \bar{d}_{a2}$，$|d_{a3}| \leqslant \bar{d}_{a3}$。

针对式(7.123)所示滚转姿态子系统，定义误差为：

$$e_{1a1} = \phi_d - \phi$$

定义：

$$e_{2a1} = \rho_\phi - \dot{\phi} \tag{7.126}$$

其中，ρ_ϕ, e_{2a1} 为所设计的中间虚拟控制量。

定义：

$$\sigma_{\phi} = c_{1a1}e_{1a1} + \dot{\phi}_{d} \tag{7.127}$$

使 ρ_{ϕ} 和 σ_{ϕ} 满足如下低通滤波器的关系：

$$\begin{cases} \tau_{\phi}\dot{\rho}_{\phi} + \rho_{\phi} = \sigma_{\phi} \\ \rho_{\phi}(0) = \sigma_{\phi}(0) \end{cases} \tag{7.128}$$

其中，$\tau_{\phi} > 0$ 为低通滤波器的系数，$c_{1a1} > 0$。

与 7.4.2 节同理可设计控制律为：

$$u_2 = I_x\left(-\frac{I_y - I_z}{I_x}\dot{\theta}\dot{\psi} + \frac{K_4}{I_x}\dot{\phi} + \dot{\rho}_{\phi} + c_{2a1}e_{2a1} + n_{a1}\tanh\left(\frac{e_{2a1}}{\gamma_{a1}}\right)\right) \tag{7.129}$$

其中，$c_{2a1} > 0, n_{a1} > 0, \gamma_{a1} > 0$。

稳定性证明也与 7.4.2 节同理。

针对式(7.124)所示俯仰姿态子系统，定义误差为：

$$e_{1a2} = \theta_d - \theta$$

定义：

$$e_{2a2} = \rho_{\theta} - \dot{\theta} \tag{7.130}$$

其中，ρ_{θ}, e_{2a2} 为所设计的中间虚拟控制量。

定义：

$$\sigma_{\theta} = c_{1a2}e_{1a2} + \dot{\theta}_d \tag{7.131}$$

使 ρ_{θ} 和 σ_{θ} 满足如下低通滤波器的关系：

$$\begin{cases} \tau_{\theta}\dot{\rho}_{\theta} + \rho_{\theta} = \sigma_{\theta} \\ \rho_{\theta}(0) = \sigma_{\theta}(0) \end{cases} \tag{7.132}$$

其中，$\tau_{\theta} > 0$ 为低通滤波器的系数，$c_{1a2} > 0$。

与 7.4.2 节同理可设计控制律为：

$$u_3 = I_y\left(-\frac{I_z - I_x}{I_y}\dot{\phi}\dot{\psi} + \frac{K_5}{I_y}\dot{\theta} + \dot{\rho}_{\theta} + c_{2a2}e_{2a2} + n_{a2}\tanh\left(\frac{e_{2a2}}{\gamma_{a2}}\right)\right) \tag{7.133}$$

其中，$c_{2a2} > 0, n_{a2} > 0, \gamma_{a2} > 0$。

稳定性证明也与 7.4.2 节同理。

针对式(7.125)所示偏航姿态子系统，定义误差为：

$$e_{1a3} = \psi_d - \psi$$

定义：

$$e_{2a3} = \rho_{\psi} - \dot{\psi} \tag{7.134}$$

其中，ρ_{ψ}，e_{2a3} 为所设计的中间虚拟控制量。

定义：

$$\sigma_{\psi} = c_{1a3}e_{1a3} + \dot{\psi}_{d} \tag{7.135}$$

使 ρ_{ψ} 和 σ_{ψ} 满足如下低通滤波器的关系：

$$\begin{cases} \tau_{\psi}\dot{\rho}_{\psi} + \rho_{\psi} = \sigma_{\psi} \\ \rho_{\psi}(0) = \sigma_{\psi}(0) \end{cases} \tag{7.136}$$

其中，$\tau_{\psi} > 0$ 为低通滤波器的系数，$c_{1a3} > 0$。

与7.4.2节同理可设计控制律为：

$$u_4 = I_z\left(-\frac{I_x - I_y}{I_z}\dot{\phi}\dot{\theta} + \frac{K_6}{I_z}\dot{\psi} + \dot{\rho}_{\psi} + c_{2a3}e_{2a3} + n_{a3}\tanh\left(\frac{e_{2a3}}{\gamma_{a3}}\right)\right) \tag{7.137}$$

其中，$c_{2a3} > 0, n_{a3} > 0, \gamma_{a3} > 0$。

稳定性证明也与7.4.2节同理。

7.4.5 中间指令信号的一阶求导问题

如图7.10所示，整个控制系统由外环位置子系统和内环姿态子系统构成，外环位置子系统产生两个中间指令信号 ϕ_d 和 θ_d，需要传入给内环姿态子系统，内环姿态子系统通过控制实现对其跟踪。

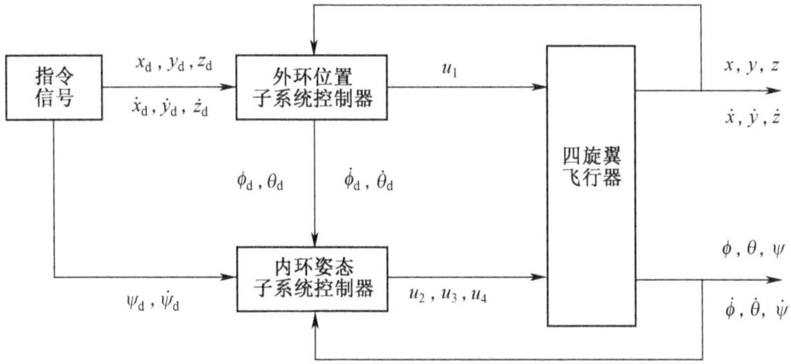

图7.10 双环反演动态滑模控制系统结构与信号传递关系

从内环姿态子系统的控制律式(7.129)、式(7.133)和式(7.137)可知，控制律需要对中间指令信号 ϕ_d 和 θ_d 求一阶导数，可以采用如下全程快速微分器来计算 ϕ_d 和 θ_d 的一阶导数[52,57]。

$$\begin{cases}\dot{x}_1 = x_2 \\ \dot{x}_2 = R^2\left(-a_0(x_1 - v(t)) - b_0\dfrac{x_2}{R}\right) \\ y = x_2\end{cases} \tag{7.138}$$

其中，$R > 0, a_0 > 0, b_0 > 0$，待微分的输入信号为 $v(t)$，x_1 为对信号进行跟踪，x_2 是信号一阶导数的估计，微分器的初始值为：$x_1(0) = 0, x_2(0) = 0$。

7.4.6 仿真实例

四旋翼飞行器参数、初始条件与第 2 章的相同。外加扰动与 7.2 节的相同。

两个微分器的参数均为：$R = 100, a_0 = 2, b_0 = 1$。

外环位置控制器采用式(7.105)、式(7.115)、式(7.119)和式(7.122)所示控制律，控制器参数为：

$$c_{1\text{p}1} = 1.5, c_{2\text{p}1} = 1, n_{\text{p}1} = 3, \gamma_{\text{p}1} = 0.5,$$
$$c_{1\text{p}2} = 1.5, c_{2\text{p}2} = 1, n_{\text{p}2} = 3, \gamma_{\text{p}2} = 0.5,$$
$$c_{1\text{p}3} = 1.5, c_{2\text{p}3} = 1, n_{\text{p}3} = 3, \gamma_{\text{p}3} = 0.5,$$
$$\tau_{\text{x}} = 0.05, \tau_{\text{y}} = 0.05, \tau_{\text{z}} = 0.25$$

内环姿态控制器采用式(7.129)、式(7.133)和式(7.137)所示控制律，控制器参数为

$$c_{1\text{a}1} = 1.5, c_{2\text{a}1} = 5, k_{\text{a}1} = 3, \gamma_{\text{a}1} = 0.5,$$
$$c_{1\text{a}2} = 1.5, c_{2\text{a}2} = 5, k_{\text{a}2} = 3, \gamma_{\text{a}2} = 0.5,$$
$$c_{1\text{a}3} = 1.5, c_{2\text{a}3} = 5, k_{\text{a}3} = 3, \gamma_{\text{a}3} = 0.5,$$
$$\tau_{\phi} = 0.15, \tau_{\theta} = 0.15, \tau_{\psi} = 0.05$$

给定期望飞行轨迹：

$$\begin{cases}x_{\text{d}}(t) = 3\cos(t) \\ y_{\text{d}}(t) = 3\sin(t) \\ z_{\text{d}}(t) = 2 + 0.5t \\ \psi_{\text{d}}(t) = 0.5\end{cases}$$

仿真结果如图 7.11~图 7.14 所示。

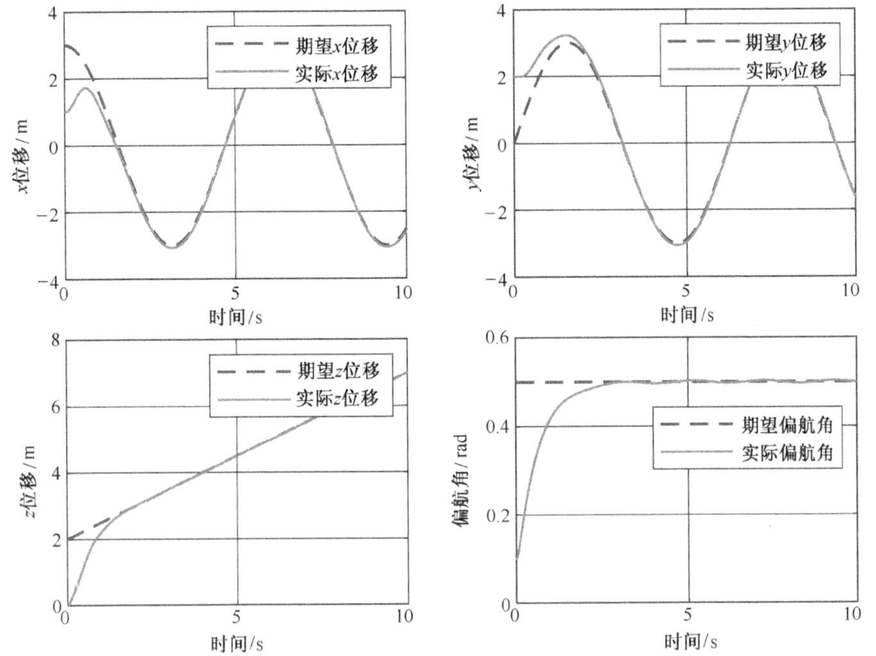

图 7.11　飞行器轨迹跟踪过程

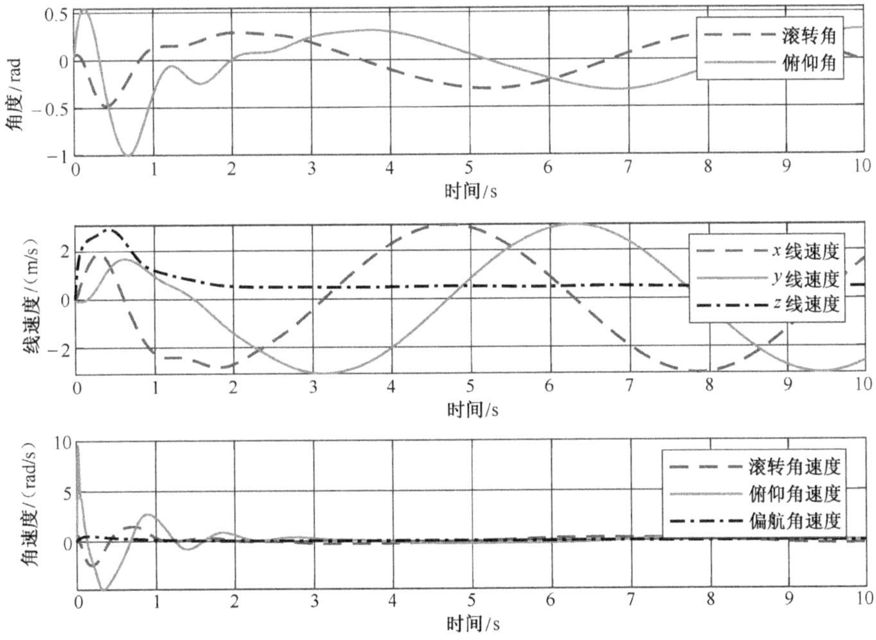

图 7.12　飞行器状态响应过程

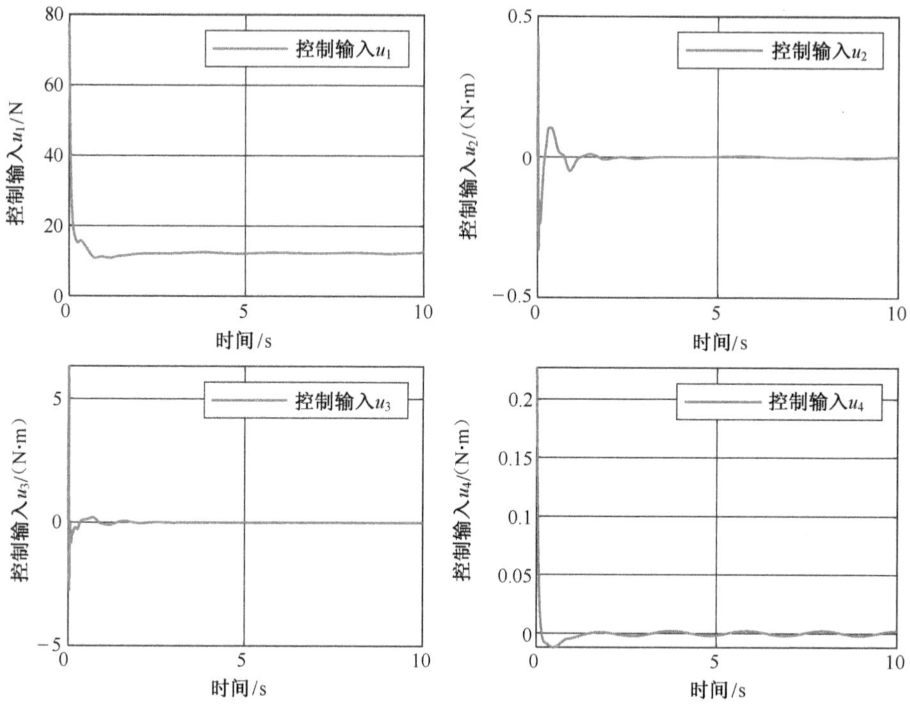

图 7.13　飞行器控制输入

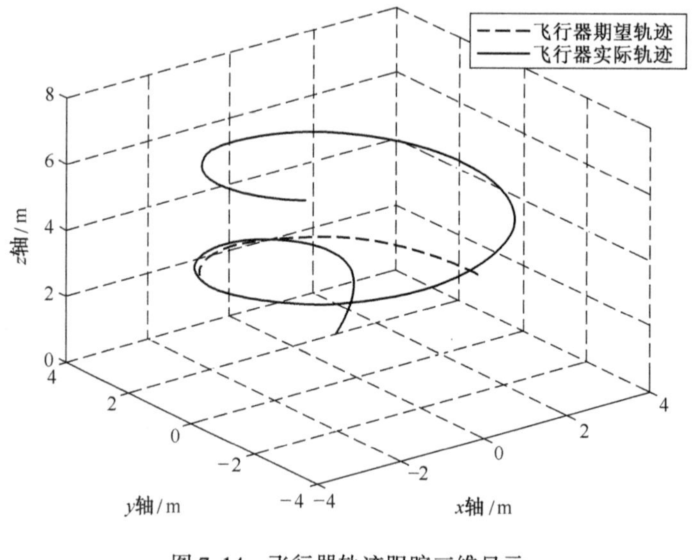

图 7.14　飞行器轨迹跟踪三维显示

仿真程序：

(1) Simulink 主程序：chap7_ 3sim. slx

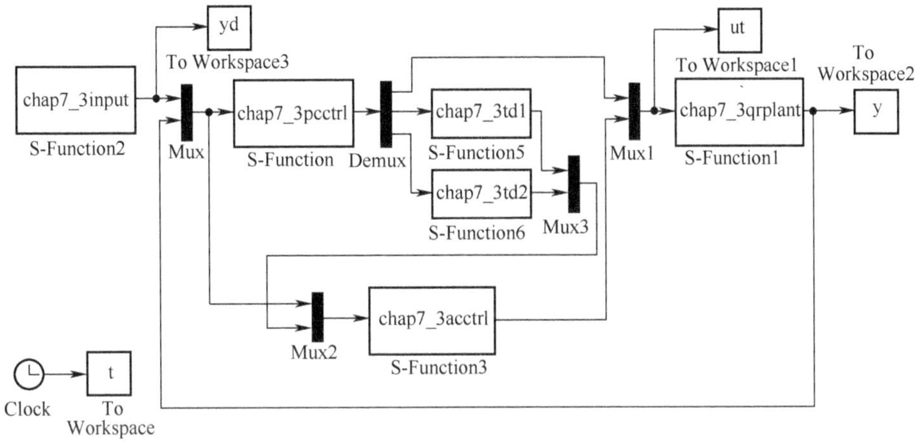

(2) 被控对象程序：chap7_ 3qrplant. m

与本章的 chap7_ 1qrplant. m 相同。

(3) 外环位置子系统控制器程序：chap7_ 3pcctrl. m

```
function [sys,x0,str,ts] = chap7_3pcctrl(t,x,u,flag)
switch flag
case 0
    [sys,x0,str,ts]=mdlInitializeSizes;
case 1
    sys=mdlDerivatives(t,x,u);
case 3
    sys=mdlOutputs(t,x,u);
case {2,4,9}
    sys=[];
otherwise
    error(['Unhandled flag = ',num2str(flag)]);
end
function [sys,x0,str,ts]=mdlInitializeSizes
sizes = simsizes;
sizes.NumContStates  = 3;
sizes.NumDiscStates  = 0;
sizes.NumOutputs     = 3;
sizes.NumInputs      = 20;
sizes.DirFeedthrough = 1;
```

```
sizes.NumSampleTimes = 1;
sys = simsizes(sizes);
x0  = [0,0,0];
str = [];
ts  = [0 0];
function sys=mdlDerivatives(t,x,u)
c1p1=1.5;c1p2=1.5;c1p3=1.5;
tox=0.05;toy=0.05;toz=0.25;
xd=u(1);yd=u(3);zd=u(5);
d_xd=u(2);d_yd=u(4);d_zd=u(6);
xx=u(9);y=u(11);z=u(13);
e1p1=xd-xx;e1p2=yd-y;e1p3=zd-z;
dox=c1p1*e1p1+d_xd;doy=c1p2*e1p2+d_yd;doz=c1p3*e1p3+d_zd;
sys(1)=(1/tox)*(dox-x(1));
sys(2)=(1/toy)*(doy-x(2));
sys(3)=(1/toz)*(doz-x(3));
function sys=mdlOutputs(t,x,u)
m=1.2;g=9.8;K1=0.01;K2=0.012;K3=0.019;
c1p1=1.5;c2p1=1;np1=3;ebp1=0.5;
c1p2=1.5;c2p2=1;np2=3;ebp2=0.5;
c1p3=1.5;c2p3=1;np3=3;ebp3=0.5;
tox=0.05;toy=0.05;toz=0.25;
xd=u(1);d_xd=u(2);
yd=u(3);d_yd=u(4);
zd=u(5);d_zd=u(6);
xx=u(9);d_x=u(10);
y=u(11);d_y=u(12);
z=u(13);d_z=u(14);
yaw=u(19);
rox=x(1);roy=x(2);roz=x(3);
e1p1=xd-xx;e1p2=yd-y;e1p3=zd-z;
e2p1=rox-d_x;e2p2=roy-d_y;e2p3=roz-d_z;
dox=c1p1*e1p1+d_xd;doy=c1p2*e1p2+d_yd;doz=c1p3*e1p3+d_zd;
d_rox=(dox-rox)/tox;d_roy=(doy-roy)/toy;d_roz=(doz-roz)/toz;
u1x=(K1/m)*d_x+d_rox+c2p1*e2p1+np1*tanh(e2p1/ebp1);
u1y=(K2/m)*d_y+d_roy+c2p2*e2p2+np2*tanh(e2p2/ebp2);
u1z=(K3/m)*d_z+g+d_roz+c2p3*e2p3+np3*tanh(e2p3/ebp3);
```

```
pitchd=atan((u1x*cos(yaw)+u1y*sin(yaw))/u1z);
rolld=atan(((u1x*sin(yaw)-u1y*cos(yaw))/u1z)*cos(pitchd));
u1=m*u1z/(cos(rolld)*cos(pitchd));
sys(1)=u1;sys(2)=rolld;sys(3)=pitchd;
```

（4）内环姿态子系统控制器程序：chap7_3acctrl.m

```
function [sys,x0,str,ts] = chap7_3acctrl(t,x,u,flag)
switch flag
case 0
    [sys,x0,str,ts]=mdlInitializeSizes;
case 1
    sys=mdlDerivatives(t,x,u);
case 3
    sys=mdlOutputs(t,x,u);
case {2,4,9}
    sys=[];
otherwise
    error(['Unhandled flag = ',num2str(flag)]);
end
function [sys,x0,str,ts]=mdlInitializeSizes
sizes = simsizes;
sizes.NumContStates  = 3;
sizes.NumDiscStates  = 0;
sizes.NumOutputs     = 3;
sizes.NumInputs      = 24;
sizes.DirFeedthrough = 1;
sizes.NumSampleTimes = 1;
sys = simsizes(sizes);
x0  = [0,0,0];
str = [];
ts  = [0 0];
function sys=mdlDerivatives(t,x,u)
c1a1=1.5;c1a2=1.5;c1a3=1.5;
toroll=0.15;topitch=0.15;toyaw=0.05;
rolld=u(21);pitchd=u(23);yawd=u(7);
d_rolld=u(22);d_pitchd=u(24);d_yawd=u(8);
roll=u(15);pitch=u(17);yaw=u(19);
e1a1=rolld-roll;e1a2=pitchd-pitch;e1a3=yawd-yaw;
```

```
doroll=c1a1 * e1a1+d_ rolld;dopitch=c1a2 * e1a2+d_ pitchd;doyaw=
c1a3 * e1a3+d_yawd;
    sys(1)=(1/toroll) * (doroll-x(1));
    sys(2)=(1/topitch) * (dopitch-x(2));
    sys(3)=(1/toyaw) * (doyaw-x(3));
    function sys=mdlOutputs(t,x,u)
    Ix=0.0091;Iy=0.0096;Iz=0.0189;
    K4=0.0022;K5=0.0024;K6=0.0031;
    c1a1=1.5;c2a1=5;ka1=3;eba1=0.5;
    c1a2=1.5;c2a2=5;ka2=3;eba2=0.5;
    c1a3=1.5;c2a3=5;ka3=3;eba3=0.5;
    toroll=0.15;topitch=0.15;toyaw=0.05;
    yawd=u(7); d_yawd=u(8);
    roll=u(15);d_roll=u(16);
    pitch=u(17);d_pitch=u(18);
    yaw=u(19);d_yaw=u(20);
    rolld=u(21);d_rolld=u(22);
    pitchd=u(23);d_pitchd=u(24);
    roroll=x(1);ropitch=x(2);royaw=x(3);
    a1=(Iy-Iz)/Ix;a2=(Iz-Ix)/Iy;a3=(Ix-Iy)/Iz;
    b1=1/Ix;b2=1/Iy;b3=1/Iz;
    e1a1=rolld-roll;e1a2=pitchd-pitch;e1a3=yawd-yaw;
    e2a1=roroll-d_roll;e2a2=ropitch-d_pitch;e2a3=royaw-d_yaw;
    doroll=c1a1 * e1a1+d_ rolld;dopitch=c1a2 * e1a2+d_ pitchd;doyaw=
c1a3 * e1a3+d_yawd;
    d_ roroll=(doroll-roroll)/toroll;
    d_ ropitch=(dopitch-ropitch)/topitch;
    d_ royaw=(doyaw-royaw)/toyaw;
    T1=ka1 * tanh(e2a1/eba1);T2=ka2 * tanh(e2a2/eba2);T3=ka3 * tanh
(e2a3/eba3);
    u2=Ix * (-a1 * d_pitch * d_yaw+K4 * b1 * d_ roll+d_ roroll+c2a1 * e2a1+
T1);
    u3=Iy * (-a2 * d_roll * d_yaw+K5 * b2 * d_pitch+d_ ropitch+c2a2 * e2a2
+T2);
    u4=Iz * (-a3 * d_roll * d_pitch+K6 * b3 * d_ yaw+d_ royaw+c2a3 * e2a3+
T3);
    sys(1)=u2;sys(2)=u3;sys(3)=u4;
```

(5) 微分器 1 程序:chap7_3td1. m

```
function [sys,x0,str,ts] = chap7_3td1(t,x,u,flag)
switch flag
case 0
    [sys,x0,str,ts]=mdlInitializeSizes;
case 1
    sys=mdlDerivatives(t,x,u);
case 3
    sys=mdlOutputs(t,x,u);
case {2,4,9}
    sys=[];
otherwise
    error(['Unhandled flag = ',num2str(flag)]);
end
function [sys,x0,str,ts]=mdlInitializeSizes
sizes = simsizes;
sizes.NumContStates  = 2;
sizes.NumDiscStates  = 0;
sizes.NumOutputs     = 2;
sizes.NumInputs      = 1;
sizes.DirFeedthrough = 1;
sizes.NumSampleTimes = 1;
sys = simsizes(sizes);
x0  = [0 0];
str = [];
ts  = [0 0];
function sys=mdlDerivatives(t,x,u)
R=100;a0=2;b0=1;
vt=u(1);e=x(1)-vt;
sys(1)=x(2);
sys(2)=R^2*(-a0*e-b0*x(2)/R);
function sys=mdlOutputs(t,x,u)
v=u(1);
sys(1)=v;sys(2)=x(2);
```

(6) 微分器 2 程序:chap7_3td2. m

```
function [sys,x0,str,ts] = chap7_3td2(t,x,u,flag)
switch flag
```

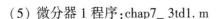

```
case 0
    [sys,x0,str,ts]=mdlInitializeSizes;
case 1
    sys=mdlDerivatives(t,x,u);
case 3
    sys=mdlOutputs(t,x,u);
case {2,4,9}
    sys=[];
otherwise
    error(['Unhandled flag = ',num2str(flag)]);
end
function [sys,x0,str,ts]=mdlInitializeSizes
sizes = simsizes;
sizes.NumContStates  = 2;
sizes.NumDiscStates  = 0;
sizes.NumOutputs     = 2;
sizes.NumInputs      = 1;
sizes.DirFeedthrough = 1;
sizes.NumSampleTimes = 1;
sys = simsizes(sizes);
x0  = [0 0];
str = [];
ts  = [0 0];
function sys=mdlDerivatives(t,x,u)
R=100;a0=2;b0=1;
vt=u(1);e=x(1)-vt;
sys(1)=x(2);
sys(2)=R^2*(-a0*e-b0*x(2)/R);
function sys=mdlOutputs(t,x,u)
v=u(1);
sys(1)=v;sys(2)=x(2);
```

(7) 指令输入程序:chap7_3input.m

```
function [sys,x0,str,ts]=chap7_3input(t,x,u,flag)
switch flag
  case 0
    [sys,x0,str,ts]=mdlInitializeSizes;
  case 1
```

```
    sys=mdlDerivatives(t,x,u);
  case 3
    sys=mdlOutputs(t,x,u);
  case {2, 4, 9 }
    sys = [];
  otherwise
    error(['Unhandled flag = ',num2str(flag)]);
end
function [sys,x0,str,ts]=mdlInitializeSizes
sizes = simsizes;
sizes.NumContStates  = 0;
sizes.NumDiscStates  = 0;
sizes.NumOutputs     = 8;
sizes.NumInputs      = 0;
sizes.DirFeedthrough = 1;
sizes.NumSampleTimes = 1;
sys=simsizes(sizes);
x0=[];
str=[];
ts=[0 0];
function sys=mdlOutputs(t,x,u)
xd=3*cos(t);d_xd=-3*sin(t);
yd=3*sin(t);d_yd=3*cos(t);
zd=2+0.5*t;d_zd=0.5;
yawd=0.5;d_yawd=0;
sys(1)=xd;sys(2)=d_xd;
sys(3)=yd;sys(4)=d_yd;
sys(5)=zd;sys(6)=d_zd;
sys(7)=yawd;sys(8)=d_yawd;
```

(8) 作图程序:chap7_3plot.m

```
close all;
figure(1);
subplot(221);
plot(t,yd(:,1),'--b',t,y(:,1),'r','linewidth',1);
legend('期望x位移','实际x位移');
xlabel('时间(s)');ylabel('x位移(m)');
grid on
```

```
subplot(222);
plot(t,yd(:,3),'-- b',t,y(:,3),'r','linewidth',1);
legend('期望 y 位移','实际 y 位移');
xlabel('时间(s)');ylabel('y 位移(m)');
grid on
subplot(223);
plot(t,yd(:,5),'-- b',t,y(:,5),'r','linewidth',1);
legend('期望 z 位移','实际 z 位移');
xlabel('时间(s)');ylabel('z 位移(m)');
grid on
subplot(224);
plot(t,yd(:,7),'-- b',t,y(:,11),'r','linewidth',1);
legend('期望偏航角','实际偏航角');
xlabel('时间(s)');ylabel('偏航角(rad)');
grid on
figure(2);
subplot(311);
plot(t,y(:,7),'-- b',t,y(:,9),'r','linewidth',1);
legend('滚转角','俯仰角');
xlabel('时间(s)');ylabel('角度(rad)');
grid on
subplot(312);
plot(t,y(:,2),'-- b',t,y(:,4),'r',t,y(:,6),'-. k','linewidth',1);
legend('x 线速度','y 线速度','z 线速度');
xlabel('时间(s)');ylabel('线速度(m/s)');
grid on
subplot(313);
plot(t,y(:,8),'-- b',t,y(:,10),'r',t,y(:,12),'-. k','linewidth',1);
legend('滚转角速度','俯仰角速度','偏航角速度');
xlabel('时间(s)');ylabel('角速度(rad/s)');
grid on
figure(3);
subplot(221);
plot(t,ut(:,1),'r','linewidth',1);
legend('控制输入 u1');
xlabel('时间(s)');ylabel('控制输入 u1(N)');
grid on
```

```
subplot(222);
plot(t,ut(:,2),'r','linewidth',1);
legend('控制输入 u2 ');
xlabel('时间(s)');ylabel('控制输入 u2(N·m)');
grid on
subplot(223);
plot(t,ut(:,3),'r','linewidth',1);
legend('控制输入 u3 ');
xlabel('时间(s)');ylabel('控制输入 u3(N·m)');
grid on
subplot(224);
plot(t,ut(:,4),'r','linewidth',1);
legend('控制输入 u4 ');
xlabel('时间(s)');ylabel('控制输入 u4(N·m)');
grid on
figure(4);
plot3(yd(:,1),yd(:,3),yd(:,5),'-- b','linewidth',1);
hold on
plot3(y(:,1),y(:,3),y(:,5),'r','linewidth',1);
hold on
legend('飞行器期望轨迹','飞行器实际轨迹');
xlabel('x 轴(m)');ylabel('y 轴(m)');zlabel('z 轴(m)');
grid on
```

第 8 章 四旋翼飞行器速度和编队控制方法设计

本章主要讨论四旋翼飞行器速度和编队控制方法的设计问题。针对速度控制,首先将四旋翼飞行器控制系统分解为外环速度子系统和内环姿态子系统,再分别设计滑模控制器,对外环速度子系统采用积分双曲正切滑模控制方法设计,对内环姿态子系统采用双曲正切滑模控制方法设计。在速度控制的基础上,再进行四旋翼飞行器的编队控制方法设计。

8.1 四旋翼飞行器速度控制方法设计

8.1.1 系统描述

第 2 章建立的四旋翼飞行器简化模型如下:

$$\begin{cases}\ddot{x}=-\dfrac{K_1}{m}\dot{x}+\dfrac{\cos\phi\sin\theta\cos\psi+\sin\phi\sin\psi}{m}u_1\\ \ddot{y}=-\dfrac{K_2}{m}\dot{y}+\dfrac{\cos\phi\sin\theta\sin\psi-\sin\phi\cos\psi}{m}u_1\\ \ddot{z}=-\dfrac{K_3}{m}\dot{z}-g+\dfrac{\cos\phi\cos\theta}{m}u_1\\ \ddot{\phi}=\dfrac{I_y-I_z}{I_x}\dot{\theta}\dot{\psi}-\dfrac{K_4}{I_x}\dot{\phi}+\dfrac{1}{I_x}u_2\\ \ddot{\theta}=\dfrac{I_z-I_x}{I_y}\dot{\phi}\dot{\psi}-\dfrac{K_5}{I_y}\dot{\theta}+\dfrac{1}{I_y}u_3\\ \ddot{\psi}=\dfrac{I_x-I_y}{I_z}\dot{\phi}\dot{\theta}-\dfrac{K_6}{I_z}\dot{\psi}+\dfrac{1}{I_z}u_4\end{cases}\tag{8.1}$$

本章主要讨论四旋翼飞行器的速度跟踪控制和编队控制。令 $v_1 = \dot{x}, v_2 = \dot{y}, v_3 = \dot{z}$，并取 v_{1d}, v_{2d} 和 v_{3d} 分别为沿 x 轴、y 轴和 z 轴的期望线速度。

设计状态反馈控制器，使飞行器跟踪给定速度，即当 $t \to \infty$ 时，$v_1 \to v_{1d}$，$v_2 \to v_{2d}, v_3 \to v_{3d}, \psi \to \psi_d$，同时保持状态 $\phi, \dot{\phi}, \theta, \dot{\theta}, \dot{\psi}$ 有界。

假设 $v_{1d}, \dot{v}_{1d}, v_{2d}, \dot{v}_{2d}, v_{3d}, \dot{v}_{3d}, \psi_d, \dot{\psi}_d, \ddot{\psi}_d$ 有界。

式(8.1)可以分解为速度子系统和姿态子系统，具体如下：

速度子系统为：

$$\begin{cases} \dot{v}_1 = -\dfrac{K_1}{m} v_1 + \dfrac{\cos\phi\sin\theta\cos\psi + \sin\phi\sin\psi}{m} u_1 \\ \dot{v}_2 = -\dfrac{K_2}{m} v_2 + \dfrac{\cos\phi\sin\theta\sin\psi - \sin\phi\cos\psi}{m} u_1 \\ \dot{v}_3 = -\dfrac{K_3}{m} v_3 - g + \dfrac{\cos\phi\cos\theta}{m} u_1 \end{cases} \tag{8.2}$$

其中，v_1 为沿 x 轴的线速度，v_2 为沿 y 轴的线速度，v_3 为沿 z 轴的线速度。

姿态子系统为：

$$\begin{cases} \ddot{\phi} = \dfrac{I_y - I_z}{I_x} \dot{\theta}\dot{\psi} - \dfrac{K_4}{I_x} \dot{\phi} + \dfrac{1}{I_x} u_2 \\ \ddot{\theta} = \dfrac{I_z - I_x}{I_y} \dot{\phi}\dot{\psi} - \dfrac{K_5}{I_y} \dot{\theta} + \dfrac{1}{I_y} u_3 \\ \ddot{\psi} = \dfrac{I_x - I_y}{I_z} \dot{\phi}\dot{\theta} - \dfrac{K_6}{I_z} \dot{\psi} + \dfrac{1}{I_z} u_4 \end{cases} \tag{8.3}$$

把速度子系统作为外环，姿态子系统作为内环，控制过程中，外环子系统需要给内环子系统提供需要的信息，其控制结构图如图 8.1 所示。

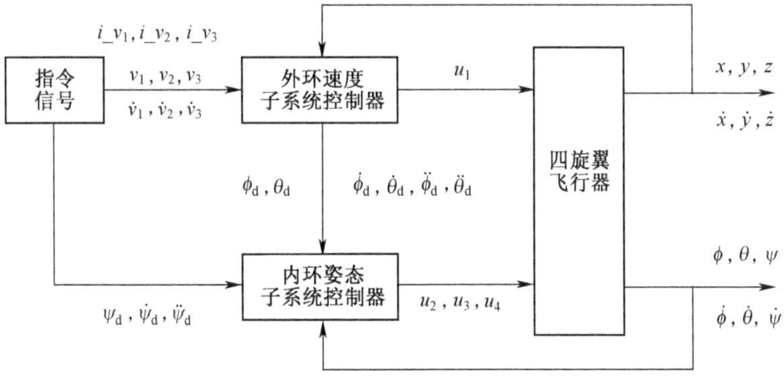

图 8.1　内外环速度控制系统结构与信号传递关系

8.1.2 速度子系统积分双曲正切滑模控制器设计

针对式(8.2)所示速度子系统,控制目标为:当 $t\to\infty$ 时,$v_1\to v_{1d}$,$v_2\to v_{2d}$,$v_3\to v_{3d}$。

定义如下中间控制变量:

$$\begin{cases} u_{1x}=\dfrac{\cos\phi\sin\theta\cos\psi+\sin\phi\sin\psi}{m}u_1 \\ u_{1y}=\dfrac{\cos\phi\sin\theta\sin\psi-\sin\phi\cos\psi}{m}u_1 \\ u_{1z}=\dfrac{\cos\phi\cos\theta}{m}u_1 \end{cases} \tag{8.4}$$

则式(8.2)可以转换为:

$$\dot{v}_1=-\frac{K_1}{m}v_1+u_{1x}+d_{v1} \tag{8.5}$$

$$\dot{v}_2=-\frac{K_2}{m}v_2+u_{1y}+d_{v2} \tag{8.6}$$

$$\dot{v}_3=-\frac{K_3}{m}v_3-g+u_{1z}+d_{v3} \tag{8.7}$$

其中,d_{v1},d_{v2},d_{v3} 为外部加入的干扰。

假设:d_{v1},d_{v2},d_{v3} 分别有上界,为 $\bar{d}_{v1}$,$\bar{d}_{v2}$,$\bar{d}_{v3}$,即:$|d_{v1}|\leqslant\bar{d}_{v1}$,$|d_{v2}|\leqslant\bar{d}_{v2}$,$|d_{v3}|\leqslant\bar{d}_{v3}$。

针对式(8.5)所示沿 x 轴线速度子系统,定义:

$$e_{v1}=v_{1d}-v_1$$

积分滑模流形设计为:

$$s_{v1}=c_{v1}\int_0^t e_{v1}\mathrm{d}t+e_{v1} \tag{8.8}$$

其中,$c_{v1}>0$。

由式(8.5)和式(8.8)可得:

$$\begin{aligned}\dot{s}_{v1}&=c_{v1}e_{v1}+\dot{e}_{v1}=c_{v1}(v_{1d}-v_1)+\dot{v}_{1d}-\dot{v}_1\\&=c_{v1}v_{1d}+\dot{v}_{1d}-c_{v1}v_1+\frac{K_1}{m}v_1-u_{1x}-d_{v1}\end{aligned} \tag{8.9}$$

设计指数趋近律:

$$\dot{s}_{v1}=-n_{v1}\tanh\left(\frac{s_{v1}}{\gamma_{v1}}\right)-\lambda_{v1}s_{v1} \tag{8.10}$$

其中，$n_{v1} > 0, \lambda_{v1} > 0, \gamma_{v1} > 0, \tanh\left(\frac{s_{v1}}{\gamma_{v1}}\right)$ 为双曲正切函数，用于代替滑模控制的符号函数 $\mathrm{sgn} = \left(\frac{s_{v1}}{\gamma_{v1}}\right)$，以达到减弱抖振的目的，取 $n_{v1} > \bar{d}_{v1}$。

不妨设 $d_{v1} = 0$，扰动可以通过滑模切换部分补偿，由式(8.9)和式(8.10)可得控制律为：

$$u_{1x} = c_{v1}v_{1d} + \dot{v}_{1d} - c_{v1}v_1 + \frac{K_1}{m}v_1 + n_{v1}\tanh\left(\frac{s_{v1}}{\gamma_{v1}}\right) + \lambda_{v1}s_{v1} \tag{8.11}$$

取 Lyapunov 函数：

$$V = \frac{1}{2}s_{v1}^2 > 0, s_{v1} \neq 0 \tag{8.12}$$

由式(8.9)、式(8.11)和式(8.12)，并根据假设可得：

$$\begin{aligned}\dot{V} = s_{v1}\dot{s}_{v1} &= s_{v1}\left(c_{v1}v_{1d} + \dot{v}_{1d} - c_{v1}v_1 + \frac{K_1}{m}v_1 - u_{1x} - d_{v1}\right) \\ &= s_{v1}\left(-n_{v1}\tanh\left(\frac{s_{v1}}{\gamma_{v1}}\right) - \lambda_{v1}s_{v1} - d_{v1}\right) \\ &= -n_{v1}s_{v1}\tanh\left(\frac{s_{v1}}{\gamma_{v1}}\right) - \lambda_{v1}s_{v1}^2 - s_{v1}d_{v1} < 0, s_{v1} \neq 0\end{aligned} \tag{8.13}$$

可见 V 正定且径向无界，$\dot{V}$ 为负定，系统全局渐近稳定。

满足滑模到达条件，保证了在滑模流形以外的运动点都将在有限时间内到达滑模流形 $s_{v1} = 0$。可得 $e_{v1} \to 0$，即 $v_1 \to v_{1d}$，同时，位移 $x = \int_0^t v_1 \mathrm{d}t$，有界性不能确定。

针对式(8.6)所示沿 y 轴线速度子系统，定义：

$$e_{v2} = v_{2d} - v_2$$

积分滑模流形设计为：

$$s_{v2} = c_{v2}\int_0^t e_{v2}\mathrm{d}t + e_{v2} \tag{8.14}$$

其中，$c_{v2} > 0$。

与本节上述同理可得控制律为：

$$u_{1y} = c_{v2}v_{2d} + \dot{v}_{2d} - c_{v2}v_2 + \frac{K_2}{m}v_2 + n_{v2}\tanh\left(\frac{s_{v2}}{\gamma_{v2}}\right) + \lambda_{v2}s_{v2} \tag{8.15}$$

其中，$n_{v2} > 0, \lambda_{v2} > 0, \gamma_{v2} > 0$，取 $n_{v2} > \bar{d}_{v2}$。

稳定性证明也与本节上述同理。

针对式(8.7)所示沿 z 轴线速度子系统，定义：

$$e_{v3} = v_{3d} - v_3$$

积分滑模流形设计为：

$$s_{v3} = c_{v3}\int_0^t e_{v3}\mathrm{d}t + e_{v3} \tag{8.16}$$

其中，$c_{v3} > 0$。

与本节上述同理可得控制律为：

$$u_{1z} = c_{v3}v_{3d} + \dot{v}_{3d} - c_{v3}v_3 + \frac{K_3}{m}v_3 + g + n_{v3}\tanh\left(\frac{s_{v3}}{\gamma_{v3}}\right) + \lambda_{v3}s_{v3} \tag{8.17}$$

其中，$n_{v3} > 0, \lambda_{v3} > 0, \gamma_{v3} > 0$，取 $n_{v3} > \bar{d}_{v3}$。

稳定性证明也与本节上述同理。

8.1.3 中间指令姿态角求解

假设满足控制律式(8.11)、式(8.15)和式(8.17)所需要的滚转角为 ϕ_d，俯仰角为 θ_d。为了实现滚转角 ϕ 对 ϕ_d 的跟踪，俯仰角 θ 对 θ_d 的跟踪，需要对 ϕ_d 和 θ_d 进行求解。外环速度子系统求解了 ϕ_d 和 θ_d 后，再把它们作为指令信号输入给内环姿态子系统。

与7.2节同理可得：

$$\theta_d = \arctan\left(\frac{u_{1x}\cos\psi + u_{1y}\sin\psi}{u_{1z}}\right) \tag{8.18}$$

$$\phi_d = \arctan\left(\frac{u_{1x}\sin\psi - u_{1y}\cos\psi}{u_{1z}}\cos\left(\arctan\left(\frac{u_{1x}\cos\psi + u_{1y}\sin\psi}{u_{1z}}\right)\right)\right) \tag{8.19}$$

由式(8.11)、式(8.15)、式(8.17)可知，u_{1x}, u_{1y}, u_{1z} 是有界的，则由式(8.18)、式(8.19)可知 $\theta_d, \phi_d, \dot{\theta}_d, \dot{\phi}_d, \ddot{\theta}_d$、$\ddot{\phi}_d$ 有界。

求解 ϕ_d 和 θ_d 后，便可以由式(8.4)得到速度控制律为：

$$u_1 = \frac{mu_{1z}}{\cos\phi_d\cos\theta_d} \tag{8.20}$$

8.1.4 姿态子系统滑模控制器设计

式(8.3)所示姿态子系统如下，控制目标为：当 $t \to \infty$ 时，$\psi \to \psi_d$；同时保持 $\phi, \dot{\phi}, \theta, \dot{\theta}, \dot{\psi}$ 有界。

$$\ddot{\phi}=\frac{I_{\mathrm{y}}-I_{\mathrm{z}}}{I_{\mathrm{x}}}\dot{\theta}\dot{\psi}-\frac{K_4}{I_{\mathrm{x}}}\dot{\phi}+\frac{1}{I_{\mathrm{x}}}u_2+d_{\mathrm{a1}} \tag{8.21}$$

$$\ddot{\theta}=\frac{I_{\mathrm{z}}-I_{\mathrm{x}}}{I_{\mathrm{y}}}\dot{\phi}\dot{\psi}-\frac{K_5}{I_{\mathrm{y}}}\dot{\theta}+\frac{1}{I_{\mathrm{y}}}u_3+d_{\mathrm{a2}} \tag{8.22}$$

$$\ddot{\psi}=\frac{I_{\mathrm{x}}-I_{\mathrm{y}}}{I_{\mathrm{z}}}\dot{\phi}\dot{\theta}-\frac{K_6}{I_{\mathrm{z}}}\dot{\psi}+\frac{1}{I_{\mathrm{z}}}u_4+d_{\mathrm{a3}} \tag{8.23}$$

其中，$d_{\mathrm{a1}}, d_{\mathrm{a2}}, d_{\mathrm{a3}}$ 为外加扰动。

假设：$d_{\mathrm{a1}}, d_{\mathrm{a2}}, d_{\mathrm{a3}}$ 分别有上界为 $\bar{d}_{\mathrm{a1}}, \bar{d}_{\mathrm{a2}}, \bar{d}_{\mathrm{a3}}$，即 $|d_{\mathrm{a1}}| \leqslant \bar{d}_{\mathrm{a1}}, |d_{\mathrm{a2}}| \leqslant \bar{d}_{\mathrm{a2}}, |d_{\mathrm{a3}}| \leqslant \bar{d}_{\mathrm{a3}}$。

针对式(8.21)所示滚转姿态子系统，定义误差为：

$$e_{\mathrm{a1}}=\phi_{\mathrm{d}}-\phi$$

设计滑模流形为：

$$s_{\mathrm{a1}}=c_{\mathrm{a1}}e_{\mathrm{a1}}+\dot{e}_{\mathrm{a1}} \tag{8.21}$$

其中，$c_{\mathrm{a1}}>0$，

与7.2.2节同理可得控制律为：

$$u_2=I_{\mathrm{x}}\left(c_{\mathrm{a1}}\dot{\phi}_{\mathrm{d}}+\ddot{\phi}_{\mathrm{d}}-c_{\mathrm{a1}}\dot{\phi}-\frac{I_{\mathrm{y}}-I_{\mathrm{z}}}{I_{\mathrm{x}}}\dot{\theta}\dot{\psi}+\frac{K_4}{I_{\mathrm{x}}}\dot{\phi}+k_{\mathrm{a1}}\tanh\left(\frac{s_{\mathrm{a1}}}{\gamma_{\mathrm{a1}}}\right)+\lambda_{\mathrm{a1}}s_{\mathrm{a1}}\right) \tag{8.25}$$

其中，$k_{\mathrm{a1}}>0, \lambda_{\mathrm{a1}}>0, \gamma_{\mathrm{a1}}>0$，取 $k_{\mathrm{a1}}>\bar{d}_{\mathrm{a1}}$。

稳定性证明也与7.2.2节同理。

针对式(8.22)所示俯仰姿态子系统，定义误差为：

$$e_{\mathrm{a2}}=\theta_{\mathrm{d}}-\theta$$

设计滑模流形为：

$$s_{\mathrm{a2}}=c_{\mathrm{a2}}e_{\mathrm{a2}}+\dot{e}_{\mathrm{a2}} \tag{8.26}$$

其中，$c_{\mathrm{a2}}>0$，

与7.2.2节同理可得控制律为：

$$u_3=I_{\mathrm{y}}\left(c_{\mathrm{a2}}\dot{\theta}_{\mathrm{d}}+\ddot{\theta}_{\mathrm{d}}-c_{\mathrm{a2}}\dot{\theta}-\frac{I_{\mathrm{z}}-I_{\mathrm{x}}}{I_{\mathrm{y}}}\dot{\phi}\dot{\psi}+\frac{K_5}{I_{\mathrm{y}}}\dot{\theta}+k_{\mathrm{a2}}\tanh\left(\frac{s_{\mathrm{a2}}}{\gamma_{\mathrm{a2}}}\right)+\lambda_{\mathrm{a2}}s_{\mathrm{a2}}\right) \tag{8.27}$$

其中，$k_{\mathrm{a2}}>0, \lambda_{\mathrm{a2}}>0, \gamma_{\mathrm{a2}}>0$，取 $k_{\mathrm{a2}}>\bar{d}_{\mathrm{a2}}$。

稳定性证明也与7.2.2节同理。

针对式(8.23)所示偏航姿态子系统，定义误差为：

$$e_{a3}=\psi_d-\psi$$

设计滑模流形为

$$s_{a3}=c_{a3}e_{a3}+\dot{e}_{a3} \tag{8.28}$$

其中，$c_{a3}>0$。

与7.2.2节同理可得控制律为：

$$u_4=I_z\left(c_{a3}\dot{\psi}_d+\ddot{\psi}_d-c_{a3}\dot{\psi}-\frac{I_x-I_y}{I_z}\dot{\phi}\dot{\theta}+\frac{K_6}{I_z}\dot{\psi}+k_{a3}\tanh\left(\frac{s_{a3}}{\gamma_{a3}}\right)+\lambda_{a3}s_{a3}\right) \tag{8.29}$$

其中，$k_{a3}>0,\lambda_{a3}>0,\gamma_{a3}>0$，取$k_{a3}>\overline{d}_{a3}$。

稳定性证明也与7.2.2节同理。

8.1.5 中间指令信号的一阶二阶求导问题

如图8.1所示，整个控制系统由外环速度子系统和内环姿态子系统构成，外环速度子系统产生两个中间指令信号ϕ_d和θ_d，需要传入给内环姿态子系统，内环姿态子系统通过控制实现对其跟踪。

从内环姿态子系统的控制律式(8.25)、式(8.27)和式(8.29)可知，控制律需要对中间指令信号ϕ_d和θ_d求一阶和二阶导数，可以采用如下有限时间收敛三阶微分器来计算ϕ_d和θ_d的一阶导数和二阶导数[52]。

$$\begin{cases}\dot{x}_1=x_2\\ \dot{x}_2=x_3\\ \varepsilon^3\dot{x}_3=-2^{\frac{3}{5}}4\left(x_1-v(t)+(\varepsilon x_2)^{\frac{9}{7}}\right)^{\frac{1}{3}}-4\left(\varepsilon^2x_3\right)^{\frac{3}{5}}\\ y_1=x_2\\ y_2=x_3\end{cases} \tag{8.30}$$

其中，待微分的输入信号为$v(t)$，$\varepsilon=0.04$，x_1为对信号进行跟踪，x_2是信号一阶导数的估计，x_3是信号二阶导数的估计，微分器的初始值为：$x_1(0)=0,x_2(0)=0,x_3(0)=0$。

8.1.6 仿真实例

四旋翼飞行器参数、初始条件与第2章的相同。外加扰动与7.2节的相同，即：

$$\boldsymbol{d}=\begin{bmatrix} d_{v1} \\ d_{v2} \\ d_{v3} \\ d_{a1} \\ d_{a2} \\ d_{a3} \end{bmatrix}=\begin{bmatrix} 0.1\sin(5t) \\ 0.1\sin(5t) \\ 0.1\sin(5t) \\ 0.1\sin(5t) \\ 0.1\sin(5t) \\ 0.1\sin(5t) \end{bmatrix}$$

微分器参数与7.2节的相同。

外环速度控制器采用式(8.11)、式(8.15)、式(8.17)和式(8.20)所示控制律,控制器参数为:

$$c_{v1}=1.2, k_{v1}=3, \lambda_{v1}=1.5, \gamma_{v1}=0.5,$$

$$c_{v2}=1.2, k_{v2}=3, \lambda_{v2}=1.5, \gamma_{v2}=0.5,$$

$$c_{v3}=1.2, k_{v3}=3, \lambda_{v3}=1.5, \gamma_{v3}=0.5$$

内环姿态控制器采用式(8.25)、式(8.27)和式(8.29)所示控制律,控制器参数为:

$$c_{a1}=1.5, k_{a1}=3, \lambda_{a1}=5, \gamma_{a1}=0.5,$$

$$c_{a2}=1.5, k_{a2}=3, \lambda_{a2}=5, \gamma_{a2}=0.5,$$

$$c_{a3}=1.5, k_{a3}=3, \lambda_{a3}=5, \gamma_{a3}=0.5$$

给定期望飞行速度:

$$\begin{cases} v_{1d}(t)=2\cos t \\ v_{2d}(t)=-2\cos t \\ v_{3d}(t)=2 \end{cases}$$

给定期望偏航角为:$\psi_{d}(t)=0.5$。

对期望飞行速度进行求导,并根据初始条件$x(0)=1, y(0)=2, z(0)=0$,可得期望的飞行轨迹为:

$$\begin{cases} x_{d}(t)=1+2\sin t \\ y_{d}(t)=2-2\sin t \\ z_{d}(t)=2t \end{cases}$$

仿真结果如图8.2~图8.5所示。

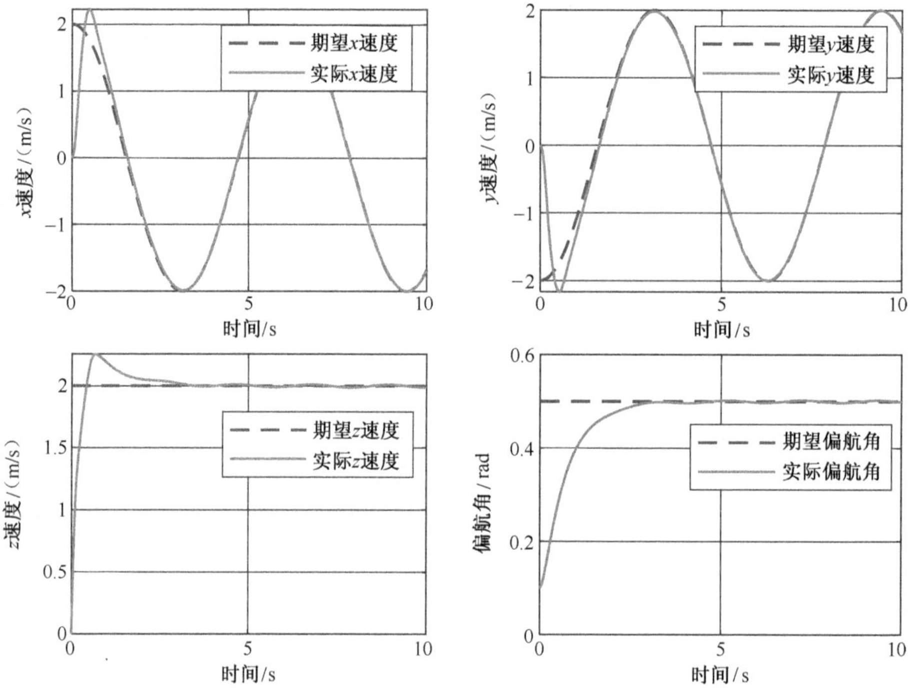

图 8.2　飞行器速度跟踪过程

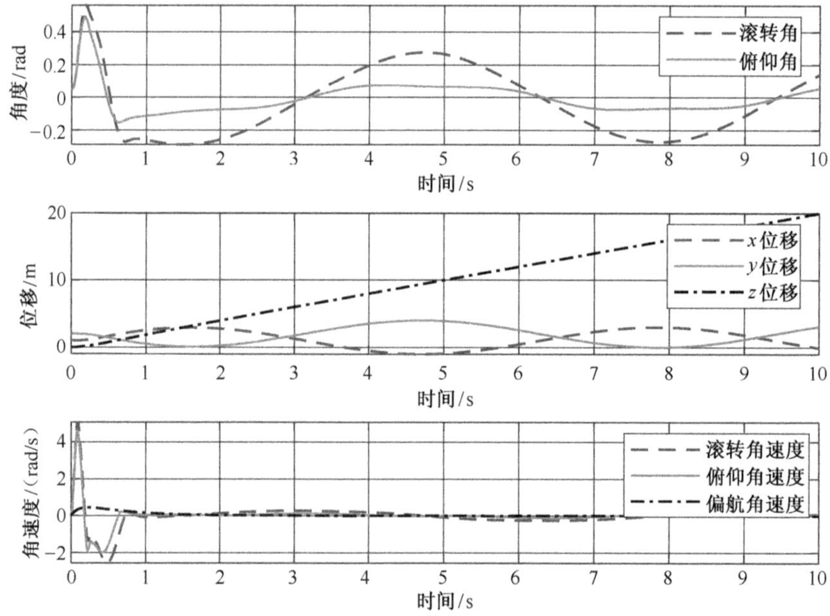

图 8.3　飞行器状态响应过程

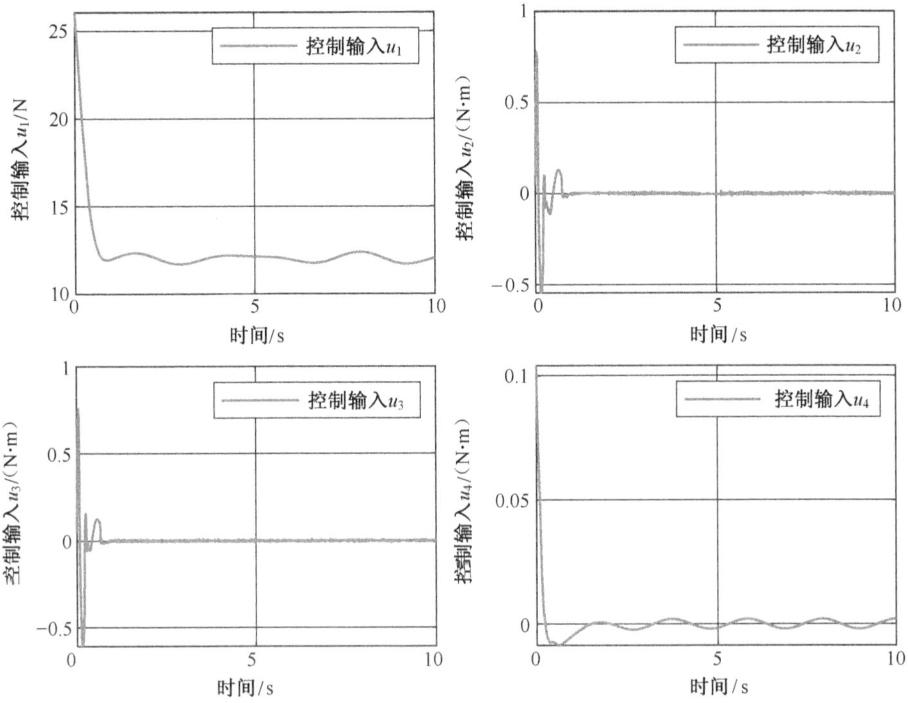

图 8.4　飞行器控制输入

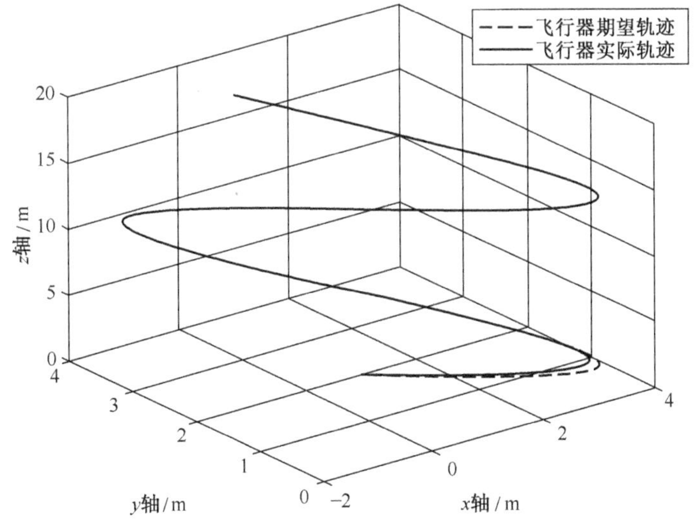

图 8.5　飞行器轨迹跟踪三维显示

仿真程序：

（1）Simulink 主程序：chap8_ 1sim. slx

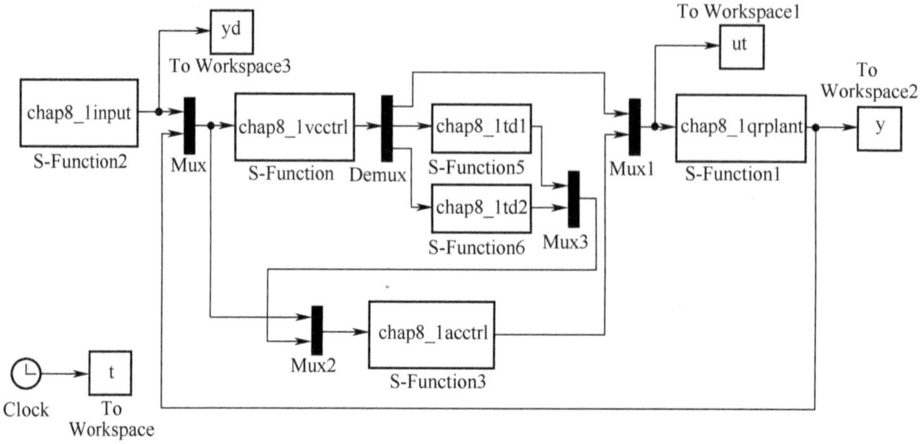

（2）被控对象程序：chap8_ 1qrplant. m

与第 7 章的 chap7_ 1qrplant. m 相同。

（3）外环速度子系统控制器程序：chap8_ 1vcctrl. m

```
function [sys,x0,str,ts] = chap8_1vcctrl(t,x,u,flag)
switch flag
case 0
    [sys,x0,str,ts]=mdlInitializeSizes;
case 3
    sys=mdlOutputs(t,x,u);
case {2,4,9}
    sys=[];
otherwise
    error(['Unhandled flag = ',num2str(flag)]);
end
function [sys,x0,str,ts]=mdlInitializeSizes
sizes = simsizes;
sizes.NumContStates  = 0;
sizes.NumDiscStates  = 0;
sizes.NumOutputs     = 3;
sizes.NumInputs      = 24;
sizes.DirFeedthrough = 1;
sizes.NumSampleTimes = 1;
sys = simsizes(sizes);
```

```
x0  = [];
str = [];
ts  = [0 0];
function sys=mdlOutputs(t,x,u)
m=1.2;g=9.8;K1=0.01;K2=0.012;K3=0.019;
cv1=1.2;nv1=3;remv1=1.5;ebv1=0.5;
cv2=1.2;nv2=3;remv2=1.5;ebv2=0.5;
cv3=1.2;nv3=3;remv3=1.5;ebv3=0.5;
i_v1d=u(1);v1d=u(2);d_v1d=u(3);
i_v2d=u(4);v2d=u(5);d_v2d=u(6);
i_v3d=u(7);v3d=u(8);d_v3d=u(9);
i_v1=u(13);v1=u(14);
i_v2=u(15);v2=u(16);
i_v3=u(17);v3=u(18);
yaw=u(23);
i_ev1=i_v1d-i_v1;i_ev2=i_v2d-i_v2;i_ev3=i_v3d-i_v3;
ev1=v1d-v1;ev2=v2d-v2;ev3=v3d-v3;
sv1=cv1*i_ev1+ev1;sv2=cv2*i_ev2+ev2;sv3=cv3*i_ev3+ev3;
u1x=cv1*v1d+d_v1d-cv1*v1+(K1/m)*v1+nv1*tanh(sv1/ebv1)+remv1
*sv1;
u1y=cv2*v2d+d_v2d-cv2*v2+(K2/m)*v2+nv2*tanh(sv2/ebv2)+remv2
*sv2;
u1z=cv3*v3d+d_v3d-cv3*v3+(K3/m)*v3+g+nv3*tanh(sv3/ebv3)+
remv3*sv3;
pitchd=atan((u1x*cos(yaw)+u1y*sin(yaw))/u1z);
rolld=atan(((u1x*sin(yaw)-u1y*cos(yaw))/u1z)*cos(pitchd));
u1=m*u1z/(cos(rolld)*cos(pitchd));
sys(1)=u1;sys(2)=rolld;sys(3)=pitchd;
```

(4) 内环姿态子系统控制器程序:chap8_1acctrl.m

与第7章的chap7_1acctrl.m相同。

(5) 指令输入程序:chap8_1input.m

```
function [sys,x0,str,ts]=chap8_1input(t,x,u,flag)
switch flag
  case 0
    [sys,x0,str,ts]=mdlInitializeSizes;
  case 1
    sys=mdlDerivatives(t,x,u);
```

```
  case 3
    sys=mdlOutputs(t,x,u);
  case {2, 4, 9 }
    sys = [];
  otherwise
    error(['Unhandled flag = ',num2str(flag)]);
end
function [sys,x0,str,ts]=mdlInitializeSizes
sizes = simsizes;
sizes.NumContStates  = 0;
sizes.NumDiscStates  = 0;
sizes.NumOutputs     = 12;
sizes.NumInputs      = 0;
sizes.DirFeedthrough = 1;
sizes.NumSampleTimes = 1;
sys=simsizes(sizes);
x0=[];
str=[];
ts=[0 0];
function sys=mdlOutputs(t,x,u)
v1d=2*cos(t);v2d=-2*cos(t);v3d=2;
i_v1d=1+2*sin(t);i_v2d=2-2*sin(t);i_v3d=2*t;
d_v1d=-2*sin(t);d_v2d=2*sin(t);d_v3d=0;
yawd=0.5;d_yawd=0;dd_yawd=0;
sys(1)=i_v1d;sys(2)=v1d;sys(3)=d_v1d;
sys(4)=i_v2d;sys(5)=v2d;sys(6)=d_v2d;
sys(7)=i_v3d;sys(8)=v3d;sys(9)=d_v3d;
sys(10)=yawd;sys(11)=d_yawd;sys(12)=dd_yawd;
```

(6) 微分器 1 程序:chap8_1td1. m

与第 7 章的 chap7_1td1. m 相同。

(7) 微分器 2 程序:chap8_1td2. m

与第 7 章的 chap7_1td2. m 相同。

(8) 作图程序:chap8_1plot. m

```
close all;
figure(1);
subplot(221);
plot(t,yd(:,2),'--b',t,y(:,2),'r','linewidth',1);
```

```
legend('期望x速度','实际x速度');
xlabel('时间(s)');ylabel('x速度(m/s)');
grid on
subplot(222);
plot(t,yd(:,5),'-- b',t,y(:,4),'r','linewidth',1);
legend('期望y速度','实际y速度');
xlabel('时间(s)');ylabel('y速度(m/s)');
grid on
subplot(223);
plot(t,yd(:,8),'-- b',t,y(:,6),'r','linewidth',1);
legend('期望z速度','实际z速度');
xlabel('时间(s)');ylabel('z速度(m/s)');
grid on
subplot(224);
plot(t,yd(:,10),'-- b',t,y(:,11),'r','linewidth',1);
legend('期望偏航角','实际偏航角');
xlabel('时间(s)');ylabel('偏航角(rad)');
grid on
figure(2);
subplot(311);
plot(t,y(:,7),'-- b',t,y(:,9),'r','linewidth',1);
legend('滚转角','俯仰角');
xlabel('时间(s)');ylabel('角度(rad)');
grid on
subplot(312);
plot(t,y(:,1),'-- b',t,y(:,3),'r',t,y(:,5),'-. k','linewidth',1);
legend('x位移','y位移','z位移');
xlabel('时间(s)');ylabel('位移(m)');
grid on
subplot(313);
plot(t,y(:,8),'-- b',t,y(:,10),'r',t,y(:,12),'-. k','linewidth',1);
legend('滚转角速度','俯仰角速度','偏航角速度');
xlabel('时间(s)');ylabel('角速度(rad/s)');
grid on
figure(3);
subplot(221);
plot(t,ut(:,1),'r','linewidth',1);
```

```
legend('控制输入 u1 ');
xlabel('时间(s)');ylabel('控制输入 u1(N)');
grid on
subplot(222);
plot(t,ut(:,2),'r','linewidth',1);
legend('控制输入 u2 ');
xlabel('时间(s)');ylabel('控制输入 u2(N·m)');
grid on
subplot(223);
plot(t,ut(:,3),'r','linewidth',1);
legend('控制输入 u3 ');
xlabel('时间(s)');ylabel('控制输入 u3(N·m)');
grid on
subplot(224);
plot(t,ut(:,4),'r','linewidth',1);
legend('控制输入 u4 ');
xlabel('时间(s)');ylabel('控制输入 u4(N·m)');
grid on
figure(4);
plot3(yd(:,1),yd(:,4),yd(:,7),'-- b','linewidth',1);
hold on
plot3(y(:,1),y(:,3),y(:,5),'r','linewidth',1);
hold on
legend('飞行器期望轨迹','飞行器实际轨迹');
xlabel('x 轴(m)');ylabel('y 轴(m)');zlabel('z 轴(m)');
grid on
```

8.2 四旋翼飞行器编队控制方法设计

所谓编队飞行就是指两架以上的飞行器按一定的队形编组或排列飞行。在编队飞行中,各飞行器之间必须保持位置间隔不变,也就是各飞行器的速度必须相同。编队飞行控制主要是根据各飞行器速度误差和位置误差反馈形成控制律来实现。

8.2.1 系统描述

第 2 章建立的四旋翼飞行器简化模型如下:

$$
\begin{cases}
\ddot{x} = -\dfrac{K_1}{m}\dot{x} + \dfrac{\cos\phi\sin\theta\cos\psi + \sin\phi\sin\psi}{m}u_1 \\
\ddot{y} = -\dfrac{K_2}{m}\dot{y} + \dfrac{\cos\phi\sin\theta\sin\psi - \sin\phi\cos\psi}{m}u_1 \\
\ddot{z} = -\dfrac{K_3}{m}\dot{z} - g + \dfrac{\cos\phi\cos\theta}{m}u_1 \\
\ddot{\phi} = \dfrac{I_{\mathrm{y}} - I_{\mathrm{z}}}{I_{\mathrm{x}}}\dot{\theta}\dot{\psi} - \dfrac{K_4}{I_{\mathrm{x}}}\dot{\phi} + \dfrac{1}{I_{\mathrm{x}}}u_2 \\
\ddot{\theta} = \dfrac{I_{\mathrm{z}} - I_{\mathrm{x}}}{I_{\mathrm{y}}}\dot{\phi}\dot{\psi} - \dfrac{K_5}{I_{\mathrm{y}}}\dot{\theta} + \dfrac{1}{I_{\mathrm{y}}}u_3 \\
\ddot{\psi} = \dfrac{I_{\mathrm{x}} - I_{\mathrm{y}}}{I_{\mathrm{z}}}\dot{\phi}\dot{\theta} - \dfrac{K_6}{I_{\mathrm{z}}}\dot{\psi} + \dfrac{1}{I_{\mathrm{z}}}u_4
\end{cases}
\tag{8.31}
$$

控制目标为：设计状态反馈控制器，使一组飞行器跟踪期望速度，并使各个飞行器之间保持给定的相对距离，同时保持各飞行器的状态有界。

具体来说就是：针对第 j 个飞行器，通过设计控制律 u_{1j}，使当 $t \to \infty$ 时，$v_{j1} \to v_{j1\mathrm{d}}, v_{j2} \to v_{j2\mathrm{d}}, v_{j3} \to v_{j3\mathrm{d}}, \psi_j \to \psi_{j\mathrm{d}}, x_{jk} \to \delta_{xjk}, y_{jk} \to \delta_{yjk}, z_{jk} \to \delta_{zjk}$；同时保持状态 $\phi_j, \dot{\phi}_j, \theta_j, \dot{\theta}_j, \dot{\psi}_j$ 有界。

其中，x_{jk} 表示飞行器 j 和 k 之间沿 x 轴的距离，y_{jk} 表示飞行器 j 和 k 之间沿 y 轴的距离，z_{jk} 表示飞行器 j 和 k 之间沿 z 轴的距离，δ_{xjk} 为任意两个飞行器 j 和 k 之间沿 x 轴的期望距离，δ_{yjk} 为任意两个飞行器 j 和 k 之间沿 y 轴的期望距离，δ_{zjk} 为任意两个飞行器 j 和 k 之间沿 z 轴的期望距离，$j = 1,2,\cdots,n, k = 1,2,\cdots,n$。

假设，$v_{j1\mathrm{d}}, \dot{v}_{j1\mathrm{d}}, v_{j2\mathrm{d}}, \dot{v}_{j2\mathrm{d}}, v_{j3\mathrm{d}}, \dot{v}_{j3\mathrm{d}}, \psi_{j\mathrm{d}}, \dot{\psi}_{j\mathrm{d}}, \ddot{\psi}_{j\mathrm{d}}, \delta_{xjk}, \delta_{yjk}, \delta_{zjk}$ 有界。

8.2.2　四旋翼飞行器编队滑模控制器设计

控制目标为使每个飞行器跟踪同一期望速度，同时在编队中保持彼此之间的固定距离。这里假设各飞行器之间的通信拓扑关系是固定和无向的。

由式(8.31)可得第 j 个飞行器动力学模型可分解为如下位置子系统和姿态子系统：

第 j 个飞行器位置子系统：

$$
\begin{cases}
\ddot{x}_j = -\dfrac{K_1}{m}\dot{x}_j + \dfrac{\cos\phi\sin\theta\cos\psi + \sin\phi\sin\psi}{m}u_{j1} \\
\ddot{y}_j = -\dfrac{K_2}{m}\dot{y}_j + \dfrac{\cos\phi\sin\theta\sin\psi - \sin\phi\cos\psi}{m}u_{j1} \\
\ddot{z}_j = -\dfrac{K_3}{m}\dot{z}_j - g + \dfrac{\cos\phi\cos\theta}{m}u_{j1}
\end{cases}
\tag{8.32}
$$

第 j 个飞行器姿态子系统：

$$\begin{cases}\ddot{\phi}_j = \dfrac{I_y - I_z}{I_x}\dot{\theta}_j\dot{\psi}_j - \dfrac{K_4}{I_x}\dot{\phi}_j + \dfrac{1}{I_x}u_{j2} \\ \ddot{\theta}_j = \dfrac{I_z - I_x}{I_y}\dot{\phi}_j\dot{\psi}_j - \dfrac{K_5}{I_y}\dot{\theta}_j + \dfrac{1}{I_y}u_{j3} \\ \ddot{\psi}_j = \dfrac{I_x - I_y}{I_z}\dot{\phi}_j\dot{\theta}_j - \dfrac{K_6}{I_z}\dot{\psi}_j + \dfrac{1}{I_z}u_{j4}\end{cases} \tag{8.33}$$

针对第 j 个飞行器，根据式(8.32)，令：

$$u_{j1x} = \frac{\cos\phi_j\sin\theta_j\cos\psi_j + \sin\phi_j\sin\psi_j}{m}u_{j1} \tag{8.34}$$

$$u_{j1y} = \frac{\cos\phi_j\sin\theta_j\sin\psi_j - \sin\phi_j\cos\psi_j}{m}u_{j1} \tag{8.35}$$

$$u_{j1z} = \frac{\cos\phi_j\cos\theta_j}{m}u_{j1} \tag{8.36}$$

则第 j 个飞行器的外环位置子系统为：

$$\begin{cases}\ddot{x}_j = -\dfrac{K_1}{m}\dot{x}_j + u_{j1x} \\ \ddot{y}_j = -\dfrac{K_2}{m}\dot{y}_j + u_{j1y} \\ \ddot{z}_j = -\dfrac{K_3}{m}\dot{z}_j - g + u_{j1z}\end{cases} \tag{8.37}$$

针对第 j 个飞行器，令 $v_{j1} = \dot{x}_j, v_{j2} = \dot{y}_j, v_{j3} = \dot{z}_j$，则式(8.37)可转换成如下速度子系统：

$$\begin{cases}\dot{v}_{j1} = -\dfrac{K_1}{m}v_{j1} + u_{j1x} \\ \dot{v}_{j2} = -\dfrac{K_2}{m}v_{j2} + u_{j1y} \\ \dot{v}_{j3} = -\dfrac{K_3}{m}v_{j3} - g + u_{j1z}\end{cases} \tag{8.38}$$

其中，v_{j1} 为第 j 个飞行器沿 x 轴的线速度，v_{j2} 为第 j 个飞行器沿 y 轴的线速度，v_{j3} 为第 j 个飞行器沿 z 轴的线速度。

把速度子系统作为外环，姿态子系统作为内环，控制过程中，外环子系统需要给内环子系统提供需要的信息，与单个飞行器速度控制系统不同之处在于，编队控制系统在内外环子系统中均需要各个飞行器的信息,其控制结构如图 8.6 所示。编队控制的核心是在外环速度子系统的控制律设计中需要引入各个飞行器的位置信息。

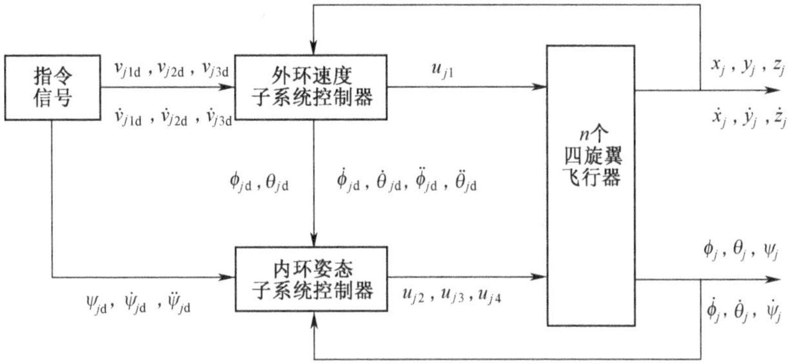

图 8.6　内外环编队控制系统结构与信号传递关系

针对式(8.38),加入干扰后如下:

$$\dot{v}_{j1} = -\frac{K_1}{m}v_{j1} + u_{j1x} + d_{jv1} \tag{8.39}$$

$$\dot{v}_{j2} = -\frac{K_2}{m}v_{j2} + u_{j1y} + d_{jv2} \tag{8.40}$$

$$\dot{v}_{j3} = -\frac{K_3}{m}v_{j3} - g + u_{j1z} + d_{jv3} \tag{8.41}$$

其中, d_{jv1},d_{jv2},d_{jv3} 为针对第 j 个飞行器,由外部加入的干扰。

假设: d_{jv1},d_{jv2},d_{jv3} 分别有上界,为 $\bar{d}_{jv1}$,$\bar{d}_{jv2}$,$\bar{d}_{jv3}$,即: $|d_{jv1}| \leqslant \bar{d}_{jv1}$, $|d_{jv2}| \leqslant \bar{d}_{jv2}$, $|d_{jv3}| \leqslant \bar{d}_{jv3}$。

针对式(8.39)所示第 j 个飞行器沿 x 轴线速度子系统,定义速度误差:

$$e_{jv1} = v_{j1d} - v_{j1} \tag{8.42}$$

设任意两个飞行器 j 和 k 之间沿 x 轴的距离为:

$$x_{jk} = x_j - x_k \tag{8.43}$$

控制目标为:当 $t \to \infty$ 时, $e_{jv1} \to 0$,$x_{jk} \to \delta_{xjk}$。

其中, δ_{xjk} 为任意两个飞行器 j 和 k 之间沿 x 轴的期望距离。

多飞行器编队飞行,需要同时考虑每个飞行器的速度同步和位置同步,因而需要利用每个飞行器的速度误差和位置误差作为反馈信号来设计控制律。

将四旋翼飞行器沿 x 轴的速度滑模控制律结合各个飞行器沿 x 轴的位置误

差，可设计控制律如下：

$$u_{j1x}=\dot{v}_{j1d}+c_{jv1}e_{jv1}+\frac{K_1}{m}v_{j1}+2\sum_{k=1}^{n}(\delta_{xjk}-x_{jk})+n_{jv1}\tanh\left(\frac{e_{jv1}}{\gamma_{jv1}}\right)+\lambda_{jv1}e_{jv1} \tag{8.44}$$

其中，$c_{jv1}>0,n_{jv1}>0,\lambda_{jv1}>0,\gamma_{jv1}>0,n$ 为编队飞行器数目。

由式(8.39)和式(8.42)可得：

$$\dot{e}_{jv1}=\dot{v}_{j1d}-\dot{v}_{j1}=\dot{v}_{j1d}+\frac{K_1}{m}v_{j1}-u_{j1x}-d_{jv1} \tag{8.45}$$

将式(8.44)代入式(8.45)可得：

$$\dot{e}_{jv1}=-c_{jv1}e_{jv1}-2\sum_{k=1}^{n}(\delta_{xjk}-x_{jk})-n_{jv1}\tanh\left(\frac{e_{jv1}}{\gamma_{jv1}}\right)-\lambda_{jv1}e_{jv1}-d_{jv1} \tag{8.46}$$

由式(8.45)和式(8.46)可得：

$$\dot{v}_{j1}=\dot{v}_{j1d}+c_{jv1}e_{jv1}+2\sum_{k=1}^{n}(\delta_{xjk}-x_{jk})+n_{jv1}\tanh\left(\frac{e_{jv1}}{\gamma_{jv1}}\right)+\lambda_{jv1}e_{jv1}+d_{jv1} \tag{8.47}$$

因为，$\dot{v}_{j1}=\ddot{x}_j,\dot{v}_{j1d}=\ddot{x}_{jd}$，则有：

$$\ddot{x}_j=\ddot{x}_{jd}+c_{jv1}e_{jv1}+2\sum_{k=1}^{n}(\delta_{xjk}-x_{jk})+n_{jv1}\tanh\left(\frac{e_{jv1}}{\gamma_{jv1}}\right)+\lambda_{jv1}e_{jv1}+d_{jv1} \tag{8.48}$$

取 Lyapunov 函数：

$$V=\frac{1}{2}\sum_{j=1}^{n}e_{jv1}^2+\frac{1}{2}\sum_{j=1}^{n}\sum_{k=1}^{n}(\delta_{xjk}-x_{jk})2 \tag{8.49}$$

则：

$$\begin{aligned}\dot{V}&=\sum_{j=1}^{n}e_{jv1}\dot{e}_{jv1}-\sum_{j=1}^{n}\sum_{k=1}^{n}(\delta_{xjk}-x_{jk})\dot{x}_{jk}\\&=\sum_{j=1}^{n}e_{jv1}(\ddot{x}_{jd}-\ddot{x}_j)-\sum_{j=1}^{n}\sum_{k=1}^{n}(\delta_{xjk}-x_{jk})(\dot{x}_j-\dot{x}_k)\end{aligned} \tag{8.50}$$

将式(8.48)代入式(8.50)可得：

$$\begin{aligned}\dot{V}=&\sum_{j=1}^{n}e_{jv1}\left(-c_{jv1}e_{jv1}-2\sum_{k=1}^{n}(\delta_{xjk}-x_{jk})-n_{jv1}\tanh\left(\frac{e_{jv1}}{\gamma_{jv1}}\right)-\lambda_{jv1}e_{jv1}-d_{jv1}\right)-\\&\sum_{j=1}^{n}\sum_{k=1}^{n}(\delta_{xjk}-x_{jk})(\dot{x}_j-\dot{x}_k)\end{aligned} \tag{8.51}$$

又因为：

$$
\begin{aligned}
-\sum_{j=1}^{n}\sum_{k=1}^{n}(\delta_{xjk}-x_{jk})(\dot{x}_j-\dot{x}_k) &= \sum_{j=1}^{n}\sum_{k=1}^{n}(\delta_{xjk}-x_{jk})(v_{j1\mathrm{d}}-\dot{x}_j-(v_{j1\mathrm{d}}-\dot{x}_k))\\
&= \sum_{j=1}^{n}\sum_{k=1}^{n}(\delta_{xjk}-x_{jk})(v_{j1\mathrm{d}}-\dot{x}_j)-\sum_{j=1}^{n}\sum_{k=1}^{n}(\delta_{xjk}-x_{jk})(v_{j1\mathrm{d}}-\dot{x}_k)\\
&= 2\sum_{j=1}^{n}\sum_{k=1}^{n}(\delta_{xjk}-x_{jk})e_{jv1}
\end{aligned}
\tag{8.52}
$$

将式(8.52)代入式(8.51),并根据本节假设可得:

$$
\begin{aligned}
\dot{V} &= \sum_{j=1}^{n}e_{jv1}\left(-c_{jv1}e_{jv1}-2\sum_{k=1}^{n}(\delta_{xjk}-x_{jk})-n_{jv1}\tanh\left(\frac{e_{jv1}}{\gamma_{jv1}}\right)-\lambda_{jv1}e_{jv1}-d_{jv1}\right)+\\
&\quad 2\sum_{j=1}^{n}\sum_{k=1}^{n}(\delta_{xjk}-x_{jk})e_{jv1}\\
&= \sum_{j=1}^{n}e_{jv1}\left(-c_{jv1}e_{jv1}-n_{jv1}\tanh\left(\frac{e_{jv1}}{\gamma_{jv1}}\right)-\lambda_{jv1}e_{jv1}-d_{jv1}\right)\\
&= \sum_{j=1}^{n}\left(-c_{jv1}e^2_{jv1}-n_{jv1}e_{jv1}\tanh\left(\frac{e_{jv1}}{\gamma_{jv1}}\right)-\lambda_{jv1}e_{jv1}^2-e_{jv1}d_{jv1}\right)\\
&\leqslant \sum_{j=1}^{n}\left(-n_{jv1}e_{jv1}\tanh\left(\frac{e_{jv1}}{\gamma_{jv1}}\right)-e_{jv1}d_{jv1}\right)\leqslant 0
\end{aligned}
\tag{8.53}
$$

根据拉塞尔不变集定理可得,$t\to\infty$ 时,$e_{jv1}\to 0, x_{jk}\to\delta_{xjk}$,即 $v_{j1}\to v_{j1\mathrm{d}}$,$x_{jk}\to\delta_{xjk}$,同时,位移 $x_j=\int_0^t v_{j1}\mathrm{d}t$,有界性不能确定。

针对如下第 j 个飞行器沿 y 轴线速度子系统:

$$
\dot{v}_{j2}=-\frac{K_2}{m}v_{j2}+u_{j1y}+d_{jv2} \tag{8.54}
$$

定义速度误差:

$$
e_{jv2}=v_{j2\mathrm{d}}-v_{j2} \tag{8.55}
$$

设任意两个飞行器 j 和 k 之间沿 y 轴的距离为:

$$
y_{jk}=y_j-y_k \tag{8.56}
$$

控制目标为:当 $t\to\infty$ 时,$e_{jv2}\to 0, y_{jk}\to\delta_{yjk}$。

其中,δ_{yjk} 为任意两个飞行器 j 和 k 之间沿 y 轴的期望距离。

与本节上述同理可设计控制律如下:

$$
u_{j1y}=\dot{v}_{j2\mathrm{d}}+c_{jv2}e_{jv2}+\frac{K_2}{m}v_{j2}+2\sum_{k=1}^{n}(\delta_{yjk}-y_{jk})+n_{jv2}\tanh\left(\frac{e_{jv2}}{\gamma_{jv2}}\right)+\lambda_{jv2}e_{jv2} \tag{8.57}
$$

其中,$c_{jv2}>0, n_{jv2}>0, \lambda_{jv2}>0, \gamma_{jv2}>0$,$n$ 为编队飞行器数目。

稳定性证明也与本节上述同理。

针对如下第 j 个飞行器沿 z 轴线速度子系统：

$$\dot{v}_{j3} = -\frac{K_3}{m}v_{j3} - g + u_{j1z} + d_{jv3} \tag{8.58}$$

定义速度误差：

$$e_{jv3} = v_{j3d} - v_{j3} \tag{8.59}$$

设任意两个飞行器 j 和 k 之间沿 z 轴的距离为：

$$z_{jk} = z_j - z_k \tag{8.60}$$

控制目标为：当 $t \to \infty$ 时，$e_{jv2} \to 0, z_{jk} \to \delta_{zjk}$。
其中，δ_{zjk} 为任意两个飞行器 j 和 k 之间沿 z 轴的期望距离。

与本节上述同理可设计控制律如下：

$$u_{j1z} = \dot{v}_{j3d} + c_{jv3}e_{jv3} + \frac{K_3}{m}v_{j3} + g + 2\sum_{k=1}^{n}(\delta_{zjk} - z_{jk}) + n_{jv3}\tanh\left(\frac{e_{jv3}}{\gamma_{jv3}}\right) + \lambda_{jv3}e_{jv3} \tag{8.61}$$

其中，$c_{jv3} > 0, n_{jv3} > 0, \lambda_{jv3} > 0, \gamma_{jv3} > 0$，$n$ 为编队飞行器数目。

稳定性证明也与本节上述同理。

8.2.3 中间指令姿态角求解

针对第 j 个飞行器，假设满足控制律式(8.44)、式(8.57)和式(8.61)所需要的滚转角为 ϕ_{jd}，俯仰角为 θ_{jd}。为了实现滚转角 ϕ_j 对 ϕ_{jd} 的跟踪，俯仰角 θ_j 对 θ_{jd} 的跟踪，需要对 ϕ_{jd} 和 θ_{jd} 进行求解。外环位置子系统求解了 ϕ_{jd} 和 θ_{jd} 后，再把它们作为指令信号输入给内环姿态子系统。

与7.2节同理可得

$$\theta_{jd} = \arctan\left(\frac{u_{j1x}\cos\psi_j + u_{j1y}\sin\psi_j}{u_{j1z}}\right) \tag{8.62}$$

$$\phi_{jd} = \arctan\left(\frac{u_{j1x}\sin\psi_j - u_{j1y}\cos\psi_j}{u_{j1z}}\cos\left(\arctan\left(\frac{u_{j1x}\cos\psi_j + u_{j1y}\sin\psi_j}{u_{j1z}}\right)\right)\right) \tag{8.63}$$

由式(8.44)、式(8.57)、式(8.61)可知，u_{1x}, u_{1y}, u_{1z} 是有界的，则由式(8.62)、(8.63)可知 $\theta_d, \phi_d, \dot{\theta}_d, \dot{\phi}_d, \ddot{\theta}_d, \ddot{\phi}_d$ 有界。

求解 ϕ_d 和 θ_d 后，便可以由式(8.36)得到速度控制律为

$$u_{j1} = \frac{mu_{j1z}}{\cos\phi_{jd}\cos\theta_{jd}} \tag{8.64}$$

8.2.4 姿态子系统滑模控制器设计

由式(8.33)所示的第 j 个飞行器姿态子系统如下,控制目标为:当 $t \to \infty$ 时,$\phi_j \to \phi_{jd}$,$\theta_j \to \theta_{jd}$,$\psi_j \to \psi_{jd}$;同时保持 $\dot{\phi}_j$,$\dot{\theta}_j$,$\dot{\psi}_j$ 有界。

这里注意,ϕ_{jd} 和 θ_{jd} 是通过外环位置环由式(8.62)、式(8.63)计算得到,可知 ϕ_{jd},θ_{jd},$\dot{\phi}_{jd}$,$\dot{\theta}_{jd}$,$\ddot{\phi}_{jd}$,$\ddot{\theta}_{jd}$ 有界。

$$\ddot{\phi}_j = \frac{I_y - I_z}{I_x}\dot{\theta}_j\dot{\psi}_j - \frac{K_4}{I_x}\dot{\phi}_j + \frac{1}{I_x}u_{j2} + d_{ja1} \tag{8.65}$$

$$\ddot{\theta}_j = \frac{I_z - I_x}{I_y}\dot{\phi}_j\dot{\psi}_j - \frac{K_5}{I_y}\dot{\theta}_j + \frac{1}{I_y}u_{j3} + d_{ja2} \tag{8.66}$$

$$\ddot{\psi}_j = \frac{I_x - I_y}{I_z}\dot{\phi}_j\dot{\theta}_j - \frac{K_6}{I_z}\dot{\psi}_j + \frac{1}{I_z}u_{j4} + d_{ja3} \tag{8.67}$$

其中,d_{ja1},d_{ja2},d_{ja3} 为外加扰动。

假设:d_{ja1},d_{ja2},d_{ja3} 分别有上界,为 $\bar{d}_{ja1}$,$\bar{d}_{ja2}$,$\bar{d}_{ja3}$,即 $|d_{ja1}| \leqslant \bar{d}_{ja1}$,$|d_{ja2}| \leqslant \bar{d}_{ja2}$,$|d_{ja3}| \leqslant \bar{d}_{ja3}$。

针对式(8.65)所示第 j 个飞行器滚转姿态子系统,定义误差为:

$$e_{ja1} = \phi_{jd} - \phi_j$$

设计滑模流形为:

$$s_{ja1} = c_{ja1}e_{ja1} + \dot{e}_{ja1} \tag{8.68}$$

其中,$c_{ja1} > 0$,

与7.2.2节同理可得控制律为:

$$u_{j2} = I_x\left(c_{ja1}\dot{\phi}_{jd} + \ddot{\phi}_{jd} - c_{ja1}\dot{\phi}_j - \frac{I_y - I_z}{I_x}\dot{\theta}_j\dot{\psi}_j + \frac{K_4}{I_x}\dot{\phi}_j + k_{ja1}\tanh\left(\frac{s_{ja1}}{\gamma_{ja1}}\right) + \lambda_{a1}s_{a1}\right) \tag{8.69}$$

其中,$k_{ja1} > 0$,$\lambda_{ja1} > 0$,$\gamma_{ja1} > 0$,取 $k_{ja1} > \bar{d}_{ja1}$。

稳定性证明也与7.2.2节同理。

针对式(8.66)所示第 j 个飞行器俯仰姿态子系统,定义误差为:

$$e_{ja2} = \theta_{jd} - \theta_j$$

设计滑模流形为

$$s_{ja2} = c_{ja2}e_{ja2} + \dot{e}_{ja2} \tag{8.70}$$

其中,$c_{ja2} > 0$,

与 7.2.2 节同理可得控制律为：

$$u_{j3}=I_{\mathrm{y}}\left(c_{ja2}\dot{\theta}_{j\mathrm{d}}+\ddot{\theta}_{j\mathrm{d}}-c_{ja2}\dot{\theta}_{j}-\frac{I_{\mathrm{z}}-I_{\mathrm{x}}}{I_{\mathrm{y}}}\dot{\phi}_{j}\dot{\psi}_{j}+\frac{K_{5}}{I_{\mathrm{y}}}\dot{\theta}_{j}+k_{ja2}\tanh\left(\frac{s_{ja2}}{\gamma_{ja2}}\right)+\lambda_{ja2}s_{ja2}\right) \tag{8.71}$$

其中，$k_{ja2}>0,\lambda_{ja2}>0,\gamma_{ja2}>0$，取 $k_{ja2}>\overline{d}_{ja2}$。

稳定性证明也与 7.2.2 节同理。

针对式(8.67)所示第 j 个飞行器偏航姿态子系统，定义误差为：

$$e_{ja3}=\psi_{j\mathrm{d}}-\psi_{j}$$

设计滑模流形为

$$s_{ja3}=c_{ja3}e_{ja3}+\dot{e}_{ja3} \tag{8.72}$$

其中，$c_{ja3}>0$。

与 7.2.2 节同理可得控制律为：

$$u_{j4}=I_{\mathrm{z}}\left(c_{ja3}\dot{\psi}_{j\mathrm{d}}+\ddot{\psi}_{j\mathrm{d}}-c_{ja3}\dot{\psi}_{j}-\frac{I_{\mathrm{x}}-I_{\mathrm{y}}}{I_{\mathrm{z}}}\dot{\phi}_{j}\dot{\theta}_{j}+\frac{K_{6}}{I_{\mathrm{z}}}\dot{\psi}_{j}+k_{ja3}\tanh\left(\frac{s_{ja3}}{\gamma_{ja3}}\right)+\lambda_{ja3}s_{ja3}\right) \tag{8.73}$$

其中，$k_{ja3}>0,\lambda_{ja3}>0,\gamma_{ja3}>0$，取 $k_{ja3}>\overline{d}_{ja3}$。

稳定性证明也与 7.2.2 节同理。

8.2.5 中间指令信号的一阶二阶求导问题

如图 8.1 所示，整个控制系统由外环速度子系统和内环姿态子系统构成，外环速度子系统产生两个中间指令信号 $\phi_{j\mathrm{d}}$ 和 $\theta_{j\mathrm{d}}$，需要传入给内环姿态子系统，内环姿态子系统通过控制实现对其跟踪。

从内环姿态子系统的控制律式(8.69)、式(8.71)和式(8.73)可知，控制律需要对中间指令信号 $\phi_{j\mathrm{d}}$ 和 $\theta_{j\mathrm{d}}$ 求一阶和二阶导数，可以采用如下有限时间收敛三阶微分器来计算 ϕ_{d} 和 θ_{d} 的一阶导数和二阶导数[52]。

$$\begin{cases}\dot{x}_1 = x_2 \\ \dot{x}_2 = x_3 \\ \varepsilon^3 \dot{x}_3 = -2^{\frac{3}{5}} 4\left(x_1 - v(t) + (\varepsilon x_2)^{\frac{9}{7}}\right)^{\frac{1}{3}} - 4\left(\varepsilon^2 x_3\right)^{\frac{3}{5}} \\ y_1 = x_2 \\ y_2 = x_3 \end{cases} \tag{8.74}$$

其中,待微分的输入信号为 $v(t)$,$\varepsilon = 0.04$,x_1 为对信号进行跟踪, x_2 是信号一阶导数的估计, x_3 是信号二阶导数的估计,微分器的初始值为: $x_1(0) = 0, x_2(0) = 0, x_3(0) = 0$。

8.2.6　仿真实例

四旋翼飞行器本体参数与第 2 章的相同。外加扰动和微分器参数与 7.2 节的相同。仿真中采用 3 架飞行器编队。外环速度控制器采用式(8.44)、式(8.57)、式(8.61)和式(8.64)所示控制律,内环姿态控制器采用式(8.69)、式(8.71)和式(8.73)所示控制律。

第 1 架飞行器的初始状态为:x0=[1;0;1;0;0;0;0;0;0;0;0;0]

第 2 架飞行器的初始状态为:x0=[-1;0;1;0;0;0;0;0;0;0;0;0]

第 3 架飞行器的初始状态为:x0=[-1;0;-1;0;0;0;0;0;0;0;0;0]

全部 3 架飞行器的外环速度控制器参数为:

$$c_{jv1} = 1.5, n_{jv1} = 3, \lambda_{jv1} = 0.5, \gamma_{jv1} = 0.5,$$
$$c_{jv2} = 1.5, n_{jv2} = 3, \lambda_{jv2} = 0.5, \gamma_{jv2} = 0.5,$$
$$c_{jv3} = 1.5, n_{jv3} = 3, \lambda_{jv3} = 0.5, \gamma_{jv3} = 0.5$$

其中, $j = 1,2,3$ 表示第 1,2,3 架飞行器。

全部 3 架飞行器的内环姿态控制器参数为:

$$c_{ja1} = 1.5, k_{ja1} = 3, \lambda_{ja1} = 5, \gamma_{ja1} = 0.5,$$
$$c_{ja2} = 1.5, k_{ja2} = 3, \lambda_{ja2} = 5, \gamma_{ja2} = 0.5,$$
$$c_{ja3} = 1.5, k_{ja3} = 3, \lambda_{ja3} = 5, \gamma_{ja3} = 0.5$$

其中, $j = 1,2,3$ 表示第 1,2,3 架飞行器。

给定期望飞行速度:

$$\begin{cases} v_{1d}(t) = 2\cos t \\ v_{2d}(t) = -2\cos t \\ v_{3d}(t) = 2 \end{cases}$$

给定期望偏航角为

$$\psi_d(t) = 0.5$$

仿真结果如图 8.7~图 8.10 所示。

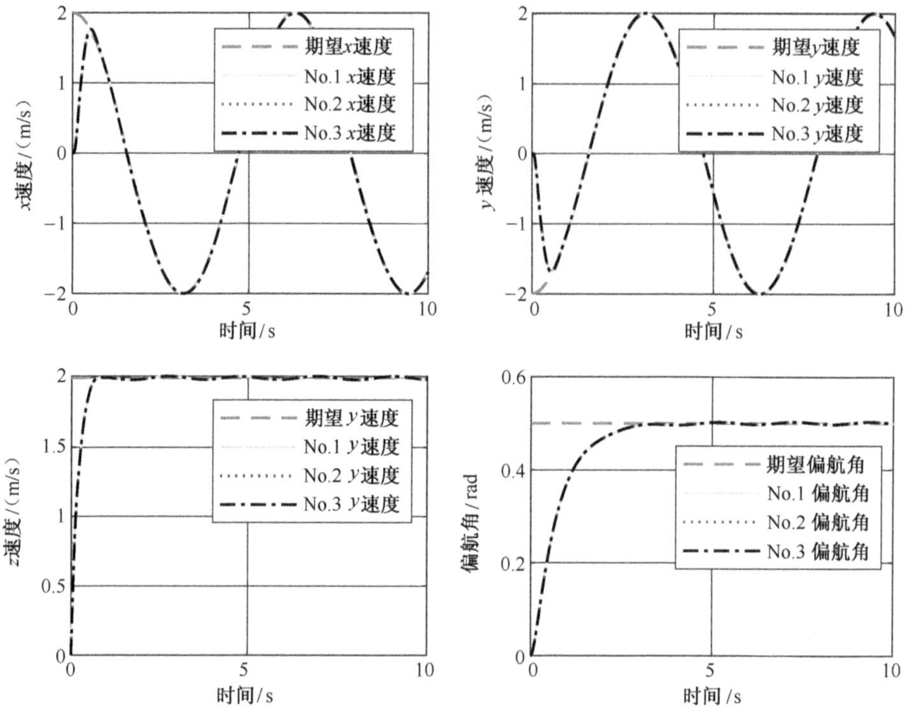

图 8.7 飞行器速度跟踪过程

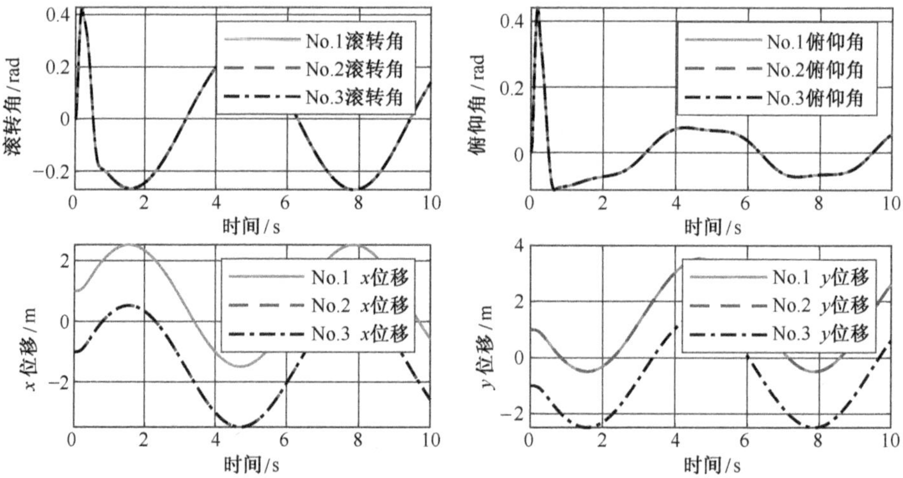

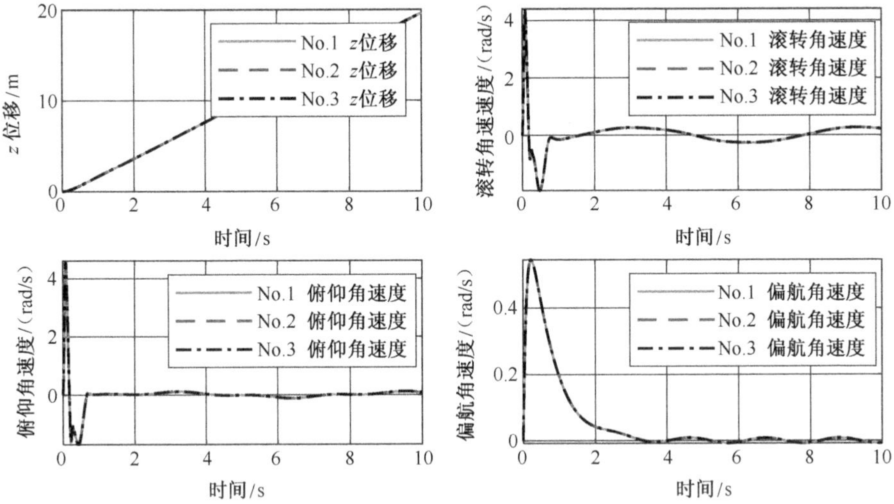

图 8.8　飞行器状态响应过程

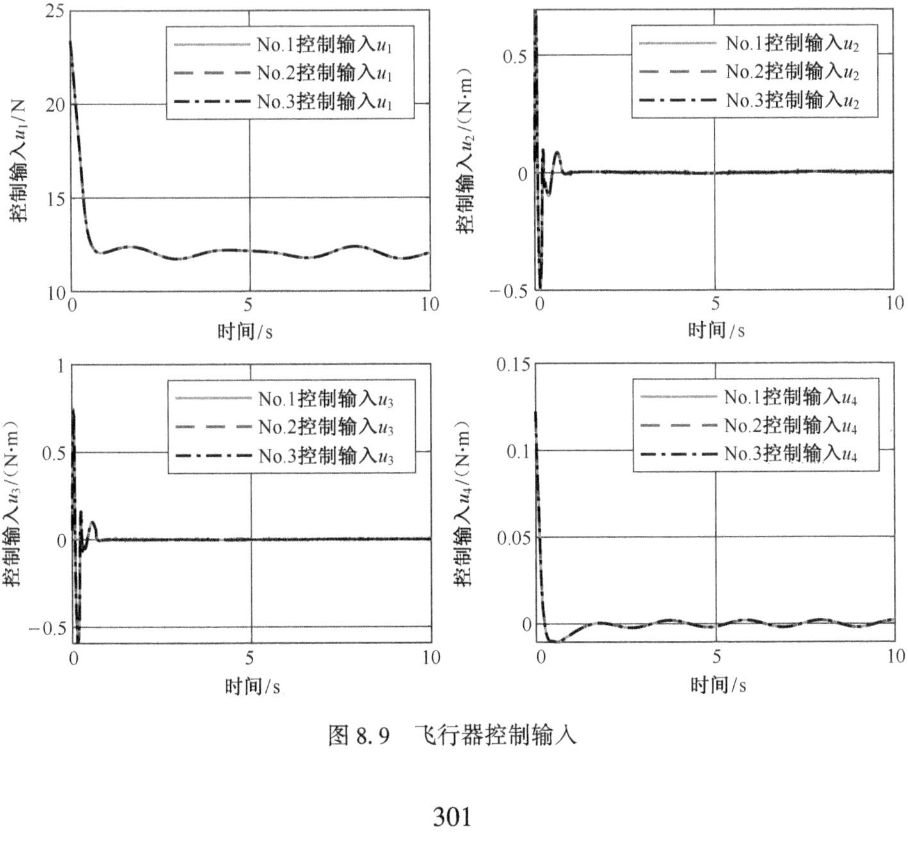

图 8.9　飞行器控制输入

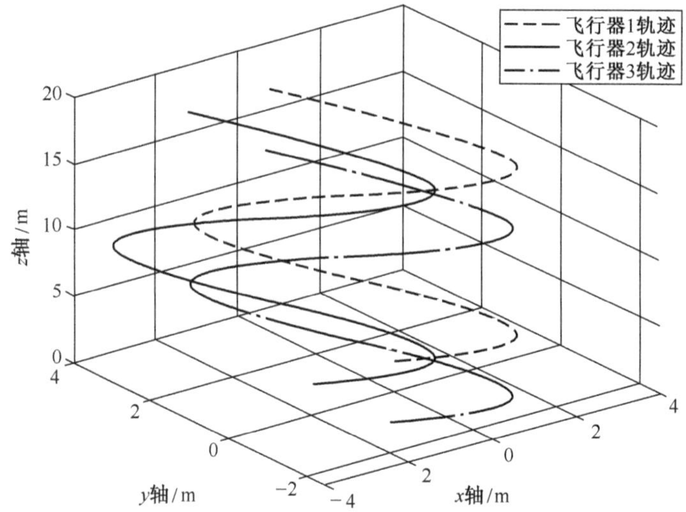

图 8.10　飞行器编队控制飞行轨迹三维显示

仿真程序：

（1）Simulink 主程序：chap8_2sim. slx

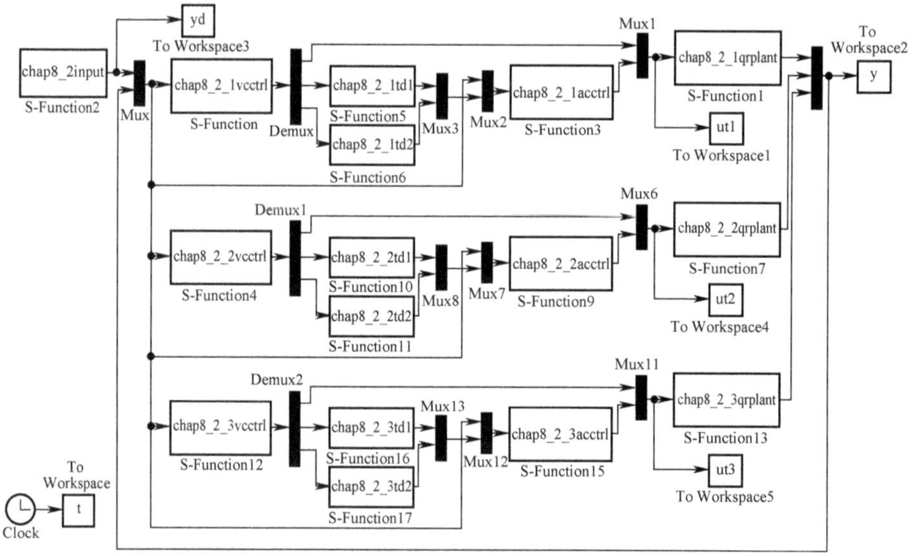

（2）指令输入程序：chap8_2input. m

```
function [sys,x0,str,ts]=chap8_2input(t,x,u,flag)
switch flag
```

```
  case 0
    [sys,x0,str,ts]=mdlInitializeSizes;
  case 1
    sys=mdlDerivatives(t,x,u);
  case 3
    sys=mdlOutputs(t,x,u);
  case {2, 4, 9 }
    sys = [];
  otherwise
    error(['Unhandled flag = ',num2str(flag)]);
end
function [sys,x0,str,ts]=mdlInitializeSizes
sizes = simsizes;
sizes.NumContStates  = 0;
sizes.NumDiscStates  = 0;
sizes.NumOutputs     = 9;
sizes.NumInputs      = 0;
sizes.DirFeedthrough = 1;
sizes.NumSampleTimes = 1;
sys=simsizes(sizes);
x0=[];
str=[];
ts=[0 0];
function sys=mdlOutputs(t,x,u)
v1d=2*cos(t);v2d=-2*cos(t);v3d=2;
d_v1d=-2*sin(t);d_v2d=2*sin(t);d_v3d=0;
yawd=0.5;d_yawd=0;dd_yawd=0;
sys(1)=v1d;sys(2)=d_v1d;
sys(3)=v2d;sys(4)=d_v2d;
sys(5)=v3d;sys(6)=d_v3d;
sys(7)=yawd;sys(8)=d_yawd;sys(9)=dd_yawd;
```

(3) 第 1 架飞行器被控对象程序:chap8_ 2_ 1qrplant. m

与第 7 章的 chap7_ 1qrplant. m 相同,仅初始状态改为 x0=[1;0;1;0;0;0;0;0;0;0;0;0]。

(4) 第 1 架飞行器外环速度程序:chap8_ 2_ 1vcctrl. m

```
function [sys,x0,str,ts] = chap8_2_1vcctrl(t,x,u,flag)
switch flag
```

```
case 0
    [sys,x0,str,ts]=mdlInitializeSizes;
case 3
    sys=mdlOutputs(t,x,u);
case {2,4,9}
    sys=[];
otherwise
    error(['Unhandled flag = ',num2str(flag)]);
end
function [sys,x0,str,ts]=mdlInitializeSizes
sizes = simsizes;
sizes.NumContStates  = 0;
sizes.NumDiscStates  = 0;
sizes.NumOutputs     = 3;
sizes.NumInputs      = 45;
sizes.DirFeedthrough = 1;
sizes.NumSampleTimes = 1;
sys = simsizes(sizes);
x0  = [];
str = [];
ts  = [0 0];
function sys=mdlOutputs(t,x,u)
m=1.2;g=9.8;K1=0.01;K2=0.012;K3=0.019;
cv1=1.5;nv1=3;remv1=0.5;ebv1=0.5;
cv2=1.5;nv2=3;remv2=0.5;ebv2=0.5;
cv3=1.5;nv3=3;remv3=0.5;ebv3=0.5;
v1d=u(1);v2d=u(3);v3d=u(5);
d_v1d=u(2);d_v2d=u(4);d_v3d=u(6);
v1=u(11);v2=u(13);v3=u(15);yaw=u(20);
x1=u(10);x2=u(22);x3=u(34);
y1=u(12);y2=u(24);y3=u(36);
z1=u(14);z2=u(26);z3=u(38);
detax1=1;detay1=1;detaz1=0;       %定义各个飞行器的初始坐标
detax2=-1;detay2=1;detaz2=0;
detax3=-1;detay3=-1;detaz3=0;
detax_11=detax1-detax1;detax_12=detax1-detax2;detax_13=detax1-
detax3;
```

```
detay_11=detay1-detay1;detay_12=detay1-detay2;detay_13=detay1-detay3;
detaz_11=detaz1-detaz1;detaz_12=detaz1-detaz2;detaz_13=detaz1-detaz3;
x_11=x1-x1;x_12=x1-x2;x_13=x1-x3;
y_11=y1-y1;y_12=y1-y2;y_13=y1-y3;
z_11=z1-z1;z_12=z1-z2;z_13=z1-z3;
sum1=(detax_11-x_11)+(detax_12-x_12)+(detax_13-x_13);
sum2=(detay_11-y_11)+(detay_12-y_12)+(detay_13-y_13);
sum3=(detaz_11-z_11)+(detaz_12-z_12)+(detaz_13-z_13);
ev1=v1d-v1;ev2=v2d-v2;ev3=v3d-v3;
u1x=d_v1d+cv1*ev1+(K1/m)*v1+2*sum1+nv1*tanh(ev1/ebv1)+remv1*ev1;
u1y=d_v2d+cv2*ev2+(K2/m)*v2+2*sum2+nv2*tanh(ev2/ebv2)+remv2*ev2;
u1z=d_v3d+cv3*ev3+(K3/m)*v3+g+2*sum3+nv3*tanh(ev3/ebv3)+remv3*ev3;
pitchd=atan((u1x*cos(yaw)+u1y*sin(yaw))/u1z);
rolld=atan(((u1x*sin(yaw)-u1y*cos(yaw))/u1z)*cos(pitchd));
u1=m*u1z/(cos(rolld)*cos(pitchd));
sys(1)=u1;sys(2)=rolld;sys(3)=pitchd;
```

(5) 第1架飞行器内环姿态程序:chap8_2_1acctrl.m

```
function [sys,x0,str,ts] = chap8_2_1acctrl(t,x,u,flag)
switch flag
case 0
    [sys,x0,str,ts]=mdlInitializeSizes;
case 3
    sys=mdlOutputs(t,x,u);
case {2,4,9}
    sys=[];
otherwise
    error(['Unhandled flag = ',num2str(flag)]);
end
function [sys,x0,str,ts]=mdlInitializeSizes
sizes = simsizes;
sizes.NumContStates  = 0;
sizes.NumDiscStates  = 0;
```

```
sizes.NumOutputs     = 3;
sizes.NumInputs      = 51;
sizes.DirFeedthrough = 1;
sizes.NumSampleTimes = 1;
sys = simsizes(sizes);
x0  = [];
str = [];
ts  = [0 0];
function sys=mdlOutputs(t,x,u)
Ix=0.0091;Iy=0.0096;Iz=0.0189;K4=0.0022;K5=0.0024;K6=0.0031;
ca1=1.5;ka1=3;rema1=5;eba1=0.5;
ca2=1.5;ka2=3;rema2=5;eba2=0.5;
ca3=1.5;ka3=3;rema3=5;eba3=0.5;
yawd=u(7);d_yawd=u(8);dd_yawd=u(9);
roll=u(16);d_roll=u(17);
pitch=u(18);d_pitch=u(19);
yaw=u(20);d_yaw=u(21);
rolld=u(46);d_rolld=u(47);dd_rolld=u(48);
pitchd=u(49);d_pitchd=u(50);dd_pitchd=u(51);
a1=(Iy-Iz)/Ix;a2=(Iz-Ix)/Iy;a3=(Ix-Iy)/Iz;
b1=1/Ix;b2=1/Iy;b3=1/Iz;
ea1=rolld-roll;d_ea1=d_rolld-d_roll;sa1=ca1*ea1+d_ea1;
ea2=pitchd-pitch;d_ea2=d_pitchd-d_pitch;sa2=ca2*ea2+d_ea2;
ea3=yawd-yaw;d_ea3=d_yawd-d_yaw;sa3=ca3*ea3+d_ea3;
T1=ka1*tanh(sa1/eba1)+rema1*sa1;
T2=ka2*tanh(sa2/eba2)+rema2*sa2;
T3=ka3*tanh(sa3/eba3)+rema3*sa3;
u2=Ix*(ca1*d_rolld+dd_rolld-ca1*d_roll-a1*d_pitch*d_yaw+K4
*b1*d_roll+T1);
u3=Iy*(ca2*d_pitchd+dd_pitchd-ca2*d_pitch-a2*d_roll*d_yaw+
K5*b2*d_pitch+T2);
u4=Iz*(ca3*d_yawd+dd_yawd-ca3*d_yaw-a3*d_roll*d_pitch+K6*
b3*d_yaw+T3);
sys(1)=u2;sys(2)=u3;sys(3)=u4;
```

(6) 第 1 架飞行器微分器 1 程序:chap8_ 2_ 1td1. m

与第 7 章的 chap7_ 1td1. m 相同。

(7) 第 1 架飞行器微分器 2 程序:chap8_ 2_ 1td2. m

与第 7 章的 chap7_ 1td2. m 相同。

(8) 第 2 架飞行器被控对象程序:chap8_ 2_ 2qrplant. m

与第 7 章的 chap7_ 1qrplant. m 相同,仅初始状态改为 x0=[-1;0;1;0;0;0;0;0;0;0;0;0]。

(9) 第 2 架飞行器外环速度程序:chap8_ 2_ 2vcctrl. m

```
function [sys,x0,str,ts] = chap8_2_2vcctrl(t,x,u,flag)
switch flag
case 0
    [sys,x0,str,ts]=mdlInitializeSizes;
case 3
    sys=mdlOutputs(t,x,u);
case {2,4,9}
    sys=[];
otherwise
    error(['Unhandled flag = ',num2str(flag)]);
end
function [sys,x0,str,ts]=mdlInitializeSizes
sizes = simsizes;
sizes.NumContStates  = 0;
sizes.NumDiscStates  = 0;
sizes.NumOutputs     = 3;
sizes.NumInputs      = 45;
sizes.DirFeedthrough = 1;
sizes.NumSampleTimes = 1;
sys = simsizes(sizes);
x0  = [];
str = [];
ts  = [0 0];
function sys=mdlOutputs(t,x,u)
m=1.2;g=9.8;K1=0.01;K2=0.012;K3=0.019;
cv1=1.5;nv1=3;remv1=0.5;ebv1=0.5;
cv2=1.5;nv2=3;remv2=0.5;ebv2=0.5;
cv3=1.5;nv3=3;remv3=0.5;ebv3=0.5;
v1d=u(1);v2d=u(3);v3d=u(5);
d_v1d=u(2);d_v2d=u(4);d_v3d=u(6);
v1=u(23);v2=u(25);v3=u(27);yaw=u(32);
x1=u(10);x2=u(22);x3=u(34);
```

```
y1=u(12);y2=u(24);y3=u(36);
z1=u(14);z2=u(26);z3=u(38);
detax1=1;detay1=1;detaz1=0;        % 定义各个飞行器的初始坐标
detax2=-1;detay2=1;detaz2=0;
detax3=-1;detay3=-1;detaz3=0;
detax_11=detax1-detax1;detax_12=detax1-detax2;detax_13=detax1-detax3;
detay_11=detay1-detay1;detay_12=detay1-detay2;detay_13=detay1-detay3;
detaz_11=detaz1-detaz1;detaz_12=detaz1-detaz2;detaz_13=detaz1-detaz3;
x_11=x1-x1;x_12=x1-x2;x_13=x1-x3;
y_11=y1-y1;y_12=y1-y2;y_13=y1-y3;
z_11=z1-z1;z_12=z1-z2;z_13=z1-z3;
sum1=(detax_11-x_11)+(detax_12-x_12)+(detax_13-x_13);
sum2=(detay_11-y_11)+(detay_12-y_12)+(detay_13-y_13);
sum3=(detaz_11-z_11)+(detaz_12-z_12)+(detaz_13-z_13);
ev1=v1d-v1;ev2=v2d-v2;ev3=v3d-v3;
u1x=d_v1d+cv1*ev1+(K1/m)*v1+2*sum1+nv1*tanh(ev1/ebv1)+remv1*ev1;
u1y=d_v2d+cv2*ev2+(K2/m)*v2+2*sum2+nv2*tanh(ev2/ebv2)+remv2*ev2;
u1z=d_v3d+cv3*ev3+(K3/m)*v3+g+2*sum3+nv3*tanh(ev3/ebv3)+remv3*ev3;
pitchd=atan((u1x*cos(yaw)+u1y*sin(yaw))/u1z);
rolld=atan(((u1x*sin(yaw)-u1y*cos(yaw))/u1z)*cos(pitchd));
u1=m*u1z/(cos(rolld)*cos(pitchd));
sys(1)=u1;sys(2)=rolld;sys(3)=pitchd;
```

(10) 第 2 架飞行器内环姿态程序：chap8_2_2acctrl.m

```
function [sys,x0,str,ts] = chap8_2_2acctrl(t,x,u,flag)
switch flag
case 0
    [sys,x0,str,ts]=mdlInitializeSizes;
case 3
    sys=mdlOutputs(t,x,u);
case {2,4,9}
    sys=[];
```

```
otherwise
    error(['Unhandled flag = ',num2str(flag)]);
end
function [sys,x0,str,ts] =mdlInitializeSizes
sizes = simsizes;
sizes.NumContStates  = 0;
sizes.NumDiscStates  = 0;
sizes.NumOutputs     = 3;
sizes.NumInputs      = 51;
sizes.DirFeedthrough = 1;
sizes.NumSampleTimes = 1;
sys = simsizes(sizes);
x0  = [];
str = [];
ts  = [0 0];
function sys =mdlOutputs(t,x,u)
Ix=0.0091;Iy=0.0096;Iz=0.0189;K4=0.0022;K5=0.0024;K6=0.0031;
ca1=1.5;ka1=3;rema1=5;eba1=0.5;
ca2=1.5;ka2=3;rema2=5;eba2=0.5;
ca3=1.5;ka3=3;rema3=5;eba3=0.5;
yawd=u(7);d_yawd=u(8);dd_yawd=u(9);
roll=u(28);d_roll=u(29);
pitch=u(30);d_pitch=u(31);
yaw=u(32);d_yaw=u(33);
rolld=u(46);d_rolld=u(47);dd_rolld=u(48);
pitchd=u(49);d_pitchd=u(50);dd_pitchd=u(51);
a1=(Iy-Iz)/Ix;a2=(Iz-Ix)/Iy;a3=(Ix-Iy)/Iz;
b1=1/Ix;b2=1/Iy;b3=1/Iz;
ea1=rolld-roll;d_ea1=d_rolld-d_roll;sa1=ca1*ea1+d_ea1;
ea2=pitchd-pitch;d_ea2=d_pitchd-d_pitch;sa2=ca2*ea2+d_ea2;
ea3=yawd-yaw;d_ea3=d_yawd-d_yaw;sa3=ca3*ea3+d_ea3;
T1=ka1*tanh(sa1/eba1)+rema1*sa1;
T2=ka2*tanh(sa2/eba2)+rema2*sa2;
T3=ka3*tanh(sa3/eba3)+rema3*sa3;
u2=Ix*(ca1*d_rolld+dd_rolld-ca1*d_roll-a1*d_pitch*d_yaw+K4
*b1*d_roll+T1);
u3=Iy*(ca2*d_pitchd+dd_pitchd-ca2*d_pitch-a2*d_roll*d_yaw+
```

```
K5 * b2 * d_pitch+T2);
    u4 = Iz * (ca3 * d_yawd+dd_yawd-ca3 * d_yaw-a3 * d_roll * d_pitch+K6 *
b3 * d_yaw+T3);
    sys(1) = u2;sys(2) = u3;sys(3) = u4;
```

(11) 第 2 架飞行器微分器 1 程序:chap8_2_2td1. m

与第 7 章的 chap7_1td1. m 相同。

(12) 第 2 架飞行器微分器 2 程序:chap8_2_2td2. m

与第 7 章的 chap7_1td2. m 相同。

(13) 第 3 架飞行器被控对象程序:chap8_2_3qrplant. m

与第 7 章的 chap7_1qrplant. m 相同,仅初始状态改为 x0 = [-1;0;-1;0;0;0;0;0;0;0;0;0]。

(14) 第 3 架飞行器外环速度程序:chap8_2_3vcctrl. m

```
function [sys,x0,str,ts] = chap8_2_3vcctrl(t,x,u,flag)
switch flag
case 0
    [sys,x0,str,ts] = mdlInitializeSizes;
case 3
    sys = mdlOutputs(t,x,u);
case {2,4,9}
    sys = [];
otherwise
    error(['Unhandled flag = ',num2str(flag)]);
end
function [sys,x0,str,ts] = mdlInitializeSizes
sizes = simsizes;
sizes.NumContStates  = 0;
sizes.NumDiscStates  = 0;
sizes.NumOutputs     = 3;
sizes.NumInputs      = 45;
sizes.DirFeedthrough = 1;
sizes.NumSampleTimes = 1;
sys = simsizes(sizes);
x0  = [];
str = [];
ts  = [0 0];
function sys = mdlOutputs(t,x,u)
```

```
m=1.2;g=9.8;K1=0.01;K2=0.012;K3=0.019;
cv1=1.5;nv1=3;remv1=0.5;ebv1=0.5;
cv2=1.5;nv2=3;remv2=0.5;ebv2=0.5;
cv3=1.5;nv3=3;remv3=0.5;ebv3=0.5;
v1d=u(1);v2d=u(3);v3d=u(5);
d_v1d=u(2);d_v2d=u(4);d_v3d=u(6);
v1=u(35);v2=u(37);v3=u(39);yaw=u(44);
x1=u(10);x2=u(22);x3=u(34);
y1=u(12);y2=u(24);y3=u(36);
z1=u(14);z2=u(26);z3=u(38);
detax1=1;detay1=1;detaz1=0;        % 定义各个飞行器的初始坐标
detax2=-1;detay2=1;detaz2=0;
detax3=-1;detay3=-1;detaz3=0;
detax_11=detax1-detax1;detax_12=detax1-detax2;detax_13=detax1-
detax3;
detay_11=detay1-detay1;detay_12=detay1-detay2;detay_13=detay1-
detay3;
detaz_11=detaz1-detaz1;detaz_12=detaz1-detaz2;detaz_13=detaz1-
detaz3;
x_11=x1-x1;x_12=x1-x2;x_13=x1-x3;
y_11=y1-y1;y_12=y1-y2;y_13=y1-y3;
z_11=z1-z1;z_12=z1-z2;z_13=z1-z3;
sum1=(detax_11-x_11)+(detax_12-x_12)+(detax_13-x_13);
sum2=(detay_11-y_11)+(detay_12-y_12)+(detay_13-y_13);
sum3=(detaz_11-z_11)+(detaz_12-z_12)+(detaz_13-z_13);
ev1=v1d-v1;ev2=v2d-v2;ev3=v3d-v3;
u1x=d_v1d+cv1*ev1+(K1/m)*v1+2*sum1+nv1*tanh(ev1/ebv1)+remv1
*ev1;
u1y=d_v2d+cv2*ev2+(K2/m)*v2+2*sum2+nv2*tanh(ev2/ebv2)+remv2
*ev2;
u1z=d_v3d+cv3*ev3+(K3/m)*v3+g+2*sum3+nv3*tanh(ev3/ebv3)+
remv3*ev3;
pitchd=atan((u1x*cos(yaw)+u1y*sin(yaw))/u1z);
rolld=atan(((u1x*sin(yaw)-u1y*cos(yaw))/u1z)*cos(pitchd));
u1=m*u1z/(cos(rolld)*cos(pitchd));
sys(1)=u1;sys(2)=rolld;sys(3)=pitchd;
```

(15) 第 3 架飞行器内环姿态程序:chap8_2_3acctrl. m

```
function [sys,x0,str,ts] = chap8_2_3acctrl(t,x,u,flag)
switch flag
case 0
    [sys,x0,str,ts]=mdlInitializeSizes;
case 3
    sys=mdlOutputs(t,x,u);
case {2,4,9}
    sys=[];
otherwise
    error(['Unhandled flag = ',num2str(flag)]);
end
function [sys,x0,str,ts]=mdlInitializeSizes
sizes = simsizes;
sizes.NumContStates  = 0;
sizes.NumDiscStates  = 0;
sizes.NumOutputs     = 3;
sizes.NumInputs      = 51;
sizes.DirFeedthrough = 1;
sizes.NumSampleTimes = 1;
sys = simsizes(sizes);
x0  = [];
str = [];
ts  = [0 0];
function sys=mdlOutputs(t,x,u)
Ix=0.0091;Iy=0.0096;Iz=0.0189;K4=0.0022;K5=0.0024;K6=0.0031;
ca1=1.5;ka1=3;rema1=5;eba1=0.5;
ca2=1.5;ka2=3;rema2=5;eba2=0.5;
ca3=1.5;ka3=3;rema3=5;eba3=0.5;
yawd=u(7);d_yawd=u(8);dd_yawd=u(9);
roll=u(40);d_roll=u(41);
pitch=u(42);d_pitch=u(43);
yaw=u(44);d_yaw=u(45);
rolld=u(46);d_rolld=u(47);dd_rolld=u(48);
pitchd=u(49);d_pitchd=u(50);dd_pitchd=u(51);
a1=(Iy-Iz)/Ix;a2=(Iz-Ix)/Iy;a3=(Ix-Iy)/Iz;
b1=1/Ix;b2=1/Iy;b3=1/Iz;
ea1=rolld-roll;d_ea1=d_rolld-d_roll;sa1=ca1*ea1+d_ea1;
```

```
ea2=pitchd-pitch;d_ea2=d_pitchd-d_pitch;sa2=ca2*ea2+d_ea2;
ea3=yawd-yaw;d_ea3=d_yawd-d_yaw;sa3=ca3*ea3+d_ea3;
T1=ka1*tanh(sa1/eba1)+rema1*sa1;
T2=ka2*tanh(sa2/eba2)+rema2*sa2;
T3=ka3*tanh(sa3/eba3)+rema3*sa3;
u2=Ix*(ca1*d_rolld+dd_rolld-ca1*d_roll-a1*d_pitch*d_yaw+K4*b1*d_roll+T1);
u3=Iy*(ca2*d_pitchd+dd_pitchd-ca2*d_pitch-a2*d_roll*d_yaw+K5*b2*d_pitch+T2);
u4=Iz*(ca3*d_yawd+dd_yawd-ca3*d_yaw-a3*d_roll*d_pitch+K6*b3*d_yaw+T3);
sys(1)=u2;sys(2)=u3;sys(3)=u4;
```

(16) 第3架飞行器微分器1程序：chap8_2_3td1.m

与第7章的chap7_1td1.m相同。

(17) 第3架飞行器微分器2程序：chap8_2_3td2.m

与第7章的chap7_1td2.m相同。

(18) 绘图程序：chap8_2plot.m

```
close all;
figure(1);
subplot(221);
plot(t,yd(:,1),'--r',t,y(:,2),'g',t,y(:,14),':b',t,y(:,26),'-.k','linewidth',1);
legend('期望x速度','No.1 x速度','No.2 x速度','No.3 x速度');
xlabel('时间(s)');ylabel('x速度(m/s)');
grid on
subplot(222);
plot(t,yd(:,3),'--r',t,y(:,4),'g',t,y(:,16),':b',t,y(:,28),'-.k','linewidth',1);
legend('期望y速度','No.1 y速度','No.2 y速度','No.3 y速度');
xlabel('时间(s)');ylabel('y速度(m/s)');
grid on
subplot(223);
plot(t,yd(:,5),'--r',t,y(:,6),'g',t,y(:,18),':b',t,y(:,30),'-.k','linewidth',1);
legend('期望y速度','No.1 y速度','No.2 y速度','No.3 y速度');
xlabel('时间(s)');ylabel('z速度(m/s)');
grid on
```

```
subplot(224);
plot(t,yd(:,7),'-- r',t,y(:,11),'g',t,y(:,23),': b',t,y(:,35),'-. k','linewidth',1);
legend('期望偏航角','No.1 偏航角','No.2 偏航角','No.3 偏航角');
xlabel('时间(s)');ylabel('偏航角(rad)');
grid on
figure(2);
subplot(421);
plot(t,y(:,7),'r',t,y(:,19),'-- b',t,y(:,31),'-. k','linewidth',1);
legend('No.1 滚转角','No.2 滚转角','No.3 滚转角');
xlabel('时间(s)');ylabel('滚转角(rad)');
grid on
subplot(422);
plot(t,y(:,9),'r',t,y(:,21),'-- b',t,y(:,33),'-. k','linewidth',1);
legend('No.1 俯仰角','No.2 俯仰角','No.3 俯仰角');
xlabel('时间(s)');ylabel('俯仰角(rad)');
grid on
subplot(423);
plot(t,y(:,1),'r',t,y(:,13),'-- b',t,y(:,25),'-. k','linewidth',1);
legend('No.1 x 位移','No.2 x 位移','No.3 x 位移');
xlabel('时间(s)');ylabel('x 位移(m)');
grid on
subplot(424);
plot(t,y(:,3),'r',t,y(:,15),'-- b',t,y(:,27),'-. k','linewidth',1);
legend('No.1 y 位移','No.2 y 位移','No.3 y 位移');
xlabel('时间(s)');ylabel('y 位移(m)');
grid on
subplot(425);
plot(t,y(:,5),'r',t,y(:,17),'-- b',t,y(:,29),'-. k','linewidth',1);
legend('No.1 z 位移','No.2 z 位移','No.3 z 位移');
xlabel('时间(s)');ylabel('z 位移(m)');
grid on
subplot(426);
plot(t,y(:,8),'r',t,y(:,20),'-- b',t,y(:,32),'-. k','linewidth',1);
legend('No.1 滚转角速度','No.2 滚转角速度','No.3 滚转角速度');
xlabel('时间(s)');ylabel('滚转角速度(rad/s)');
grid on
```

```
subplot(427);
plot(t,y(:,10),'r',t,y(:,22),'-- b',t,y(:,34),'-. k','linewidth',1);
legend('No.1 俯仰角速度','No.2 俯仰角速度','No.3 俯仰角速度');
xlabel('时间(s)');ylabel('俯仰角速度(rad/s)');
grid on
subplot(428);
plot(t,y(:,12),'r',t,y(:,24),'-- b',t,y(:,36),'-. k','linewidth',1);
legend('No.1 偏航角速度','No.2 偏航角速度','No.3 偏航角速度');
xlabel('时间(s)');ylabel('偏航角速度(rad/s)');
grid on
figure(3);
subplot(221);
plot(t,ut1(:,1),'r',t,ut2(:,1),'-- b',t,ut3(:,1),'-. k','linewidth',1);
legend('No.1 控制输入 u1 ','No.2 控制输入 u1 ','No.3 控制输入 u1 ');
xlabel('时间(s)');ylabel('控制输入 u1(N)');
grid on
subplot(222);
plot(t,ut1(:,2),'r',t,ut2(:,2),'-- b',t,ut3(:,2),'-. k','linewidth',1);
legend('No.1 控制输入 u2 ','No.2 控制输入 u2 ','No.3 控制输入 u2 ');
xlabel('时间(s)');ylabel('控制输入 u2(N·m)');
grid on
subplot(223);
plot(t,ut1(:,3),'r',t,ut2(:,3),'-- b',t,ut3(:,3),'-. k','linewidth',1);
legend('No.1 控制输入 u3 ','No.2 控制输入 u3 ','No.3 控制输入 u3 ');
xlabel('时间(s)');ylabel('控制输入 u3(N·m)');
grid on
subplot(224);
plot(t,ut1(:,4),'r',t,ut2(:,4),'-- b',t,ut3(:,4),'-. k','linewidth',1);
legend('No.1 控制输入 u4 ','No.2 控制输入 u4 ','No.3 控制输入 u4 ');
xlabel('时间(s)');ylabel('控制输入 u4(N·m)');
grid on
figure(4);
plot3(y(:,1),y(:,3),y(:,5),'-- b','linewidth',1);
hold on
plot3(y(:,13),y(:,15),y(:,17),'r','linewidth',1);
hold on
plot3(y(:,25),y(:,27),y(:,29),'-. k','linewidth',1);
```

```
hold on
legend('飞行器 1 轨迹','飞行器 2 轨迹','飞行器 3 轨迹');
xlabel('x 轴(m)');ylabel('y 轴(m)');zlabel('z 轴(m)');
grid on
```

第 9 章
带机械手的四旋翼飞行器控制方法设计

带有机械手的四旋翼飞行器是典型的非线性、欠驱动、强耦合的系统。在不少应用中,需要四旋翼飞行器带有机械手以方便完成任务,然而机械手和飞行器之间的耦合非常严重,使得带有机械手的四旋翼飞行器的建模和控制都更为复杂。

本章主要讨论带有单个关节机械手的四旋翼飞行器的控制方法设计问题。首先采用牛顿-欧拉法建立带有单关节机械手的四旋翼飞行器的动力学模型,并将系统分解为外环位置子系统和内环姿态子系统,然后针对内外环子系统分别设计滑模控制器。

9.1 带机械手的四旋翼飞行器动力学建模

9.1.1 假设条件

为了简化问题,在建模之前,有必要作一些假设[1,24]:

(1) 假设带机械手的四旋翼飞行器为刚体,其几何中心和重心一致,惯性积 $I_{xy}=I_{yz}=I_{zx}=0$。

(2) 飞行器的质量和转动惯量不随时间变化而变化,其空气阻力系数、阻力矩系数不随时间变化而变化。

(3) 忽略地球曲率,认为地面坐标系为惯性坐标系。

(4) 飞行器姿态角范围为:滚转角 $\phi\left(-\dfrac{\pi}{2}<\psi<\dfrac{\pi}{2}\right)$,俯仰角 $\theta\left(-\dfrac{\pi}{2}<\psi<\dfrac{\pi}{2}\right)$ 和偏航角 $\psi(-\pi\leqslant\psi<\pi)$。

(5) 螺旋桨的升力与飞行器机身平面垂直,设奇数标号的螺旋桨为顺时针转动，偶数标号的螺旋桨为逆时针转动。

（6）机械手具有单个关节且质量分布均匀，假设其可近似为一根长杆。机械手与飞行器中心通过电机相连，且位于机体坐标平面 $z_b o_b x_b$ 内，绕 $o_b z_b$ 轴的摆角为 $\boldsymbol{\Gamma}$，由电机驱动绕 $o_b y_b$ 轴转动。

9.1.2 坐标系

1. 地面坐标系

如图 9.1 所示，地面坐标系为 $\boldsymbol{E}(o_e x_e y_e z_e)$。坐标原点 o_e 为地面上任选一点，$o_e x_e$ 轴指向任意方向，$o_e z_e$ 轴垂直于地面指向地心反方向，$x_e o_e y_e$ 为水平面，符合右手螺旋法则。

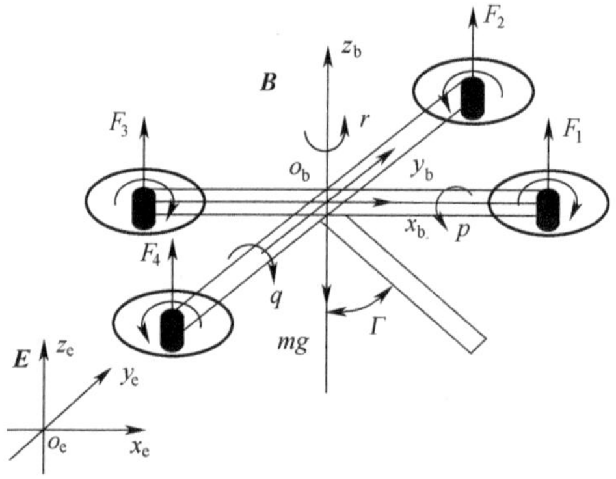

图 9.1 带机械手的四旋翼飞行器的坐标系统

2. 机体坐标系

如图 1.1 所示，机体坐标系为 $\boldsymbol{B}(o_b x_b y_b z_b)$。原点 o_b 在飞行器质心处，$o_b x_b$ 与飞行器十字架的一个支架重合，$o_b y_b$ 轴与另一个支架重合，$o_b z_b$ 轴垂直于 $x_b o_b y_b$ 面指向飞行器上方，符合右手螺旋法则。

3. 姿态角

如图 9.2 所示，飞行器姿态角由机体坐标系和地面坐标系之间的关系确定。俯仰角 θ 是 $o_b x_b$ 轴与 $x_e o_e y_e$ 面的夹角。偏航角 ψ 是 $o_b x_b$ 轴在 $x_e o_e y_e$ 面的投影与 $o_e x_e$ 轴的夹角。滚转角 ϕ 是 $o_b z_b$ 轴与包含 $o_b x_b$ 轴的垂直平面的夹角。

9.1.3 动力学建模

设 $\boldsymbol{\xi}=[x,y,z]^{\mathrm{T}}\in\mathbf{R}^3$ 和 $\boldsymbol{V}=[\mu,\nu,w]^{\mathrm{T}}\in\mathbf{R}^3$，分别为地面坐标系中的位置矢量和速度矢量；$\omega=[p,q,r]^{\mathrm{T}}\in\mathbf{R}^3$ 和 $\boldsymbol{V}_b=[\mu_b,\nu_b,w_b]^{\mathrm{T}}\in\mathbf{R}^3$，分别为机体坐标系中的角速度矢量和速度矢量；$\boldsymbol{\Psi}=[\phi,\theta,\psi]^{\mathrm{T}}\in\mathbf{R}^3$。

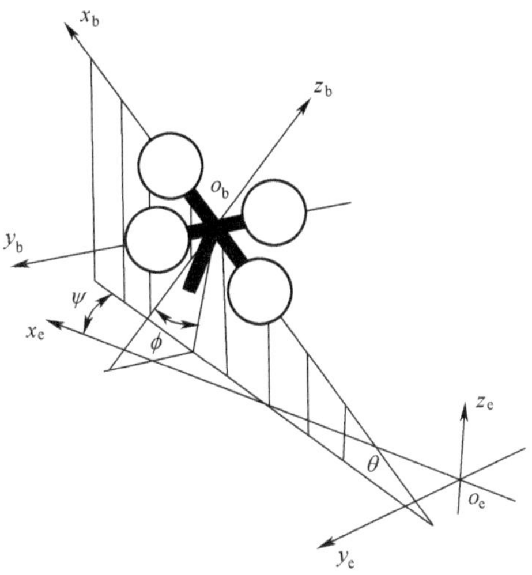

图 9.2　带机械手的四旋翼飞行器的姿态角

$\boldsymbol{\xi}$ 和 $\boldsymbol{V}$ 有如下关系：

$$\dot{\boldsymbol{\xi}} = \boldsymbol{V} \tag{9.1}$$

$\boldsymbol{V}$ 和 $\boldsymbol{V}_b$ 有如下关系[24]：

$$\boldsymbol{V} = \boldsymbol{R}\boldsymbol{V}_b \tag{9.2}$$

其中，

$$\boldsymbol{R} = \begin{bmatrix} \cos\theta\cos\psi & \sin\phi\sin\theta\cos\psi - \cos\phi\sin\psi & \cos\phi\sin\theta\cos\psi + \sin\phi\sin\psi \\ \cos\theta\sin\psi & \sin\phi\sin\theta\sin\psi + \cos\phi\cos\psi & \cos\phi\sin\theta\sin\psi - \sin\phi\cos\psi \\ -\sin\phi & \sin\phi\cos\theta & \cos\phi\cos\theta \end{bmatrix} \tag{9.3}$$

$\boldsymbol{\Psi}$ 和 $\boldsymbol{\omega}$ 有如下关系[24]：

$$\dot{\boldsymbol{\Psi}} = \boldsymbol{M}\boldsymbol{\omega} \tag{9.4}$$

其中，

$$\boldsymbol{M} = \begin{bmatrix} 1 & \sin\phi\tan\theta & \cos\phi\tan\theta \\ 0 & \cos\phi & -\sin\phi \\ 0 & \sin\phi\sec\theta & \cos\phi\sec\theta \end{bmatrix} \tag{9.5}$$

针对飞行器，由牛顿-欧拉公式有

$$\begin{cases} M\dot{\boldsymbol{V}} = \sum \boldsymbol{F} \\ \boldsymbol{I}\dot{\boldsymbol{\omega}} + \boldsymbol{\omega} \times \boldsymbol{I}\boldsymbol{\omega} = \sum \boldsymbol{T} \end{cases} \tag{9.6}$$

其中，

$$\boldsymbol{I} = \begin{bmatrix} I_x & 0 & 0 \\ 0 & I_y & 0 \\ 0 & 0 & I_z \end{bmatrix} \tag{9.7}$$

I_x, I_y, I_z 为飞行器在机体坐标系中沿 x_b, y_b, z_b 三个坐标轴的转动惯量；$\sum \boldsymbol{F}, \sum \boldsymbol{T}$ 分别代表作用于飞行器的合外力与合外力矩。

$\sum \boldsymbol{F}, \sum \boldsymbol{T}$ 可以按下式求出：

$$\begin{cases} \sum \boldsymbol{F} = \begin{bmatrix} 0 \\ 0 \\ -(M+m)g \end{bmatrix} + \begin{bmatrix} -A_x \\ -A_y \\ -A_z \end{bmatrix} + \boldsymbol{R} \begin{bmatrix} 0 \\ 0 \\ u_1 \end{bmatrix} \\ \sum \boldsymbol{T} = \boldsymbol{u}_a + \boldsymbol{u}_t + \boldsymbol{u}_g + \boldsymbol{u}_m \end{cases} \tag{9.8}$$

其中，M 为飞行器的质量，m 为机械手的质量，g 为重力加速度，u_1 为四旋翼飞行器上四个螺旋桨产生的总升力，$\boldsymbol{u}_a$ 表示空气阻力矩矢量，$\boldsymbol{u}_t$ 表示四个螺旋桨对飞行器所产生的力矩矢量，$\boldsymbol{u}_g$ 为四个螺旋桨对飞行器所产生的陀螺力矩矢量，$\boldsymbol{u}_m$ 为机械手对飞行器所产生的力矩矢量。

四个螺旋桨产生的总升力 u_1 按下式计算：

$$u_1 = F_1 + F_2 + F_3 + F_4 \tag{9.9}$$

其中，$F_i (i = 1,2,3,4)$ 为第 i 个螺旋桨产生的升力。

$$F_i = b\omega_i^2 \tag{9.10}$$

其中，$\omega_i (i = 1,2,3,4)$ 表示第 i 个螺旋桨的转速，b 为螺旋桨的升力系数。

A_x, A_y, A_z 为在地面坐标系中，四旋翼飞行器分别在三个坐标轴 x_e, y_e, z_e 方向上所受的空气阻力，假设其大小分别与其对应的速度成比例关系，则有：

$$\begin{bmatrix} A_x \\ A_y \\ A_z \end{bmatrix} = \begin{bmatrix} K_1 \mu \\ K_2 \nu \\ K_3 w \end{bmatrix} \tag{9.11}$$

其中，$K_i (i = 1,2,3)$ 表示对应的空气阻力系数，为了简化问题，假设 K_i 为常量。

空气阻力矩矢量 $\boldsymbol{u}_a$ 按下式计算：

$$\boldsymbol{u}_{\mathrm{a}}=\begin{bmatrix}-A_{\mathrm{p}}\\-A_{\mathrm{q}}\\-A_{\mathrm{r}}\end{bmatrix}\tag{9.12}$$

其中，$A_{\mathrm{p}},A_{\mathrm{q}},A_{\mathrm{r}}$ 为在机体坐标系中，飞行器分别在三个坐标轴 $x_{\mathrm{b}},y_{\mathrm{b}},z_{\mathrm{b}}$ 方向上所受的空气阻力矩，假设其大小分别与其对应的角速度成比例关系，则有：

$$\begin{bmatrix}A_{\mathrm{p}}\\A_{\mathrm{q}}\\A_{\mathrm{r}}\end{bmatrix}=\begin{bmatrix}K_4p\\K_5q\\K_6r\end{bmatrix}\tag{9.13}$$

其中，$K_i(i=4,5,6)$ 表示对应的空气阻力矩系数。

四个旋翼对飞行器所产生的力矩矢量 $\boldsymbol{u}_{\mathrm{t}}$ 按下式计算：

$$\boldsymbol{u}_{\mathrm{t}}=\begin{bmatrix}u_2\\u_3\\u_4\end{bmatrix}\tag{9.14}$$

其中，u_2 为左右两个螺旋桨升力之差形成的滚转力矩，u_3 为前后两个螺旋桨升力之差形成的俯仰力矩，u_4 为顺时针运转的两个螺旋桨与逆时针运转的两个螺旋桨扭转力矩之差形成的偏航力矩。

u_1,u_2,u_3,u_4 按下式计算：

$$\begin{bmatrix}u_1\\u_2\\u_3\\u_4\end{bmatrix}=\begin{bmatrix}b&b&b&b\\0&-lb&0&lb\\-lb&0&lb&0\\d&-d&d&-d\end{bmatrix}\begin{bmatrix}\omega_1^2\\\omega_2^2\\\omega_3^2\\\omega_4^2\end{bmatrix}\tag{9.15}$$

其中，l 为螺旋桨轴到飞行器质心的距离，d 为螺旋桨的扭矩系数。

四个螺旋桨对飞行器所产生的陀螺力矩矢量 $\boldsymbol{u}_{\mathrm{g}}$ 按下式计算[1,25]：

$$\boldsymbol{u}_{\mathrm{g}}=-J_{\mathrm{p}}\left(\boldsymbol{\omega}\times\begin{bmatrix}0\\0\\1\end{bmatrix}\right)\Omega\tag{9.16}$$

其中，

$$\Omega=\omega_1-\omega_2+\omega_3-\omega_4\tag{9.17}$$

J_p 为螺旋桨的转动惯量。

针对四旋翼飞行器所带单关节机械手，选取四旋翼飞行器的机体坐标为机械手的坐标，设：

$$\boldsymbol{u}_m = \begin{bmatrix} -\tau_x \\ -\tau_y \\ -\tau_z \end{bmatrix} \tag{9.18}$$

其中，τ_x，τ_y 和 τ_z 分别为机械手对飞行器在机体坐标系的 $o_b x_b$，$o_b y_b$ 和 $o_b z_b$ 坐标轴上的力矩，实际上 τ_y 就是机械手驱动电机所产生的力矩。

对于机械手，由刚体的力矩关系有：

$$\begin{cases} \tau_x - \dfrac{1}{2}mgl_m\cos(\theta + \Gamma)\sin\phi = I_{mx}\ddot{\phi} \\ \tau_y - \dfrac{1}{2}mgl_m\sin(\theta + \Gamma) = I_{my}(\ddot{\theta} + \ddot{\Gamma}) \\ \tau_z = I_{mz}\ddot{\psi} \end{cases} \tag{9.19}$$

其中，l_m 为单关节机械手的长度，I_{mx} 为机械手在机体坐标系中绕 $o_b x_b$ 轴的转动惯量，I_{my} 为机械手在机体坐标系中绕 $o_b y_b$ 轴的转动惯量，I_{mz} 为机械手在机体坐标系中绕 $o_b z_b$ 轴的转动惯量。通过对机械手的转动惯量的计算可得：

$$\begin{cases} I_{mx} = \dfrac{1}{3}ml_m^2\cos^2(\theta + \Gamma) \\ I_{my} = \dfrac{1}{3}ml_m^2 \\ I_{mz} = \dfrac{1}{3}ml_m^2\sin^2(\theta + \Gamma) \end{cases} \tag{9.20}$$

由式(9.19)可得：

$$\begin{cases} \tau_x = p_x + I_{mx}\ddot{\phi} \\ \tau_y = p_y + I_{my}(\ddot{\theta} + \ddot{\Gamma}) \\ \tau_z = I_{mz}\ddot{\psi} \end{cases} \tag{9.21}$$

其中，$p_x = \dfrac{1}{2}mgl_m\cos(\theta + \Gamma)\sin\phi$，$p_y = \dfrac{1}{2}mgl_m\sin(\theta + \Gamma)$。

由式(9.1)、式(9.4)、式(9.6)可得带单关节机械手的四旋翼飞行器的动力学模型为：

$$
\begin{cases}
\dot{x} = \mu \\
\dot{y} = \nu \\
\dot{z} = w \\
\dot{\mu} = -\dfrac{K_1}{M}\mu + \dfrac{\cos\phi\sin\theta\cos\psi + \sin\phi\sin\psi}{M}u_1 \\
\dot{\nu} = -\dfrac{K_2}{M}\nu + \dfrac{\cos\phi\sin\theta\sin\psi - \sin\phi\cos\psi}{M}u_1 \\
\dot{w} = -\dfrac{K_3}{M}w - \dfrac{(M+m)g}{M} + \dfrac{\cos\phi\cos\theta}{M}u_1 \\
\dot{\phi} = p + q\sin\phi\tan\theta + r\cos\phi\tan\theta \\
\dot{\theta} = q\cos\phi - r\sin\phi \\
\dot{\psi} = q\sin\phi\sec\theta + r\cos\phi\sec\theta \\
\dot{p} = \dfrac{I_y - I_z}{I_x}qr + \dfrac{J_p}{I_x}q\Omega - \dfrac{K_4}{I_x}p + \dfrac{1}{I_x}(u_2 - p_x - I_{mx}\ddot{\phi}) \\
\dot{q} = \dfrac{I_z - I_x}{I_y}pr - \dfrac{J_p}{I_y}p\Omega - \dfrac{K_5}{I_y}q + \dfrac{1}{I_y}(u_3 - \tau_y) \\
\dot{r} = \dfrac{I_x - I_y}{I_z}pq - \dfrac{K_6}{I_z}r + \dfrac{1}{I_z}(u_4 - I_{mz}\ddot{\psi}) \\
\ddot{\Gamma} = -\dfrac{1}{I_{my}}p_y - \ddot{\theta} + \dfrac{1}{I_{my}}\tau_y
\end{cases}
\tag{9.22}
$$

可做如下进一步简化：

(1) 假设飞行器运动时俯仰角和滚转角较小，则可近似取 $\dot{\phi} \approx p, \dot{\theta} \approx q, \dot{\psi} \approx r$。

(2) 假设 $\Omega \approx 0$，即忽略四个螺旋桨对飞行器所产生的陀螺力矩影响。

则式(9.22)可以简化为：

$$\begin{cases}\ddot{x} = -\dfrac{K_1}{M}\dot{x} + \dfrac{\cos\phi\sin\theta\cos\psi + \sin\phi\sin\psi}{M}u_1 \\ \ddot{y} = -\dfrac{K_2}{m}\dot{y} + \dfrac{\cos\phi\sin\theta\sin\psi - \sin\phi\cos\psi}{M}u_1 \\ \ddot{z} = -\dfrac{K_3}{M}\dot{z} - \dfrac{(M+m)g}{M} + \dfrac{\cos\phi\cos\theta}{M}u_1 \\ \ddot{\phi} = \dfrac{I_y - I_z}{I_x + I_{mx}}\dot{\theta}\dot{\psi} - \dfrac{K_4}{I_x + I_{mx}}\dot{\phi} - \dfrac{1}{I_x + I_{mx}}p_x + \dfrac{1}{I_x + I_{mx}}u_2 \\ \ddot{\theta} = \dfrac{I_z - I_x}{I_y}\dot{\phi}\dot{\psi} - \dfrac{K_5}{I_y}\dot{\theta} - \dfrac{1}{I_y}\tau_y + \dfrac{1}{I_y}u_3 \\ \ddot{\psi} = \dfrac{I_x - I_y}{I_z + I_{mz}}\dot{\phi}\dot{\theta} - \dfrac{K_6}{I_z + I_{mz}}\dot{\psi} + \dfrac{1}{I_z + I_{mz}}u_4 \\ \ddot{\Gamma} + \ddot{\theta} = -\dfrac{1}{I_{my}}p_y + \dfrac{1}{I_{my}}\tau_y \end{cases} \tag{9.23}$$

由式(9.23)可得带有单关节机械手的四旋翼飞行器动力学模型为:

$$\begin{cases}\ddot{x} = -\dfrac{K_1}{M}\dot{x} + \dfrac{\cos\phi\sin\theta\cos\psi + \sin\phi\sin\psi}{M}u_1 \\ \ddot{y} = -\dfrac{K_2}{m}\dot{y} + \dfrac{\cos\phi\sin\theta\sin\psi - \sin\phi\cos\psi}{M}u_1 \\ \ddot{z} = -\dfrac{K_3}{M}\dot{z} - \dfrac{(M+m)g}{M} + \dfrac{\cos\phi\cos\theta}{M}u_1 \\ \ddot{\phi} = \dfrac{I_y - I_z}{I_x + I_{mx}}\dot{\theta}\dot{\psi} - \dfrac{K_4}{I_x + I_{mx}}\dot{\phi} - \dfrac{1}{I_x + I_{mx}}p_x + \dfrac{1}{I_x + I_{mx}}u_2 \\ \ddot{\theta} = \dfrac{I_z - I_x}{I_y}\dot{\phi}\dot{\psi} - \dfrac{K_5}{I_y}\dot{\theta} - \dfrac{1}{I_y}\tau_y + \dfrac{1}{I_y}u_3 \\ \ddot{\psi} = \dfrac{I_x - I_y}{I_z + I_{mz}}\dot{\phi}\dot{\theta} - \dfrac{K_6}{I_z + I_{mz}}\dot{\psi} + \dfrac{1}{I_z + I_{mz}}u_4 \\ \ddot{\Gamma} = -\dfrac{I_z - I_x}{I_y}\dot{\phi}\dot{\psi} + \dfrac{K_5}{I_y}\dot{\theta} - \dfrac{1}{I_{my}}p_y + \left(\dfrac{1}{I_y} + \dfrac{1}{I_{my}}\right)\tau_y - \dfrac{1}{I_y}u_3 \end{cases} \tag{9.24}$$

其中,5 个控制输入为 $u_1, u_2, u_3, u_4, \tau_y$;7 个输出为 $x, y, z, \phi, \theta, \psi, \Gamma$。

9.2 带机械手的四旋翼飞行器滑模控制方法设计

9.2.1 系统描述

本章主要讨论带机械手的四旋翼飞行器的轨迹跟踪控制。针对式(9.24)所示的带机械手的四旋翼飞行器动力学模型,有 5 个输入、7 个输出,具有典型的欠驱动特性,一个合理的控制方案就是跟踪轨迹 $[x,y,z]$、偏航角 ψ 和机械手转角 Γ,同时保证滚转角 ϕ 和俯仰角 θ 稳定。

设计状态反馈控制器,使飞行器跟踪给定轨迹,即当 $t\to\infty$ 时,$x\to x_{\mathrm{d}}$,$y\to y_{\mathrm{d}}$,$z\to z_{\mathrm{d}}$,$\psi\to\psi_{\mathrm{d}}$,$\Gamma\to\Gamma_{\mathrm{d}}$,同时保持所有状态 $x,\dot{x},y,\dot{y},z,\dot{z},\Gamma,\dot{\Gamma},\phi,\dot{\phi},\theta,\dot{\theta},\psi,\dot{\psi}$ 有界。

其中,x_{d}、y_{d}、z_{d} 为期望轨迹,ψ_{d} 为期望偏航角,Γ_{d} 为机械手期望转角。

假设 $x_{\mathrm{d}},\dot{x}_{\mathrm{d}},\ddot{x}_{\mathrm{d}},y_{\mathrm{d}},\dot{y}_{\mathrm{d}},\ddot{y}_{\mathrm{d}},z_{\mathrm{d}},\dot{z}_{\mathrm{d}},\ddot{z}_{\mathrm{d}},\Gamma_{\mathrm{d}},\dot{\Gamma}_{\mathrm{d}},\ddot{\Gamma}_{\mathrm{d}}$、$\psi_{\mathrm{d}},\dot{\psi}_{\mathrm{d}},\ddot{\psi}_{\mathrm{d}}$ 有界。

为了方便控制方法设计,可以将飞行器动力学模型分为两个子系统:位置子系统和姿态子系统,具体如下:

位置子系统为:

$$\begin{cases}\ddot{x}=-\dfrac{K_1}{M}\dot{x}+\dfrac{\cos\phi\sin\theta\cos\psi+\sin\phi\sin\psi}{M}u_1\\[2mm]\ddot{y}=-\dfrac{K_2}{M}\dot{y}+\dfrac{\cos\phi\sin\theta\sin\psi-\sin\phi\cos\psi}{M}u_1\\[2mm]\ddot{z}=-\dfrac{K_3}{M}\dot{z}-\dfrac{(M+m)g}{M}+\dfrac{\cos\phi\cos\theta}{M}u_1\end{cases}\tag{9.25}$$

姿态子系统为:

$$\begin{cases}\ddot{\phi}=\dfrac{I_{\mathrm{y}}-I_{\mathrm{z}}}{I_{\mathrm{x}}+I_{\mathrm{mx}}}\dot{\theta}\dot{\psi}-\dfrac{K_4}{I_{\mathrm{x}}+I_{\mathrm{mx}}}\dot{\phi}-\dfrac{1}{I_{\mathrm{x}}+I_{\mathrm{mx}}}p_{\mathrm{x}}+\dfrac{1}{I_{\mathrm{x}}+I_{\mathrm{mx}}}u_2\\[2mm]\ddot{\theta}=\dfrac{I_{\mathrm{z}}-I_{\mathrm{x}}}{I_{\mathrm{y}}}\dot{\phi}\dot{\psi}-\dfrac{K_5}{I_{\mathrm{y}}}\dot{\theta}-\dfrac{1}{I_{\mathrm{y}}}\tau_{\mathrm{y}}+\dfrac{1}{I_{\mathrm{y}}}u_3\\[2mm]\ddot{\psi}=\dfrac{I_{\mathrm{x}}-I_{\mathrm{y}}}{I_{\mathrm{z}}+I_{\mathrm{mz}}}\dot{\phi}\dot{\theta}-\dfrac{K_6}{I_{\mathrm{z}}+I_{\mathrm{mz}}}\dot{\psi}+\dfrac{1}{I_{\mathrm{z}}+I_{\mathrm{mz}}}u_4\\[2mm]\ddot{\Gamma}=-\dfrac{I_{\mathrm{z}}-I_{\mathrm{x}}}{I_{\mathrm{y}}}\dot{\phi}\dot{\psi}+\dfrac{K_5}{I_{\mathrm{y}}}\dot{\theta}-\dfrac{1}{I_{\mathrm{my}}}p_{\mathrm{y}}+\left(\dfrac{1}{I_{\mathrm{y}}}+\dfrac{1}{I_{\mathrm{my}}}\right)\tau_{\mathrm{y}}-\dfrac{1}{I_{\mathrm{y}}}u_3\end{cases}\tag{9.26}$$

把位置子系统作为外环，姿态子系统作为内环，控制过程中，外环子系统需要给内环子系统提供需要的信息，其控制结构如图 9.3 所示。

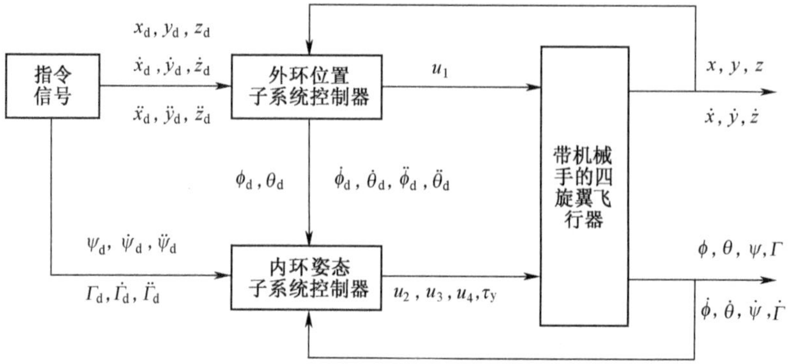

图 9.3　带机械手飞行器双环控制系统结构与信号传递关系

9.2.2　位置子系统滑模控制器设计

针对式(9.25)所示位置子系统，控制目标为：当 $t \to \infty$ 时，$x \to x_d, y \to y_d, z \to z_d$；同时保持 $\dot{x}, \dot{y}, \dot{z}$ 有界。

定义如下中间控制变量：

$$\begin{cases} u_{1x} = \dfrac{\cos\phi\sin\theta\cos\psi + \sin\phi\sin\psi}{M}u_1 \\ u_{1y} = \dfrac{\cos\phi\sin\theta\sin\psi - \sin\phi\cos\psi}{M}u_1 \\ u_{1z} = \dfrac{\cos\phi\cos\theta}{M}u_1 \end{cases} \tag{9.27}$$

则式(9.25)可以转换为：

$$\ddot{x} = -\frac{K_1}{M}\dot{x} + u_{1x} + d_{p1} \tag{9.28}$$

$$\ddot{y} = -\frac{K_2}{M}\dot{y} + u_{1y} + d_{p2} \tag{9.29}$$

$$\ddot{z} = -\frac{K_3}{M}\dot{z} - \frac{(M + m)g}{M} + u_{1z} + d_{p3} \tag{9.30}$$

其中，d_{p1}, d_{p2}, d_{p3} 为外部加入的干扰。

假设：d_{p1}, d_{p2}, d_{p3} 分别有上界，为 $\bar{d}_{p1}, \bar{d}_{p2}, \bar{d}_{p3}$，即：$|d_{p1}| \leqslant \bar{d}_{p1}$，$|d_{p2}| \leqslant \bar{d}_{p2}$，$|d_{p3}| \leqslant \bar{d}_{p3}$。

针对式(9.28)所示的 x 位移子系统,定义误差:

$$e_{p1} = x_d - x$$

滑模流形设计为:

$$s_{p1} = c_{p1}e_{p1} + \dot{e}_{p1} \tag{9.31}$$

其中,$c_{p1} > 0$。

由式(9.28)和式(9.31)可得:

$$\begin{aligned}\dot{s}_{p1} &= c_{p1}\dot{e}_{p1} + \ddot{e}_{p1} = c_{p1}(\dot{x}_d - \dot{x}) + \ddot{x}_d - \ddot{x} \\ &= c_{p1}\dot{x}_d + \ddot{x}_d - c_{p1}\dot{x} + \frac{K_1}{M}\dot{x} - u_{1x} - d_{p1}\end{aligned} \tag{9.32}$$

设计指数趋近律:

$$\dot{s}_{p1} = -n_{p1}\tanh\left(\frac{s_{p1}}{\gamma_{p1}}\right) - \lambda_{p1}s_{p1} \tag{9.33}$$

其中,$n_{p1} > 0, \lambda_{p1} > 0, \gamma_{p1} > 0$,取 $n_{p1} > \bar{d}_{p1}$。

不妨设 $d_{p1} = 0$,由式(9.32)和式(9.33)可得控制律为:

$$u_{1x} = c_{p1}\dot{x}_d + \ddot{x}_d - c_{p1}\dot{x} + \frac{K_1}{M}\dot{x} + n_{p1}\tanh\left(\frac{s_{p1}}{\gamma_{p1}}\right) + \lambda_{p1}s_{p1} \tag{9.34}$$

取 Lyapunov 函数:

$$V = \frac{1}{2}s_{p1}^2 > 0, s_{p1} \neq 0 \tag{9.35}$$

则有:

$$\begin{aligned}\dot{V} &= s_{p1}\dot{s}_{p1} = s_{p1}\left(c_{p1}\dot{x}_d + \ddot{x}_d - c_{p1}\dot{x} + \frac{K_1}{M}\dot{x} - u_{1x} - d_{p1}\right) \\ &= s_{p1}\left(-n_{p1}\tanh\left(\frac{s_{p1}}{\gamma_{p1}}\right) - \lambda_{p1}s_{p1} - d_{p1}\right) \\ &= -n_{p1}s_{p1}\tanh\left(\frac{s_{p1}}{\gamma_{p1}}\right) - \lambda_{p1}s_{p1}^2 - s_{p1}d_{p1} < 0, s_{p1} \neq 0\end{aligned} \tag{9.36}$$

显然,V 正定且径向无界,$\dot{V}$ 负定,可见系统全局渐近稳定。

满足滑模到达条件,保证了在滑模流形以外的运动点都将在有限时间内到达滑模流形 $s_{p1} = 0$。可得,$e_{p1} \to 0, \dot{e}_{p1} \to 0$,即 $x \to x_d$;同时,$\dot{x} \to \dot{x}_d$,因为 $\dot{x}_d$ 有界,所以 $\dot{x}$ 有界。

针对式(9.29)所示的 y 位移子系统,定义误差:

$$e_{p2} = y_d - y$$

滑模流形设计为:

$$s_{p2} = c_{p2}e_{p2} + \dot{e}_{p2} \tag{9.37}$$

其中，$c_{p2} > 0$。

与本节上述同理可得控制律为：

$$u_{1y} = c_{p2}\dot{y}_d + \ddot{y}_d - c_{p2}\dot{y} + \frac{K_2}{M}\dot{y} + n_{p2}\tanh\left(\frac{s_{p2}}{\gamma_{p2}}\right) + \lambda_{p2}s_{p2} \tag{9.38}$$

其中，$n_{p2} > 0, \lambda_{p2} > 0, \gamma_{p2} > 0$，取 $n_{p2} > \bar{d}_{p2}$。

稳定性证明也与本节上述同理。

针对式(9.30)所示的 z 位移子系统，定义误差：

$$e_{p3} = z_d - z$$

滑模流形设计为：

$$s_{p3} = c_{p3}e_{p3} + \dot{e}_{p3} \tag{9.39}$$

其中，$c_{p3} > 0$。

与本节上述同理可得控制律为：

$$u_{1z} = c_{p3}\dot{z}_d + \ddot{z}_d - c_{p3}\dot{z} + \frac{K_3}{M}\dot{z} + \frac{(M+m)g}{M} + n_{p3}\tanh\left(\frac{s_{p3}}{\gamma_{p3}}\right) + \lambda_{p3}s_{p3} \tag{9.40}$$

其中，$n_{p3} > 0, \lambda_{p3} > 0, \gamma_{p3} > 0$，取 $n_{p3} > \bar{d}_{p3}$。

稳定性证明也与本节上述同理。

9.2.3 中间指令姿态角求解

假设满足控制律式(9.34)、式(9.38)和式(9.40)所需要的滚转角为 ϕ_d，俯仰角为 θ_d。为了实现滚转角 ϕ 对 ϕ_d 的跟踪，俯仰角 θ 对 θ_d 的跟踪，需要对 ϕ_d 和 θ_d 进行求解。外环位置子系统求解了 ϕ_d 和 θ_d 后，再把它们作为指令信号输入给内环姿态子系统。

与7.2节同理可得：

$$\theta_d = \arctan\left(\frac{u_{1x}\cos\psi + u_{1y}\sin\psi}{u_{1z}}\right) \tag{9.41}$$

$$\phi_d = \arctan\left(\frac{u_{1x}\sin\psi - u_{1y}\cos\psi}{u_{1z}}\cos\left(\arctan\left(\frac{u_{1x}\cos\psi + u_{1y}\sin\psi}{u_{1z}}\right)\right)\right) \tag{9.42}$$

由式(9.34)、式(9.38)、式(9.40)可知，u_{1x}, u_{1y}, u_{1z} 是有界的，则由式(9.41)、式(9.42)可知 $\theta_d, \phi_d, \dot{\theta}_d, \dot{\phi}_d, \ddot{\theta}_d, \ddot{\phi}_d$ 有界。

求解 ϕ_d 和 θ_d 后，便可以由式(8.54)得到速度控制律为：

$$u_1 = \frac{Mu_{1z}}{\cos\phi_d\cos\theta_d} \tag{9.43}$$

9.2.4 姿态子系统滑模控制器设计

由式(9.26)所示姿态子系统如下，控制目标为：当 $t\to\infty$ 时，$\psi\to\psi_d$，$\Gamma\to\Gamma_d$；同时保持 $\dot{\psi},\dot{\Gamma},\phi,\dot{\phi},\theta,\dot{\theta}$ 有界。

$$\begin{cases} \ddot{\phi} = \dfrac{I_y - I_z}{I_x + I_{mx}}\dot{\theta}\dot{\psi} - \dfrac{K_4}{I_x + I_{mx}}\dot{\phi} - \dfrac{1}{I_x + I_{mx}}p_x + \dfrac{1}{I_x + I_{mx}}u_2 + d_{a1} \\ \ddot{\theta} = \dfrac{I_z - I_x}{I_y}\dot{\phi}\dot{\psi} - \dfrac{K_5}{I_y}\dot{\theta} - \dfrac{1}{I_y}\tau_y + \dfrac{1}{I_y}u_3 + d_{a2} \\ \ddot{\psi} = \dfrac{I_x - I_y}{I_z + I_{mz}}\dot{\phi}\dot{\theta} - \dfrac{K_6}{I_z + I_{mz}}\dot{\psi} + \dfrac{1}{I_z + I_{mz}}u_4 + d_{a3} \\ \ddot{\Gamma} = -\dfrac{I_z - I_x}{I_y}\dot{\phi}\dot{\psi} + \dfrac{K_5}{I_y}\dot{\theta} - \dfrac{1}{I_{my}}p_y + \left(\dfrac{1}{I_y} + \dfrac{1}{I_{my}}\right)\tau_y - \dfrac{1}{I_y}u_3 + d_{a4} \end{cases} \tag{9.44}$$

其中，$d_{a1},d_{a2},d_{a3},d_{a4}$ 为外加扰动。

假设：d_{a1},d_{a2},d_{a3} 分别有上界 $\bar{d}_{a1},\bar{d}_{a2},\bar{d}_{a3}$，即 $|d_{a1}|\leqslant\bar{d}_{a1}$，$|d_{a2}|\leqslant\bar{d}_{a2}$，$|d_{a3}|\leqslant\bar{d}_{a3}$，$|d_{a4}|\leqslant\bar{d}_{a4}$。

令：

$$\tau_\alpha = -\frac{1}{I_y}\tau_y + \frac{1}{I_y}u_3 \tag{9.45}$$

$$\tau_\beta = \left(\frac{1}{I_y} + \frac{1}{I_{my}}\right)\tau_y - \frac{1}{I_y}u_3 \tag{9.46}$$

由式(9.45)和式(9.46)可得：

$$u_3 = (I_y + I_{my})\tau_\alpha + I_{my}\tau_\beta \tag{9.47}$$

$$\tau_y = I_{my}(\tau_\alpha + \tau_\beta) \tag{9.48}$$

则姿态子系统可以写成如下形式：

$$\ddot{\phi} = \frac{I_y - I_z}{I_x + I_{mx}}\dot{\theta}\dot{\psi} - \frac{K_4}{I_x + I_{mx}}\dot{\phi} - \frac{1}{I_x + I_{mx}}p_x + \frac{1}{I_x + I_{mx}}u_2 + d_{a1} \tag{9.49}$$

$$\ddot{\theta} = \frac{I_z - I_x}{I_y}\dot{\phi}\dot{\psi} - \frac{K_5}{I_y}\dot{\theta} + \tau_\alpha + d_{a2} \tag{9.50}$$

$$\ddot{\psi} = \frac{I_x - I_y}{I_z + I_{mz}}\dot{\phi}\dot{\theta} - \frac{K_6}{I_z + I_{mz}}\dot{\psi} + \frac{1}{I_z + I_{mz}}u_4 + d_{a3} \tag{9.51}$$

$$\ddot{\Gamma}=-\frac{I_z-I_x}{I_y}\dot{\phi}\dot{\psi}+\frac{K_5}{I_y}\dot{\theta}-\frac{1}{I_{my}}p_y+\tau_\beta+d_{a4} \tag{9.52}$$

针对式(9.49)所示滚转姿态子系统,定义误差为:

$$e_{a1}=\phi_d-\phi$$

设计滑模流形为:

$$s_{a1}=c_{a1}e_{a1}+\dot{e}_{a1} \tag{9.53}$$

其中,$c_{a1}>0$。

与9.2.2节同理可得控制律为:

$$u_2=(I_x+I_{mx})\left(c_{a1}\dot{\phi}_d+\ddot{\phi}_d-c_{a1}\dot{\phi}-\frac{I_y-I_z}{I_x+I_{mx}}\dot{\theta}\dot{\psi}+\frac{K_4}{I_x+I_{mx}}\dot{\phi}+\frac{1}{I_x+I_{mx}}p_x+k_{a1}\tanh\left(\frac{s_{a1}}{\gamma_{a1}}\right)+\lambda_{a1}s_{a1}\right) \tag{9.54}$$

其中,$k_{a1}>0,\lambda_{a1}>0,\gamma_{a1}>0$,取$k_{a1}>\bar{d}_{a1}$。

稳定性证明也与9.2.2节同理。

针对式(9.50)所示俯仰姿态子系统,定义误差为:

$$e_{a2}=\theta_d-\theta$$

设计滑模流形为:

$$s_{a2}=c_{a2}e_{a2}+\dot{e}_{a2} \tag{9.55}$$

其中,$c_{a2}>0$。

与9.2.2节同理可得控制律为:

$$\tau_\alpha=c_{a2}\dot{\theta}_d+\ddot{\theta}_d-c_{a2}\dot{\theta}-\frac{I_z-I_x}{I_y}\dot{\phi}\dot{\psi}+\frac{K_5}{I_y}\dot{\theta}+k_{a2}\tanh\left(\frac{s_{a2}}{\gamma_{a2}}\right)+\lambda_{a2}s_{a2} \tag{9.56}$$

其中,$k_{a2}>0,\lambda_{a2}>0,\gamma_{a2}>0$,取$k_{a2}>\bar{d}_{a2}$。

稳定性证明也与9.2.2节同理。

针对式(9.51)所示偏航姿态子系统,定义误差为:

$$e_{a3}=\psi_d-\psi$$

设计滑模流形为

$$s_{a3}=c_{a3}e_{a3}+\dot{e}_{a3} \tag{9.57}$$

其中,$c_{a3}>0$。

与9.2.2节同理可得控制律为:

$$u_4=(I_z++I_{mz})\left(c_{a3}\dot{\psi}_d+\ddot{\psi}_d-c_{a3}\dot{\psi}-\frac{I_x-I_y}{I_z+I_{mz}}\dot{\phi}\dot{\theta}+\frac{K_6}{I_z+I_{mz}}\dot{\psi}+\right.$$

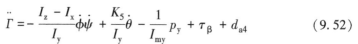

$$k_{a3}\tanh\left(\frac{s_{a3}}{\gamma_{a3}}\right) + \lambda_{a3}s_{a3}\Bigg) \tag{9.58}$$

其中,$k_{a3} > 0, \lambda_{a3} > 0, \gamma_{a3} > 0$,取$k_{a3} > \bar{d}_{a3}$。

稳定性证明也与9.2.2节同理。

针对式(9.52)所示机械手姿态子系统,定义误差为:

$$e_{a4} = \gamma_d - \gamma$$

设计滑模流形为

$$s_{a4} = c_{a4}e_{a4} + \dot{e}_{a4} \tag{9.59}$$

其中,$c_{a4} > 0$。

与9.2.2节同理可得控制律为:

$$\tau_\beta = c_{a4}\dot{\Gamma}_d + \ddot{\Gamma}_d - c_{a4}\dot{\Gamma} + \frac{I_z - I_x}{I_y}\dot{\phi}\dot{\psi} - \frac{K_5}{I_y}\dot{\theta} + \frac{1}{I_{my}}p_y + k_{a4}\tanh\left(\frac{s_{a4}}{\gamma_{a4}}\right) + \lambda_{a4}s_{a4} \tag{9.60}$$

其中,$k_{a4} > 0, \lambda_{a4} > 0, \gamma_{a4} > 0$,取$k_{a4} > \bar{d}_{a4}$。

将式(9.56)和式(9.60)分别代入式(9.47)和式(9.48),即可得到u_3和τ_y。

稳定性证明也与9.2.2节同理。

9.2.5 中间指令信号的一阶二阶求导问题

如图9.3所示,整个控制系统由外环位置子系统和内环姿态子系统构成,外环位置子系统产生两个中间指令信号ϕ_d和θ_d,需要传入给内环姿态子系统,内环姿态子系统通过控制实现对其跟踪。

从内环姿态子系统的控制律式(9.54)、式(9.56)、式(9.58)和式(9.60)可知,控制律需要对中间指令信号ϕ_d和θ_d求一阶和二阶导数,可以采用如下有限时间收敛三阶微分器来计算ϕ_d和θ_d的一阶导数和二阶导数[52]。

$$\begin{cases}\dot{x}_1 = x_2\\ \dot{x}_2 = x_3\\ \varepsilon^3\dot{x}_3 = -2^{\frac{3}{5}}4\left(x_1 - v(t) + (\varepsilon x_2)^{\frac{9}{7}}\right)^{\frac{1}{3}} - 4\left(\varepsilon^2 x_3\right)^{\frac{3}{5}}\\ y_1 = x_2\\ y_2 = x_3\end{cases} \tag{9.61}$$

其中,待微分的输入信号为$v(t)$,x_1为对信号进行跟踪,x_2是信号一阶导数的估计,x_3是信号二阶导数的估计,微分器的初始值为:$x_1(0) = 0, x_2(0) =$

0,$x_3(0)=0$。

9.2.6 机械手末端轨迹的计算

设飞行器的中心 o_b 的绝对坐标为 (x,y,z),机械手末端 A 点的绝对坐标为 (x_m,y_m,z_m),如图 9.4 所示。则有如下关系:

$$\begin{cases} x_m = x + l_m \sin(\theta + \Gamma)\cos\psi \\ y_m = y + l_m \cos(\theta + \Gamma)\sin\psi\sin\phi \\ z_m = z - l_m \cos(\theta + \Gamma)\sin\psi\cos\phi \end{cases} \tag{9.62}$$

如果已知飞行器中心的轨迹,则通过式(9.62)可以求出机械手末端 A 点的轨迹。

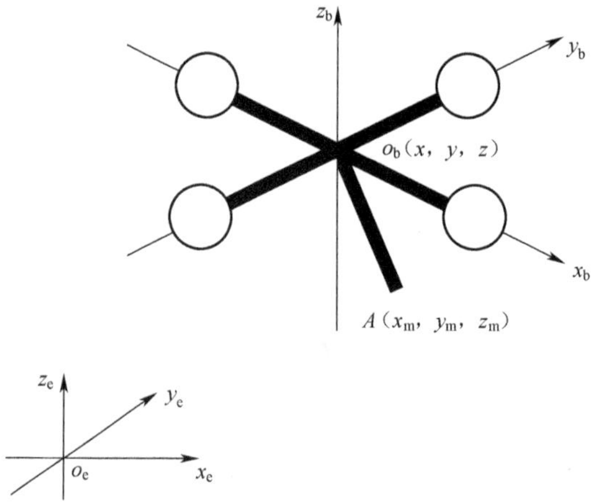

图 9.4 飞行器与机械手的位置关系示意图

9.2.7 仿真实例

带机械手的四旋翼飞行器本体参数如表 9.1 所示。

表 9.1 带机械手的四旋翼飞行器本体参数

参数名称	参数符号	数值	单位
四旋翼飞行器质量	M	1.2	kg
重力加速度	g	9.8	m/s^2
飞行器绕机体坐标 x_b 轴的转动惯量	I_x	0.0091	$kg \cdot m^2$
飞行器绕机体坐标 y_b 轴的转动惯量	I_y	0.0096	$kg \cdot m^2$
飞行器绕机体坐标 z_b 轴的转动惯量	I_z	0.0189	$kg \cdot m^2$

续表

参数名称	参数符号	数值	单位
地面坐标 x_e 轴方向上的空气阻力系数	K_1	0.01	N·s/m
地面坐标 y_e 轴方向上的空气阻力系数	K_2	0.012	N·s/m
地面坐标 z_e 轴方向上的空气阻力系数	K_3	0.019	N·s/m
绕机体坐标 x_e 轴的空气阻力矩系数	K_4	0.0022	N·m·s/rad
绕机体坐标 y_e 轴的空气阻力矩系数	K_5	0.0024	N·m·s/rad
绕机体坐标 z_e 轴的空气阻力矩系数	K_6	0.0031	N·m·s/rad
单关节机械手长度	l_m	0.2	m
单关节机械手质量	m	0.15	kg

选取 14 个状态为 $x,\dot{x},y,\dot{y},z,\dot{z},\phi,\dot{\phi},\theta,\dot{\theta},\psi,\dot{\psi},\Gamma,\dot{\Gamma}$。

初始状态参数为：x0=[1;0;2;0;0;0;0.05;0;0.05;0;0.1;0;0.3;0]。

假设外加扰动为：

$$\boldsymbol{d}=\begin{bmatrix}d_{p1}\\d_{p2}\\d_{p3}\\d_{a1}\\d_{a2}\\d_{a3}\\d_{a4}\end{bmatrix}=\begin{bmatrix}0.1\sin(5t)\\0.1\sin(5t)\\0.1\sin(5t)\\0.1\sin(5t)\\0.1\sin(5t)\\0.1\sin(5t)\\0.1\sin(5t)\end{bmatrix}$$

微分器参数与 7.2 节的相同。

外环位置控制器采用式(9.34)、式(9.38)、式(9.40)和式(9.43)所示控制律，控制器参数为

$$c_{p1}=1.2,n_{p1}=3,\lambda_{p1}=1.5,\gamma_{p1}=0.5\ ,$$
$$c_{p2}=1.2,n_{p2}=3,\lambda_{p2}=1.5,\gamma_{p2}=0.5\ ,$$
$$c_{p3}=3,n_{p3}=3,\lambda_{p3}=1.5,\gamma_{p3}=0.5。$$

内环姿态控制器采用式(9.54)、式(9.56)、式(9.58)、式(9.60)和式(9.47)，式(9.48)所示控制律，控制器参数为

$$c_{a1}=1.5,k_{a1}=3,\lambda_{a1}=5,\gamma_{a1}=0.5\ ,$$
$$c_{a2}=1.5,k_{a2}=3,\lambda_{a2}=5,\gamma_{a2}=0.5\ ,$$
$$c_{a3}=1.5,k_{a3}=3,\lambda_{a3}=5,\gamma_{a3}=0.5\ ,$$
$$c_{a4}=1.5,k_{a4}=3,\lambda_{a4}=5,\gamma_{a4}=0.5。$$

给定期望飞行轨迹：

$$
\begin{cases}
x_{\mathrm{d}}(t) = 3\cos t \\
y_{\mathrm{d}}(t) = 3\sin t \\
z_{\mathrm{d}}(t) = 2 + 0.5t \\
\psi_{\mathrm{d}}(t) = 0.5 \\
\Gamma_{\mathrm{d}}(t) = 0.7\sin t
\end{cases}
$$

仿真结果如图 9.5~图 9.8 所示。

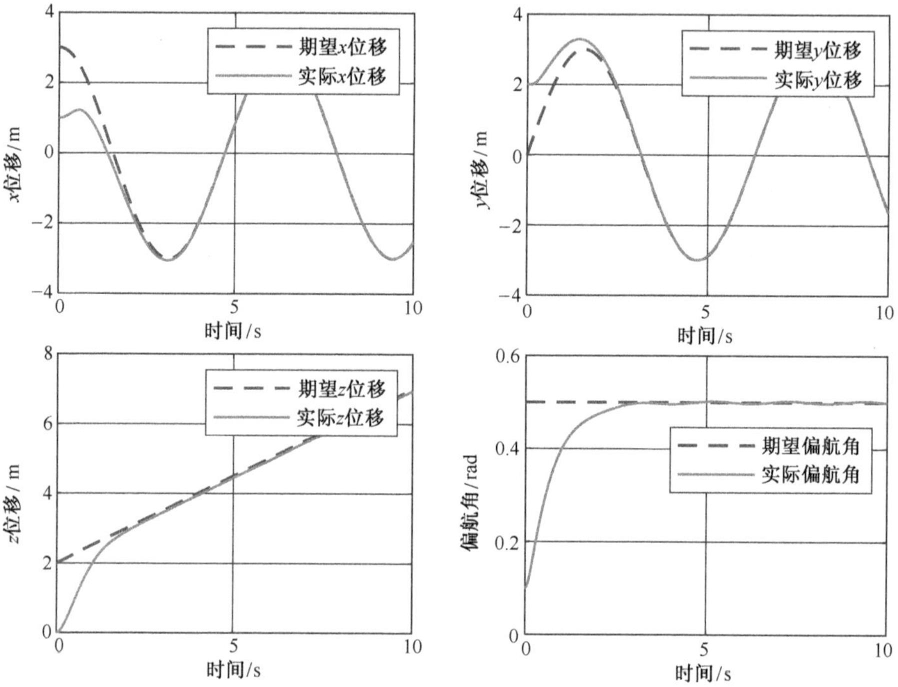

图 9.5　带机械手的飞行器轨迹跟踪过程

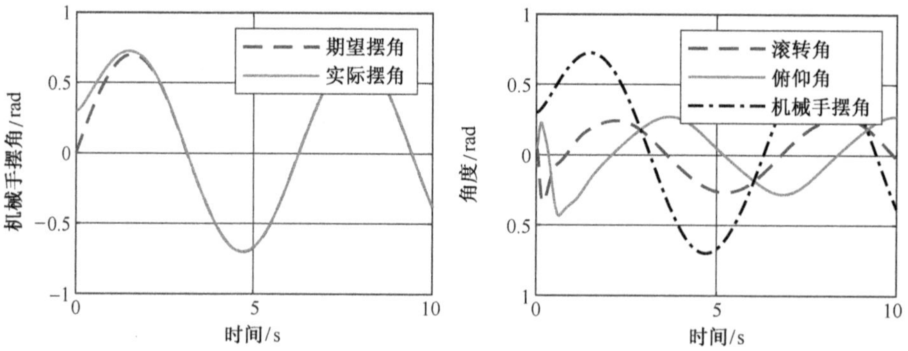

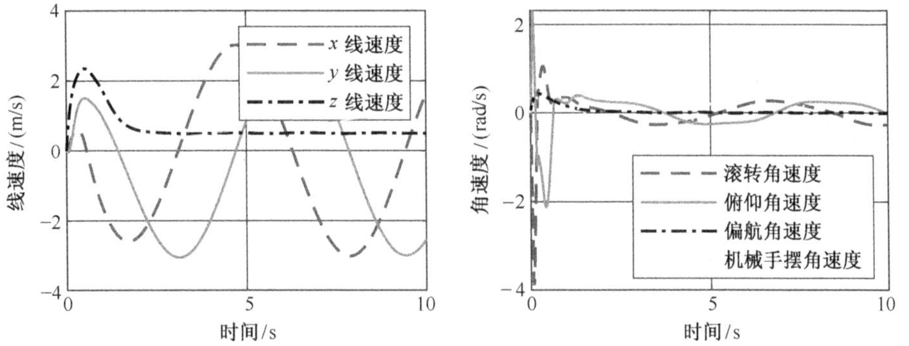

图 9.6　带机械手的飞行器状态响应过程

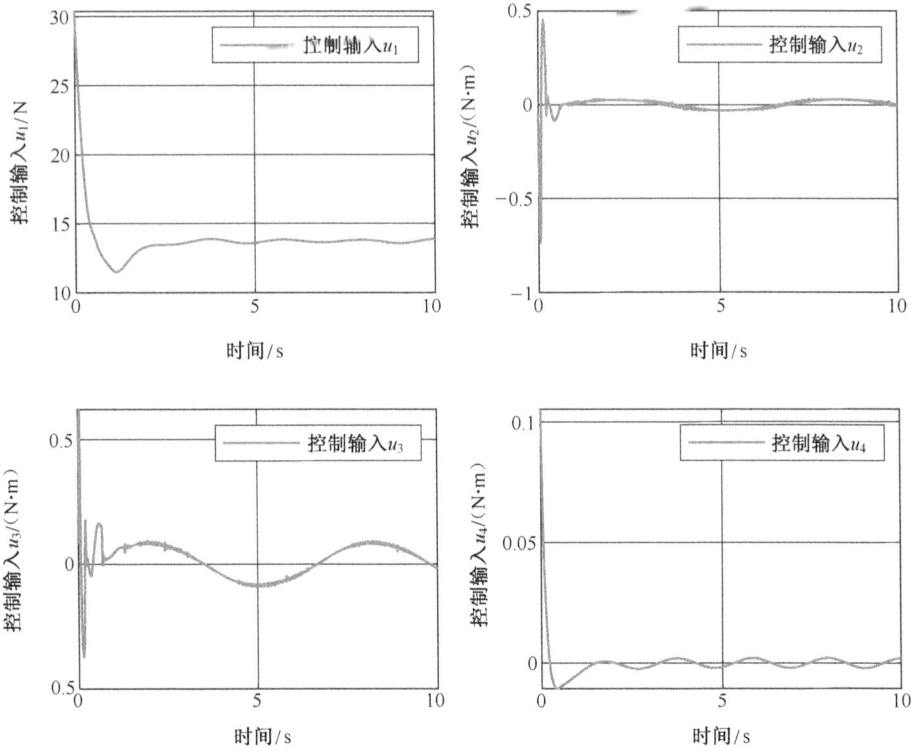

图 9.7　带机械手的飞行器控制输入

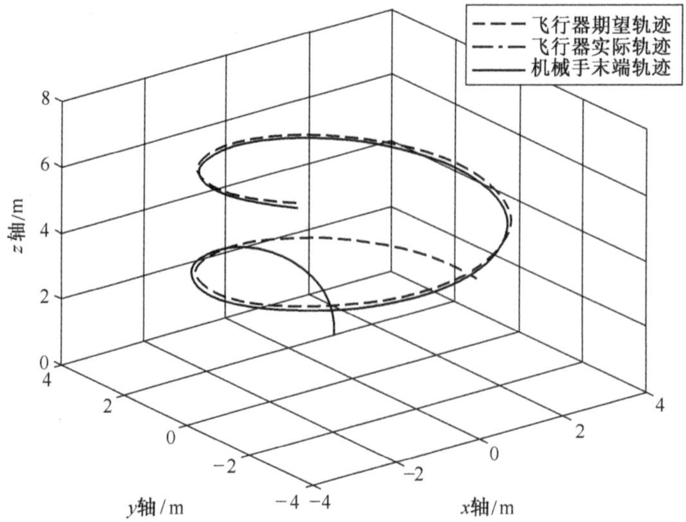

图 9.8　带机械手的飞行器轨迹跟踪三维显示

仿真程序：

（1）Simulink 主程序：chap9_1sim.slx

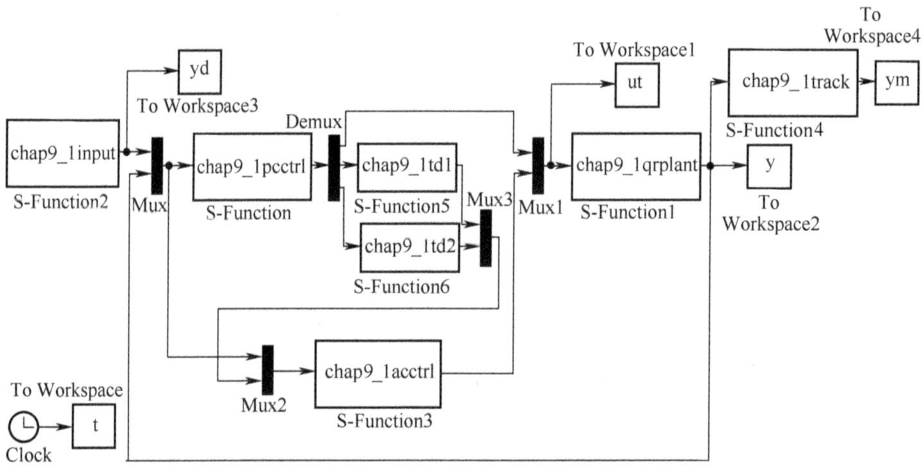

（2）被控对象程序：chap9_1qrplant.m

```
function [sys,x0,str,ts]=chap9_1qrplant(t,x,u,flag)
switch flag
  case 0
    [sys,x0,str,ts]=mdlInitializeSizes;
  case 1
```

```
    sys=mdlDerivatives(t,x,u);
  case 3
    sys=mdlOutputs(t,x,u);
  case {2, 4, 9 }
    sys = [];
  otherwise
    error(['Unhandled flag = ',num2str(flag)]);
end
function [sys,x0,str,ts]=mdlInitializeSizes
sizes = simsizes;
sizes.NumContStates  = 14;
sizes.NumDiscStates  = 0;
sizes.NumOutputs     = 14;
sizes.NumInputs      = 5;
sizes.DirFeedthrough = 1;
sizes.NumSampleTimes = 1;
sys=simsizes(sizes);
x0=[1;0;2;0;0;0;0.05;0;0.05;0;0.1;0;0.3;0];
str=[];
ts=[0 0];
function sys=mdlDerivatives(t,x,u)
M=1.2;g=9.8;m=0.15;lm=0.2;
Ix=0.0091;Iy=0.0096;Iz=0.0189;
K1=0.01;K2=0.012;K3=0.019;K4=0.0022;K5=0.0024;K6=0.0031;
d_x=x(2);d_y=x(4);d_z=x(6);
roll=x(7);d_roll=x(8);
pitch=x(9);d_pitch=x(10);
yaw=x(11);d_yaw=x(12);
gama=x(13);d_gama=x(14);
U=u(1);T_roll=u(2);T_pitch=u(3);T_yaw=u(4);T_gama=u(5);
Imx=(1/3)*m*lm^2*(cos(pitch+gama))^2;
Imy=(1/3)*m*lm^2;
Imz=(1/3)*m*lm^2*(sin(pitch+gama))^2;
px=(1/2)*m*g*lm*cos(pitch+gama)*sin(roll);
py=(1/2)*m*g*lm*sin(pitch+gama);
a1=(Iy-Iz)/(Ix+Imx);a2=(Iz-Ix)/Iy;a3=(Ix-Iy)/(Iz+Imz);
b1=1/(Ix+Imx);b2=1/Iy;b3=1/(Iz+Imz);b4=1/Imy;
```

```
Ax=-K1*d_x;
Ay=-K2*d_y;
Az=-K3*d_z;
Ap=-K4*d_roll;
Aq=-K5*d_pitch;
Ar=-K6*d_yaw;
g1=(1/M)*(cos(roll)*sin(pitch)*cos(yaw)+sin(roll)*sin(yaw));
g2=(1/M)*(cos(roll)*sin(pitch)*sin(yaw)-sin(roll)*cos(yaw));
g3=(1/M)*(cos(roll)*cos(pitch));
%加入干扰
d=[0.1*sin(3*t);0.1*sin(3*t);0.1*sin(3*t);0.1*sin(3*t);
  0.1*sin(3*t);0.1*sin(3*t);0.1*sin(3*t)];
dd_x=Ax/M+g1*U+d(1);
dd_y=Ay/M+g2*U+d(2);
dd_z=Az/M-(M+m)*g/M+g3*U+d(3);
dd_roll=a1*d_pitch*d_yaw+b1*Ap-b1*px+b1*T_roll+d(4);
dd_pitch=a2*d_roll*d_yaw+b2*Aq-b2*T_gama+b2*T_pitch+d(5);
dd_yaw=a3*d_roll*d_pitch+b3*Ar+b3*T_yaw+d(6);
dd_gama=-a2*d_roll*d_yaw-b2*Aq-b4*py+(b2+b4)*T_gama-b2*T_
pitch+d(7);
sys(1)=d_x;sys(2)=dd_x;
sys(3)=d_y;sys(4)=dd_y;
sys(5)=d_z;sys(6)=dd_z;
sys(7)=d_roll;sys(8)=dd_roll;
sys(9)=d_pitch;sys(10)=dd_pitch;
sys(11)=d_yaw;sys(12)=dd_yaw;
sys(13)=d_gama;sys(14)=dd_gama;
function sys=mdlOutputs(t,x,u)
sys(1)=x(1);sys(2)=x(2);sys(3)=x(3);
sys(4)=x(4);sys(5)=x(5);sys(6)=x(6);
sys(7)=x(7);sys(8)=x(8);sys(9)=x(9);
sys(10)=x(10);sys(11)=x(11);sys(12)=x(12);
sys(13)=x(13);sys(14)=x(14);
```

(3) 外环位置子系统控制器程序:chap9_1pcctrl.m

```
function [sys,x0,str,ts] = chap9_1pcctrl(t,x,u,flag)
switch flag
case 0
```

```
        [sys,x0,str,ts]=mdlInitializeSizes;
    case 3
        sys=mdlOutputs(t,x,u);
    case {2,4,9}
        sys=[];
    otherwise
        error(['Unhandled flag = ',num2str(flag)]);
    end
    function [sys,x0,str,ts]=mdlInitializeSizes
    sizes = simsizes;
    sizes.NumContStates  = 0;
    sizes.NumDiscStates  = 0;
    sizes.NumOutputs     = 3;
    sizes.NumInputs      = 29;
    sizes.DirFeedthrough = 1;
    sizes.NumSampleTimes = 1;
    sys = simsizes(sizes);
    x0  = [];
    str = [];
    ts  = [0 0];
    function sys=mdlOutputs(t,x,u)
    M=1.2;g=9.8;K1=0.01;K2=0.012;K3=0.019;
    cp1=1.2;np1=3;remp1=1.5;ebp1=0.5;
    cp2=1.2;np2=3;remp2=1.5;ebp2=0.5;
    cp3=3;np3=3;remp3=1.5;ebp3=0.5;
    xd=u(1);d_xd=u(2);dd_xd=u(3);
    yd=u(4);d_yd=u(5);dd_yd=u(6);
    zd=u(7);d_zd=u(8);dd_zd=u(9);
    xx=u(16);d_x=u(17);
    y=u(18);d_y=u(19);
    z=u(20);d_z=u(21);
    yaw=u(26);
    ep1=xd-xx;ep2=yd-y;ep3=zd-z;
    d_ep1=d_xd-d_x;d_ep2=d_yd-d_y;d_ep3=d_zd-d_z;
    sp1=cp1*ep1+d_ep1;sp2=cp2*ep2+d_ep2;sp3=cp3*ep3+d_ep3;
    u1x=cp1*d_xd+dd_xd-cp1*d_x+(K1/M)*d_x+np1*tanh(sp1/ebp1)+
remp1*sp1;
```

```
u1y=cp2*d_yd+dd_yd-cp2*d_y+(K2/M)*d_y+np2*tanh(sp2/ebp2)+
remp2*sp2;
u1z=cp3*d_zd+dd_zd-cp3*d_z+(K3/M)*d_z+g+np3*tanh(sp3/ebp3)
+remp3*sp3;
pitchd=atan((u1x*cos(yaw)+u1y*sin(yaw))/u1z);
rolld=atan(((u1x*sin(yaw)-u1y*cos(yaw))/u1z)*cos(pitchd));
u1=M*u1z/(cos(rolld)*cos(pitchd));
sys(1)=u1;sys(2)=rolld;sys(3)=pitchd;
```

(4) 内环姿态子系统控制器程序:chap9_1acctrl.m

```
function [sys,x0,str,ts] = chap9_1acctrl(t,x,u,flag)
switch flag
case 0
    [sys,x0,str,ts]=mdlInitializeSizes;
case 3
    sys=mdlOutputs(t,x,u);
case {2,4,9}
    sys=[];
otherwise
    error(['Unhandled flag = ',num2str(flag)]);
end
function [sys,x0,str,ts]=mdlInitializeSizes
sizes = simsizes;
sizes.NumContStates  = 0;
sizes.NumDiscStates  = 0;
sizes.NumOutputs     = 4;
sizes.NumInputs      = 35;
sizes.DirFeedthrough = 1;
sizes.NumSampleTimes = 1;
sys = simsizes(sizes);
x0  = [];
str = [];
ts  = [0 0];
function sys=mdlOutputs(t,x,u)
g=9.8;m=0.15;lm=0.2;
Ix=0.0091;Iy=0.0096;Iz=0.0189;
K4=0.0022;K5=0.0024;K6=0.0031;
ca1=1.5;ka1=3;rema1=5;eba1=0.5;
```

```
ca2=1.5;ka2=3;rema2=5;eba2=0.5;
ca3=1.5;ka3=3;rema3=5;eba3=0.5;
ca4=1.5;ka4=3;rema4=5;eba4=0.5;
yawd=u(10); d_yawd=u(11);dd_yawd=u(12);
gamad=u(13); d_gamad=u(14);dd_gamad=u(15);
roll=u(22);d_roll=u(23);
pitch=u(24);d_pitch=u(25);
yaw=u(26);d_yaw=u(27);
gama=u(28);d_gama=u(29);
rolld=u(30);d_rolld=u(31);dd_rolld=u(32);
pitchd=u(33);d_pitchd=u(34);dd_pitchd=u(35);
Imx=(1/3)*m*lm^2*(cos(pitch+gama))^2;
Imy=(1/3)*m*lm^2;
Imz=(1/3)*m*lm^2*(sin(pitch+gama))^2;
px=(1/2)*m*g*lm*cos(pitch+gama)*sin(roll);
py=(1/2)*m*g*lm*sin(pitch+gama);
a1=(Iy-Iz)/(Ix+Imx);a2=(Iz-Ix)/Iy;a3=(Ix-Iy)/(Iz+Imz);
b1=1/(Ix+Imx);b2=1/Iy;b3=1/(Iz+Imz);b4=1/Imy;
ea1=rolld-roll;d_ea1=d_rolld-d_roll;sa1=ca1*ea1+d_ea1;
ea2=pitchd-pitch;d_ea2=d_pitchd-d_pitch;sa2=ca2*ea2+d_ea2;
ea3=yawd-yaw;d_ea3=d_yawd-d_yaw;sa3=ca3*ea3+d_ea3;
ea4=gamad-gama;d_ea4=d_gamad-d_gama;sa4=ca4*ea4+d_ea4;
T1=K4*b1*d_roll+b1*px+ka1*tanh(sa1/eba1)+rema1*sa1;
T2=K5*b2*d_pitch+ka2*tanh(sa2/eba2)+rema2*sa2;
T3=K6*b3*d_yaw+ka3*tanh(sa3/eba3)+rema3*sa3;
T4=-K5*b2*d_pitch+b4*py+ka4*tanh(sa4/eba4)+rema4*sa4;
u2=(Ix+Imx)*(ca1*d_rolld+dd_rolld-ca1*d_roll-a1*d_pitch*d_yaw+T1);
Ta=ca2*d_pitchd+dd_pitchd-ca2*d_pitch-a2*d_roll*d_yaw+T2;
u4=(Iz+Imz)*(ca3*d_yawd+dd_yawd-ca3*d_yaw-a3*d_roll*d_pitch+T3);
Tb=ca4*d_gamad+dd_gamad-ca4*d_gama+a2*d_roll*d_yaw+T4;
u3=(Iy+Imy)*Ta+Imy*Tb;
u5=Imy*(Ta+Tb);
sys(1)=u2;sys(2)=u3;sys(3)=u4;sys(4)=u5;
```

(5) 微分器 1 程序:chap9_1td1.m

与第 7 章的 chap7_1td1.m 相同。

(6) 微分器 2 程序:chap9_ 1td2. m

与第 7 章的 chap7_ 1td2. m 相同。

(7) 机械手末端轨迹计算程序:chap9_ 1track. m

```
function [sys,x0,str,ts]=chap9_1track(t,x,u,flag)
switch flag
  case 0
    [sys,x0,str,ts]=mdlInitializeSizes;
  case 1
    sys=mdlDerivatives(t,x,u);
  case 3
    sys=mdlOutputs(t,x,u);
  case {2, 4, 9 }
    sys = [];
  otherwise
    error(['Unhandled flag = ',num2str(flag)]);
end
function [sys,x0,str,ts]=mdlInitializeSizes
sizes = simsizes;
sizes.NumContStates  = 0;
sizes.NumDiscStates  = 0;
sizes.NumOutputs     = 3;
sizes.NumInputs      = 14;
sizes.DirFeedthrough = 1;
sizes.NumSampleTimes = 1;
sys=simsizes(sizes);
x0=[];
str=[];
ts=[0 0];
function sys=mdlOutputs(t,x,u)
lm=0.2;
xx=u(1);y=u(3);z=u(5);
roll=u(7);pitch=u(9);yaw=u(11);gama=u(13);
xm=xx+lm*sin(pitch+gama)*cos(yaw);
ym=y+lm*cos(pitch+gama)*sin(yaw)*sin(roll);
zm=z-lm*cos(pitch+gama)*sin(yaw)*cos(roll);
sys(1)=xm;sys(2)=ym;sys(3)=zm;
```

(8) 指令输入程序:chap9_ 1input. m

```
function [sys,x0,str,ts]=chap9_1input(t,x,u,flag)
switch flag
  case 0
    [sys,x0,str,ts]=mdlInitializeSizes;
  case 1
    sys=mdlDerivatives(t,x,u);
  case 3
    sys=mdlOutputs(t,x,u);
  case {2, 4, 9 }
    sys = [];
  otherwise
    error(['Unhandled flag = ',num2str(flag)]);
end
function [sys,x0,str,ts]=mdlInitializeSizes
sizes = simsizes;
sizes.NumContStates  = 0;
sizes.NumDiscStates  = 0;
sizes.NumOutputs     = 15;
sizes.NumInputs      = 0;
sizes.DirFeedthrough = 1;
sizes.NumSampleTimes = 1;
sys=simsizes(sizes);
x0=[];
str=[];
ts=[0 0];
function sys=mdlOutputs(t,x,u)
xd=3*cos(t);d_xd=-3*sin(t);dd_xd=-3*cos(t);
yd=3*sin(t);d_yd=3*cos(t);dd_yd=-3*sin(t);
zd=2+0.5*t;d_zd=0.5;dd_zd=0;
yawd=0.5;d_yawd=0;dd_yawd=0;
gamad=0.7*sin(t);d_gamad=0.7*cos(t);dd_gamad=-0.7*sin(t);
sys(1)=xd;sys(2)=d_xd;sys(3)=dd_xd;
sys(4)=yd;sys(5)=d_yd;sys(6)=dd_yd;
sys(7)=zd;sys(8)=d_zd;sys(9)=dd_zd;
sys(10)=yawd;sys(11)=d_yawd;sys(12)=dd_yawd;
sys(13)=gamad;sys(14)=d_gamad;sys(15)=dd_gamad;
```

(9) 作图程序:chap9_1plot.m

```
close all;
figure(1);
subplot(221);
plot(t,yd(:,1),'-- b',t,y(:,1),'r','linewidth',1);
legend('期望x位移','实际x位移');
xlabel('时间(s)');ylabel('x位移(m)');
grid on
subplot(222);
plot(t,yd(:,4),'-- b',t,y(:,3),'r','linewidth',1);
legend('期望y位移','实际y位移');
xlabel('时间(s)');ylabel('y位移(m)');
grid on
subplot(223);
plot(t,yd(:,7),'-- b',t,y(:,5),'r','linewidth',1);
legend('期望z位移','实际z位移');
xlabel('时间(s)');ylabel('z位移(m)');
grid on
subplot(224);
plot(t,yd(:,10),'-- b',t,y(:,11),'r','linewidth',1);
legend('期望偏航角','实际偏航角');
xlabel('时间(s)');ylabel('偏航角(rad)');
grid on
figure(2);
subplot(221);
plot(t,yd(:,13),'-- b',t,y(:,13),'r','linewidth',1);
legend('期望摆角','实际摆角');
xlabel('时间(s)');ylabel('机械手摆角(rad)');
grid on
subplot(222);
plot(t,y(:,7),'-- b',t,y(:,9),'r',t,y(:,13),'-. k','linewidth',1);
legend('滚转角','俯仰角','机械手摆角');
xlabel('时间(s)');ylabel('角度(rad)');
grid on
subplot(223);
plot(t,y(:,2),'-- b',t,y(:,4),'r',t,y(:,6),'-. k','linewidth',1);
legend('x线速度','y线速度','z线速度');
xlabel('时间(s)');ylabel('线速度(m/s)');
```

```
grid on
subplot(224);
plot(t,y(:,8),'-- b',t,y(:,10),'r',t,y(:,12),'-. k',t,y(:,14),': g','
linewidth',1);
legend('滚转角速度','俯仰角速度','偏航角速度','机械手摆角速度');
xlabel('时间(s)');ylabel('角速度(rad/s)');
grid on
figure(3);
subplot(221);
plot(t,ut(:,1),'r','linewidth',1);
legend('控制输入 u1');
xlabel('时间(s)');ylabel('控制输入 u1(N)');
grid on
subplot(222);
plot(t,ut(:,2),'r','linewidth',1);
legend('控制输入 u2');
xlabel('时间(s)');ylabel('控制输入 u2(N·m)');
grid on
subplot(223);
plot(t,ut(:,3),'r','linewidth',1);
legend('控制输入 u3');
xlabel('时间(s)');ylabel('控制输入 u3(N·m)');
grid on
subplot(224);
plot(t,ut(:,4),'r','linewidth',1);
legend('控制输入 u4');
xlabel('时间(s)');ylabel('控制输入 u4(N·m)');
grid on
figure(4);
plot3(yd(:,1),yd(:,4),yd(:,7),'b--','linewidth',1);
hold on
plot3(y(:,1),y(:,3),y(:,5),'k-.','linewidth',1);
hold on
plot3(ym(:,1),ym(:,2),ym(:,3),'r','linewidth',1);
legend('飞行器期望轨迹','飞行器实际轨迹','机械手末端轨迹');
xlabel('x(m)');ylabel('y(m)');zlabel('z(m)');
grid on
```

参考文献

[1] 全权．多旋翼飞行器设计与控制[M]．北京:电子工业出版社,2018.

[2] AUSTIN R. Unmanned aircraft systems: UAVS design, development and deployment [M]. Wiley, UK, 2010.

[3] 全权．解密多旋翼发展进程[J]．机器人产业,2015(2):72-83.

[4] NORRIS D. Build your own quadcopter: Power up your designs with the Parallax Elev-8[M]. New York: McGraw-Hill Education, 2014.

[5] HAMEL T,MAHONY R,CHRIETTE A. Visual servo trajectory tracking for a four rotor VTOL aerial vehicle [C]// IEEE Int. Conf. Robotics and Automation. IEEE, 2002.

[6] ALTUG E. Vision based control of unmanned aerial vehicles with applications to an autonomous four rotor helicopter, quadcopter[D]. University of Pennsylvania, 2003.

[7] BOUABDALLAH S, MURRIERI P, SIEGWART R. Design and control of an indoor micro quadrotor[C]// IEEE Int. Conf. Robotics and Automation. IEEE, 2004.

[8] TURI J. Tracking the origins of the multicopter drone, for business and pleasure[EB/OL]. (2014-11-2) [2019-8-24]. http://www. engadget. com/2014/11/02/tracing-the-origins-of-the-multirotor-drone/.

[9] KEYENCE. Gyrosaucer by KEYENCE[EB/OL]. (2016-1-25)[2019-8-24]. http://www. oocities. org/bourbonstreet/3220/gyrosau. html.

[10] Intel Corporation. Product and performance information[EB/OL]. (2019-8-24)[2019-8-24]. http://www. asctec. de/en/ascending-technologies/company/.

[11] TAYEBI A, MCGILVRAY S. Attitude stabilization of a VTOL quadrotor aircraft[J]. IEEE Transactions on Control System Technology, 2006,14(3):562-571.

[12] MADNI T, BENALLEGUE A. Backstepping sliding mode control applied to a miniature quadrotor flying robot[C]// 32nd IEEE Int. Conf. on Industrial Electronics Society. IEEE,2006.

[13] BOUABDALLAH S, SIEGWART R. Full control of a quadcopter[C]//Proc. Int. Conf on Intelligent Robots and Systems(IROS). San Diego, USA, 2007.

[14] DAS A, SUBBARAO K, LEWIS F. Control of an experimental mini quadrotor UAV[C]// 16th IEEE Mediterranean Int. Conf. on Control an Automation. IEEE, 2008.

[15] ZHANG R F, WANG X H, CAI K Y. Quadcopter aircraft control without velocity measurements[C]// Joint 48th IEEE Conference on Decision and Control and 28th Chinese Control Conference. IEEE, 2009.

[16] HUANG H, HOFFMANN G M, WASLANDER S L, et al. Aerodynamics and control of autonomous quadrotor helicopters in aggressive maneuvering[C]// 32nd IEEE Int. Conf. Robotics and Automation. IEEE, 2009.

[17] POUNDS P, MAHONY R, CORKE P. Modelling and control of a large quadrotor robot[J]. Control Engineering Practice, 2010,18(7):691-699.

[18] STAFFORD N. Spy in the sky[J]. Nature, 2007,445(22):808-809.

[19] VIJAY K. Robots that fly and cooperate[EB/OL]. (2012-2-10)[2019-8-24]. https://ted. com/talks/vijay_kumar_robots_that_fly_and_cooperate.

[20] MAHONY R, KUMAR V. Aerial robotics and the quadrotor[J]. IEEE Robotics & Automation Magazine, 2012, 19(3):19-20.

[21] RAFFAELLO D A. The astounding athletic power of quadcopters [EB/OL]. (2013-6-20)[2019-8-24]. https://www. ted. com/talks/raffaello_d_andrea_the_astounding_athletic_power_of_quadcopters.

[22] FLOREANO D, WOOD R J. Science, technology and the future of small autonomous drones[J]. Nature, 2015, 521(7553):463-464.

[23] KATSUHIKO O. 现代控制工程[M]. 卢伯英,佟明安,译 . 5 版. 北京:电子工业出版社,2011.

[24] 章卫国,李爱军,李广文,等 . 现代飞行控制系统设计[M]. 西安:西北工业大学出版社,2009.

[25] ISLAM S, et al. Nonlinear adaptive control for quadrotor flying vehicle[J]. Nonlinear Dyn, 2014,78:117-6133.

[26] 刘金琨 . 机器人控制系统的设计与 MATLAB 仿真——基本设计方法[M]. 北京:清华大学出版社,2016.

[27] 薛定宇 . 控制系统计算机辅助设计——MATLAB 语言与应用[M]. 2 版 . 北京:清华大学出版社,2006.

[28] RICHARD C D, ROBERT H B. 现代控制系统[M]. 谢卫红,孙志强,宫二玲,等译 . 11 版. 北京:电子工业出版社,2011.

[29] 胡盛斌,陆文华 . 航空器控制理论基础[M]. 北京:国防工业出版社,2015.

[30] 胡寿松 . 自动控制原理[M]. 6 版 . 北京:科学出版社,2013.

[31] 胡寿松,王执铨,胡维礼 . 最优控制理论与系统[M]. 2 版 . 北京:科学出版社,2005.

[32] 刘金琨 . 先进 PID 控制 MATLAB 仿真[M]. 3 版 . 北京:电子工业出版社,2011.

[33] ASTROM K J, HAGGLUND T. PID Controllers: Theory, Design, and Tuning[M]. 2nd Edition. North Carolina: Instrument Society of America, 1995.

[34] ZIEGLER J G, NICHOLS N B. Optimum settings for automatica controllers[J]. Transaction of ASME, 1944, 64:759-768.

[35] 方勇纯,卢桂章 . 非线性系统理论[M]. 北京:清华大学出版社,2009.

[36] 李殿璞 . 非线性控制系统[M]. 西安:西北工业大学出版社,2009.

[37] HASSAN K K. 非线性系统[M]. 朱义胜,董辉,李作洲,等译 . 3 版. 北京:电子工业出版社,2011.

[38] SLOTINE J E, LI W P. 应用非线性控制[M]. 程代展, 等译 . 北京:机械工业出版社,2009.

[39] 刘金琨 . 滑模变结构控制 MATLAB 仿真——基本理论与设计方法[M]. 3 版 . 北京:清华大学出版社,2015.

[40] 高为炳 . 变结构控制的理论及设计方法[M]. 北京:科学出版社,1996.

[41] 胡盛斌 . 非线性多关节机器人系统滑模控制[M]. 北京:国防工业出版社,2015.

[42] XU R, ÖZGÜNER,Ü. Sliding mode control of a class of underactuated systems[J]. Automatica, 2008, 44, 233-241.

[43] 刘金琨 . 滑模变结构控制 MATLAB 仿真——先进控制系统设计方法[M]. 3 版 . 北京:清华大学出版社,2015.

[44] SABER R O. Global configuration stabilization for the VTOL aircraft with strong input coupling[J]. IEEE

Transactions on Automatic Control, 2002, 47(11):1949-1952.

[45] SABER R O. Normal forms for underactuated mechanical systems with symmetry[J]. IEEE Transactions on Automatic Control, 2002, 47(2):305-308.

[46] ASHRAFIUONA H, ERWINB R S. Sliding mode control of underactuated multibody systems and its application to shape change control[J]. International Journal of Control, 2008, 81(12):1849-1858.

[47] 庄开宇,张克勤,苏宏业,等. 高阶非线性系统的 Terminal 滑模控制[J]. 浙江大学学报(工学版), 2002,36(5):482-485,539.

[48] 胡剑波,庄开宇. 高级变结构控制理论及应用[M]. 西安:西北工业大学出版社,2008.

[49] AGHABABA M P, AKBARI M E. A chattering-free robust adaptive sliding mode controller for synchronization of two different chaotic systems with unknown uncertainties and external disturbances[J]. Applied Mathematics and Computation, 2012, 218:5757-5768.

[50] POLYCARPOU M M, IOANNOU P A. A robust adaptive nonlinear control design [C]// IEEE American Control Conference. IEEE, 1993.

[51] AILON A. Simple tracking controllers for autonomous VTOL aircraft with bounded inputs[J]. IEEE Transactions on Automatic Control, 2010,55(3):737-743.

[52] 王新华,刘金琨. 微分器设计与应用——信号滤波与求导[M]. 北京:电子工业出版社,2010.

[53] 刘金琨. 机器人控制系统的设计与 MATLAB 仿真——先进设计方法[M]. 北京:清华大学出版社,2017.

[54] BERTRAND S, GUENARD N, HAMEL T, et al. A hierarchical controller for miniature VTOL UAVs: Design and stability analysis using singular perturbation theory[J]. Control Engineering Practice, 2011, 19:1099-1108.

[55] MRDJAN J, RODOLPHE S, PETAR V K. Constructive Lyapunov stabilization of nonlinear cascade systems[J]. IEEE Transactions on Automatic Control,1996,41(12):1723-1735.

[56] LEI D D, FEI J T. Adaptive neural nonsingular terminal sliding mode control for MEMS gyroscope based on dynamic surface controller[J]. International Journal of Machine Learning and Cybernetics,2018,9(8): 1285-1295.

[57] 王新华,陈增强,袁著祉. 全程快速非线性跟踪——微分器[J]. 控制理论与应用,2003,20(6): 875-878.

[58] LUIS R G, ALEJANDRO E D, ROGELIO L, et al. Quad rotorcraft control—vision-based hovering and navigation[M]. Berlin Heidelberg:Springer-Verlag, 2013.

[59] NHAN T N. 模型参考自适应控制导论[M]. 赵良玉,石忠佼,译. 北京:机械工业出版社,2020.

[60] JASIM W, GU D B. Robust team formation control for quadrotors[J]. IEEE Transactions on Control System Technology, 2017, 26(4), 1516-1523.

[61] HOU Z C, FANTONI I. Interactive leader-follower consensus of multiple quadrotors based on composite nonlinear feedback control[J]. IEEE Transactions on Control Systems Technology, 2018, 26(5), 1732-1743.

[62] DU H B, ZHU W W, WEN G H, et al. Distributed formation control of multiple quadrotor aircraft based on nonsmooth consensus algorithms[J]. IEEE Transaction on Cybernetics, 2019, 49(1):342-353.

[63] LIU H, TIAN Y, LEWIS F L, et al. Robust formation tracking control for multiple quadrotors under aggressive maneuvers[J]. Automatica, 2019, 105:179-185.